현대 산업은 디지털의 도입으로 생산과 고객의 충족을 위하여 양질의 엄청난 변화를 가져왔다. 제품 설계에 있어서 현재에도 많은 중소기업이 2차원 CAD를 사용하고 있지만, 제조공정 단축과 원가 절감을 위하여 3차원 CAD/CAM으로 변환되어 가고 있다. 2차원 CAD에서 3차원 CAD로의 전환 도입에 있어 여러 가지 고려해야 할 요소가 있지만 이 중에서도 핵심적인 일 중의 하나는 이를 적절히 활용할 수 있는 능력을 가진 인재를 양성하는 일일 것이다.

3D 실무서

기본에 충실한
인벤터 캠
생산가공

남윤욱 · 이희열 · 이학원 · 김상연 공저

도서 내용 문의 : ska21s@hanmail.net

본서의 사용된 예제파일은 웹하드에서 다운로드 받으실 수 있습니다.
www.webhard.co.kr ID sjb114 PW sjb1234

세진북스
www.sejinbooks.kr

머리말

현대 산업은 디지털의 도입으로 생산과 고객의 충족을 위하여 양질의 엄청난 변화를 가져왔다. 제품 설계에 있어서 현재에도 많은 중소기업이 2차원 CAD를 사용하고 있지만, 제조공정 단축과 원가 절감을 위하여 3차원 CAD/CAM으로 변환되어 가고 있다. 2차원CAD에서 3차원 CAD로의 전환 도입에 있어 여러 가지 고려해야 할 요소가 있지만, 이 중에서도 핵심적인 일 중의 하나는 이를 적절히 활용할 수 있는 능력을 가진 인재를 양성하는 일일 것이다.

이를 위해 3차원 CAD 중 최근 산업현장과 교육기관에서 많이 사용하고 있는 인벤터 프로그램을 선택하여 설계를 위한 Modeling과 생산&가공을 위한 CAM에 맞도록 이 책을 출판하게 되었다. 인벤터는 국내의 자동차, 선박, 비행기 등의 부품설계에 사용하는 프로그램으로 학생들은 그 내용을 쉽게 이해하고 적용하기에 어려움이 없다.

지난 20여년 동안 여러 CAD/CAM Solution을 강의하면서 강력한 Software라고 생각한 인벤터를 이제부터 배우려는 학생들을 대상으로 가공작업을 손쉽게 따라할 수 있도록 집필에 중점을 두었다.

처음 교재를 집필하게 된 동기는 기능사와 산업기사 실기시험에 대비한 학생 및 기업체에 재직중인 수험자들의 요구에 맞게 하나하나 쉽게 따라서 할 수 있도록 구성하게 된 것이다.

이번 교재는 학생 및 재직자들의 의견을 최대로 반영하여 혼자서도 학습할 수 있도록 간단한 설명과 그림을 많이 추가하였으며, 특히 공개도면을 중심으로 수험자들이 교재를 통하여 쉽게 이해할 수 있도록 구성하였다.

끝으로 이 책을 통하여 실기시험에 응시하는 분들이 도움이 될 수 있기를 소망하며, 이 책의 출판에 도움을 주신 세진북스 사장님과 편집부 여러분들에게 깊은 감사를 드린다.

도서내용 문의 : ska21s@hanmail.net

남윤욱 (미래직업전문학교 교수)
이희열 (경남공업고등학교 교사)
이학원 (동원과학기술대학교 교수)
김상연 (마산공업고등학교 교사)

INVENTORCAM

차례

Chapter 01 인벤터 캠 시작하기-환경설정

01 InventorCAM 설정 ——————————————— 10
02 InventorCAM 언어 설정 ————————————— 12

Chapter 02 컴퓨터응용밀링기능사 과정

01 모델링 과정 ————————————————— 14
   1. 돌출 형상 작업 ——————————————— 15
   2. 윤곽 형상 작업 ——————————————— 16
   3. 포켓 형상 작업 ——————————————— 21
   4. 구멍 형상 작업 ——————————————— 24
   5. 라운드 작업 ———————————————— 26
   6. 모델링 저장 ———————————————— 26

02 인벤터 캠 과정 ———————————————— 27
   1. InventorCAM 원점, 소재 정의 ————————— 27
   2. 페이스 밀링작업 —————————————— 32
   3. 센터드릴작업 ———————————————— 38
   4. 드릴작업 —————————————————— 44
   5. 포켓 자동인식 작업 ————————————— 51
   6. 시뮬레이션 및 G코드 생성 ——————————— 57

Contents

Chapter 03 컴퓨터응용가공산업기사 과정(CAM프로그램가공작업) — 61

- 01 모델링 과정 ──────────── 62
  - 1. 돌출 형상 작업 ──────── 63
  - 2. 포켓 형상 작업 ──────── 64
  - 3. 모깎기 작업 ─────────── 71
  - 4. 모델링 저장 ─────────── 71

- 02 인벤터 캠 과정 ─────────── 72
  - 1. InventorCAM 파트 정의 ─── 72
  - 2. 공구 생성 ────────────── 77
  - 3. 3D HSR – HM 황삭 밀링가공 ─ 83
  - 4. 3D HSR – 3D 일정 피치 가공 ─ 87
  - 5. 시뮬레이션 및 G코드 생성 ─── 93

Chapter 04 컴퓨터응용선반기능사 과정 — 97

- 01 모델링 과정 ──────────── 98
  - 1. 회전 형상 작업 ──────── 99
  - 2. 모깎기, 모따기 작업 ───── 101
  - 3. 모델링 저장 ─────────── 101

- 02 인벤터 캠 과정 ─────────── 102
  - 1. InventorCAM 파트 정의 ─── 102
  - 2. 황삭 가공 ────────────── 107
  - 3. 정삭 가공 ────────────── 113
  - 4. 홈 가공 ─────────────── 121
  - 5. 나사 가공 ────────────── 127

- 6. 시뮬레이션 및 G코드 생성 ·· 133
- 7. 뒷면 가공 파트정의 ·· 135
- 8. 뒷면 황삭 가공 ·· 140
- 9. 뒷면 홈 가공 ··· 146
- 10. 시뮬레이션 및 G코드 생성 ··· 152

Chapter 05 금형기능사 과정 155

01 모델링 과정 — 156
- 1. 돌출 형상 작업 ··· 157
- 2. 사각기둥 형상 작업 ·· 158
- 3. 사각 홈 형상 작업 ·· 159
- 4. 모따기 형상 작업 ··· 161
- 5. 모깎기 형상 작업 ··· 163
- 6. 모델링 저장 ··· 164

02 인벤터 캠 과정 — 165
- 1. InventorCAM 파트 정의 ··· 165
- 2. 3D HSR – 윤곽 황삭 밀링작업 ······································ 171
- 3. 3D HSM – 평면영역 가공 작업 ····································· 178
- 4. 3D HSM – 사선 가공 작업 ·· 183
- 5. 3D HSM – 펜슬 밀링 작업 ·· 188

Chapter 06 컴퓨터응용가공산업기사(과정형 평가) 193

01 모델링 과정 —————————————————— 194
    1. 돌출 형상 작업 1 ··· 195
    2. 돌출 형상 작업 2 ··· 196
    3. 모따기 형상 작업 1 ··· 197
    4. 로프트 형상 작업 ··· 198
    5. 돌출 컷 형상 작업 ··· 202
    6. 스윕 형상 작업 ··· 204
    7. 곡면연장 작업 ··· 207
    8. 돌출 형상 작업 3 ··· 208
    9. 모깎기 형상 작업 1 ··· 209
    10. 모델링 저장 ··· 210

02 인벤터 캠 과정 ———————————————————— 211
    1. InventorCAM 파트정의 ·· 211
    2. 3D HSR - 윤곽 황삭 밀링작업 ·· 216
    3. 3D HSM - 사선 가공 작업 ··· 222
    4. 3D HSM - 사선 가공 작업 ··· 229
    5. 시뮬레이션 및 G코드 생성 ·· 234

Chapter 07 밀링 프로그램(G-코드) 수기작성 237

01 머시닝센터 코드 작성 및 설명 1 ———————————————— 238
02 머시닝센터 코드 작성 2 ——————————————————— 242
03 머시닝센터 코드 작성 3 ——————————————————— 244
04 머시닝센터 코드 작성 4 ——————————————————— 246
05 머시닝센터 코드 작성 5 ——————————————————— 248

Chapter 08 선반 프로그램(G-코드) 수기작성 251

- 01 CNC 선반 코드 작성 및 설명 1 ──── 252
- 02 CNC 선반 코드 작성 2 ──── 258
- 03 CNC 선반 코드 작성 3 ──── 260
- 04 CNC 선반 코드 작성 4 ──── 262
- 05 CNC 선반 코드 작성 5 ──── 264

Chapter 09 컴퓨터응용밀링기능사 연습도면 267
-머시닝센터가공

Chapter 10 컴퓨터응용가공산업기사 연습도면 299
-CAM프로그램가공작업

Chapter 11 컴퓨터응용가공산업기사 연습도면 321
-머시닝센터가공작업

Chapter 12 컴퓨터응용가공산업기사 연습도면 337
-CNC선반가공작업

InventorCAM

Chapter 01

인벤터 캠 시작하기
– 환경설정

> 01 InventorCAM 설정
> 02 InventorCAM 언어 설정

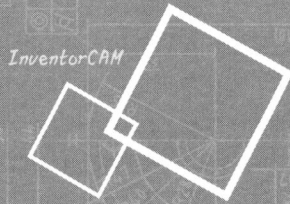

기본에 충실한 *InventorCAM*

01 InventorCAM 설정

① [리본 → Inventor2021 → 캠 설정]을 클릭한다.

② [디폴트 CNC-컨트롤러]를 클릭한다.

밀링, 선반 CNC-컨트롤러에서 해당 항목을 선택하면 이후 작업부터 포스트 프로세서가 자동으로 선택된다.

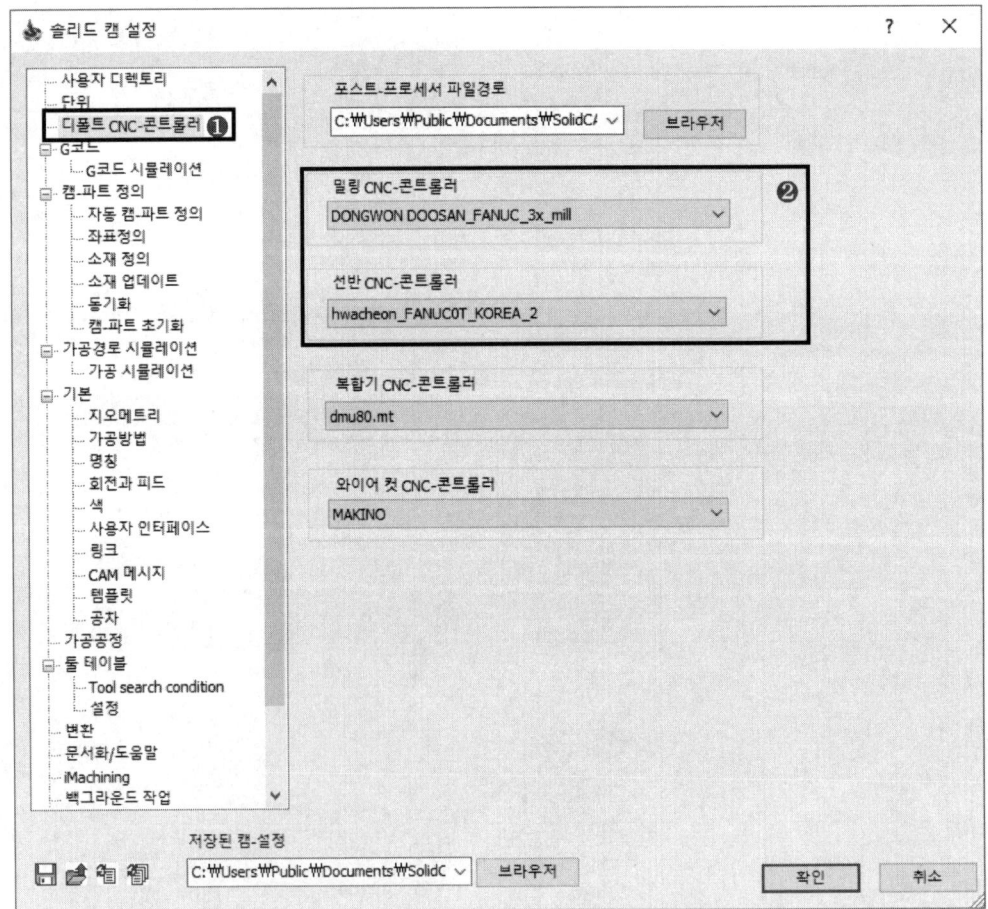

③ [G코드 → G코드 에디터 선택]을 클릭한다.

공구경로 생성 후, G코드 생성할 때 사용할 편집 프로그램을 선택할 수 있다.

• CimcoEditor.exe : 심코에디터 사용

• NOTEPAD.exe : 메모장 사용

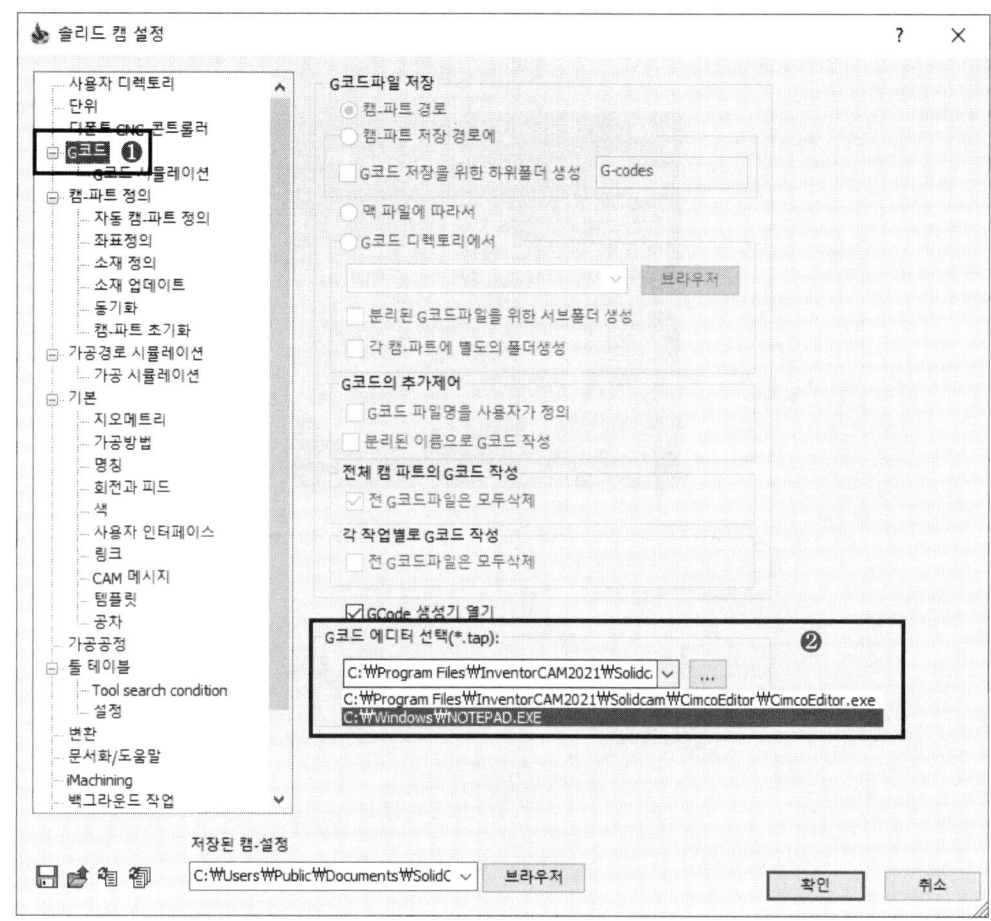

02 InventorCAM 언어 설정

① [윈도우 시작 → InventorCAM2021 → Choose Language]를 선택한다.

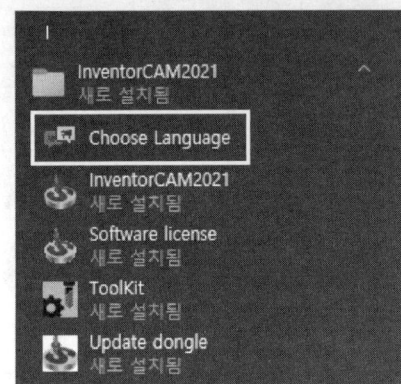

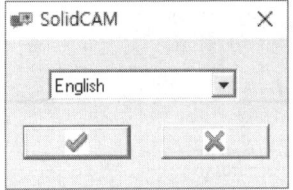　　　　　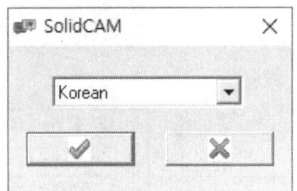

　〈영문 메뉴〉　　　　　　　〈한글 메뉴〉

Chapter 02

InventorCAM

컴퓨터응용밀링기능사 과정

01 모델링 과정
02 인벤터 캠 과정

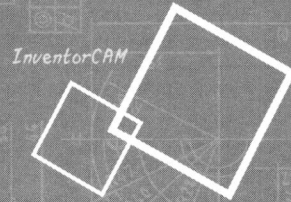

01 모델링 과정

| 종목 | 컴퓨터응용밀링기능사 | 과제 | 머시닝센터가공 |

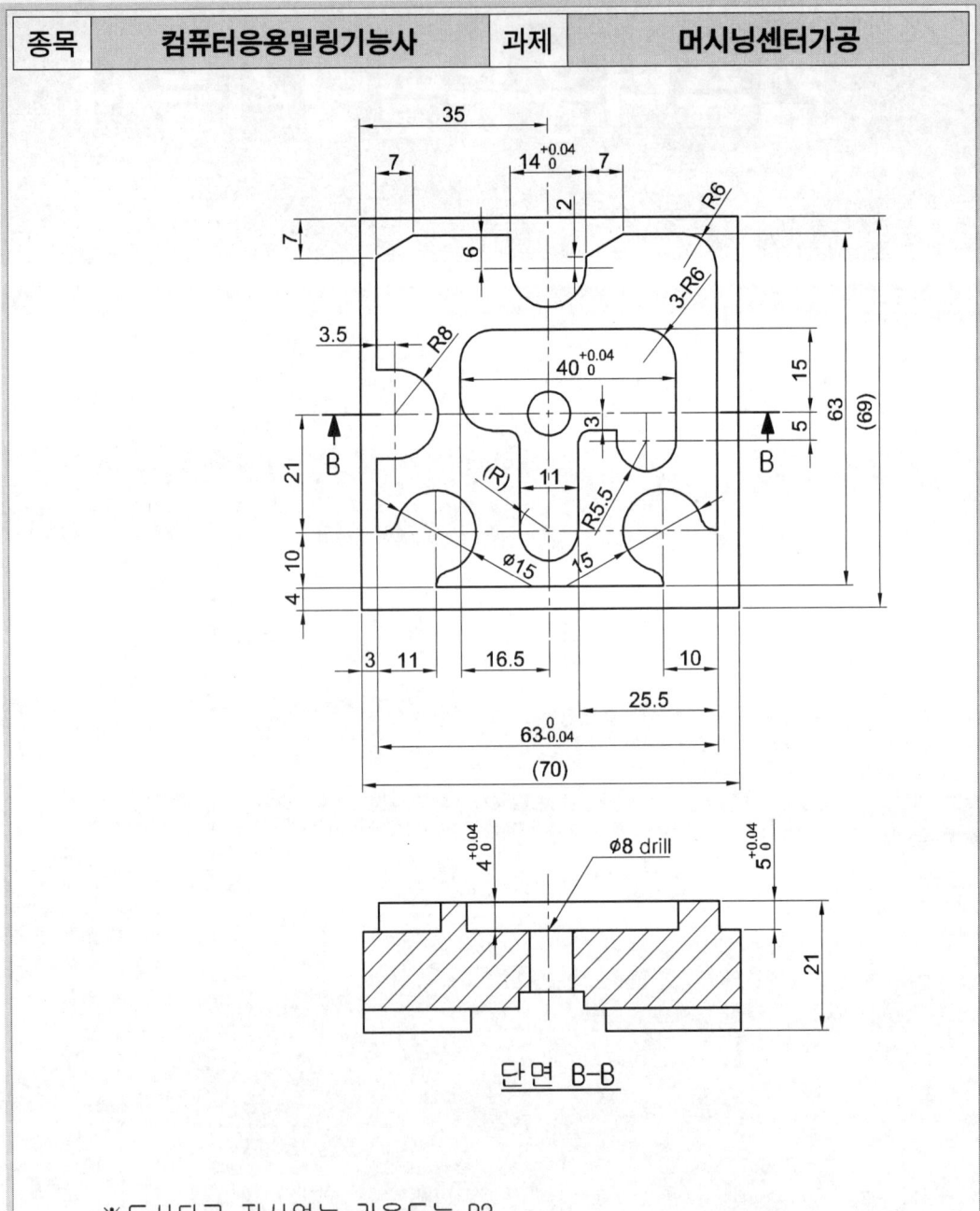

단면 B-B

※도시되고 지시없는 라운드는 R2

공구번호	공구이름	공구직경	이송속도	회전수
1	페이스커터	80	100	1000
2	센터드릴	3	100	1000
3	드릴	8	100	1000
4	엔드밀	10	150	1500

1. 돌출 형상 작업

Step 01 [새로 만들기 → Standard.ipt → 작성]을 선택한다.

Step 02 [스케치 → XY평면]을 선택한다.

Step 03 [직사각형]을 실행하고, 원점(0,0,0) 위치에 대략적인 사각형을 작성한다.

Step 04 [치수]를 입력하고, [스케치 마무리]를 클릭한다.

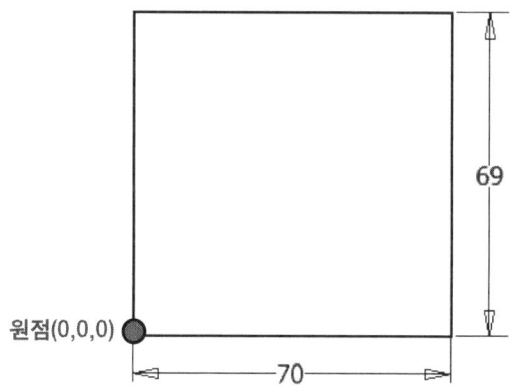

Step 05 [돌출 → 방향:반전 → 거리A:21]로 지정하고, [확인]을 누른다.

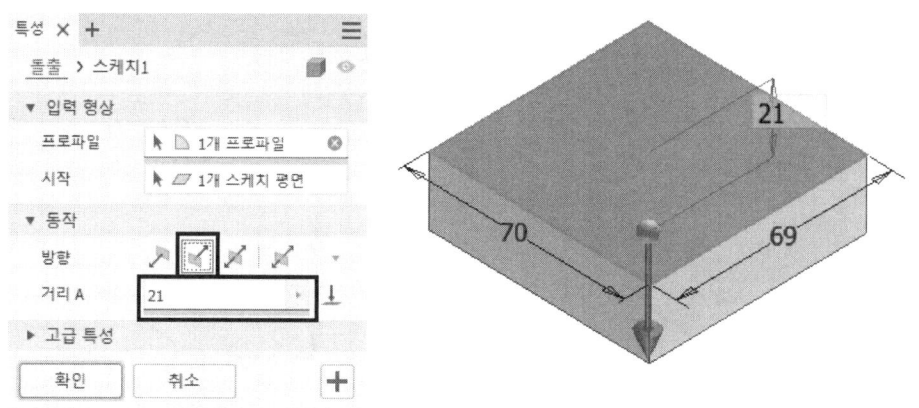

2. 윤곽 형상 작업

Step 01 [스케치 → 윗면]을 클릭한다.

Step 02 [직사각형 → 치수]를 이용하여 아래 그림처럼 작성한다.

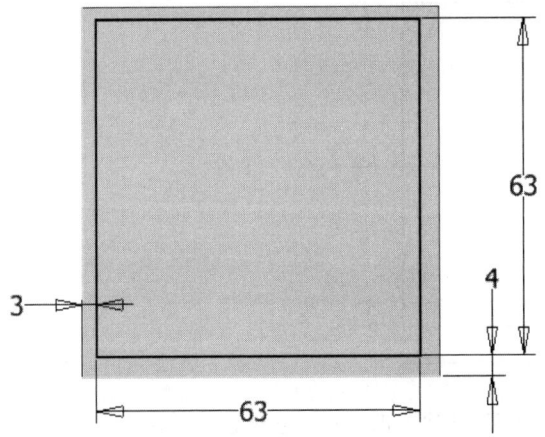

Step 03 좌측 위쪽을 [선 → 치수 → 자르기]로 작성한다.

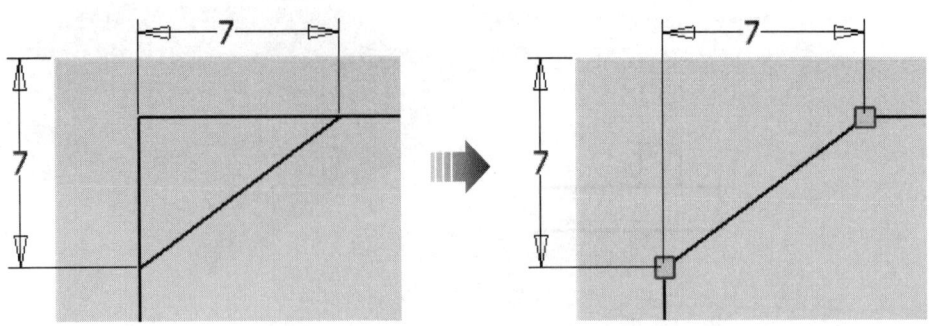

Chapter 02 컴퓨터응용밀링기능사 과정

Step 04 중앙 위쪽을 [슬롯 → 치수 → 자르기]로 작성한다.

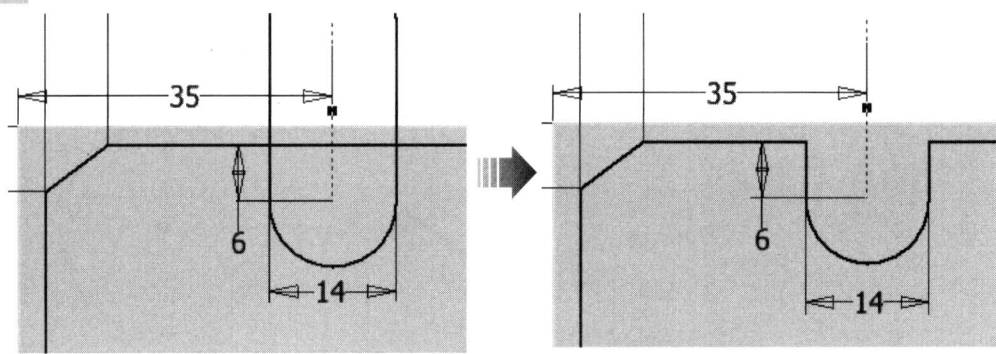

Step 05 슬롯 우측을 [선 → 치수 → 자르기]로 작성한다.

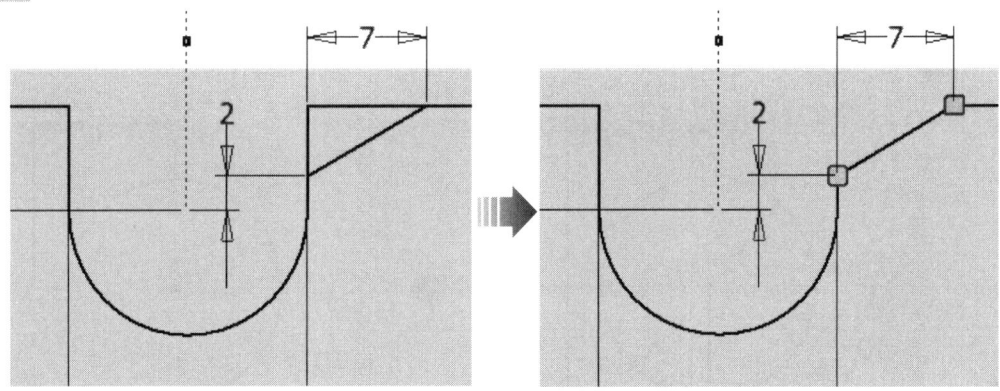

Step 06 우측 위쪽을 [모깎기 → 반지름:6]으로 작성한다.

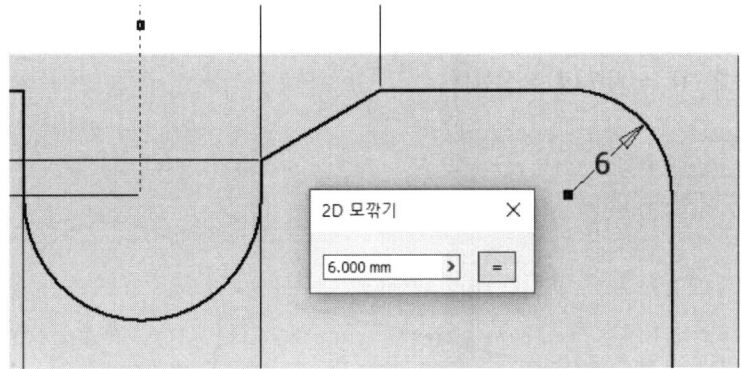

Step 07 우측 아래쪽을 [원 → 치수]로 작성한다.

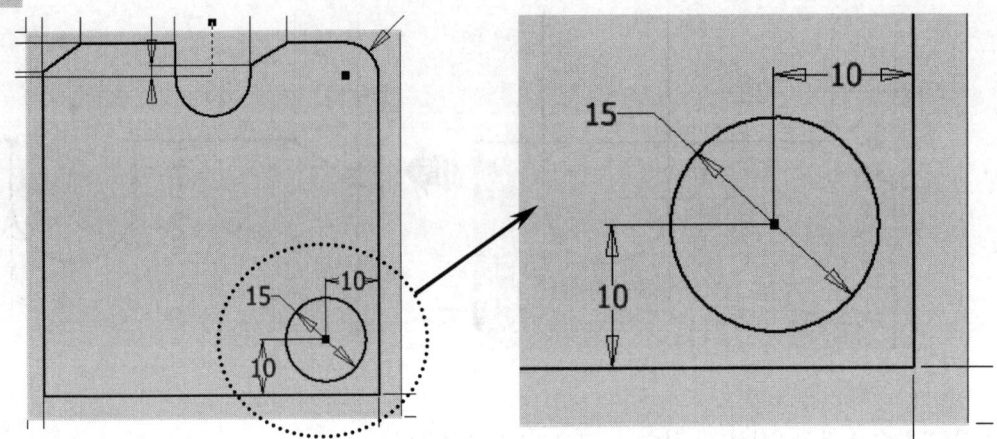

Step 08 중심점에서 수평, 수직하게 [선]을 작성한다. [자르기]를 한다.

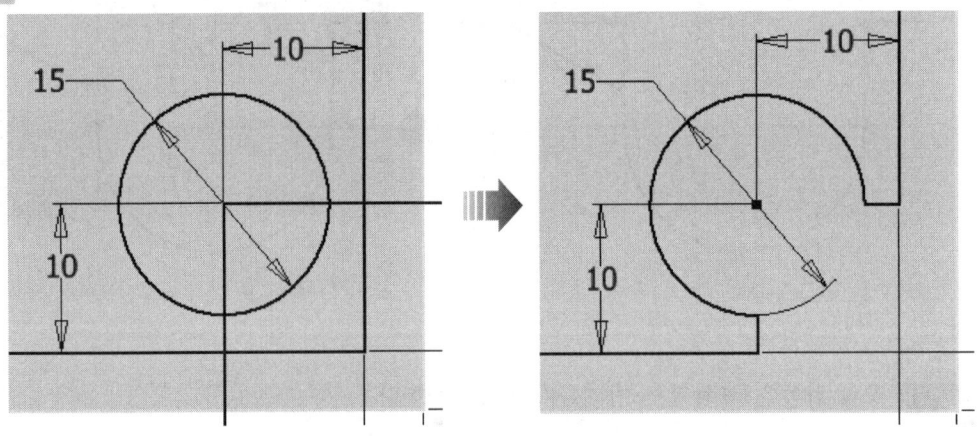

Step 09 좌측 아래쪽을 [원 → 치수]로 작성한다.

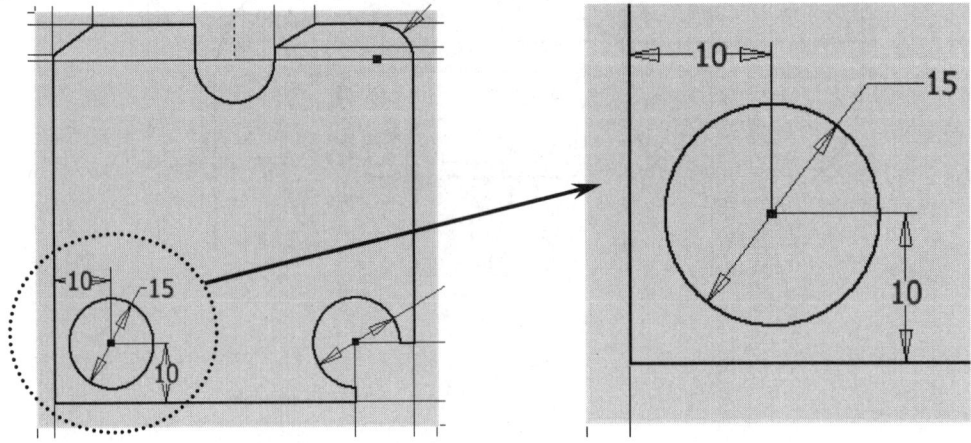

Step 10 중심점에서 수평, 수직하게 [선]을 작성한다. [자르기]를 한다.

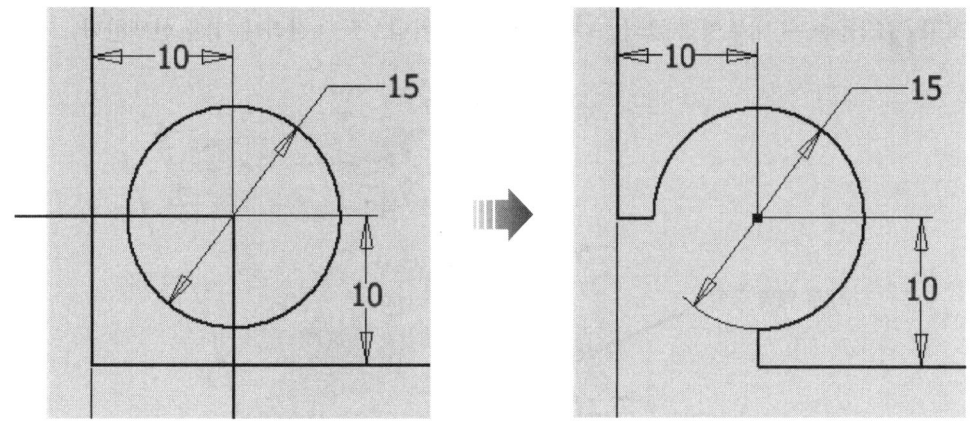

Step 11 좌측 중앙을 [슬롯 → 치수 → 자르기]로 작성한다.

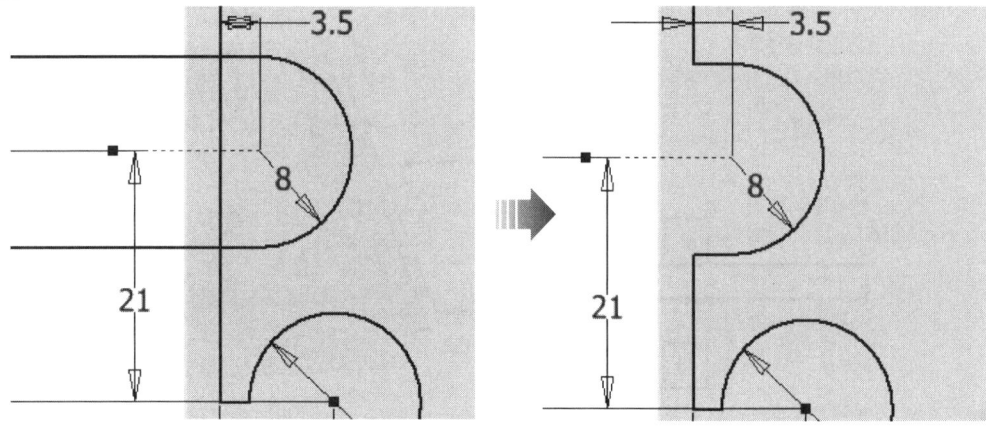

Step 12 윤곽형상의 스케치가 완성되었다.

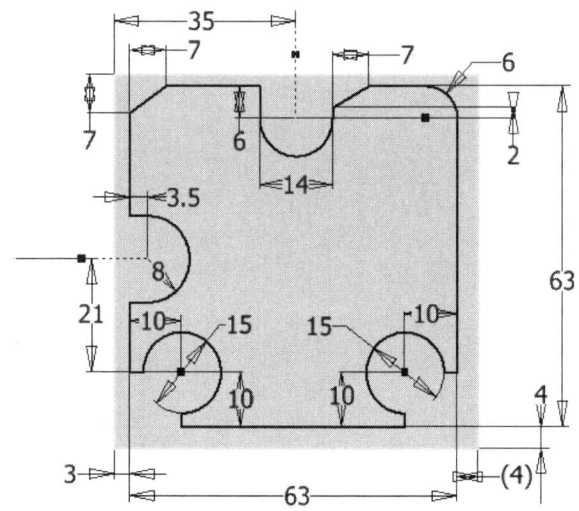

Step 13 [스케치 마무리]를 클릭한다.

Step 14 [돌출 → 내부영역 클릭 → 방향:반전 → 거리A:5 → 잘라내기]를 선택한다.

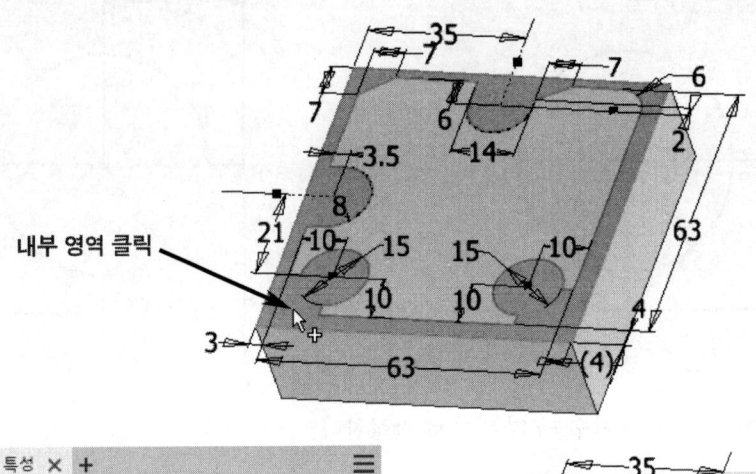

내부 영역 클릭

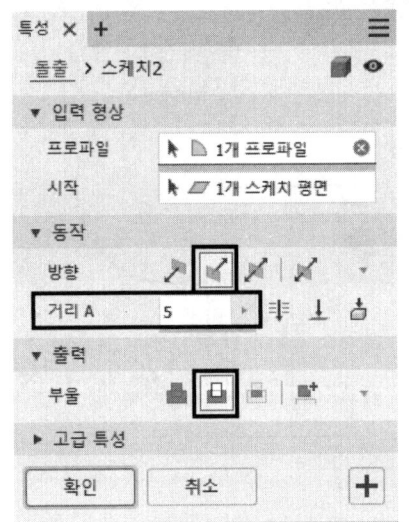

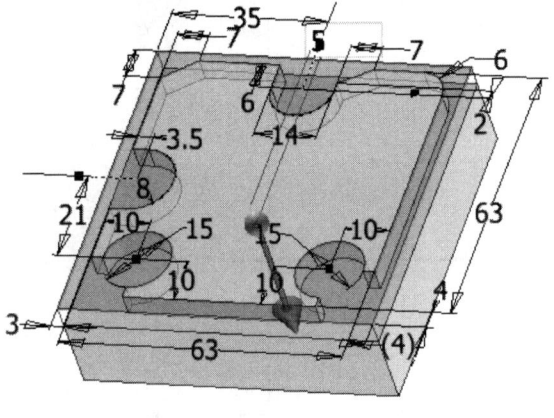

Step 15 [확인]을 클릭한다.

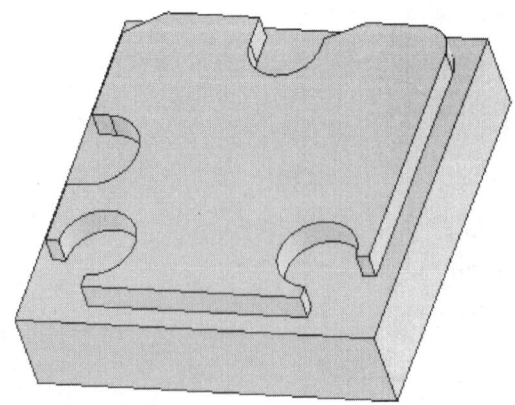

3. 포켓 형상 작업

Step 01 [스케치 → 윗면]을 클릭한다.

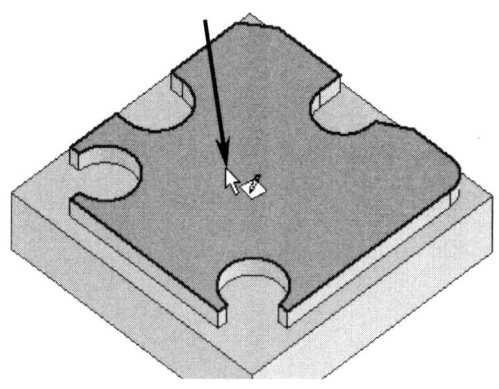

Step 02 형상 중앙을 [사각형 → 치수]로 작성한다.

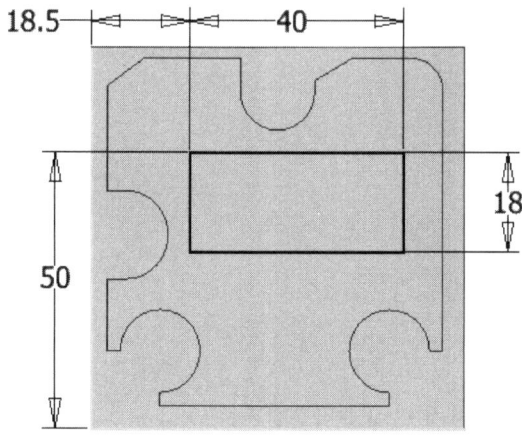

Step 03 사각형 아래쪽을 [슬롯 → 치수 → 자르기]로 작성한다.

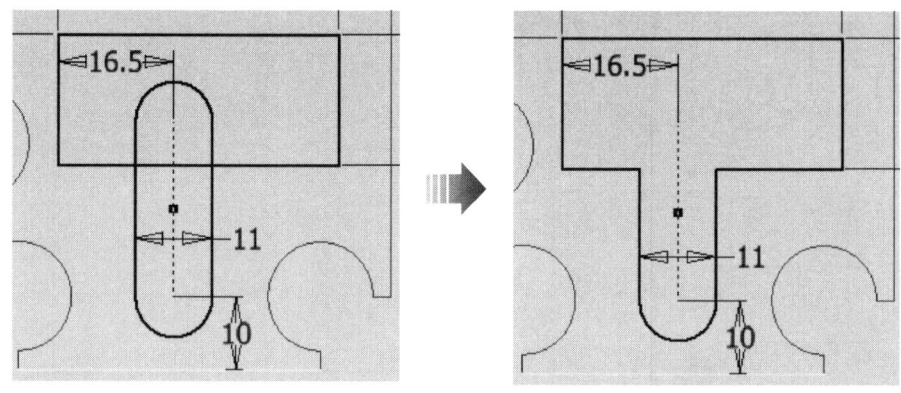

Step 04 사각형 우측을 [원 → 치수]로 작성하고, 원 양쪽에 [선]을 그린다.

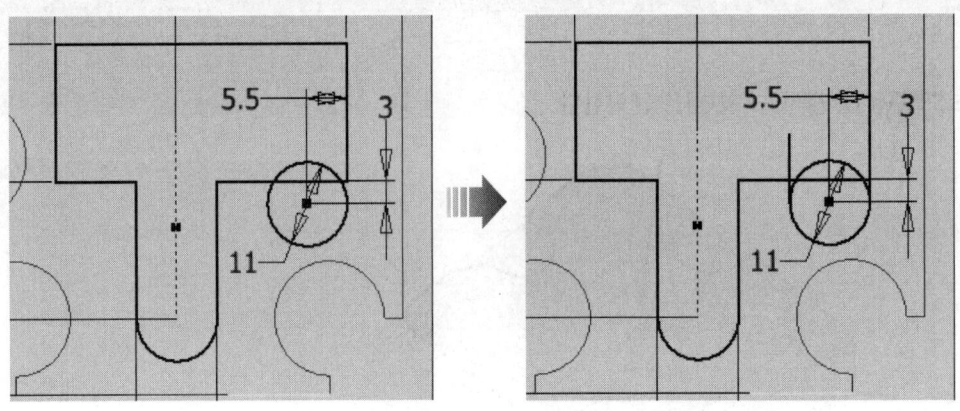

Step 05 [자르기]를 이용하여 내부 형상을 마무리한다.

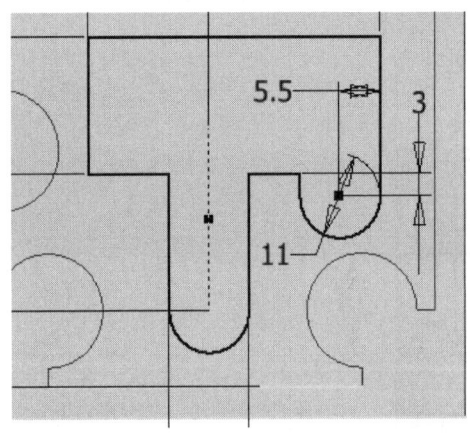

Step 06 [모깎기 → 반지름:6]으로 사각형 코너에 필렛을 작성한다.

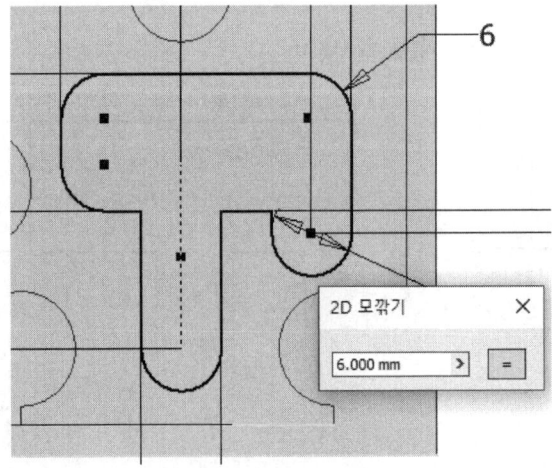

Step 07 [스케치 마무리]를 클릭한다.

Step 08 [돌출 → 내부영역 클릭 → 방향:반전 → 거리A:4 → 잘라내기]를 선택한다.

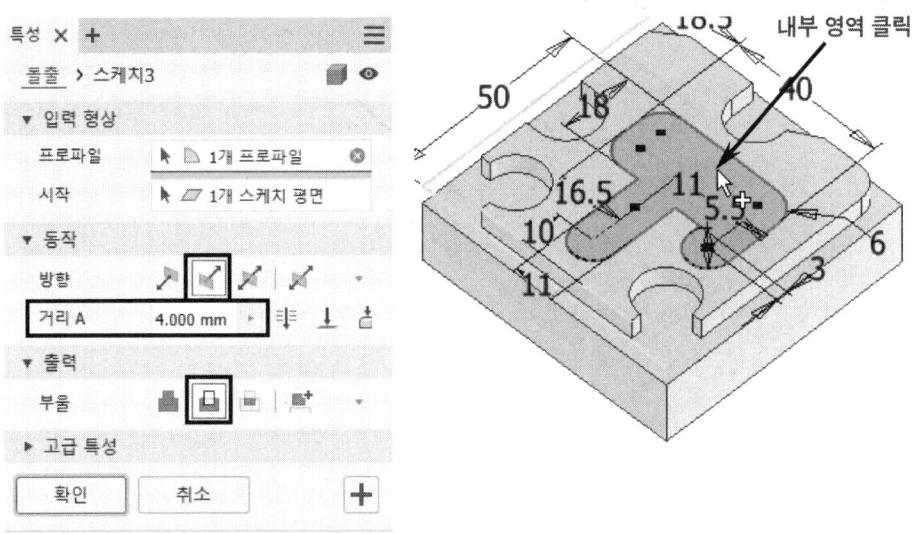

Step 09 [확인]을 클릭한다.

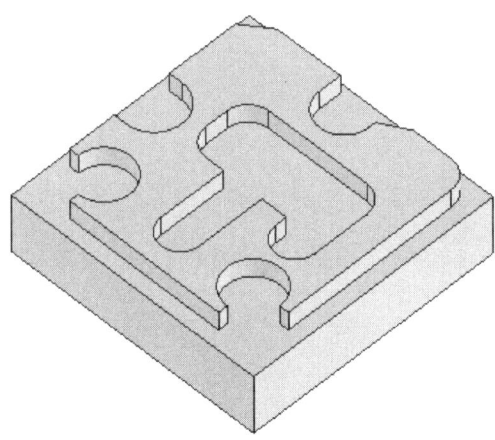

4. 구멍 형상 작업

Step 01 [스케치 → 윗면]을 클릭한다.

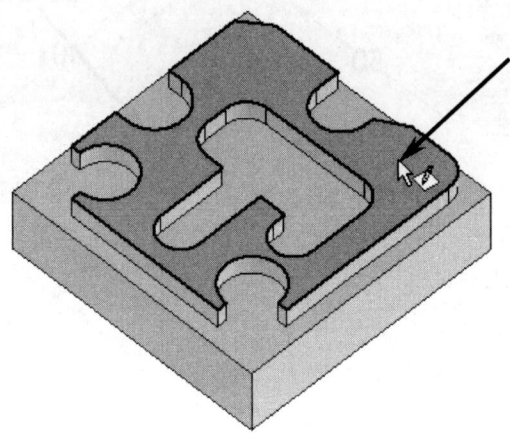

Step 02 형상 중앙을 [원 → 치수]로 작성한다.

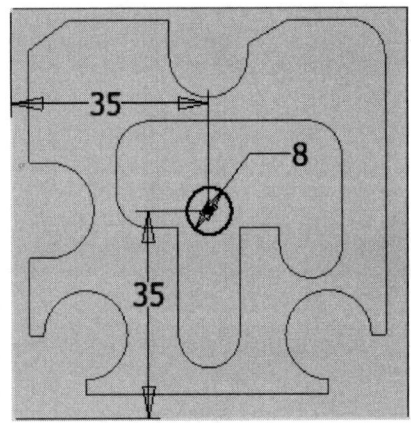

Step 03 [스케치 마무리]를 한다.

Step 04 [돌출 → 원 내부영역 클릭 → 방향:반전 → 거리A:30 → 잘라내기]를 선택한다.

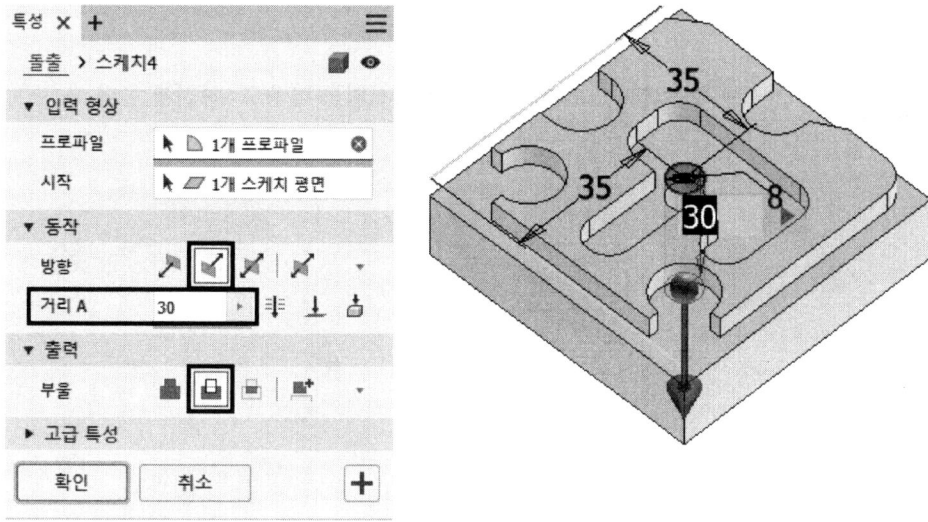

Step 05 [확인]을 누른다.

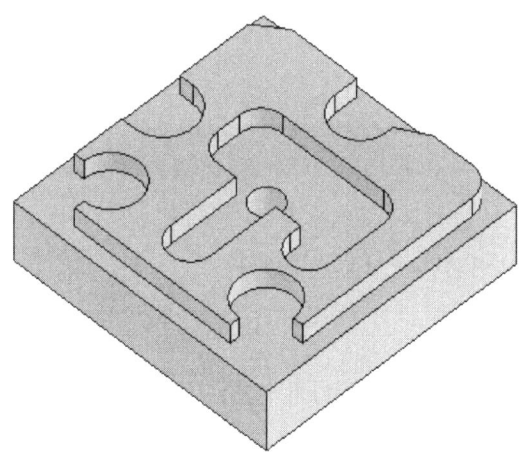

5. 라운드 작업

Step 01 [모깎기 → 반지름:2]로 도면에 "도시되고 지시없는 라운드" 처리를 한다.

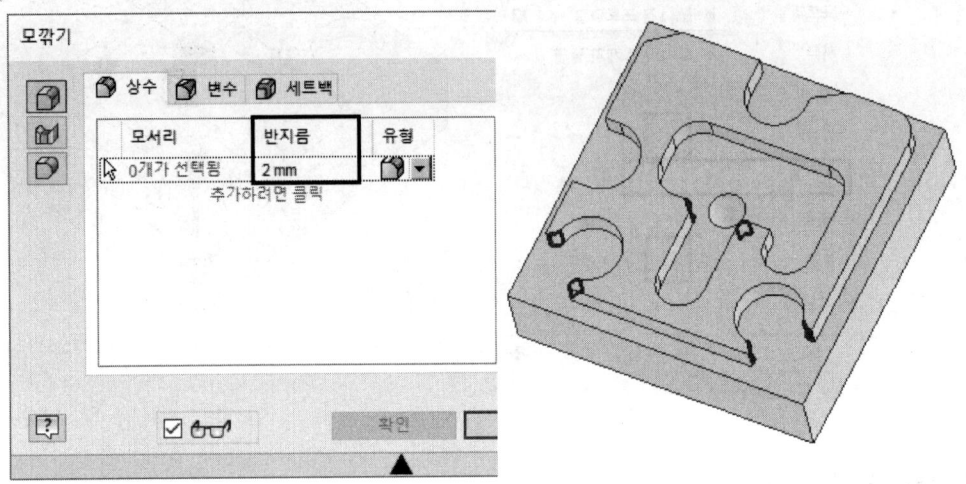

6. 모델링 저장

Step 01 [파일 → 저장]을 클릭하여 모델링 작업한 형상을 저장한다.

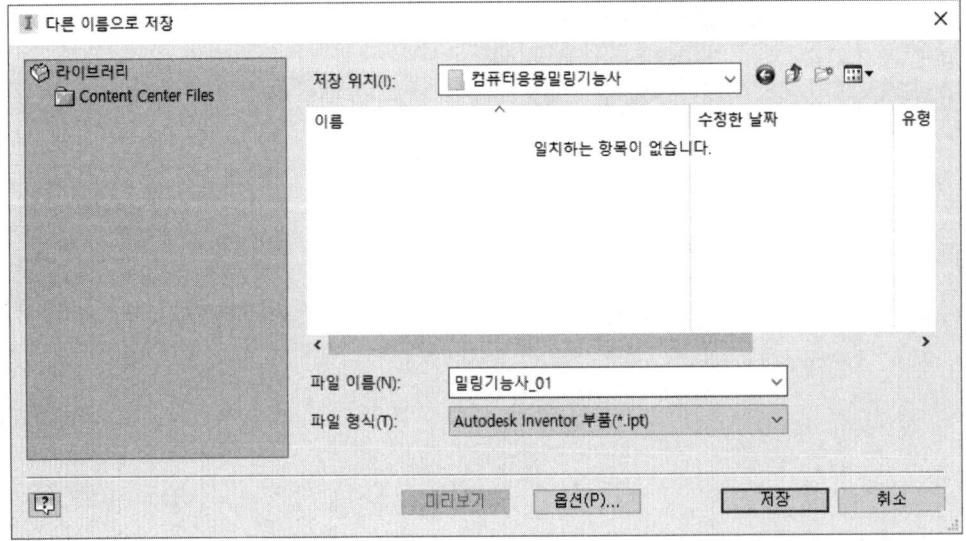

02 인벤터 캠 과정

1. InventorCAM 원점, 소재 정의

Step 01 [리본 → 열기]를 클릭하여 파일을 불러온다.

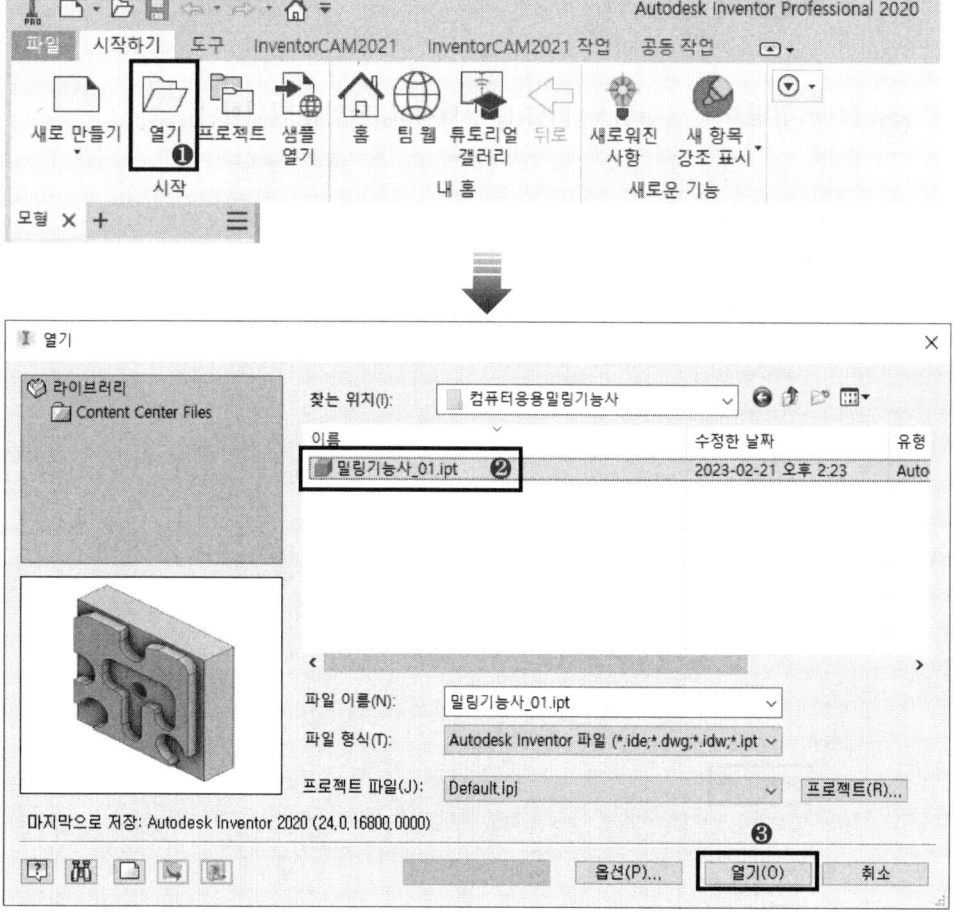

✔ 이미 모델링 파일이 열려있다면 해당 과정은 생략한다.

Step 02 [리본 → InventorCAM2021 탭 → 신규 → 밀링]을 클릭한다.

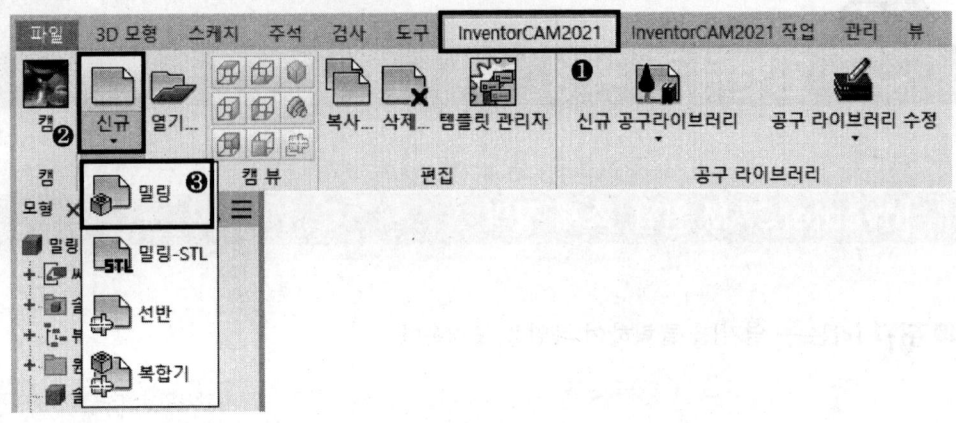

Step 03 [신규 밀링파트 → 단위 → 미터]를 선택하고, 확인을 클릭한다.

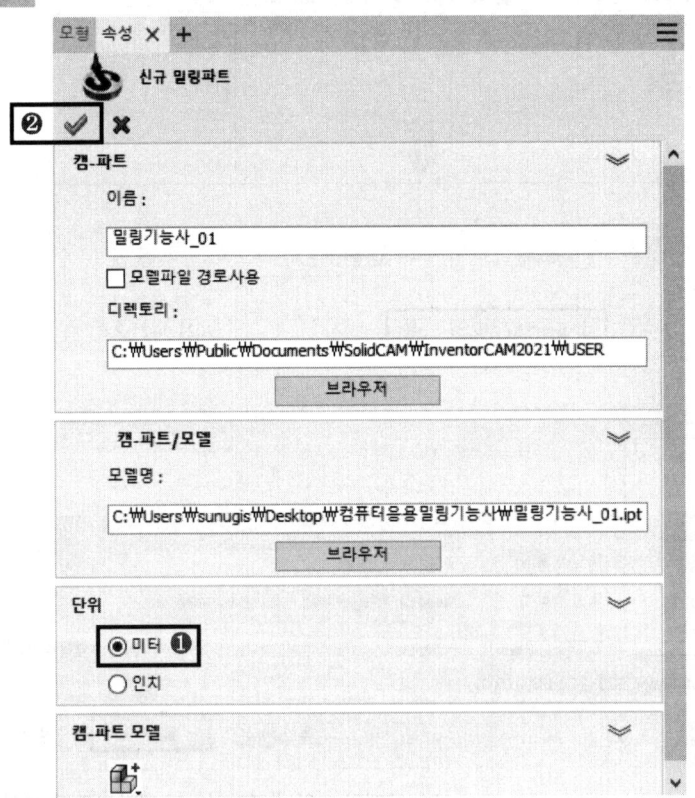

Step 04 [CNC-컨트롤러 → DONGWON DOOSAN_FANUC_3X_mill]을 설정한 후,
[정의→원점]을 클릭한다.

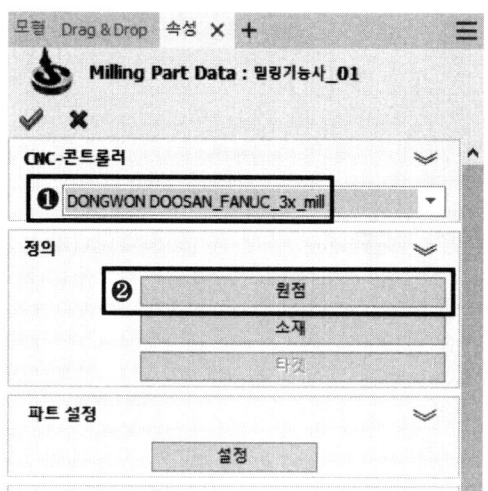

Step 05 [캠 관리자 → 평면원점 → 모델박스의 코너]를 설정하고 모델링 형상을 클릭한 후, 확인을 누른다.

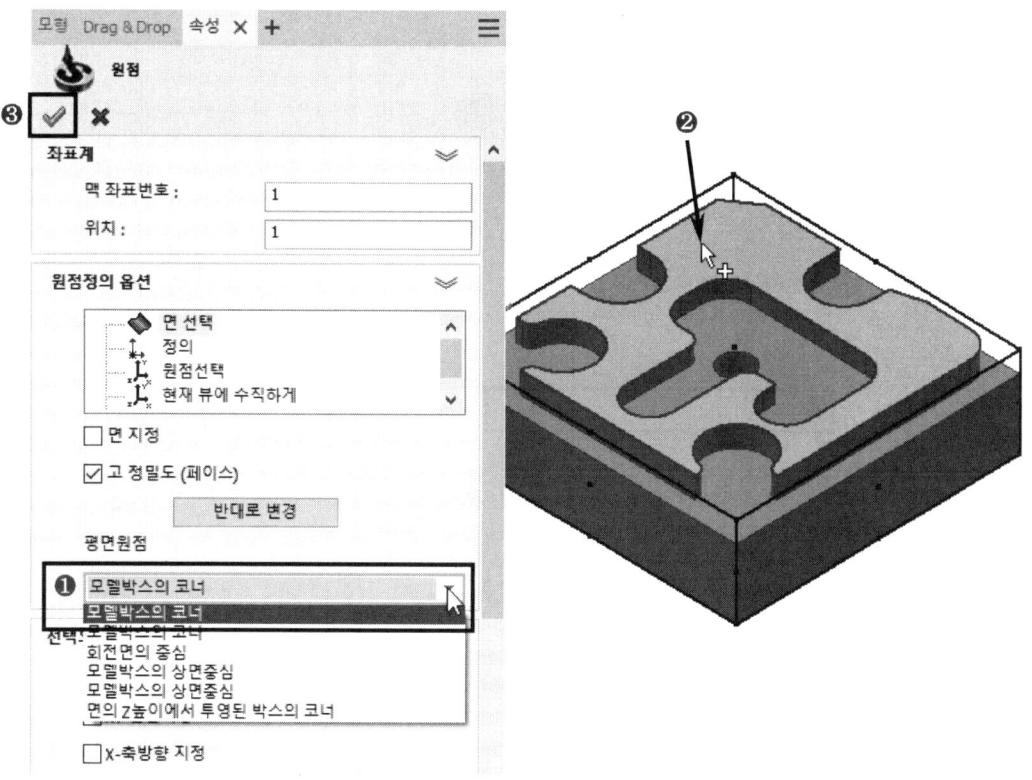

Step 06 [원점 데이터 → 확인 → 확인]을 클릭한다.

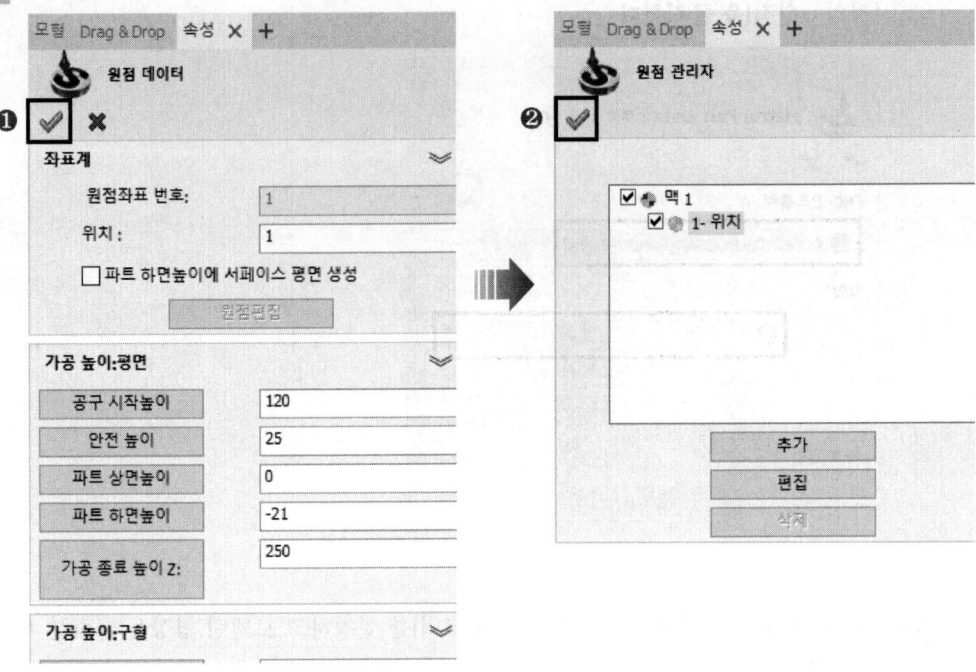

Step 07 [정의 → 소재]를 클릭한다.

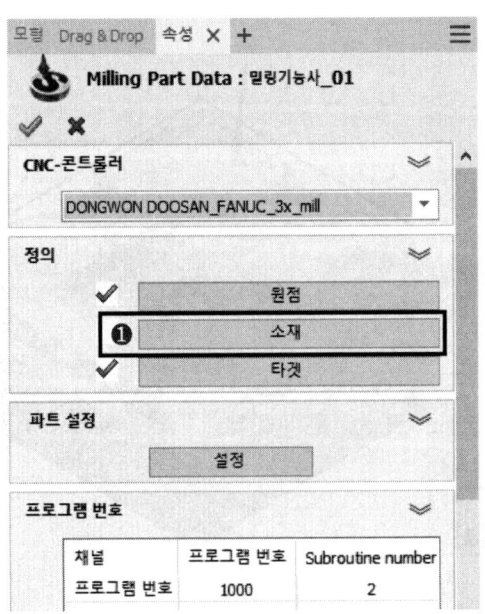

Step 08 [정의 기준 → 박스 → 고 정밀도(페이스)]를 클릭하여 체크를 한다.

Step 09 모델링 형상을 [클릭]하여 소재를 정의하고, [박스확장]에서 모든 확장을 "0"으로 하고, [Z+]만 "1"로 설정한 후, 확인을 클릭한다.

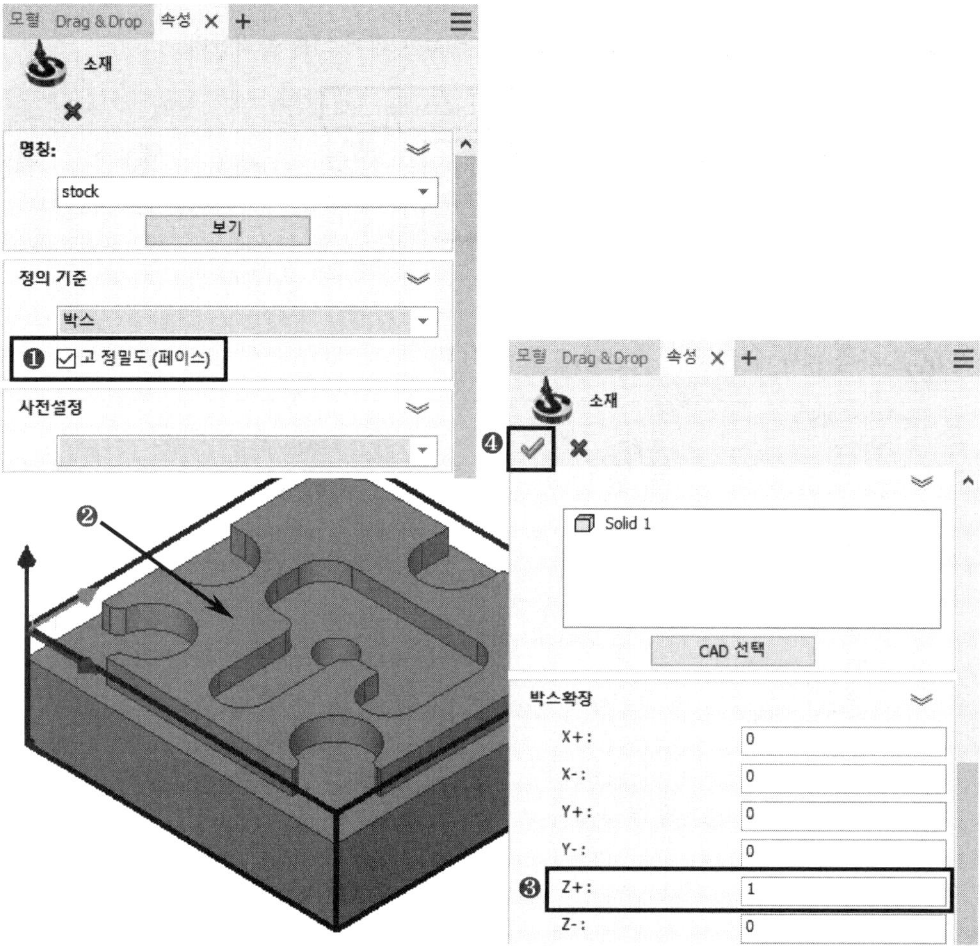

Step 10 정의가 완료되면 밀링파트 데이터의 확인을 클릭한다.

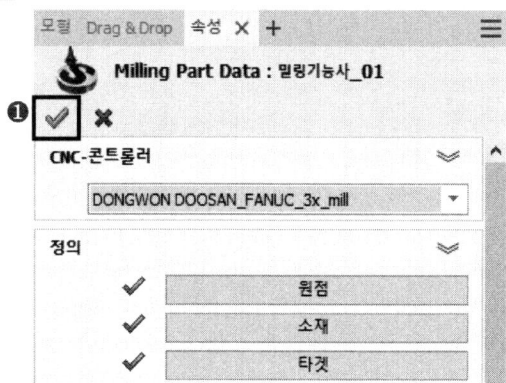

2. 페이스 밀링작업

Step 01 [리본 → InventorCAM2021 작업 → 2.5D → 페이스]를 클릭한다.

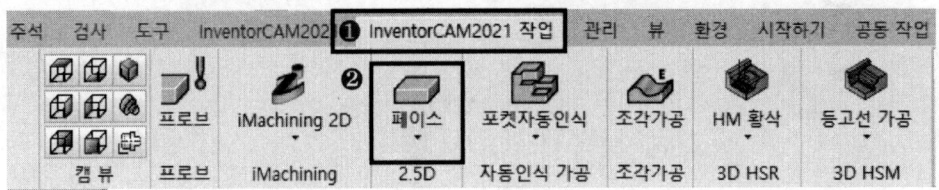

Step 02 좌측 메뉴에서 [공구 → 선택]을 클릭한다.

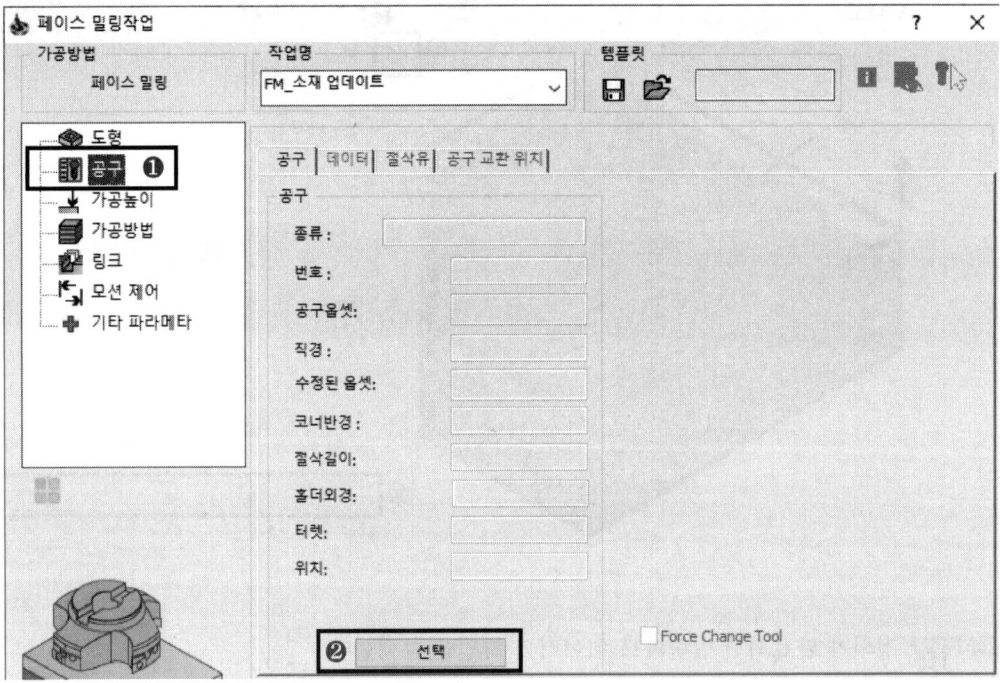

Step 03 [페이스 커터]를 더블클릭한다.

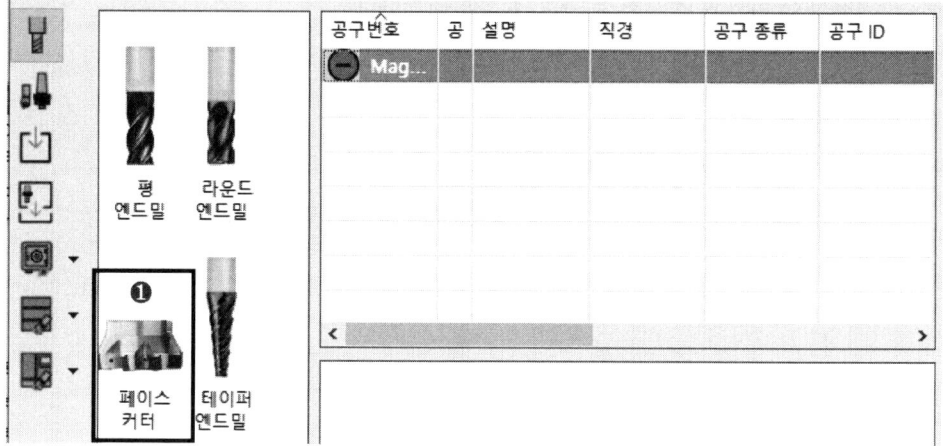

Step 04 [직경(D) : 80]을 입력한다.

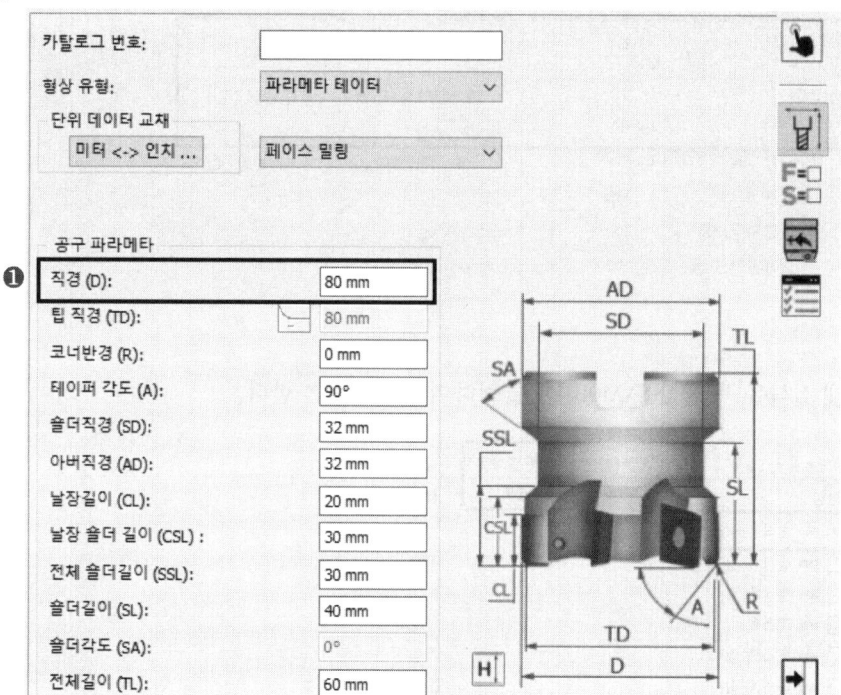

Step 05 [공구조건 → XY피드:100 → Z피드:100 → 회전수:1000]을 입력한다.
[정삭XY피드 & 정삭회전수]는 체크를 해제한다.

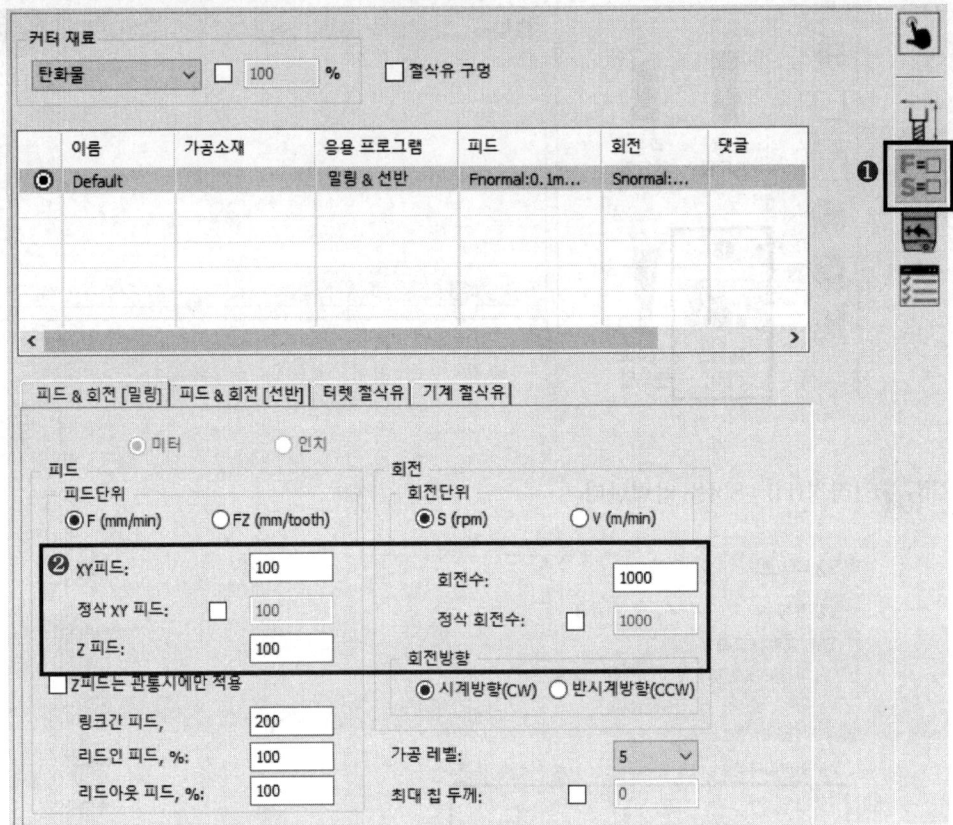

Step 06 [터렛 절삭유 → 절삭유(M08)]을 클릭하여 체크표시를 한다.

Step 07 [공구정보 → 공구번호:1]을 입력한다.

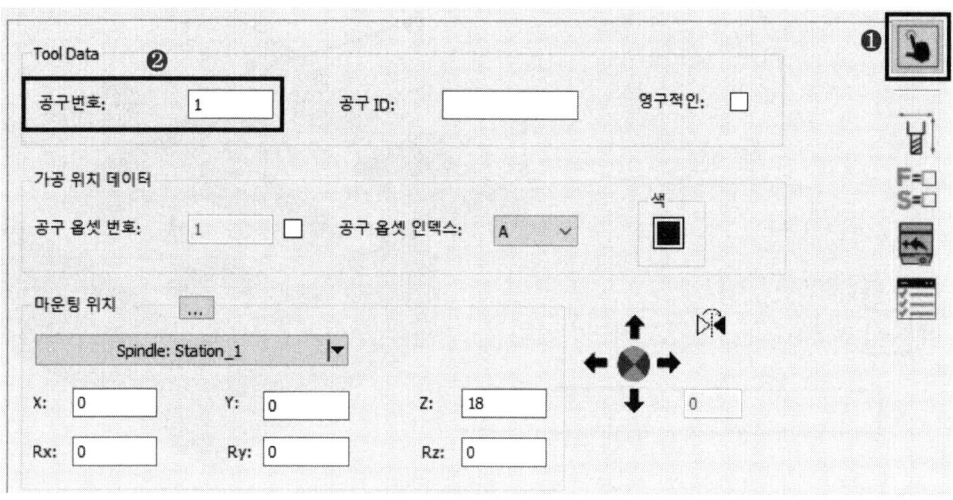

Step 08 화면 우측 아래의 [선택] 버튼을 클릭한다.

Step 09 [가공높이 → 상면높이]를 클릭한다.

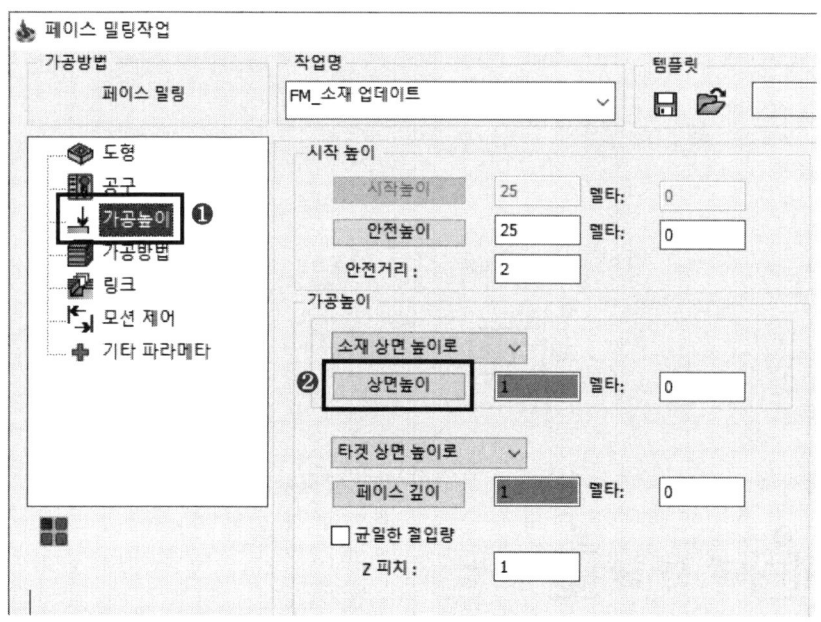

Step 10 형상의 윗면을 클릭하여 [Z]값이 "0"으로 설정되었는지 확인 후, 확인을 누른다.

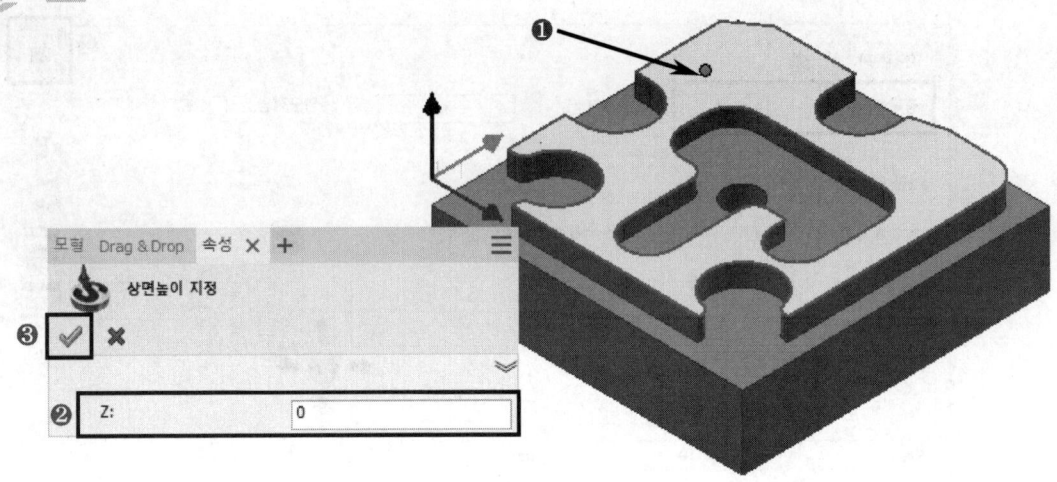

Step 11 [가공방법 → 공구경로 → 반전]을 클릭하고, [한 경로]를 선택한다.

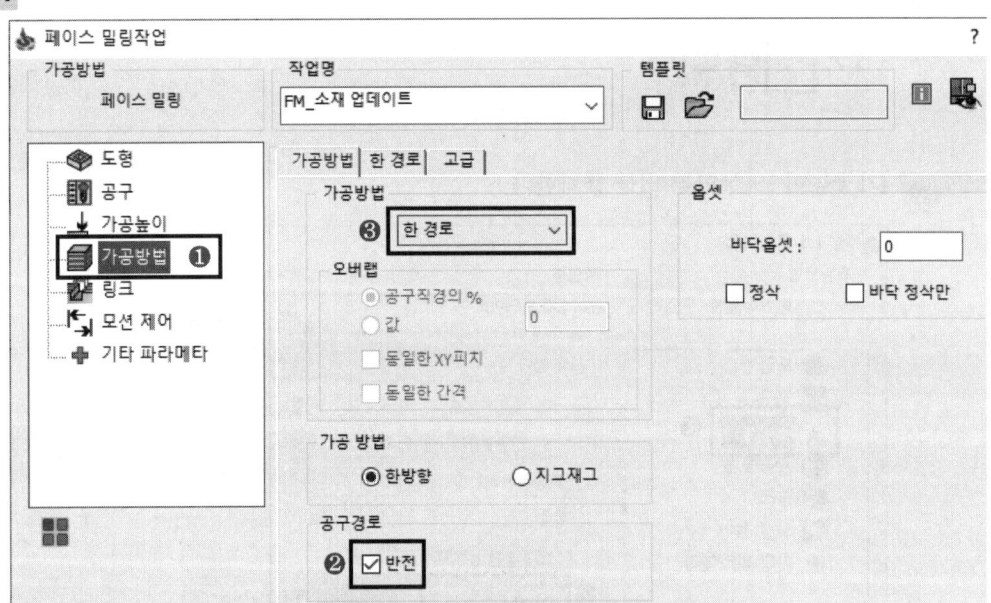

Step 12 화면 좌측 아래의 [저장&계산 → 시뮬레이션]을 클릭한다.

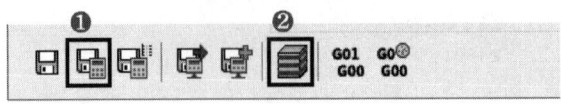

Step 13 [솔리드 검증 → 플레이]를 클릭하여 가공 모습을 보고, [나가기]를 클릭한다.
시뮬레이션 속도를 조절하여 가공모습을 천천히 볼 수도 있다.

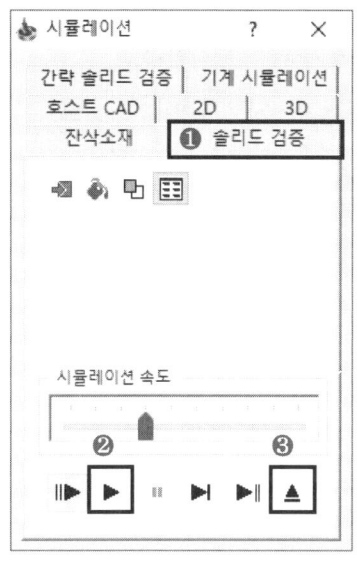 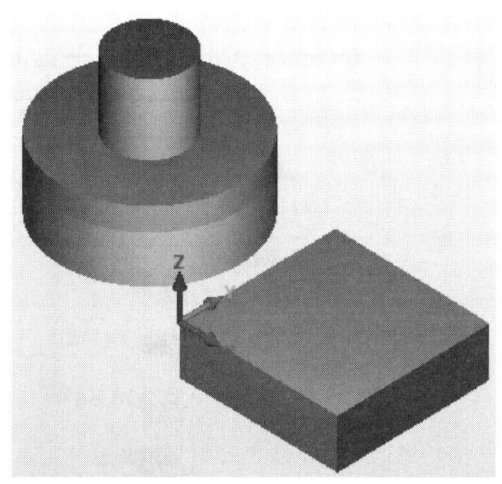

Step 14 화면 우측 아래의 [저장&나가기]를 클릭한다. 가공을 마무리한다.

Step 15 가공 경로를 확인 후, 다음을 클릭하여 체크표시를 해제한다.

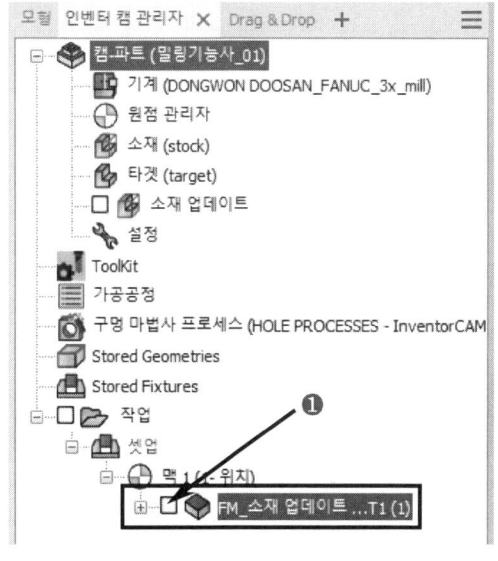 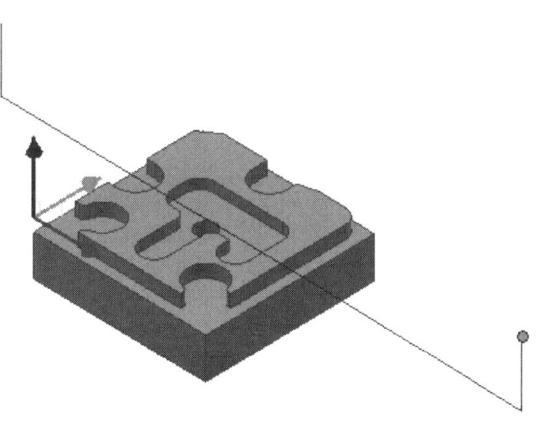

3. 센터드릴작업

Step 01 [리본 → InventorCAM2021 작업 → 2.5D → 드릴가공]을 클릭한다.

Step 02 [도형 → 신규]를 클릭한다.

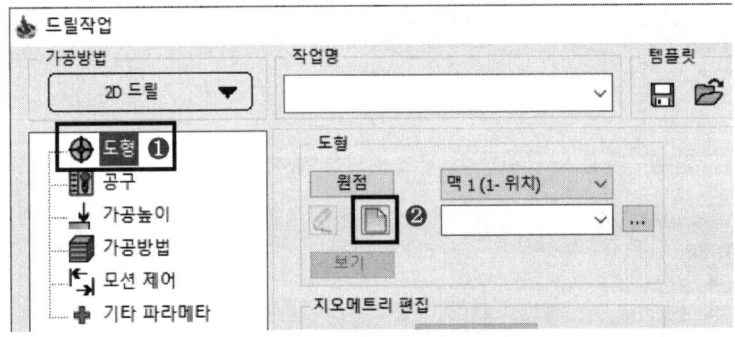

Step 03 모델링 형상에서 드릴 가공할 위치인 구멍(화살표)을 클릭하고, 확인을 누른다.

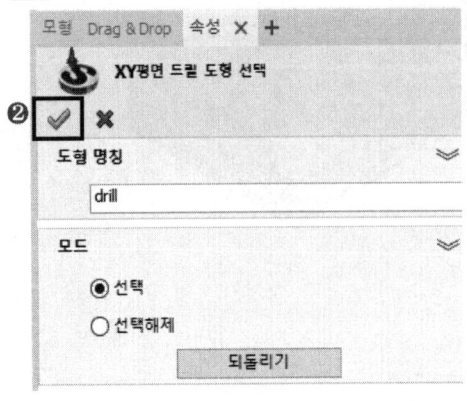
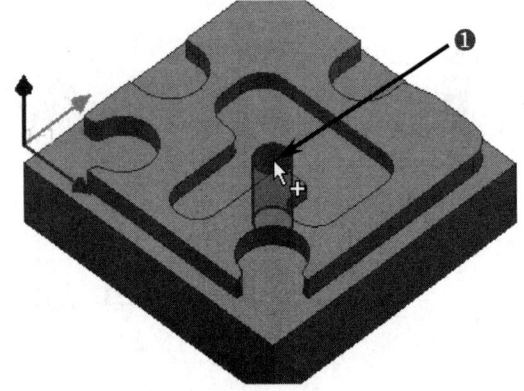

Step 04 구멍의 이름이 [drill]임을 알 수 있다.

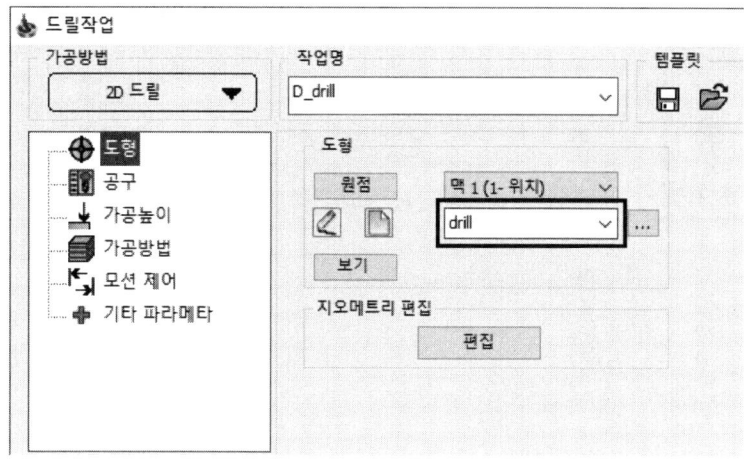

Step 05 [공구 → 선택]을 클릭한다.

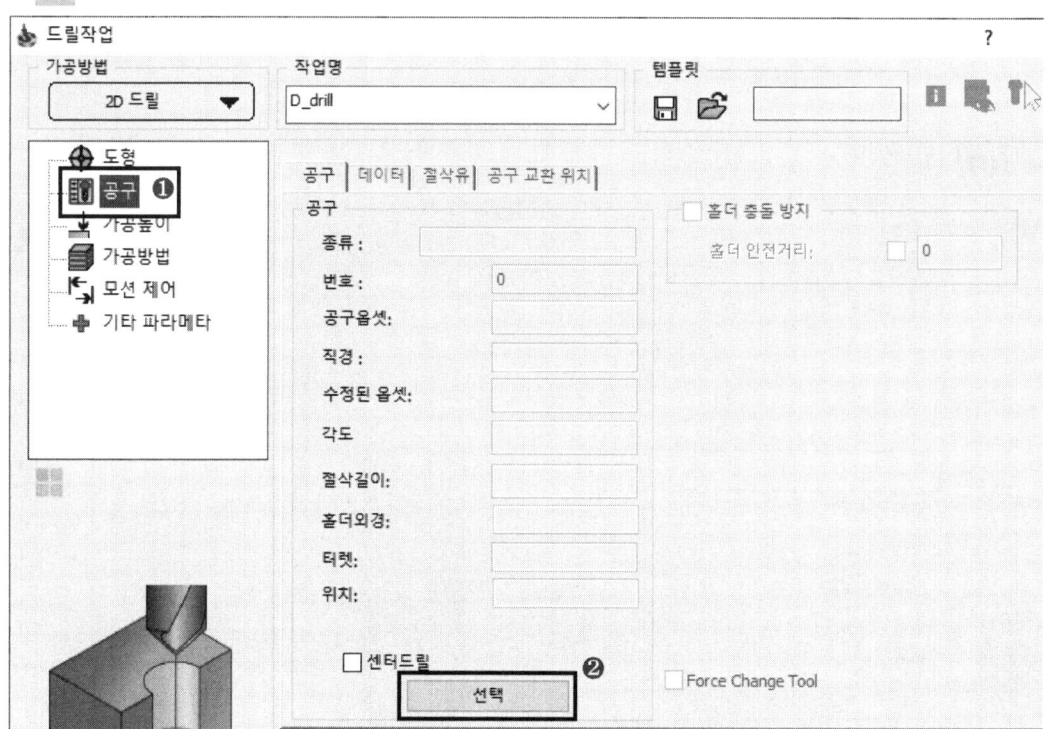

Step 06 [센터드릴]을 **더블클릭**한다.

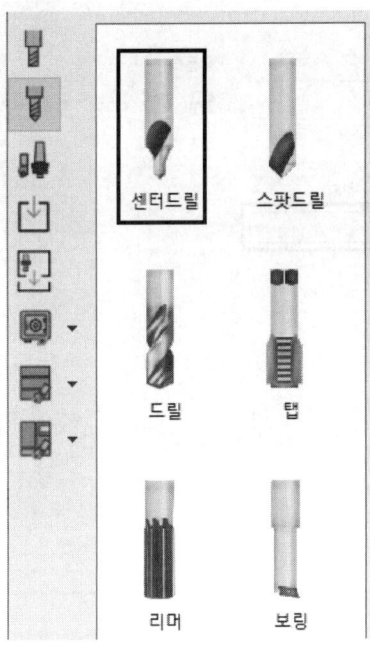

Step 07 [팁 직경(D) : 3]을 입력한다.

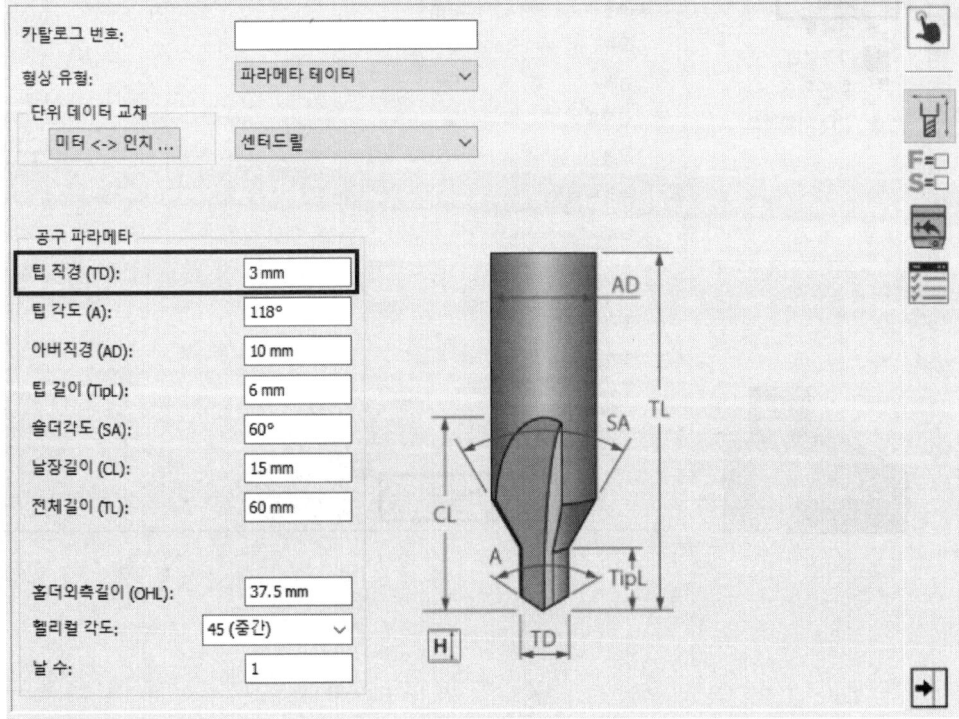

Step 08 [공구조건 → XY피드:100 → Z피드:100 → 회전수:1000]을 입력한다.
[정삭XY피드 & 정삭회전수]는 체크를 해제한다.

Step 09 [터렛 절삭유 → 절삭유(M08)]을 클릭하여 체크표시를 한다.

Step 10 [공구정보 → 공구번호:2]를 입력한다.

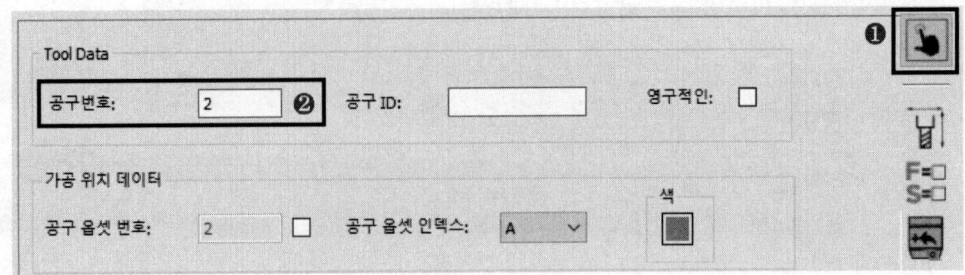

Step 11 화면 우측 아래의 [선택] 버튼을 클릭한다.

Step 12 [가공높이 → 드릴깊이 : 3]을 입력한다.

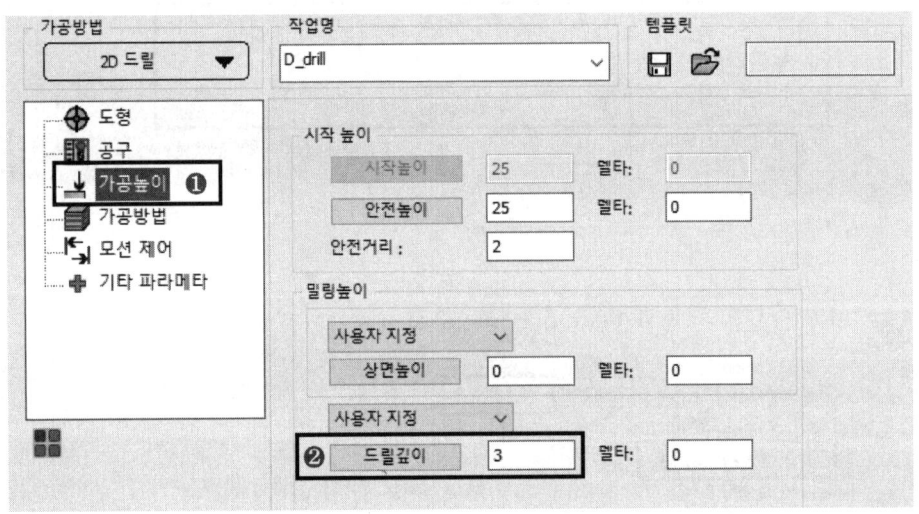

Step 13 화면 좌측 아래의 [저장&계산 → 시뮬레이션]을 클릭한다.

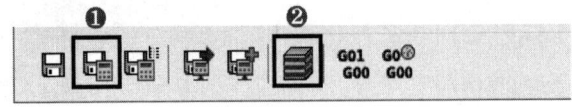

Step 14 [솔리드 검증 → 플레이]를 클릭하여 가공 모습을 보고, [나가기]를 클릭한다.
시뮬레이션 속도를 조절하여 가공모습을 천천히 볼 수도 있다.

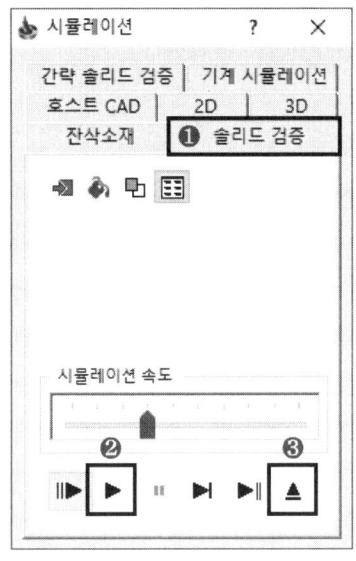
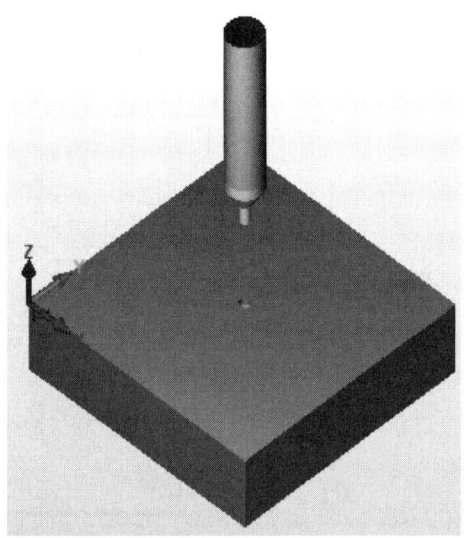

Step 15 화면 우측 아래의 [저장&나가기]를 클릭한다. 가공을 마무리한다.

Step 16 가공 경로를 확인 후, 다음을 클릭하여 체크표시를 해제한다.

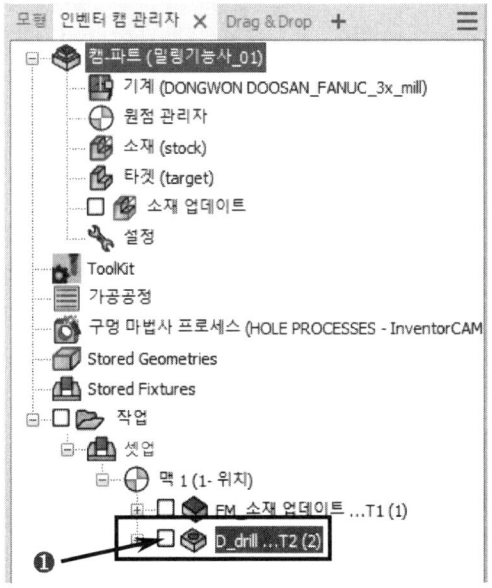
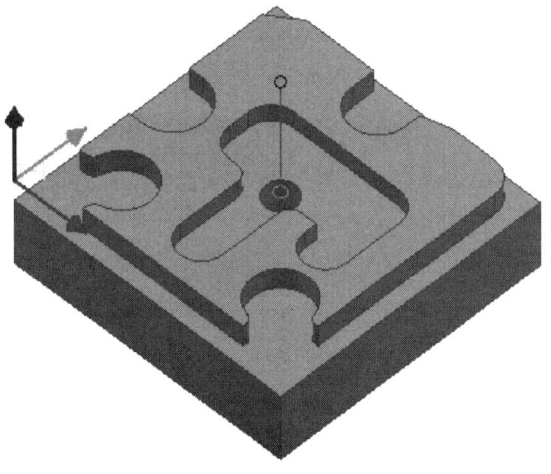

4. 드릴작업

Step by Step

Step 01 [리본 → InventorCAM2021 작업 → 2.5D → 드릴가공]을 클릭한다.

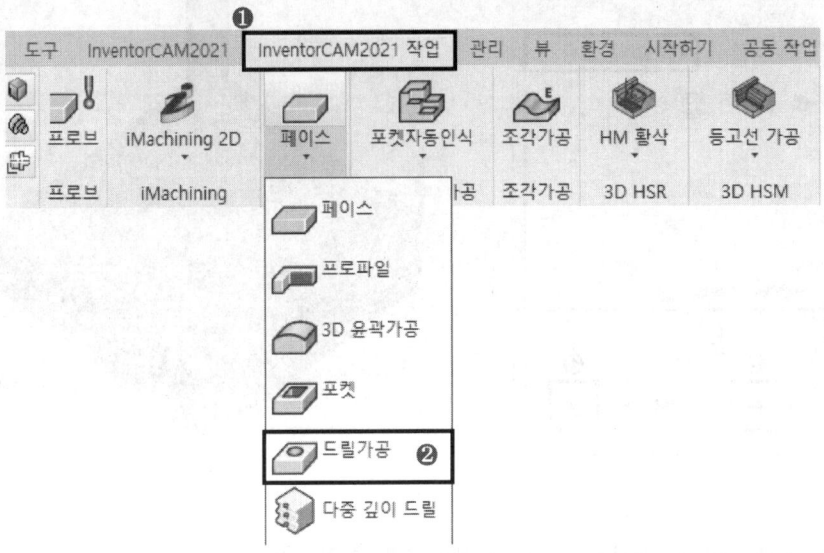

Step 02 도형에서 표시된 [drill]을 선택한다.

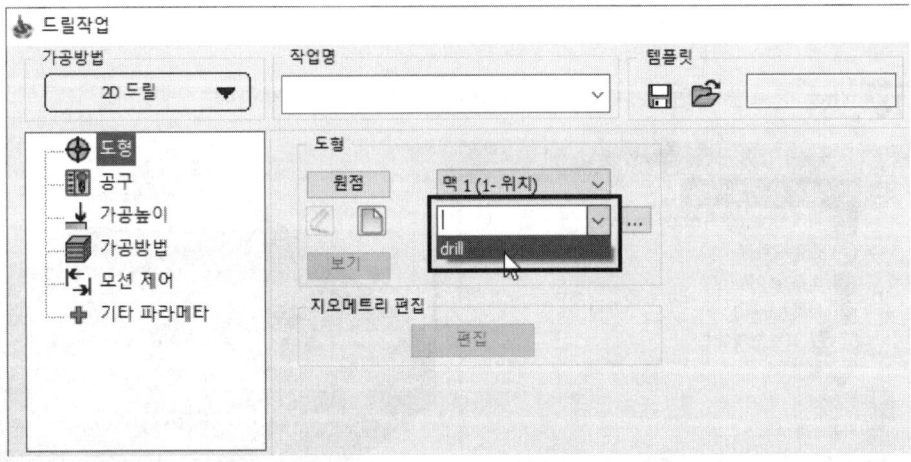

Chapter 02 컴퓨터응용밀링기능사 과정

Step 03 [공구 → 선택]을 클릭한다.

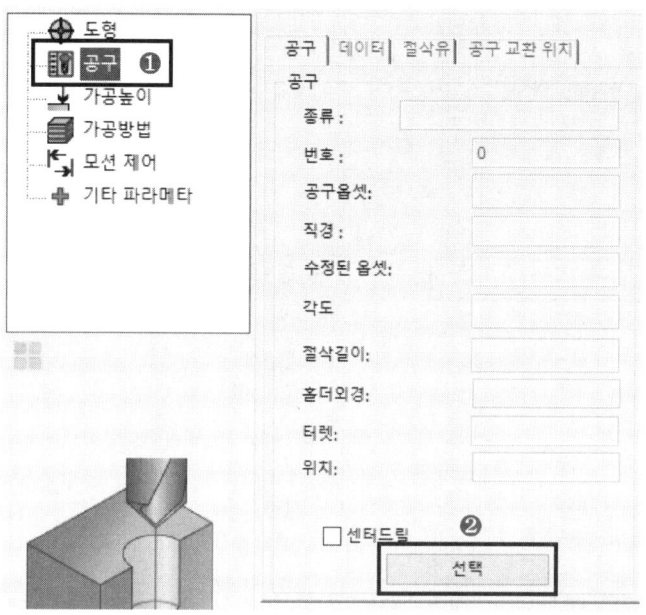

Step 04 [드릴]을 더블클릭한다.

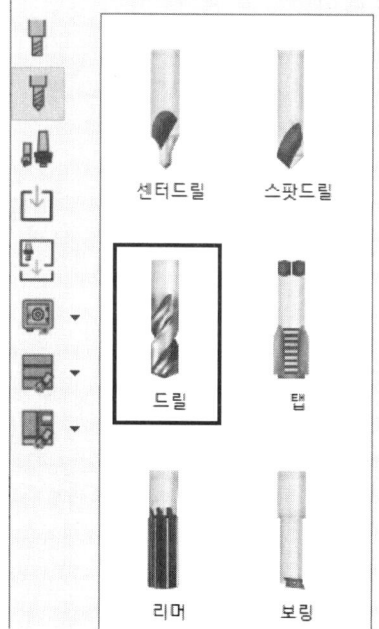

Step 05 [직경 : 8]을 입력한다.

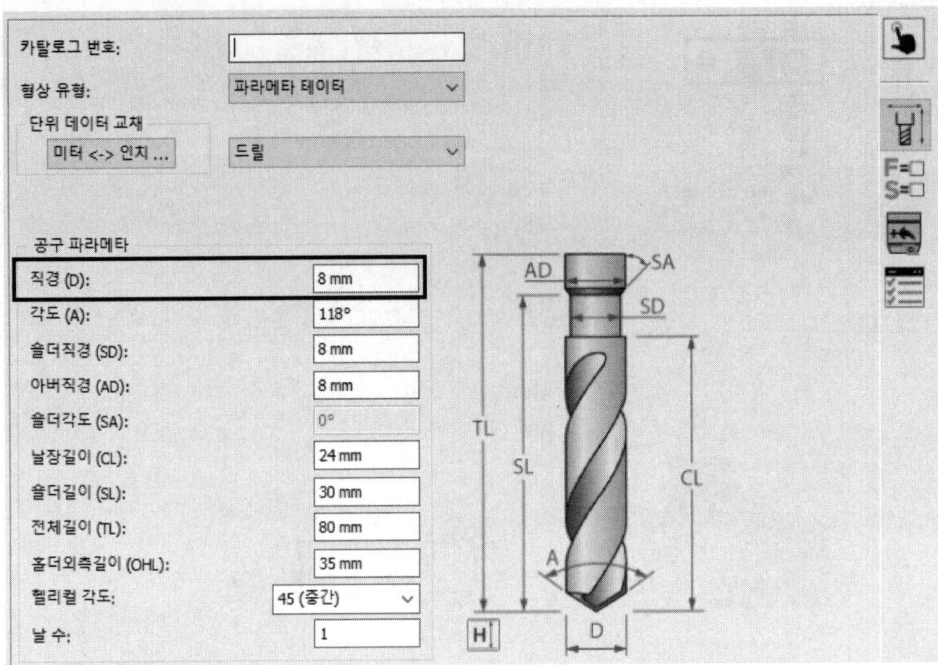

Step 06 [공구조건 → XY피드:100 → Z피드:100 → 회전수:1000]을 입력한다.
[정삭XY피드 & 정삭회전수]는 체크를 해제한다.

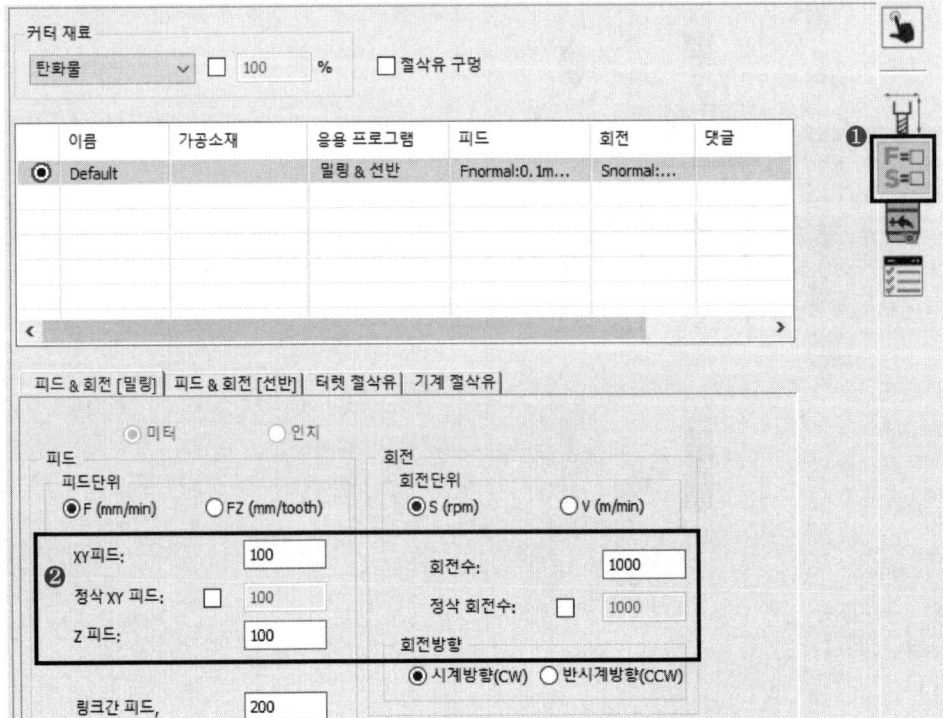

Step 07 [터렛 절삭유 → 절삭유(M08)]을 클릭하여 체크표시를 한다.

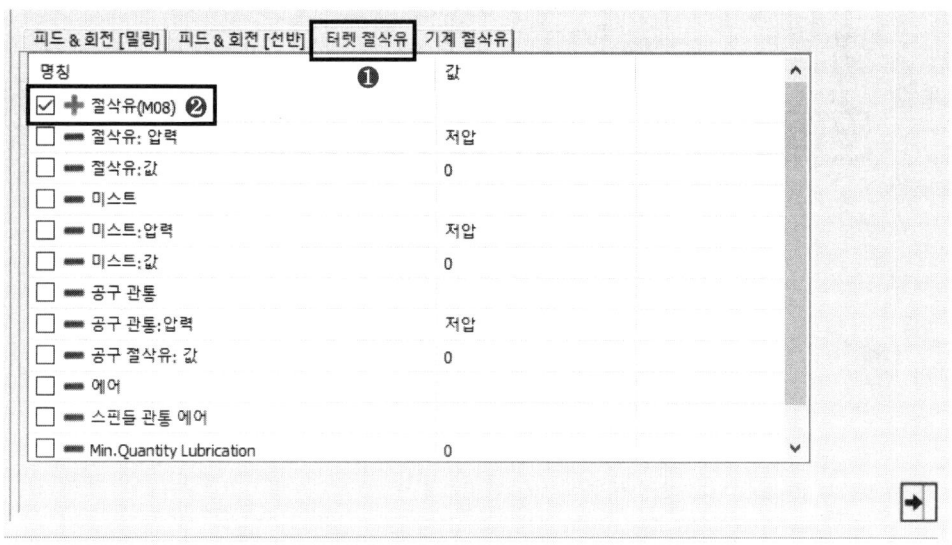

Step 08 [공구정보() → 공구번호]는 자동으로 "3"이 입력된다.

Step 09 화면 우측 아래의 [선택] 버튼을 클릭한다.

Step 10 [가공높이 → 드릴깊이 델타 : -3]을 입력한다.

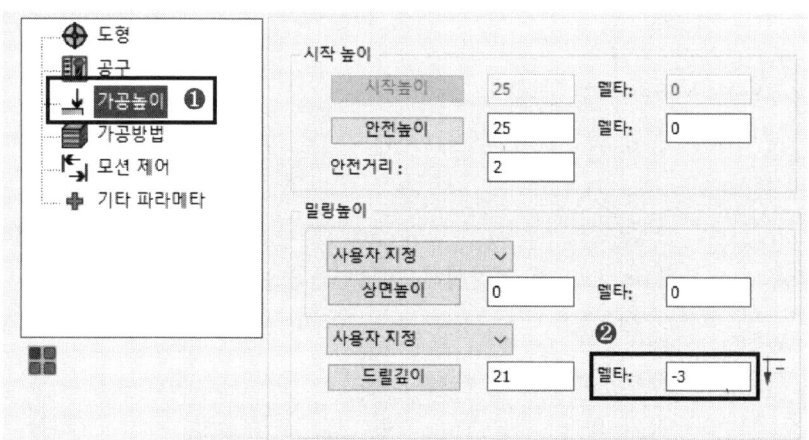

Step 11 [가공방법 → 드릴사이클 종류]를 클릭한다.

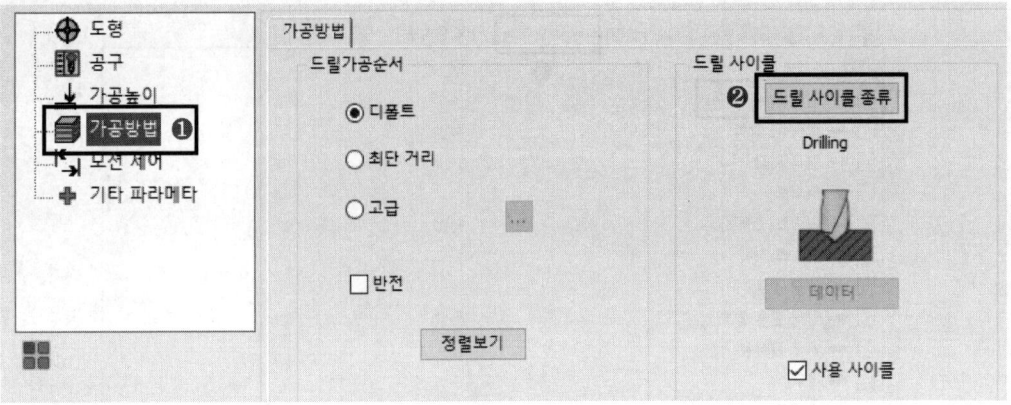

Step 12 [Peck]을 클릭하여 선택한다. (G83코드)

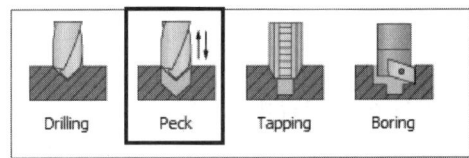

Step 13 드릴 사이클 선택 후, [데이터]를 선택한다.

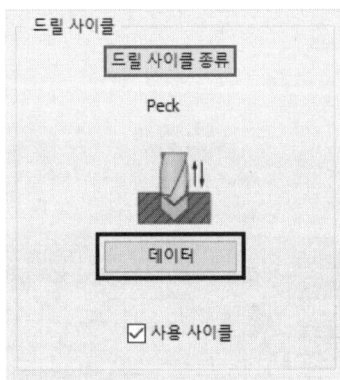

Step 14 [절입량 : 3 → Full retract : 예]로 설정하고, 확인을 누른다.

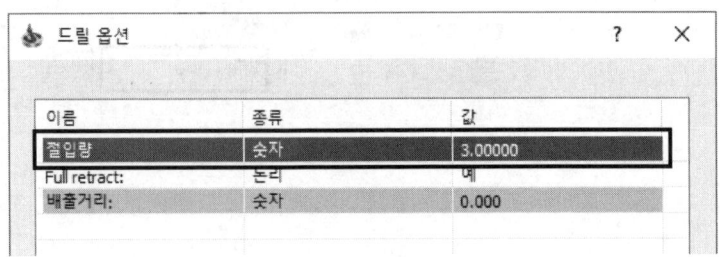

Step 15 화면 좌측 아래의 [저장&계산 → 시뮬레이션]을 클릭한다.

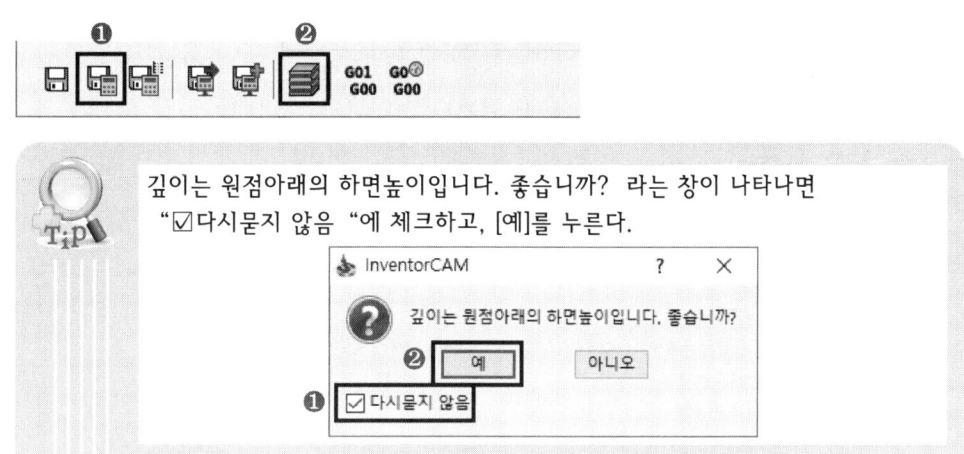

Step 16 [솔리드 검증 → 플레이]를 클릭하여 가공 모습을 보고, [나가기]를 클릭한다.
시뮬레이션 속도를 조절하여 가공모습을 천천히 볼 수도 있다.

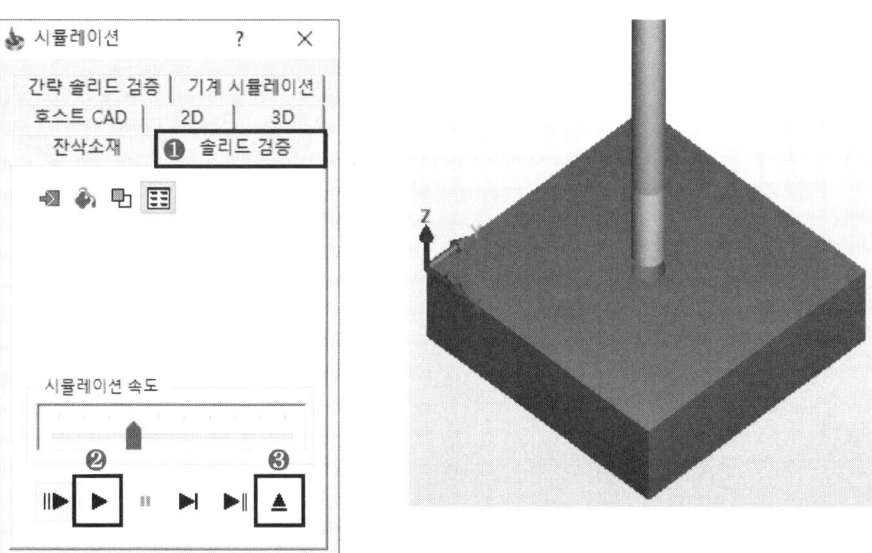

Step 17 화면 우측 아래의 [저장&나가기]를 클릭한다. 가공을 마무리한다.

Step 18 가공 경로를 확인 후, 다음을 클릭하여 체크표시를 해제한다.

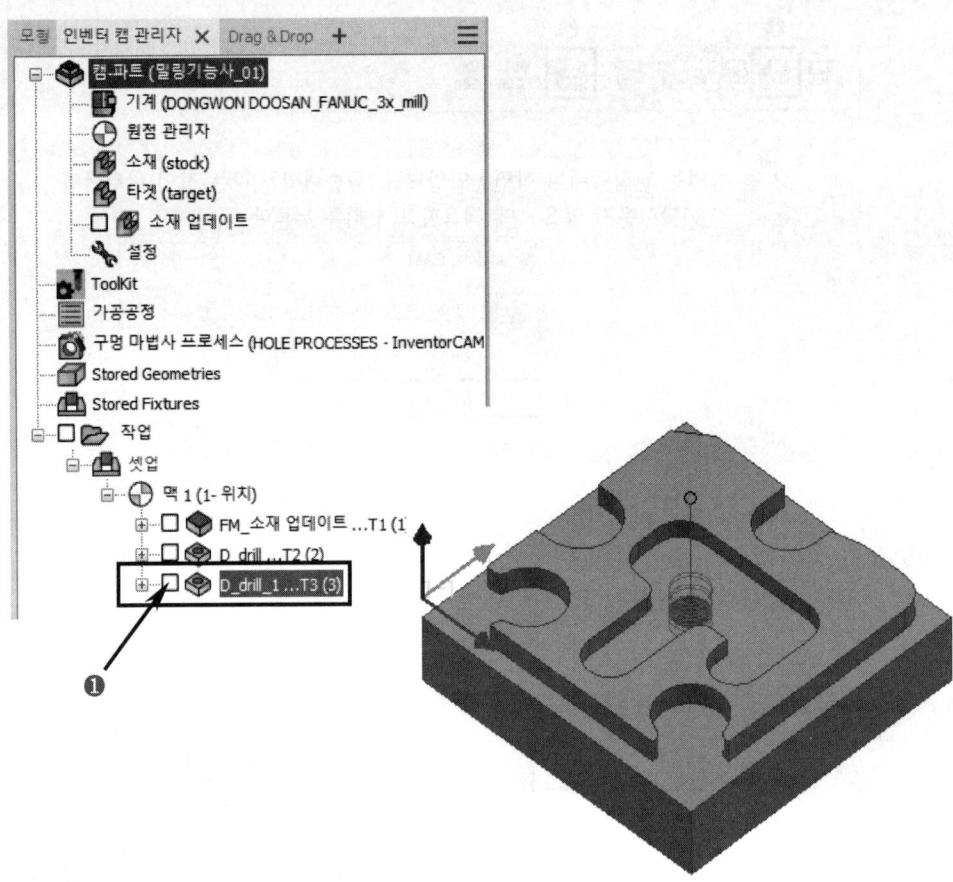

5. 포켓 자동인식 작업

Step 01 [리본 → InventorCAM2021 작업 → 포켓자동인식]을 클릭한다.

Step 02 [포켓자동인식 → 도형 → 신규]를 클릭한다.

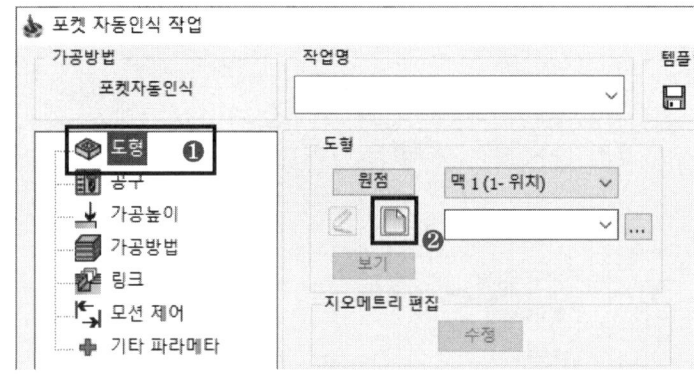

Step 03 모델링 형상의 윗면을 클릭한다. 선택 리스트에 3개의 면이 나타나는지 확인한다.

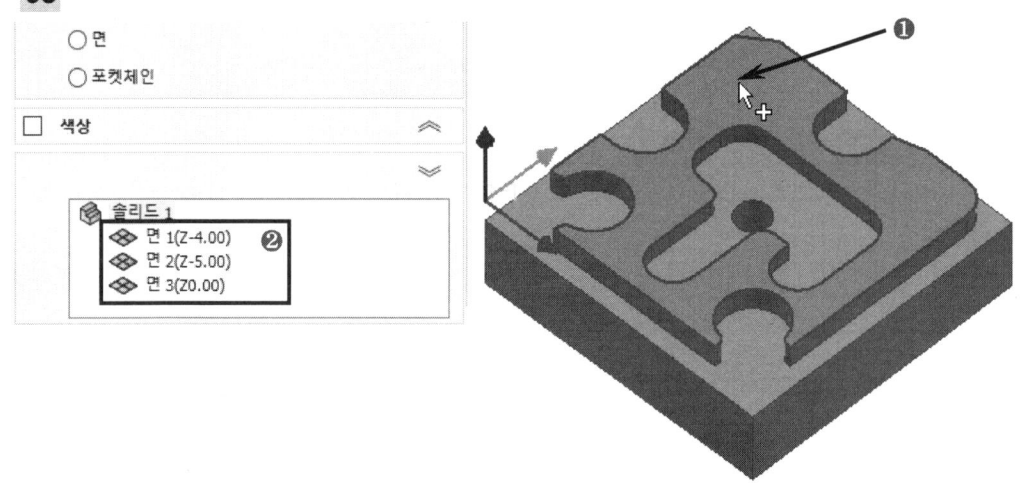

Step 04 리스트에서 상단면(Z0.00)을 선택한 후, 마우스 오른쪽을 눌러 [선택해제]를 클릭한다.

Step 05 확인(✓)을 클릭한다.

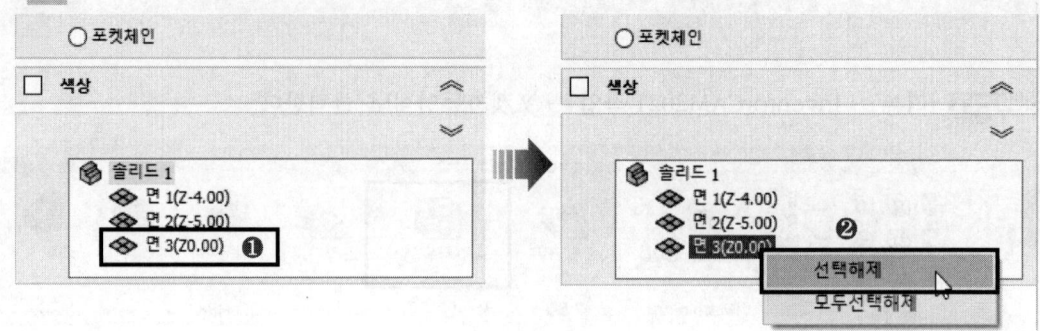

Step 06 [공구 → 선택]을 클릭한다.

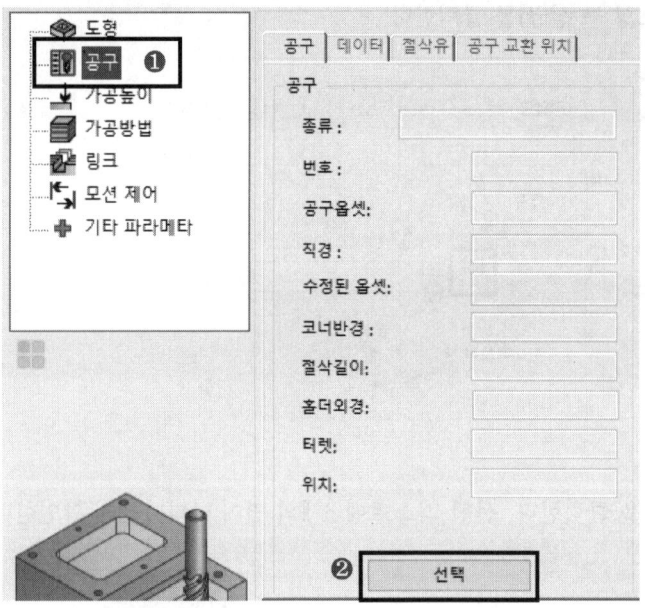

Step 07 [평 엔드밀]을 더블클릭한다.

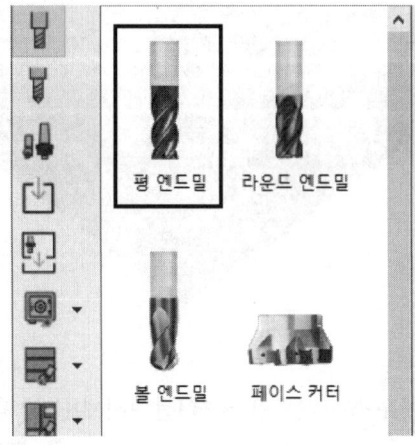

Step 08 [직경 : 10]을 입력한다.

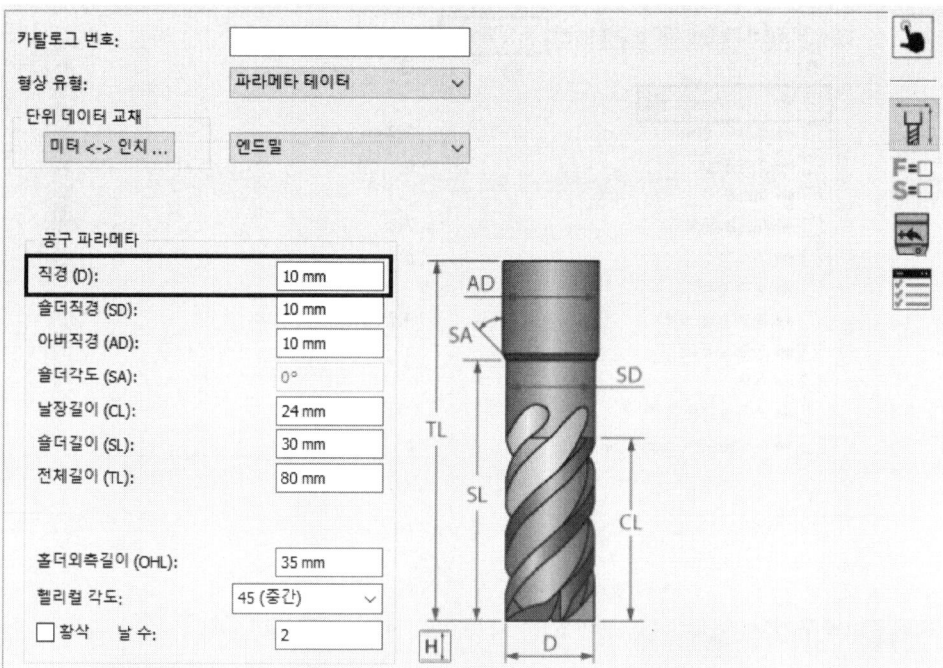

Step 09 [공구조건 → XY피드:150 → Z피드:150 → 회전수:1500]을 입력한다.
[정삭XY피드 & 정삭회전수]는 체크를 해제한다.

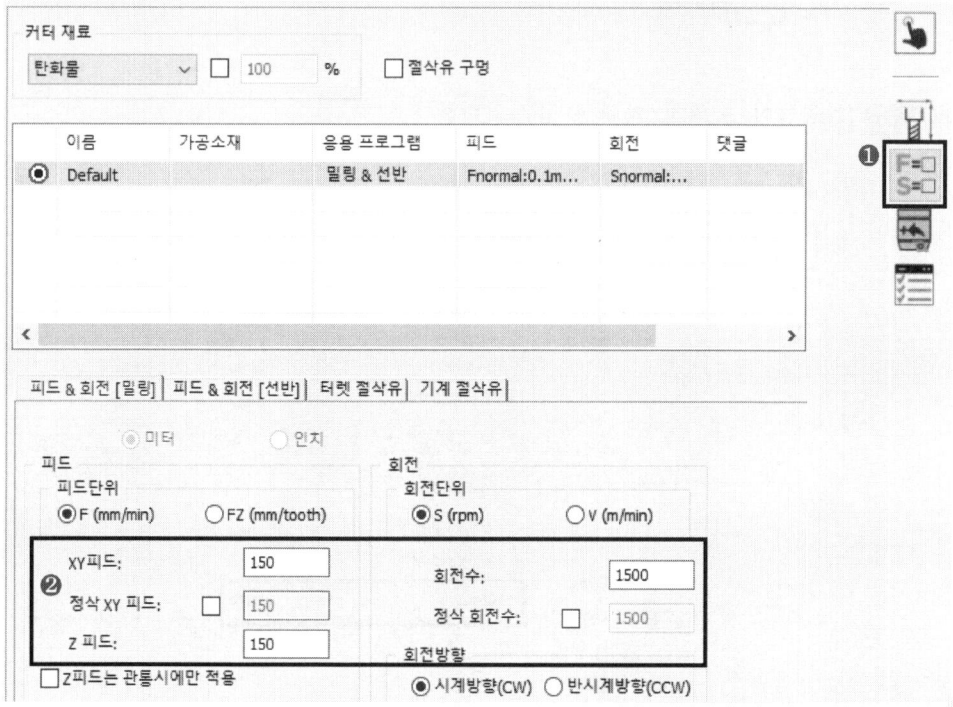

Step 10 [터렛 절삭유 → 절삭유(M08)]을 클릭하여 체크표시를 한다.

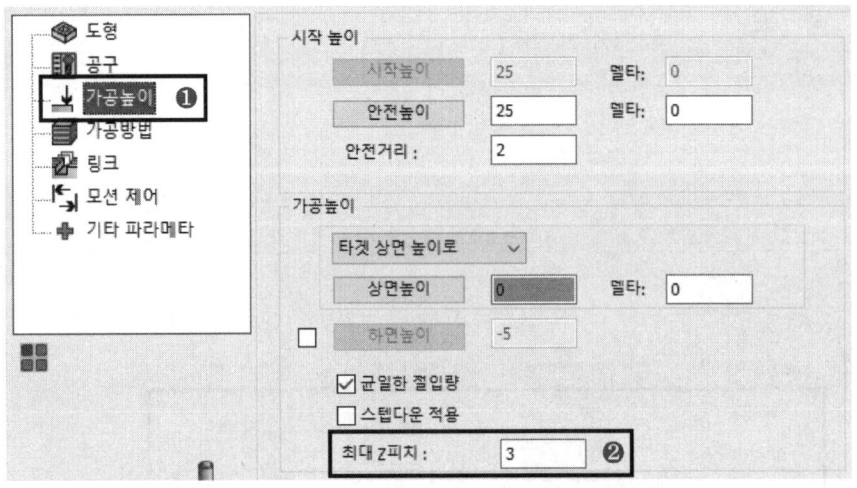

Step 11 [공구정보() → 공구번호]는 자동으로 "4"가 입력된다.

Step 12 화면 우측 아래의 [선택] 버튼을 클릭한다.

Step 13 [가공높이 → 최대Z피치 → 3]을 입력한다.

Step 14 [링크 → 램핑 → 데이터]를 클릭한다.

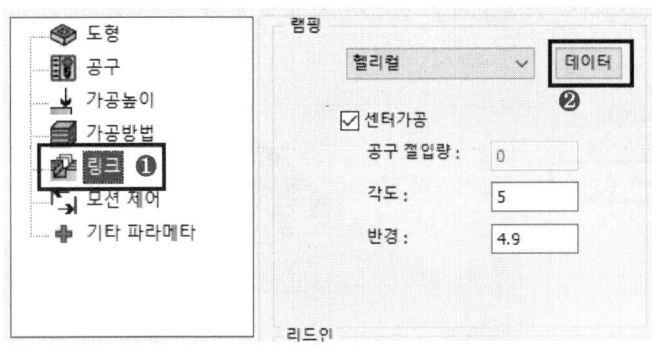

Step 15 드릴 위치를 [모두 적용]을 클릭하고, 확인을 누른다.

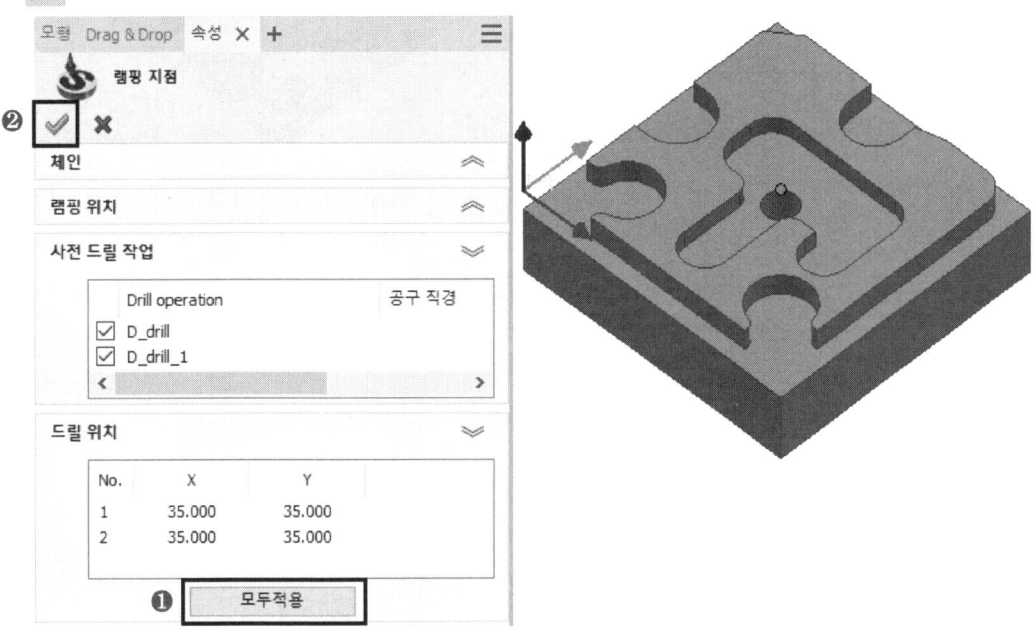

Step 16 화면 좌측 아래의 [저장&계산 → 시뮬레이션]을 클릭한다.

Step 17 [솔리드 검증 → 플레이]를 클릭하여 가공 모습을 보고, [나가기]를 클릭한다.
시뮬레이션 속도를 조절하여 가공모습을 천천히 볼 수도 있다.

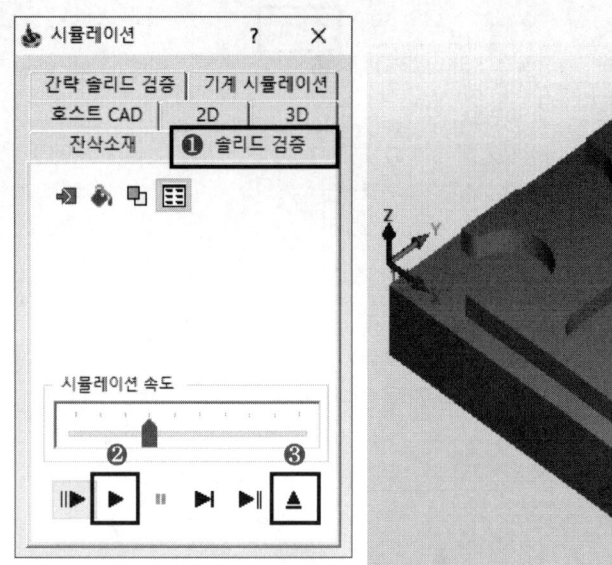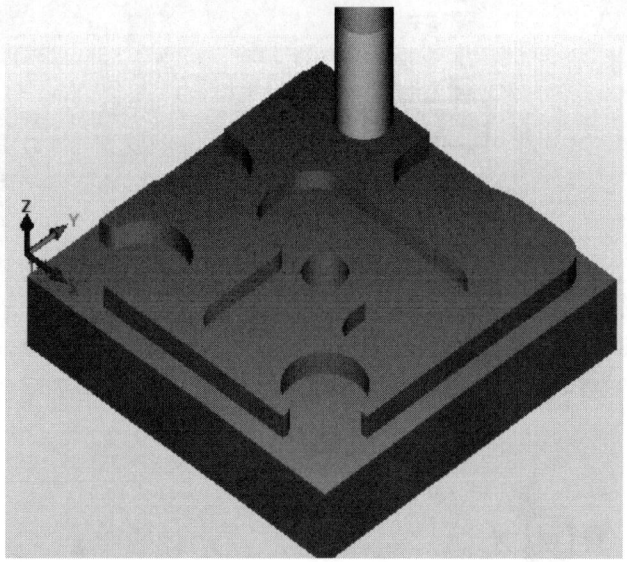

Step 18 화면 우측 아래의 [저장&나가기]를 클릭한다. 가공을 마무리한다.

Step 19 가공 경로를 확인 후, 다음을 클릭하여 체크표시를 해제한다.

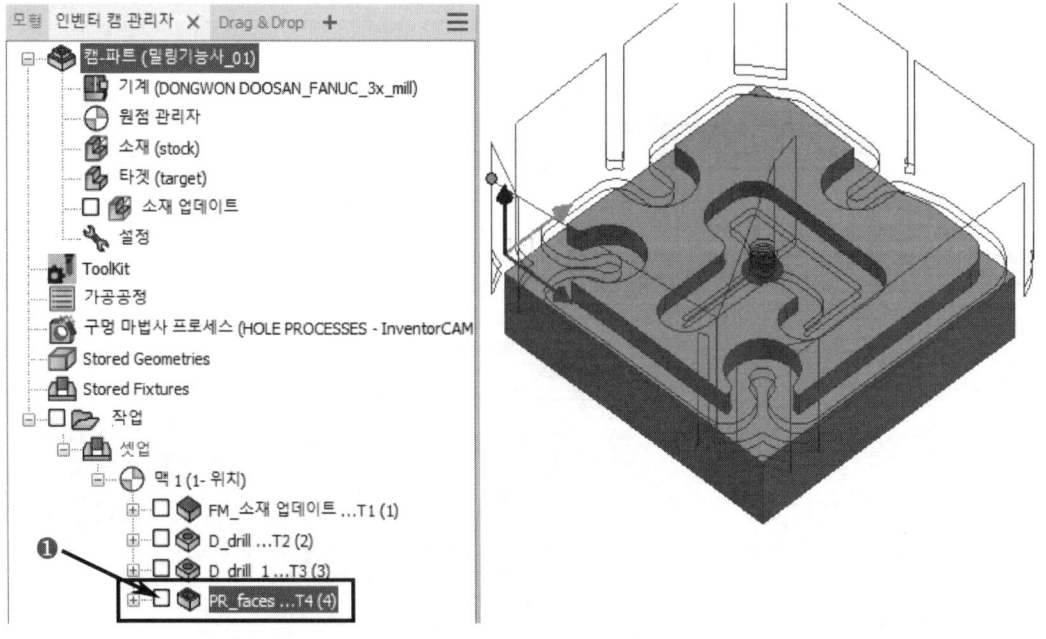

6. 시뮬레이션 및 G코드 생성

Step by Step

Step 01 [작업]을 클릭하여 체크표시를 한다.

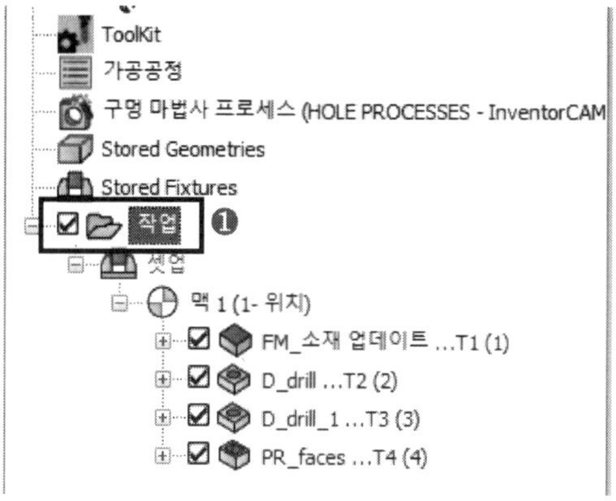

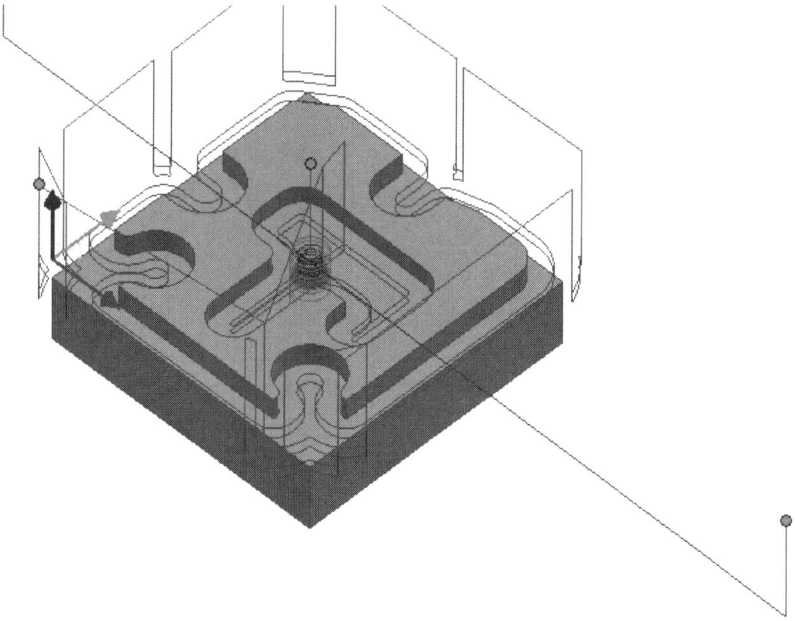

Step 02 [리본 → 시뮬레이션]을 클릭한다.

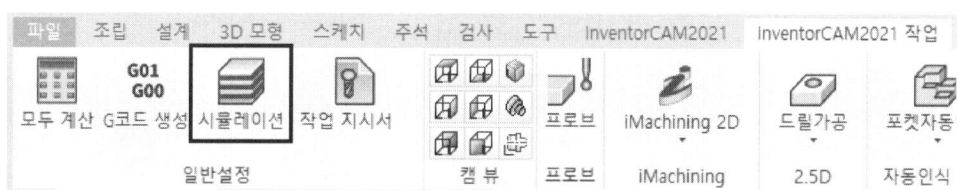

Step 03 시뮬레이션 창에서 [솔리드 검증 → 플레이 → 나가기]를 클릭하여 전체 시뮬레이션을 확인한다.

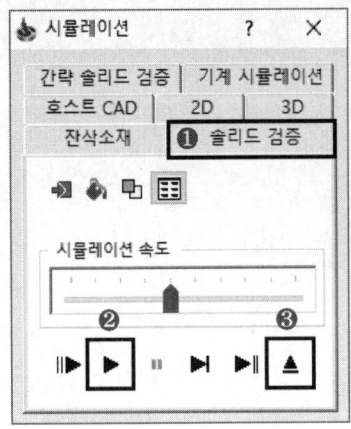

Step 04 [리본 → G코드생성]을 클릭한다.

Step 05 생성된 G코드를 확인한다.

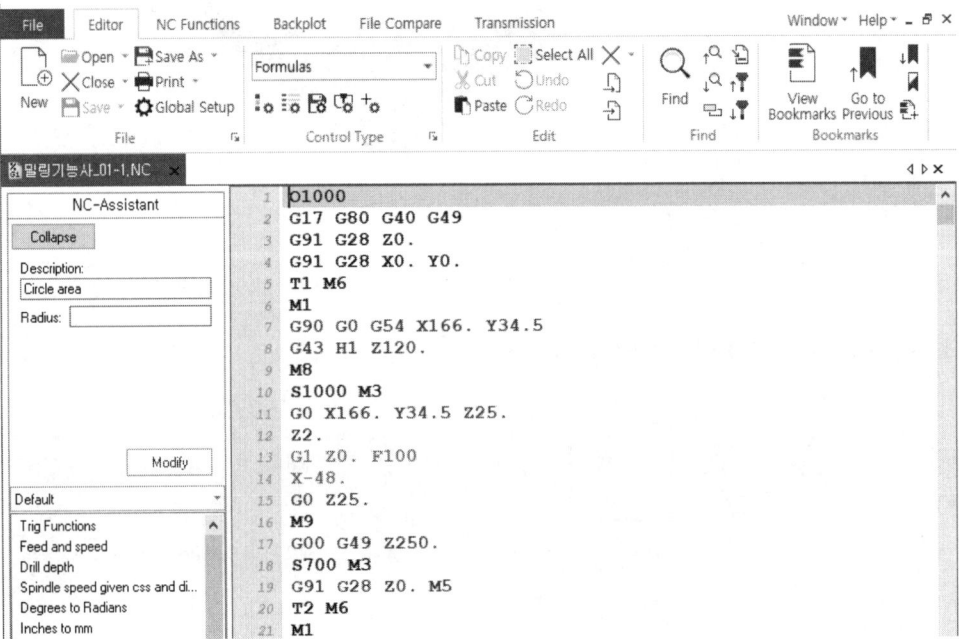

Step 06 [Save As]를 클릭하여 다른 이름으로 저장한다.

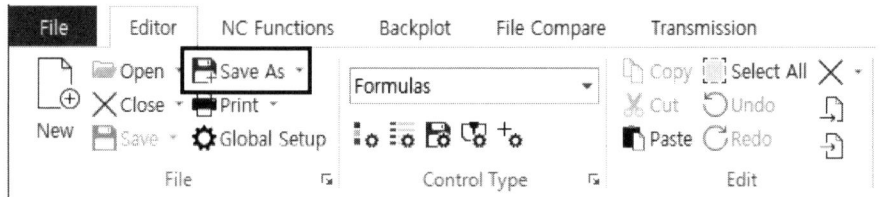

Step 07 파일이름과 확장자(.nc)까지 입력한 후, [저장]을 클릭한다.

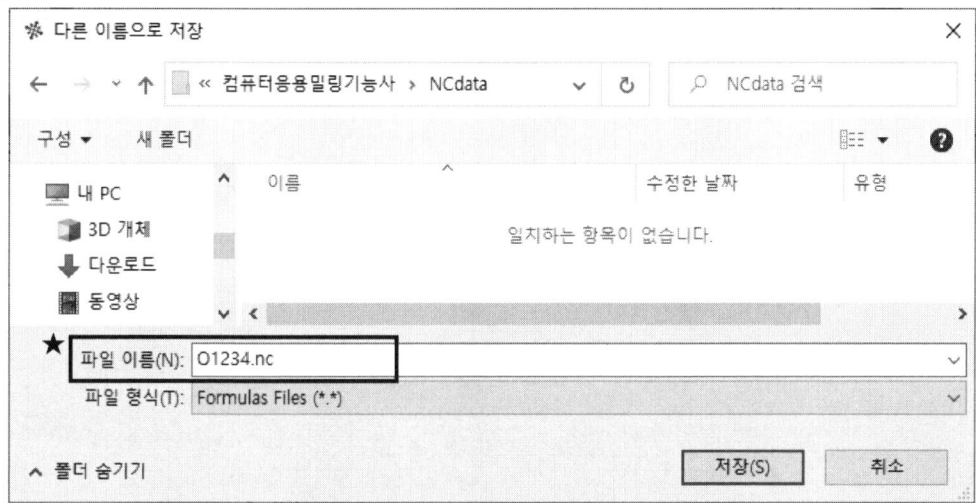

기본에 충실한 InventorCAM

InventorCAM

Chapter 03

InventorCAM

컴퓨터응용가공산업기사 과정(CAM프로그램가공작업)

01 모델링 과정
02 인벤터 캠 과정

01 모델링 과정

종목	컴퓨터응용가공산업기사	과제	CAM프로그램가공

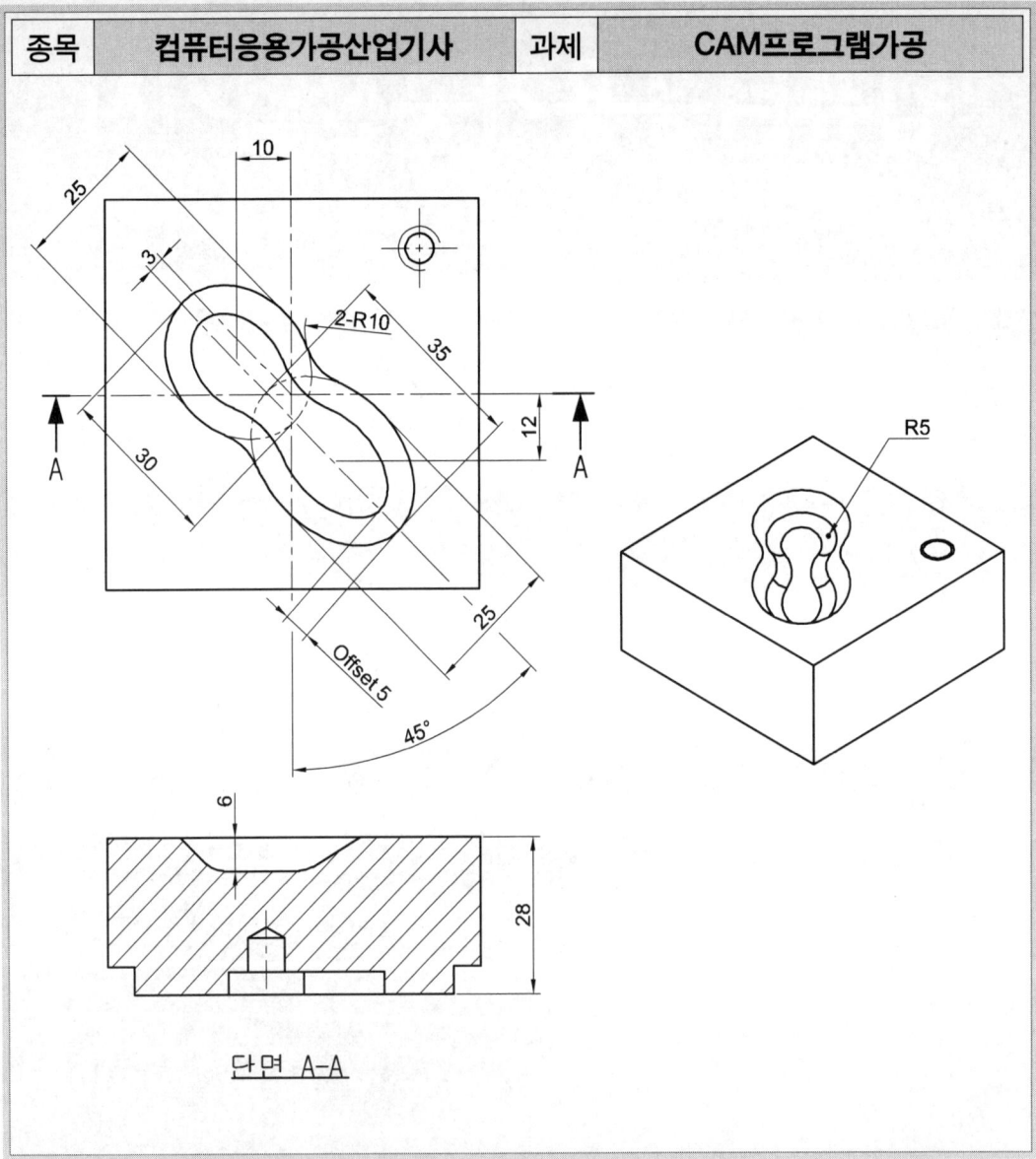

단면 A-A

공구번호	공구이름	공구직경	이송속도	회전수
1	평엔드밀	10	300	3500
5	볼엔드밀	6	1000	5000

Chapter 03 컴퓨터응용가공산업기사 과정(CAM프로그램가공작업)

1. 돌출 형상 작업
Step by Step

Step 01 [새로 만들기 → Standard.ipt → 작성]을 선택한다.

Step 02 [스케치 → XY평면]을 선택한다.

Step 03 [사각형 → 치수]로 아래 그림과 같이 스케치를 작성한다.

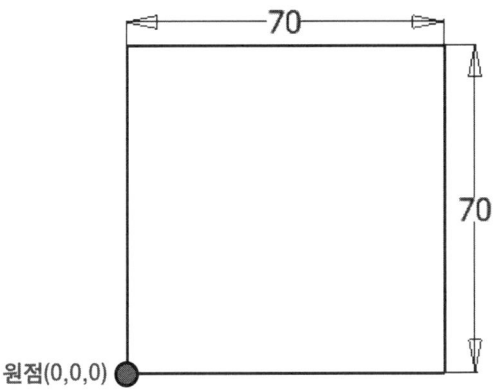

Step 04 [스케치 마무리]를 클릭한다.

Step 05 [돌출 → 반전 → 거리:28]을 입력하고, [확인]을 누른다.

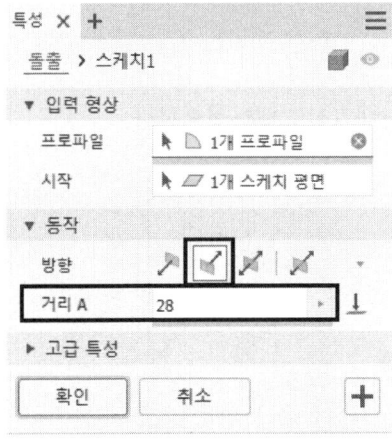
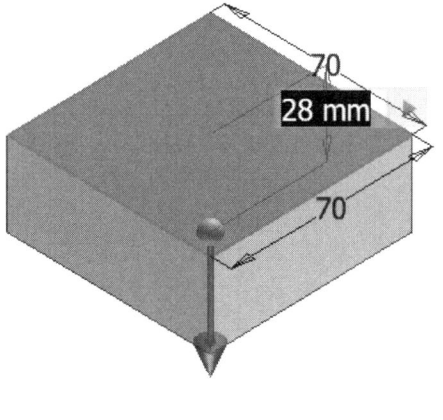

2. 포켓 형상 작업

Step 01 [스케치 → 형상윗면]을 클릭한다.

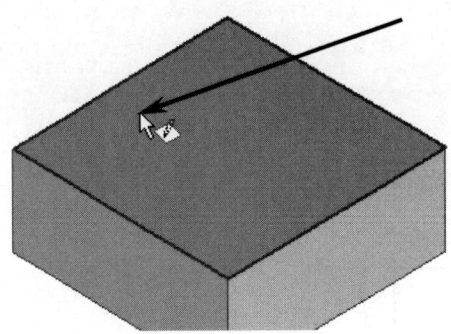

Step 02 [선]으로 중간점을 지나는 "수평, 수직선" 및 끝점을 지나는 "대각선"을 작성한다.

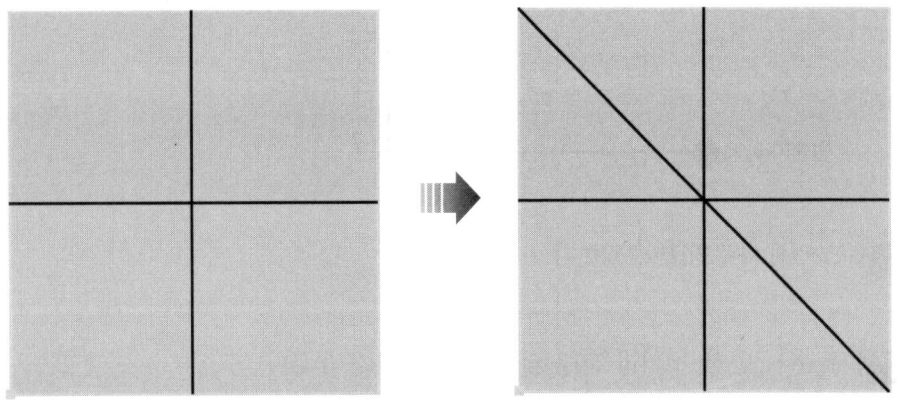

Step 03 [선]으로 아래 그림처럼 대각선을 그린다.
[구속조건 → 평행( )]을 클릭하고, 작성한 대각선 2개를 선택한다.

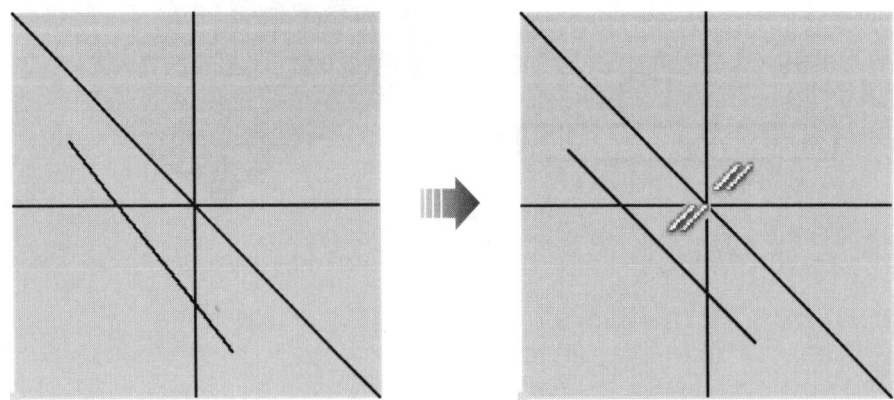

Step 04 [치수]를 입력한다.

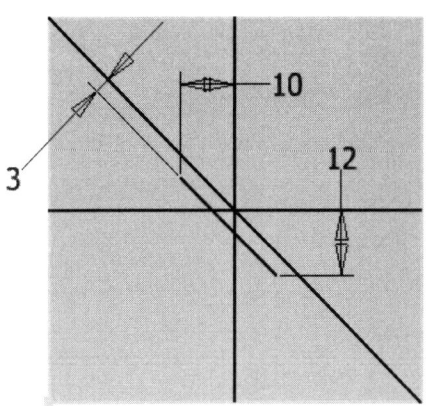

Step 05 작성한 수평&수직, 대각선을 모두 선택하고, [구성(⊥)]을 클릭한다.
구성으로 바꾼 뒤에는 반드시 키보드 Esc를 2~3번 누른다.

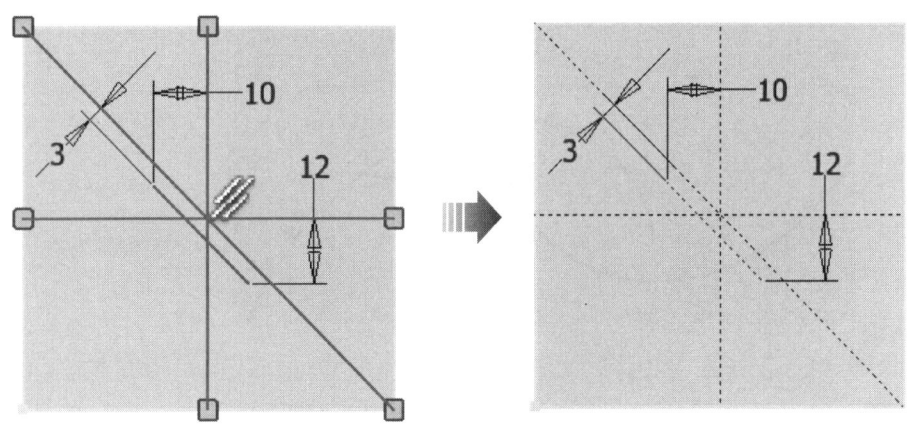

Step 06 대각선 좌측 끝점을 중심으로 경사진 [타원 → 치수]를 작성한다.

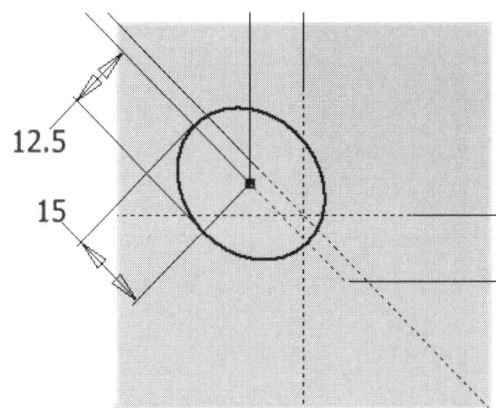

Step 07 대각선 우측 끝점을 중심으로 경사진 [타원 → 치수]를 작성한다.

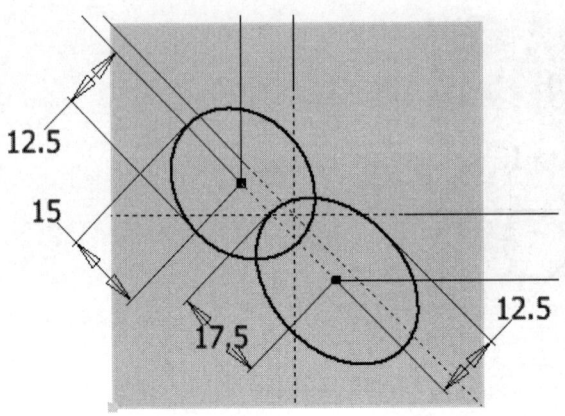

Step 08 [호 → 치수]를 실행하고, 타원 위의 점을 클릭하면서 호를 작성한다.

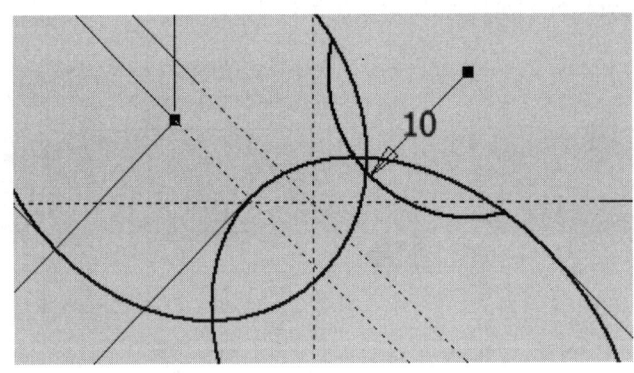

Step 09 [구속조건 → 접선( )]으로 타원과 호를 차례로 선택한다.

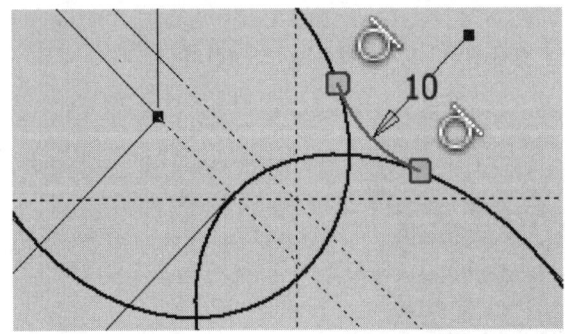

Step 10 반대쪽에도 [호 → 치수 → 구속조건 → 접선( )]을 작성한다.

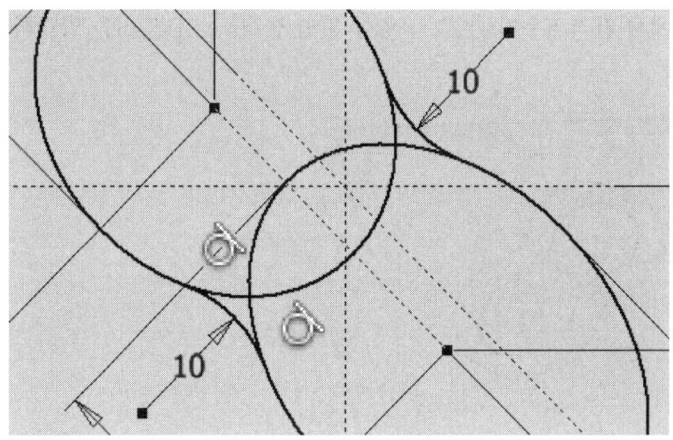

Step 11 [자르기]를 실행하고, 아래 그림처럼 스케치를 완성한다.

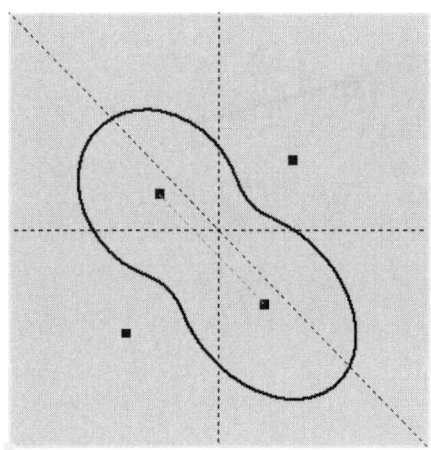

Step 12 [간격띄우기(⊆) → 스케치 선택 → 안쪽방향 → 거리:5]를 입력한다.

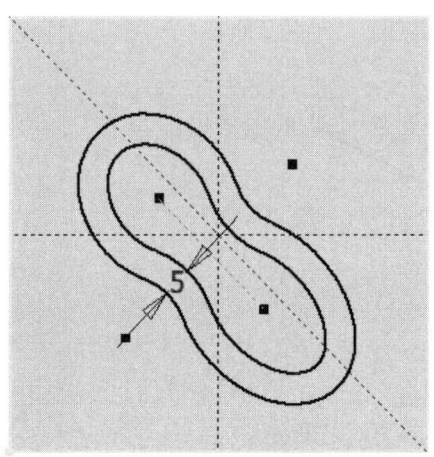

Step 13 [스케치 마무리]를 클릭한다.

Step 14 [작업평면 → 평면에서 간격띄우기( ) → 형상 윗면 선택 → 거리:-6]을 입력하고, [확인]을 클릭한다.

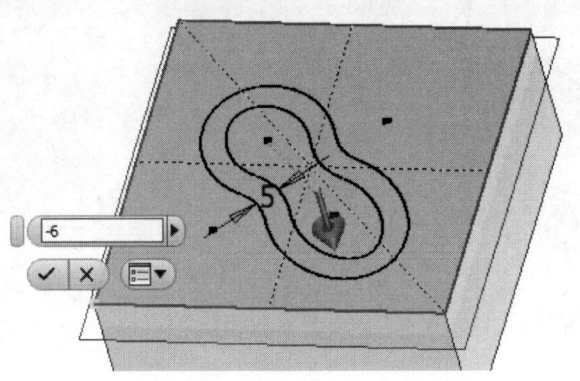

Step 15 [스케치 → 생성한 작업평면]을 선택한다.

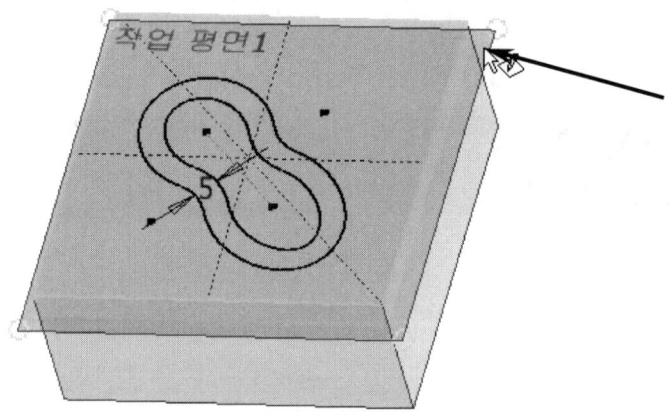

Step 16 [형상투영( ) → 안쪽 스케치]를 차례대로 선택한다.

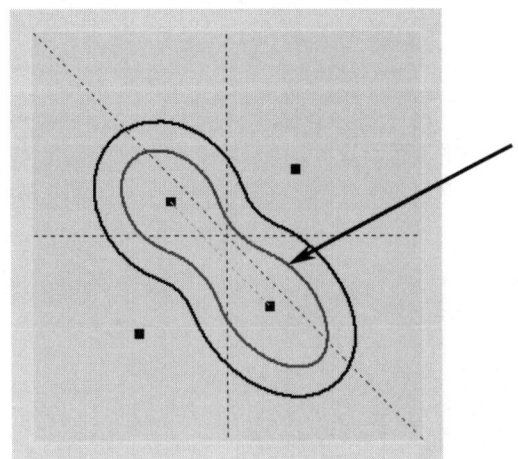

Step 17 [뷰 → 비주얼 스타일 → 와이어프레임]을 선택하면 투영된 스케치가 나타난다.

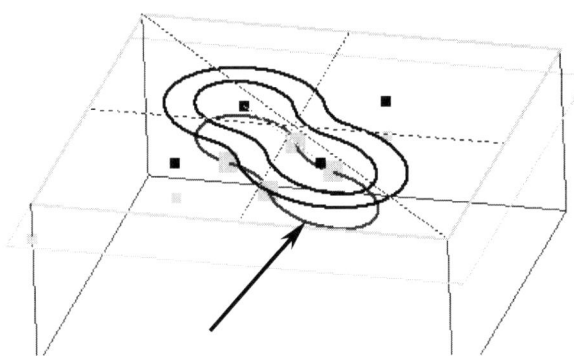

Step 18 [스케치 마무리]를 클릭한다.

Step 19 [로프트( ) → 첫 번째 단면]를 클릭한다.

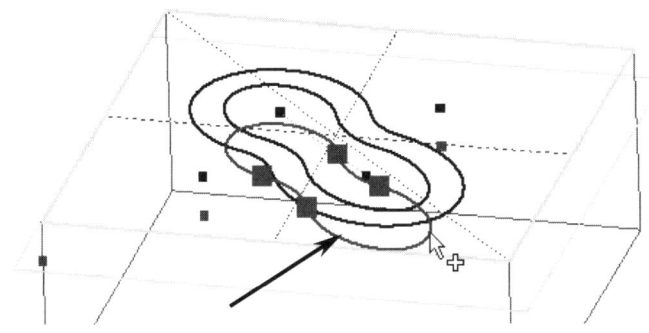

Step 20 [두 번째 단면 선택 → 안쪽 영역 선택]을 차례로 클릭한다.

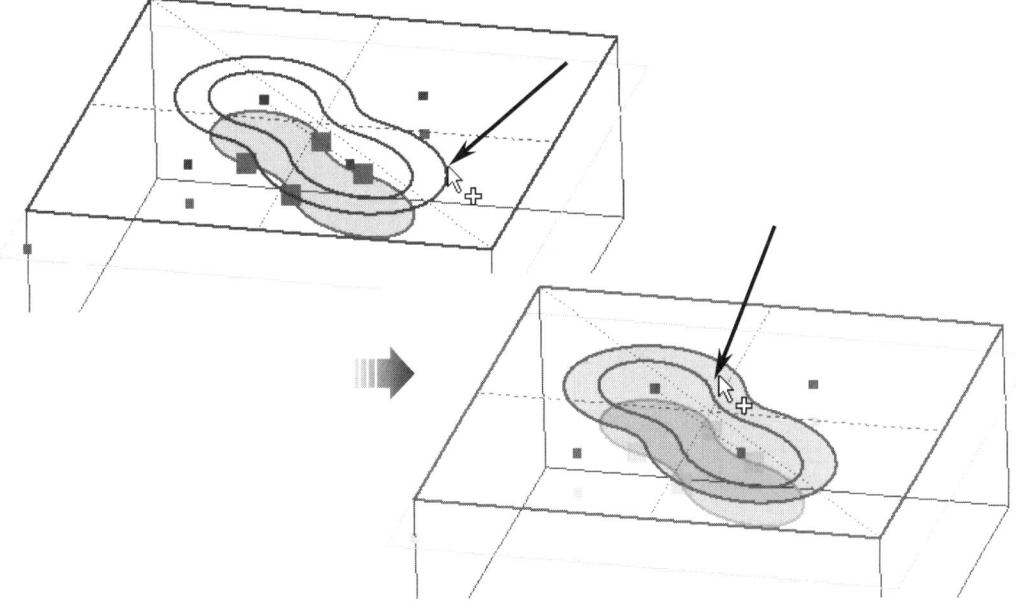

Step 21 로프트 창에서 [차집합 → 확인]을 클릭한다.

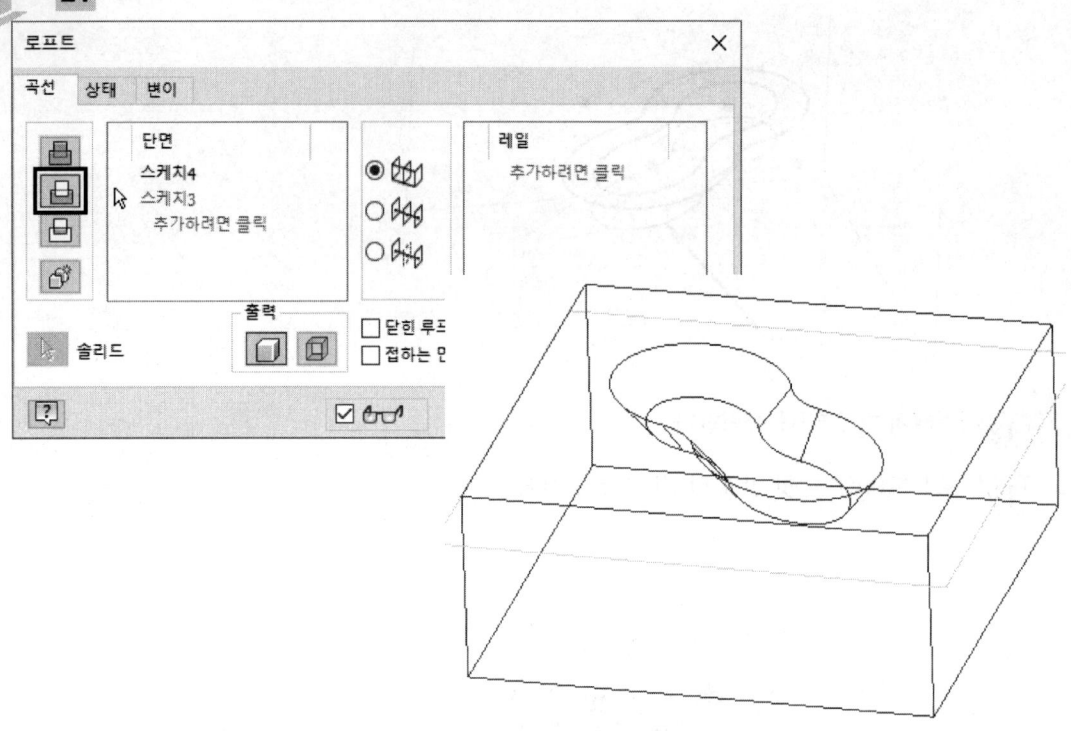

Step 22 [뷰 → 비주얼 스타일 → 모서리로 음영처리]를 클릭한다.
생성한 작업평면은 [가시성]을 클릭하여 보이지 않게 한다.

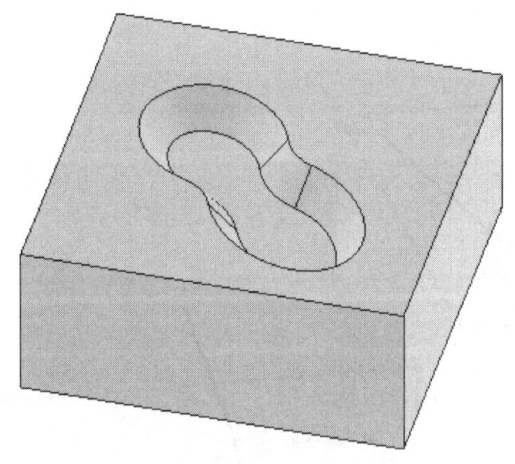

3. 모깎기 작업

Step 01 [모깎기 → 반지름:5]를 입력하고, 선택한 모서리에 라운딩을 한다.

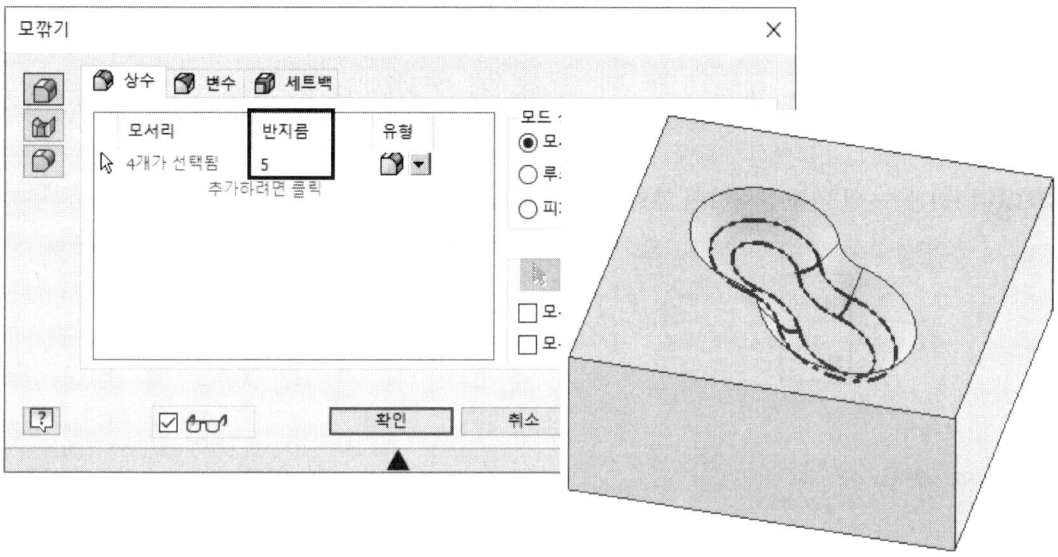

4. 모델링 저장

Step 01 [파일 → 저장]을 클릭하여 모델링 작업한 형상을 저장한다.

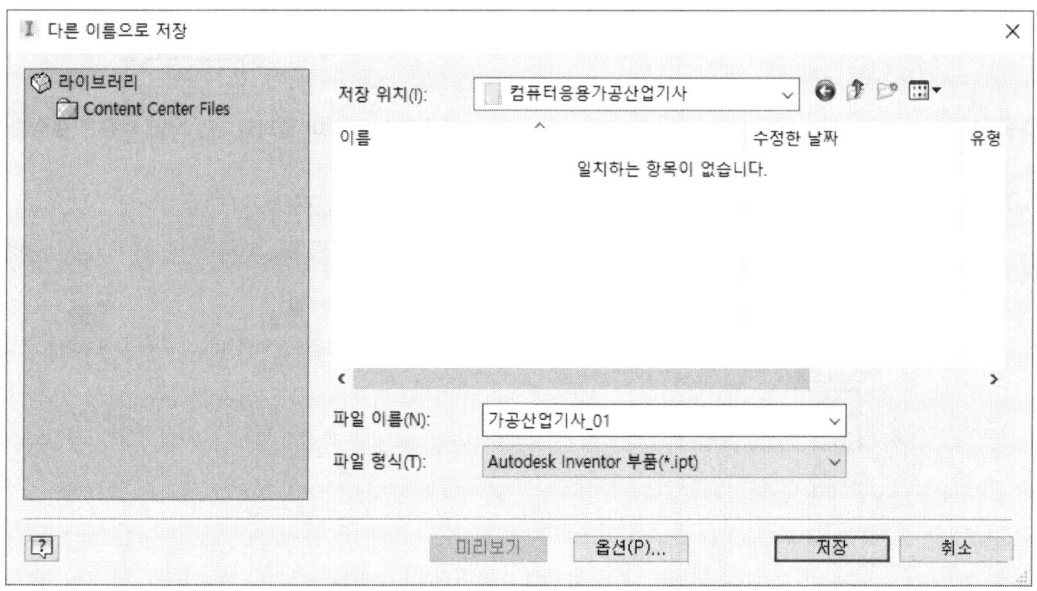

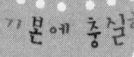

02 인벤터 캠 과정

1. InventorCAM 파트 정의

Step by Step

Step 01 [리본 → 열기]를 클릭하여 파일을 불러온다.

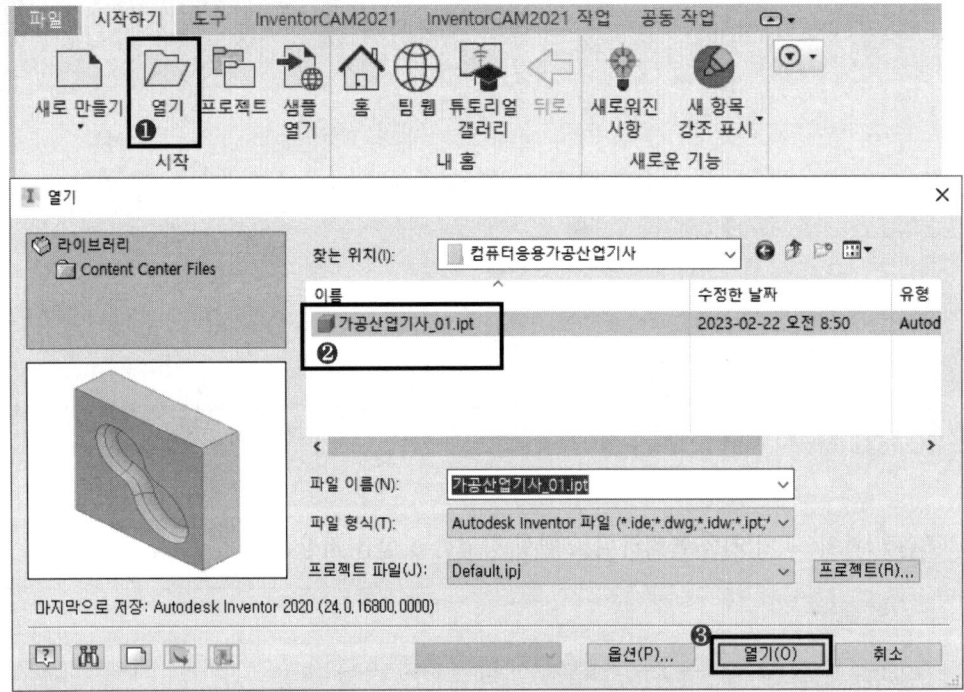

✔ 이미 모델링 파일이 열려있다면 해당 과정은 생략한다.

Step 02 [리본 → InventorCAM2021 탭 → 신규 → 밀링]을 클릭한다.

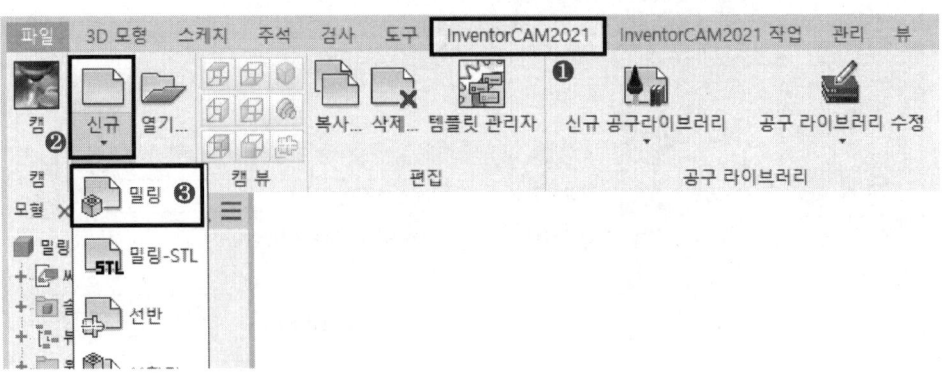

Chapter 03 컴퓨터응용가공산업기사 과정(CAM프로그램가공작업)

Step 03 [신규 밀링파트 → 단위 → 미터]를 선택하고, 확인을 클릭한다.

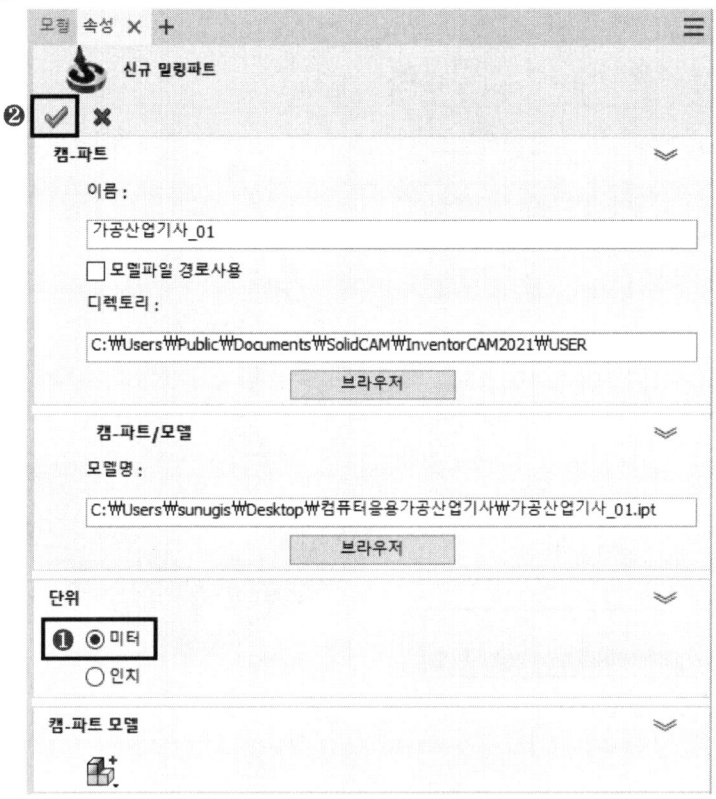

Step 04 [CNC-컨트롤러 → **DONGWON DOOSAN_FANUC_3X_mill**]을 설정한 후, [정의→원점]을 클릭한다.

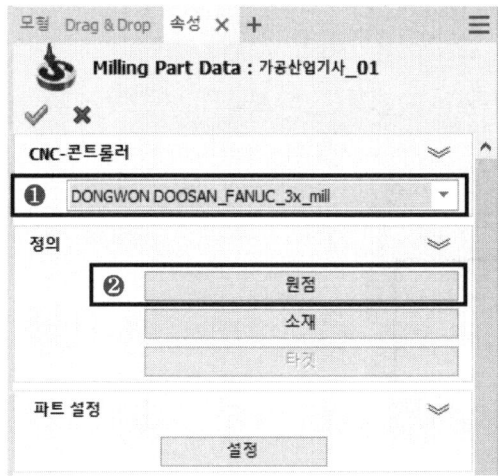

Step 05 [캠 관리자 → 평면원점 → 모델박스의 코너]를 설정하고 모델링 형상을 클릭한 후, 확인을 누른다.

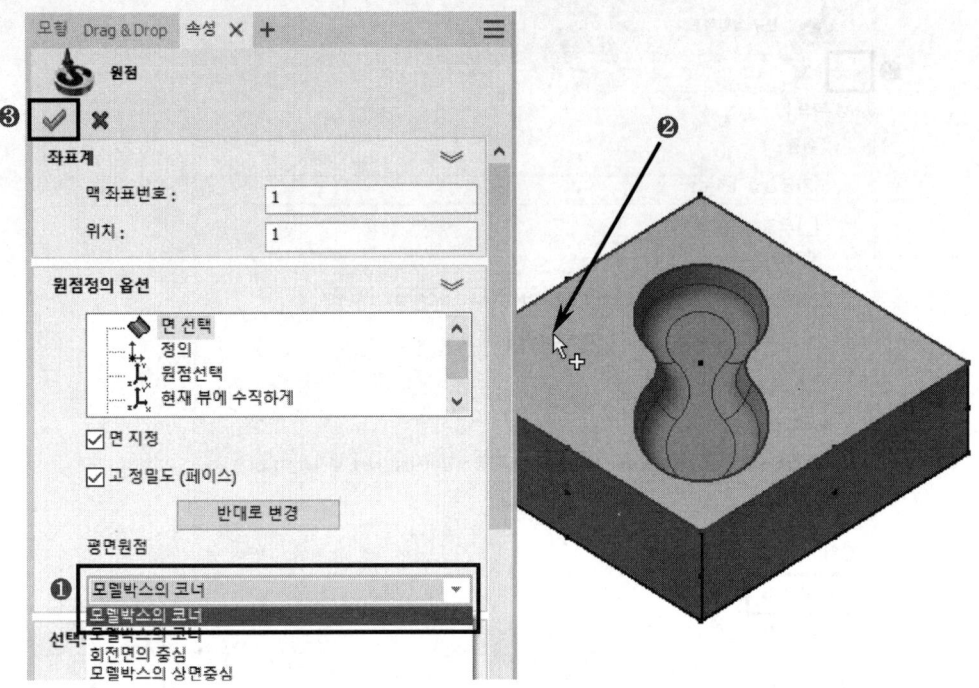

Step 06 [공구 시작높이: 100 → 안전높이: 10 → 가공종료높이: 150]을 입력하고, 확인을 누른다.

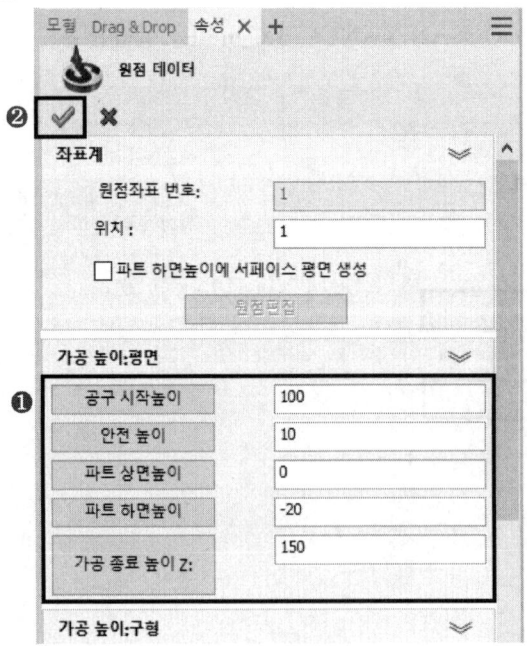

Step 07 원점 관리자 창에서 확인을 누른다.

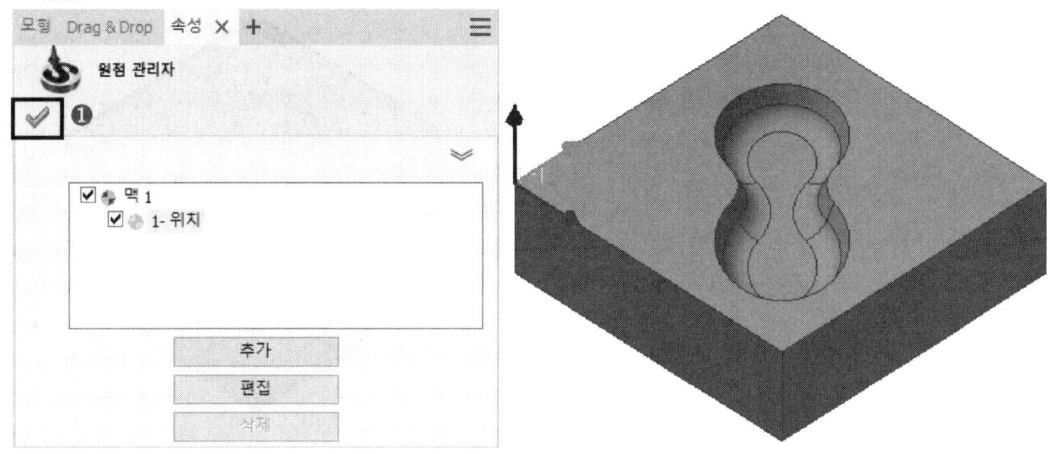

Step 08 [소재]를 클릭한다.

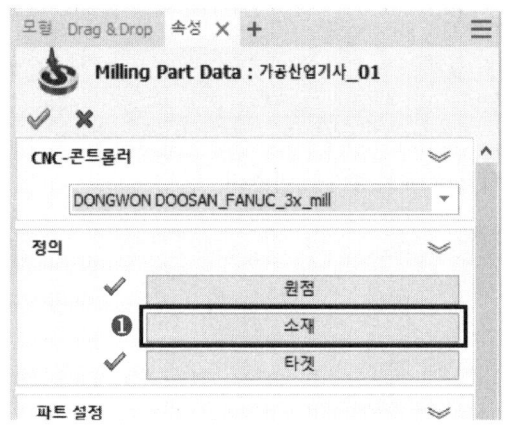

Step 09 [정의 기준 → 박스 → 고 정밀도(페이스)]를 체크하고, 모델링 형상을 선택한다.

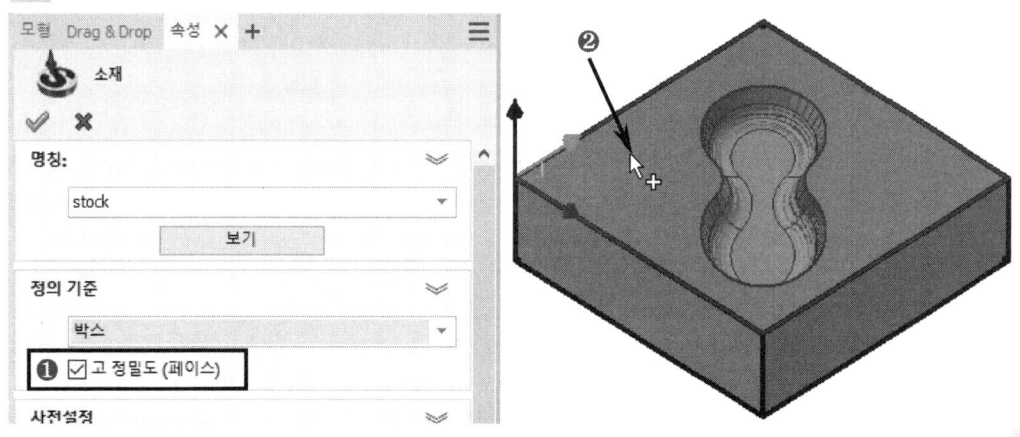

Step 10 [박스확장]에서 모든 확장을 "0"으로 설정한 후, 확인을 클릭한다.

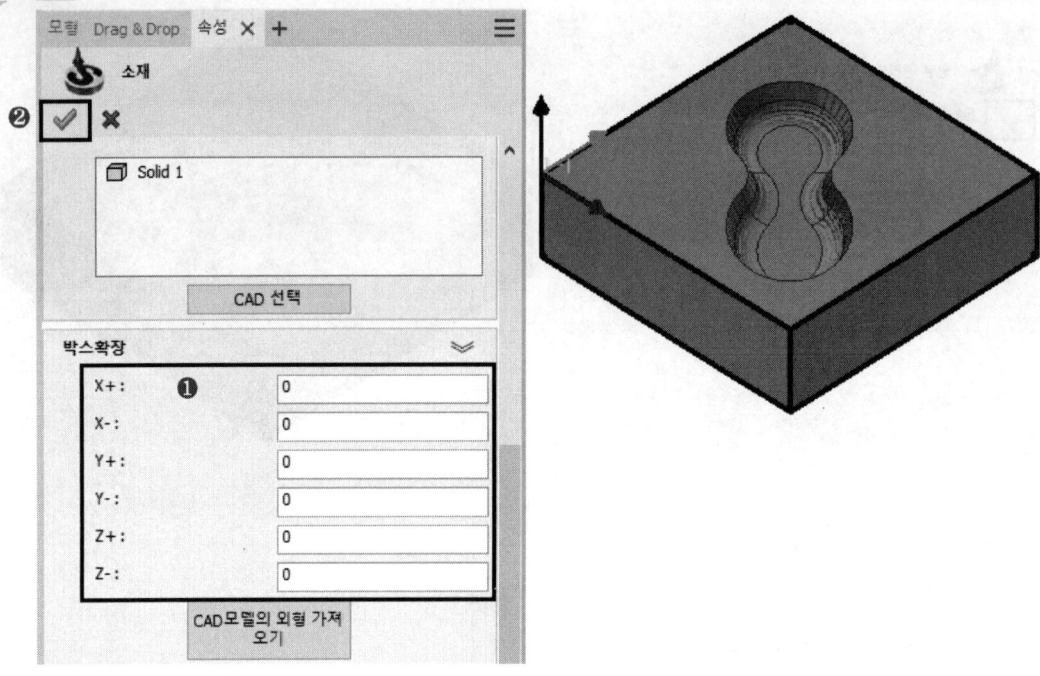

Step 11 모든 정의가 완료되면 [확인]을 클릭하여 파트정의를 마친다.

2. 공구 생성

Step 01 [인벤터 캠 관리자 → ToolKit]을 더블클릭한다.

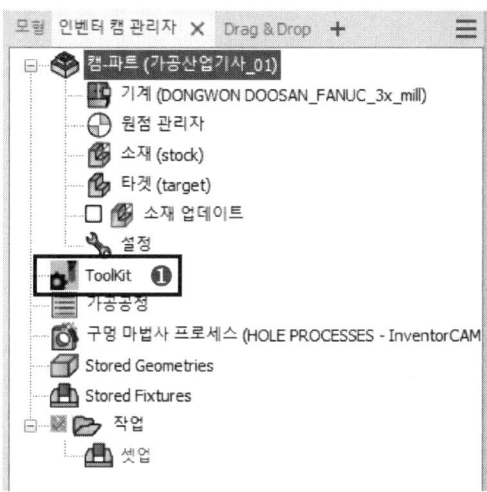

Step 02 [평 엔드밀]을 더블클릭한다.

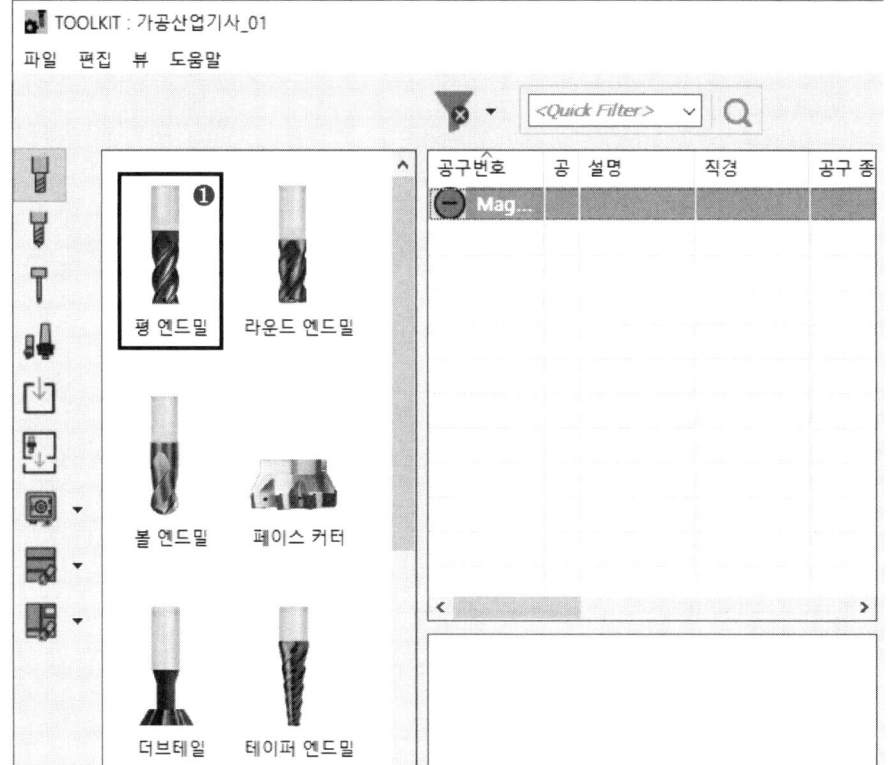

Step 03 [직경 : 10]을 입력한다.

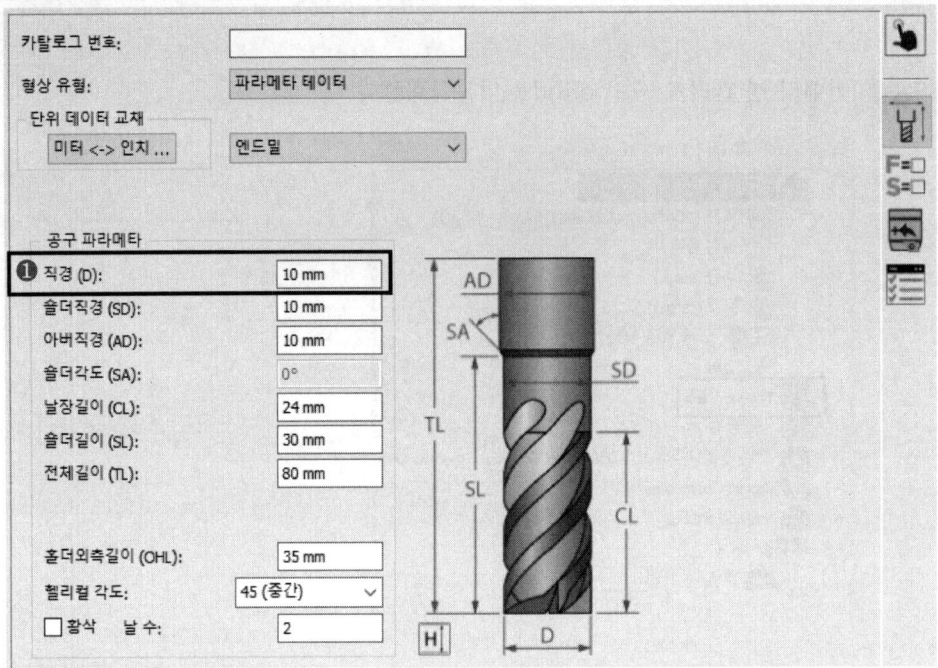

Step 04 [공구조건 → XY피드:300 → Z피드:300 → 회전수:3500]을 입력한다.
[정삭XY피드 & 정삭회전수]는 체크를 해제한다.

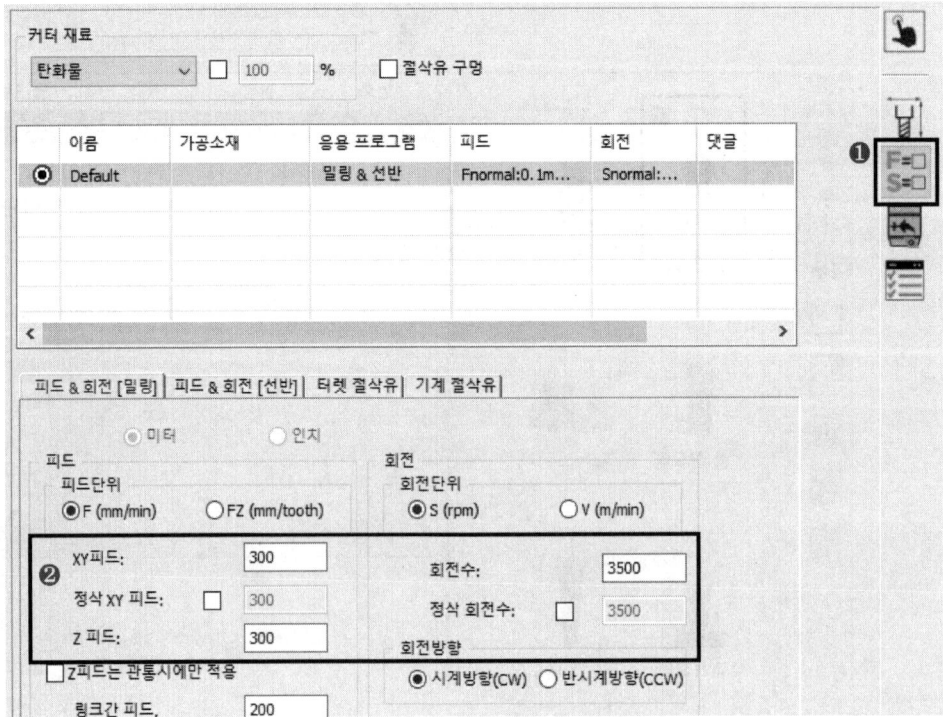

Step 05 [터렛 절삭유 → 절삭유(M08)]을 클릭하여 체크표시를 한다.

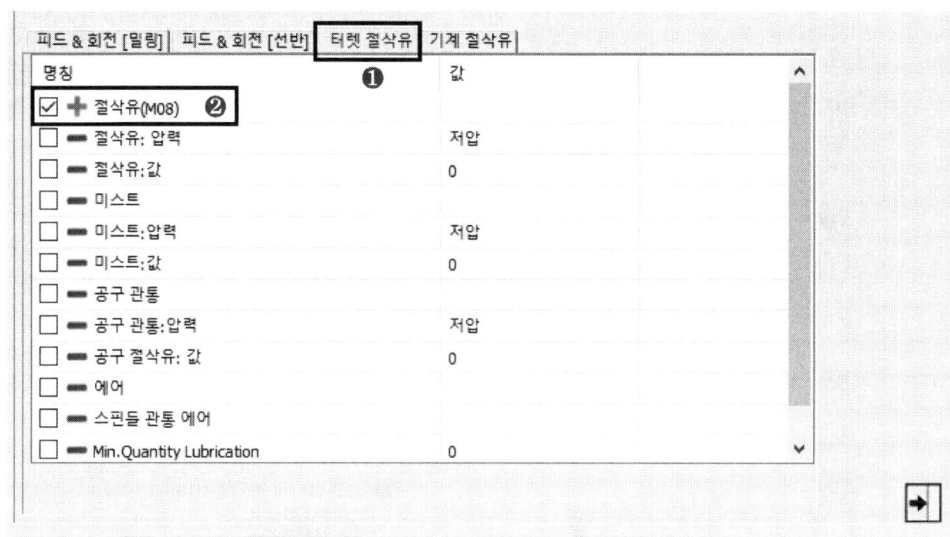

Step 06 [공구정보 → 공구번호:1]을 입력한다.

Step 07 [볼 엔드밀]을 더블클릭한다.

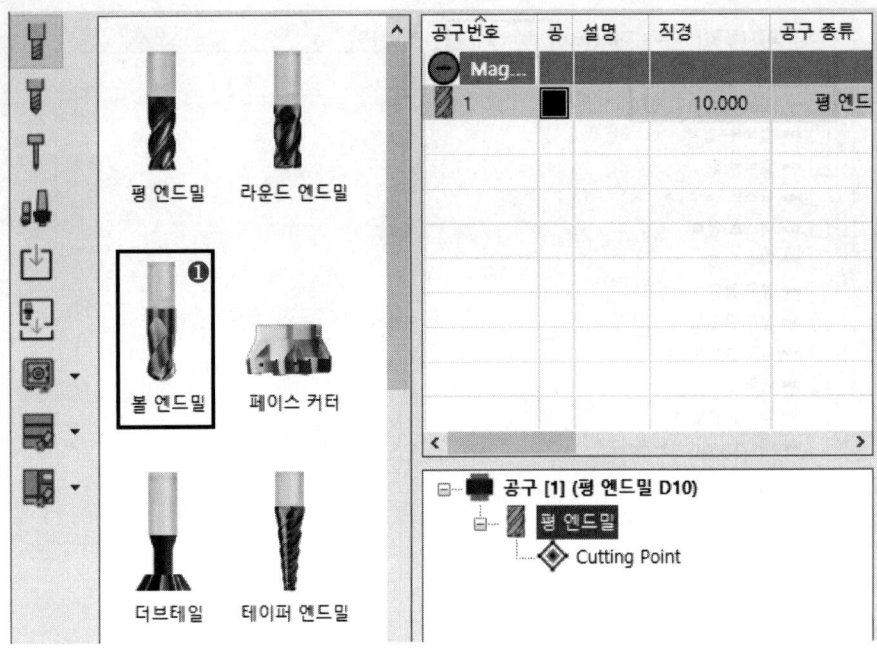

Step 08 [구조 → 직경 : 6]을 입력한다.

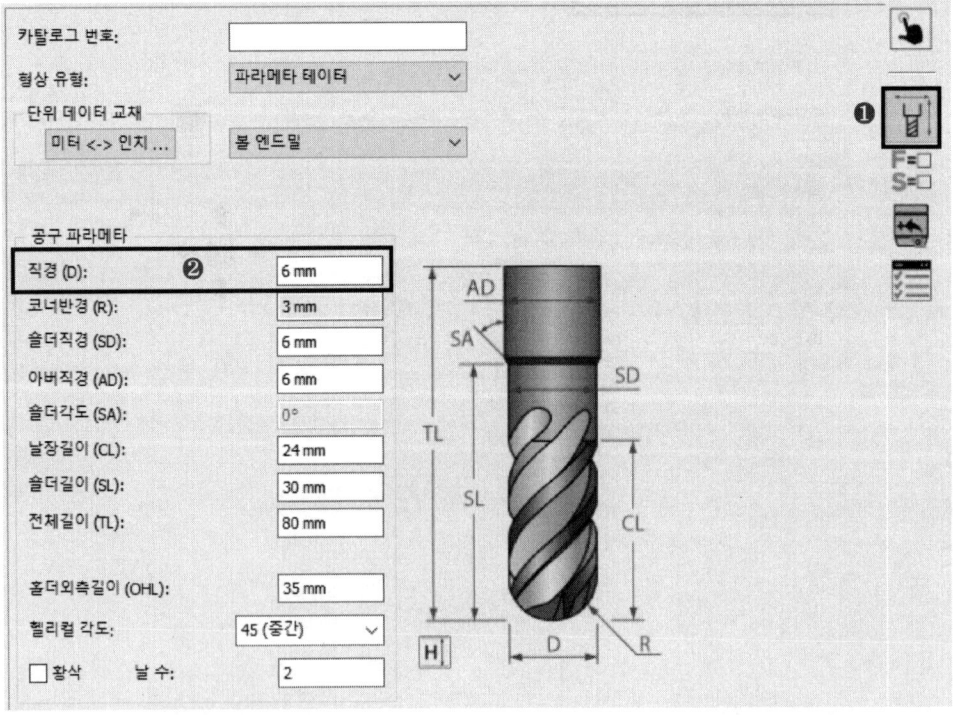

Step 09 [공구조건 → 피드&회전(밀링) → XY피드:1000 → Z피드:300 → 회전수:5000]을 입력한다.
[정삭XY피드 & 정삭회전수]는 체크를 해제한다.

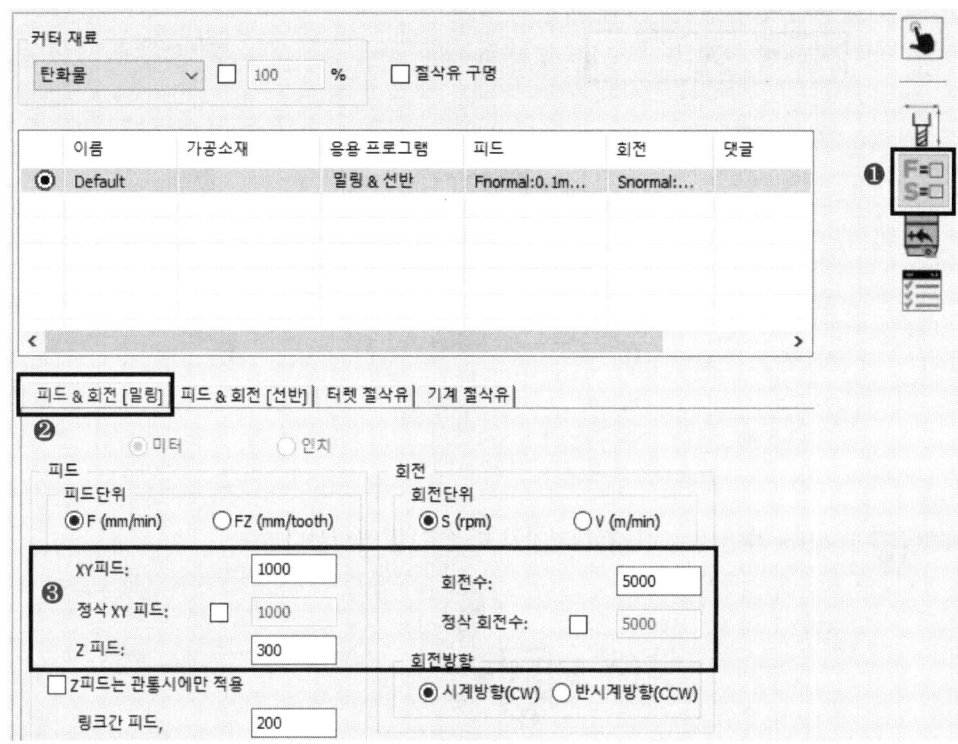

Step 10 [터렛 절삭유 → 절삭유(M08)]을 클릭하여 체크표시를 한다.

Step 11 [공구정보 → 공구번호:5]를 입력한다.

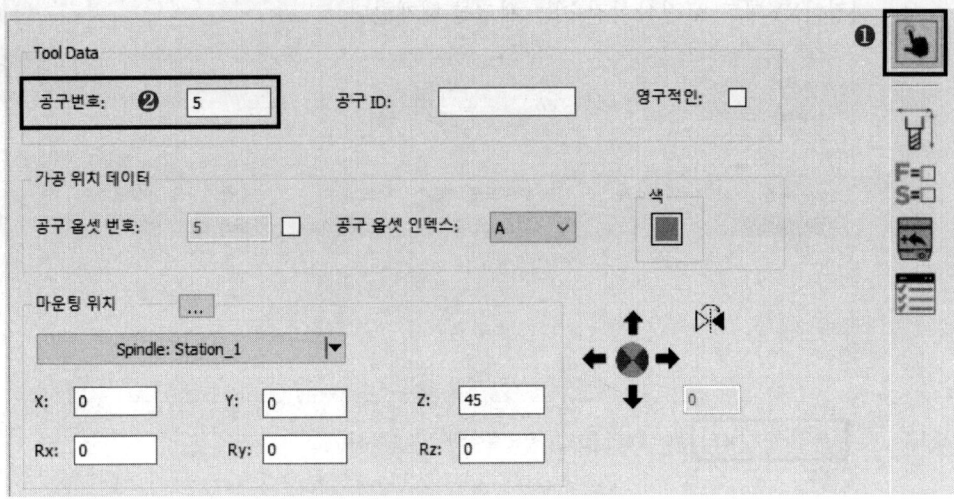

Step 12 ToolKit 화면 우측 아래의 [저장하고 종료]를 클릭한다.

3. 3D HSR – HM 황삭 밀링가공

Step 01 [리본 → InventorCAM2021 작업 탭 → 3D HSR → HM 황삭]을 클릭한다.

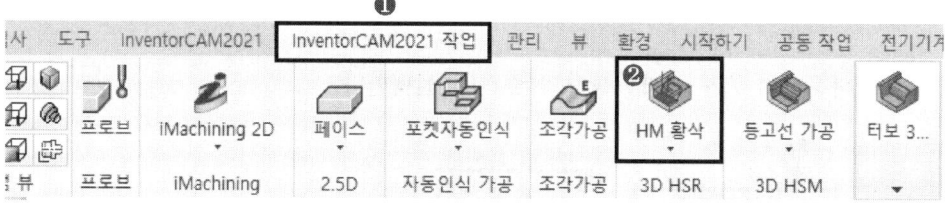

Step 02 [공구 → 선택]을 클릭한다.

Step 03 "1번" 공구 [평 엔드밀]을 클릭한다.

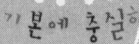

Step 04 ToolKit 우측 아래의 [선택(✓)]을 클릭한다.

Step 05 [바운더리 구속 → 자동생성 → 중간]을 선택한다.

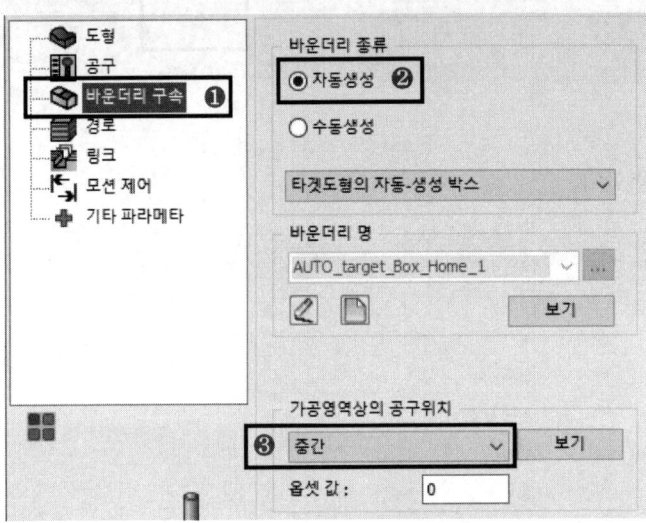

Step 06 [경로] 메뉴에서 다음과 같이 설정한다.

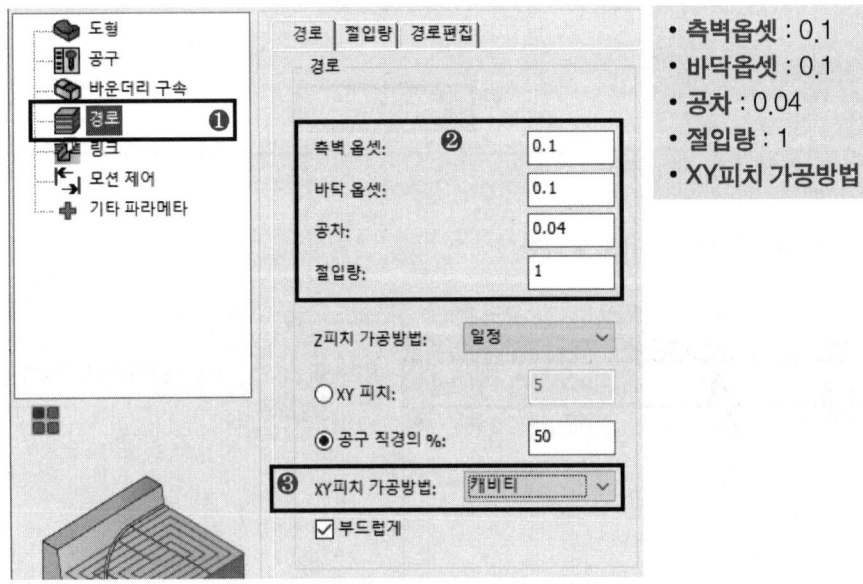

- **측벽옵셋** : 0.1
- **바닥옵셋** : 0.1
- **공차** : 0.04
- **절입량** : 1
- **XY피치 가공방법** : 캐비티

Step 07 [링크 → 최소 윤곽직경 : 1 → 파트 안전높이 : 10]으로 설정한다.

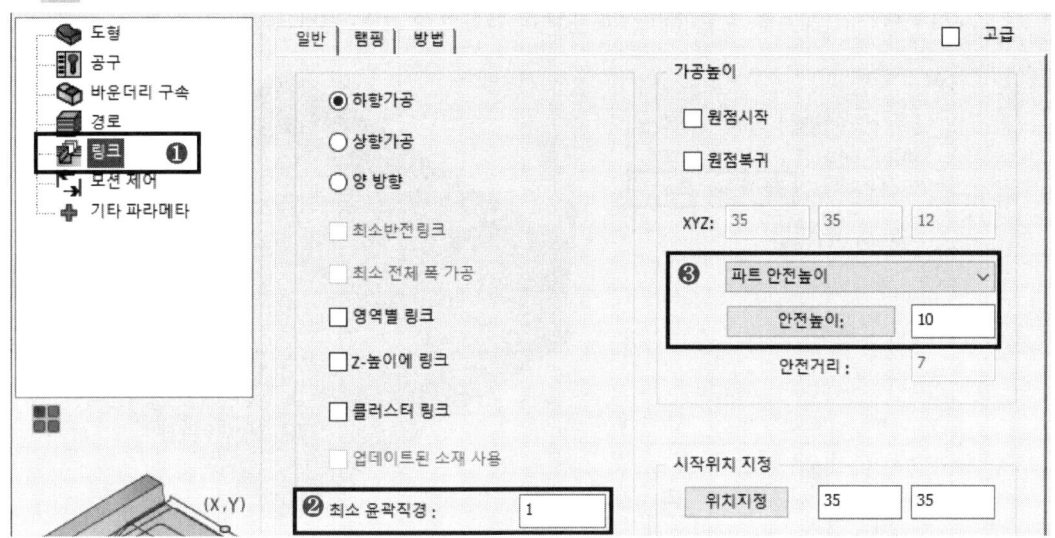

Step 08 화면 좌측 아래의 [저장&계산]을 눌러 공구경로를 생성한다.

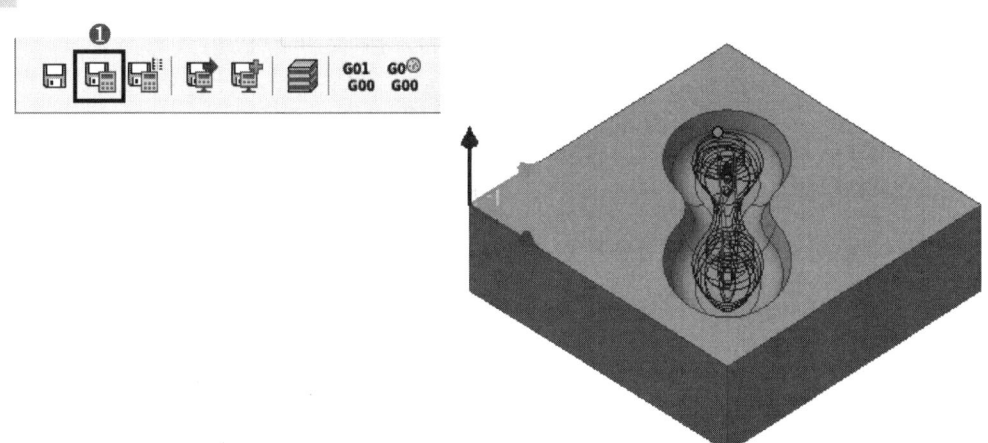

Step 09 [시뮬레이션]을 클릭한다.

Step 10 [솔리드 검증 → 플레이]를 클릭하여 가공 모습을 보고, [나가기]를 클릭한다.
시뮬레이션 속도를 조절하여 가공모습을 천천히 볼 수도 있다.

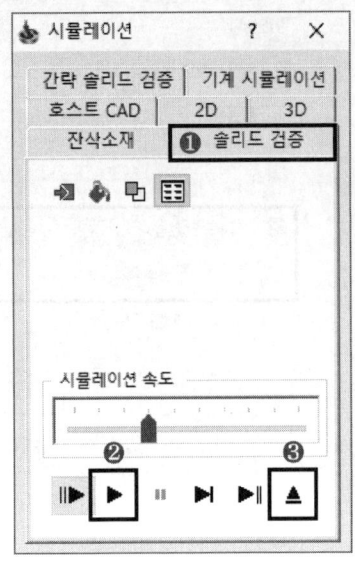
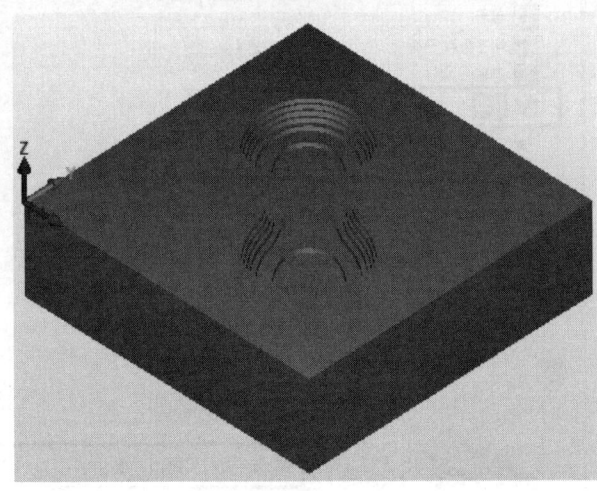

Step 11 화면 우측 아래의 [저장&나가기]를 클릭한다. 가공을 마무리한다.

Step 12 가공 경로를 확인 후, 다음을 클릭하여 체크표시를 해제한다.

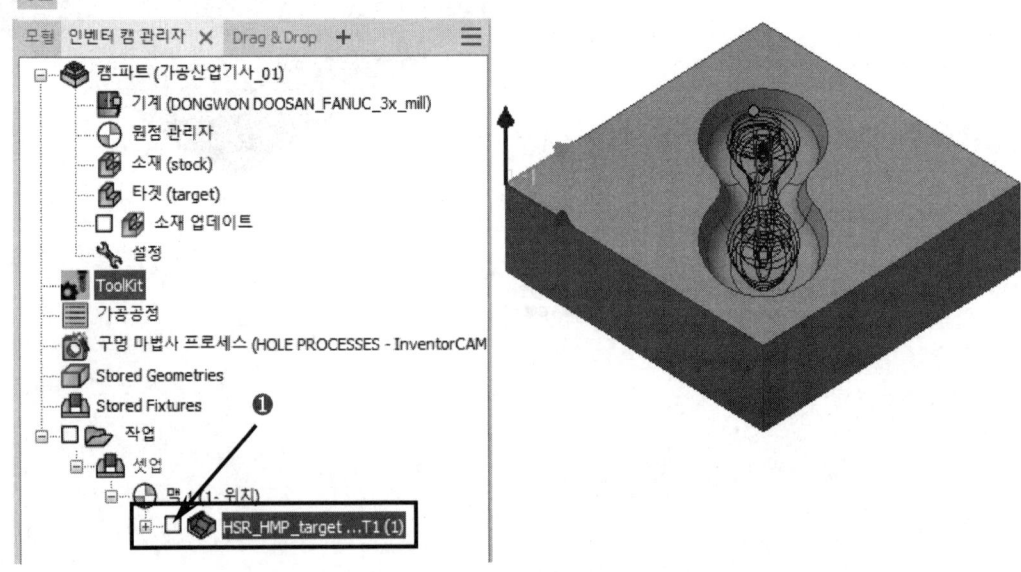

4. 3D HSR – 3D 일정 피치 가공

Step 01 [InventorCAM2021 작업 탭 → 3D HSM → 3D 일정 피치]를 클릭한다.

Step 02 [공구 → 선택]을 클릭한다.

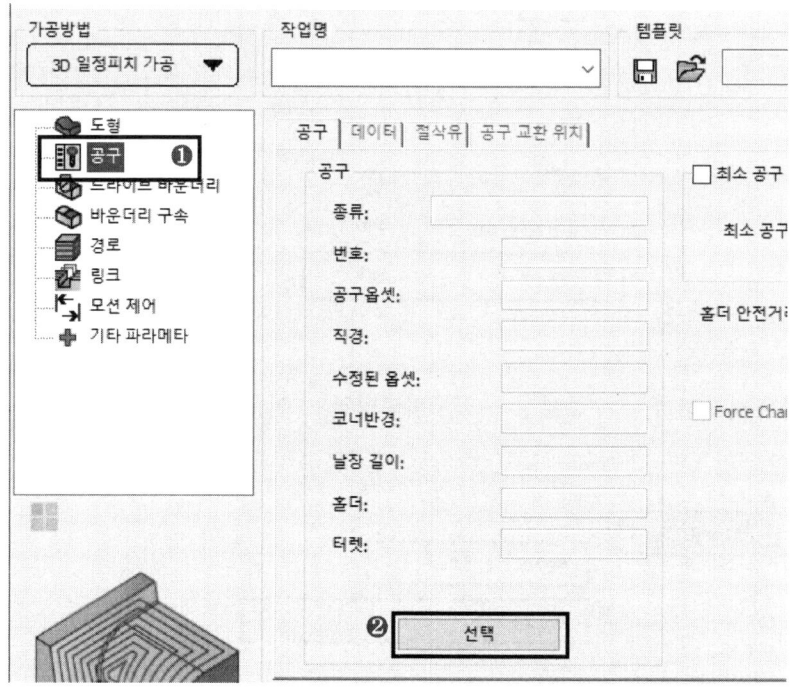

Step 03 "5번" 공구 [볼 엔드밀]을 클릭한다.

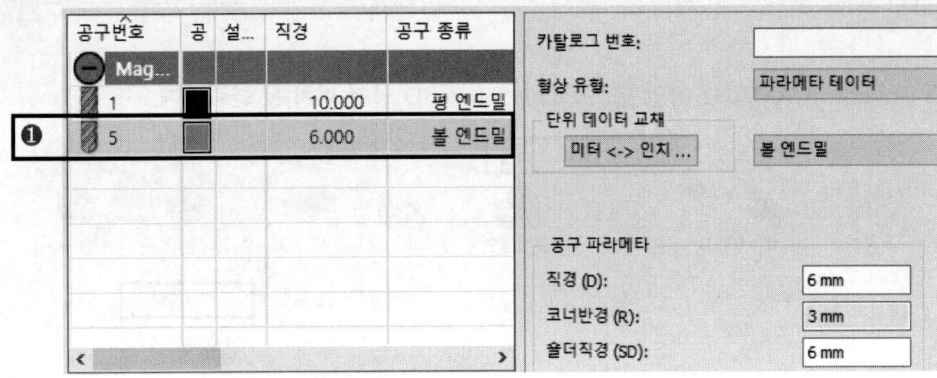

Step 04 ToolKit 우측 아래의 [선택(✓)]을 클릭한다.

Step 05 [공구 → 데이터 → 급속이송: 5000]을 입력한다.

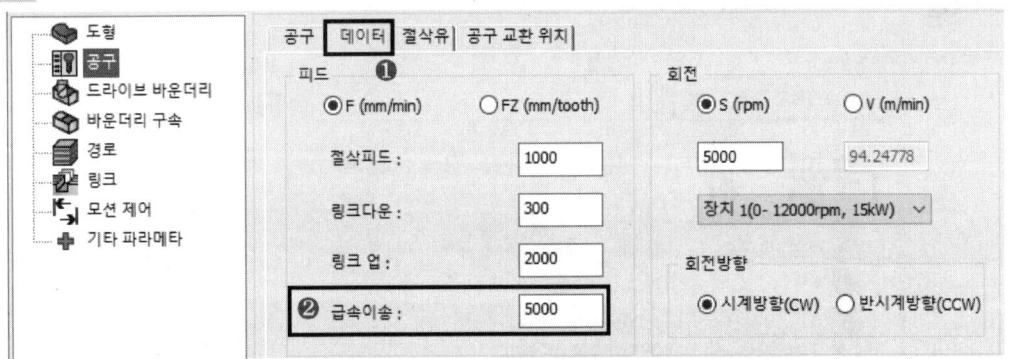

Step 06 [드라이브 바운더리 → 수동생성 → 공구접촉영역 → 신규]를 클릭한다.

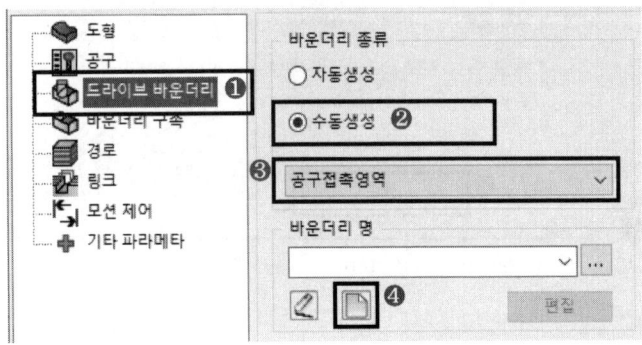

Step 07   바운더리 생성의 면 선택에서 [선택]을 클릭한다.

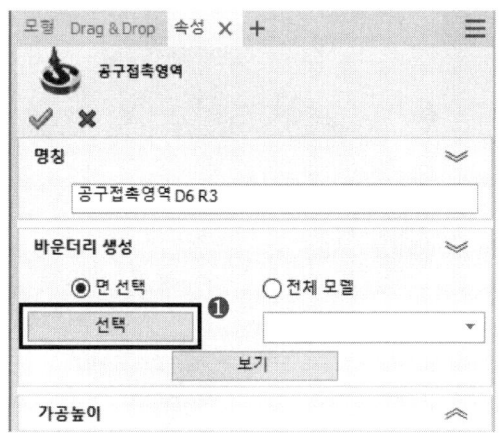

Step 08   정삭 가공 영역을 마우스 왼쪽 버튼으로 ❶ ~ ❷까지 드래그(Drag)로 선택한다.

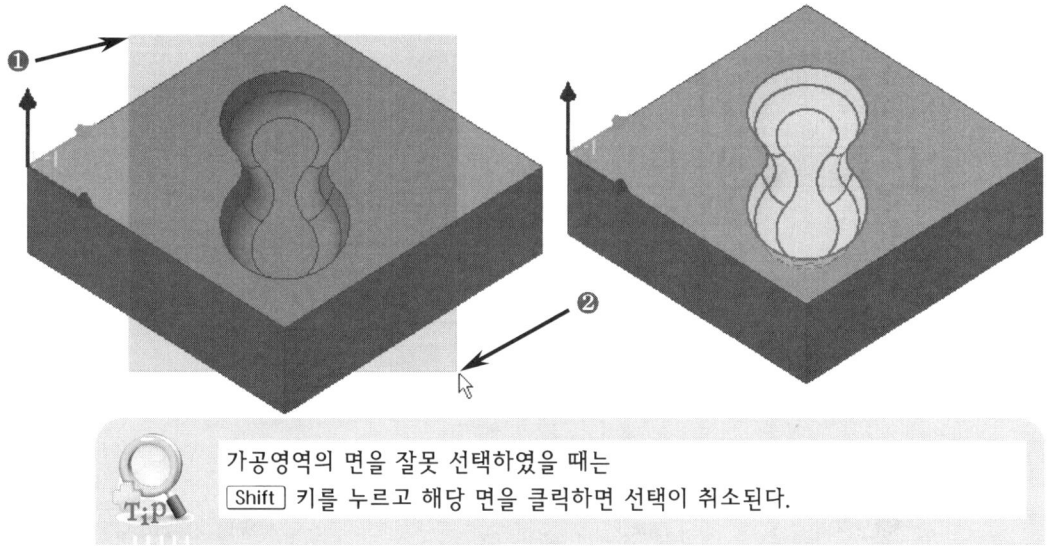

> TiP 가공영역의 면을 잘못 선택하였을 때는
> [Shift] 키를 누르고 해당 면을 클릭하면 선택이 취소된다.

Step 09   가공영역을 살펴보고, [확인(✓) → 확인(✓)]을 클릭한다.

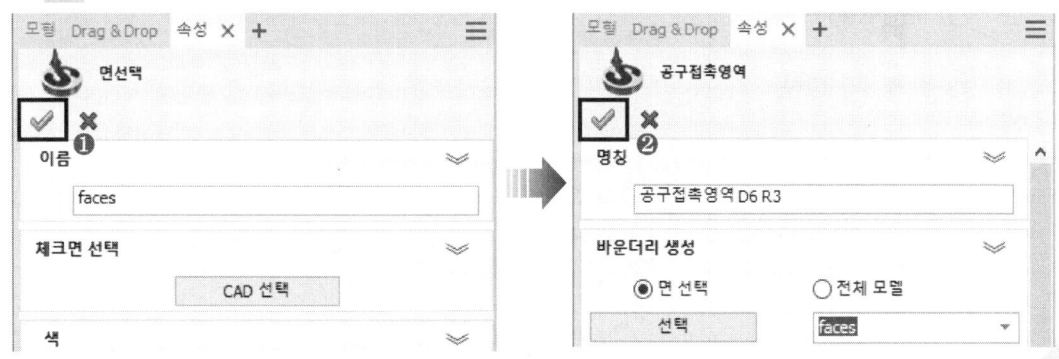

Step 10 체인선택 창에서 확인을 클릭한다.

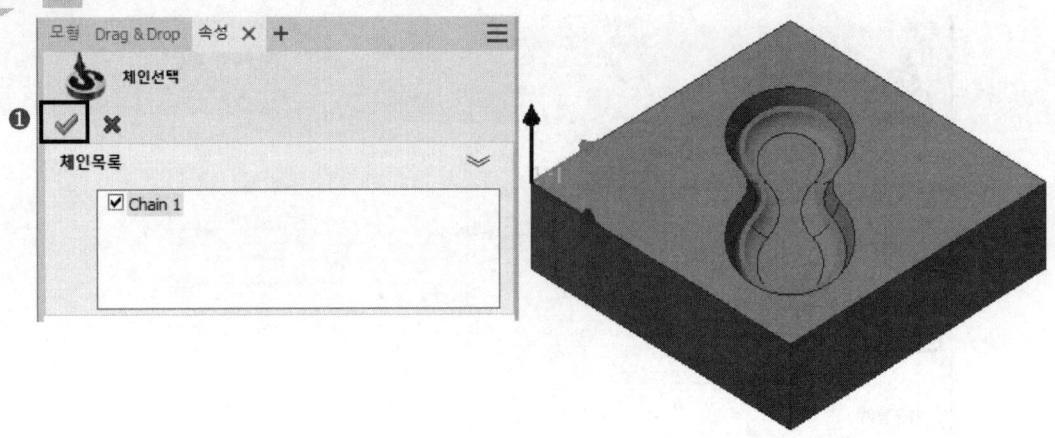

Step 11 [바운더리 구속 → 수동생성 → 공구접촉영역 → 목록 → 공구접촉영역D6R3]을 순서대로 클릭한다.

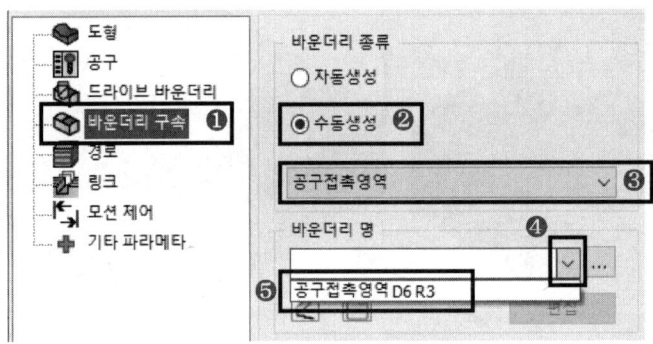

Step 12 [경로] 메뉴를 클릭하여 다음과 같이 설정한다.

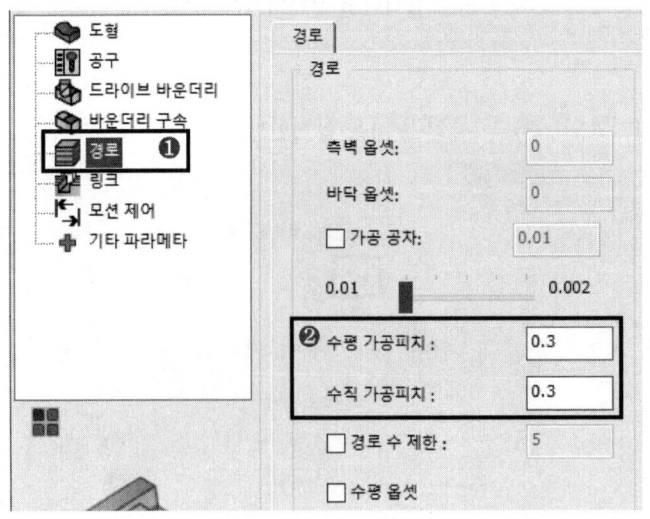

- 수평 가공피치 : 0.3
- 수직 가공피치 : 0.3

Step 13 [링크 → 첫 번째 경로 → 파트 안전높이]를 선택한다.

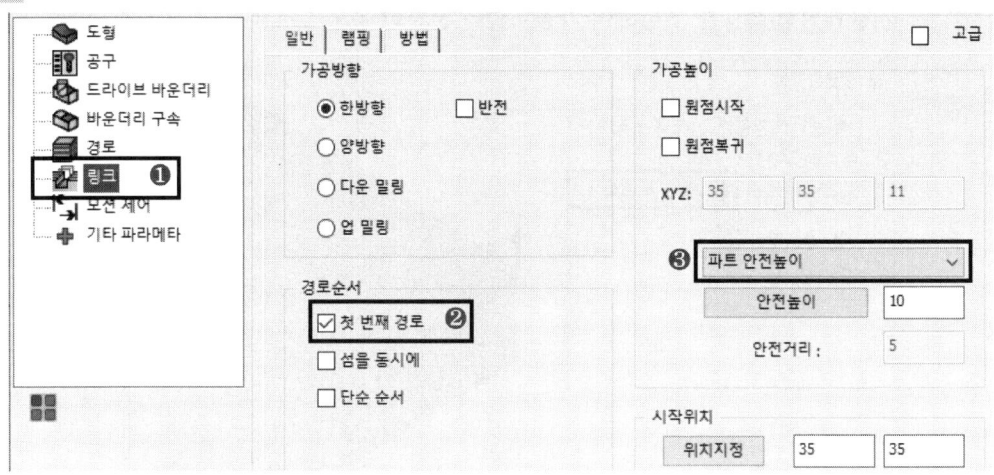

Step 14 [램핑 → 헬리컬 램핑 → "2"입력 → 절대높이 → "1"입력]으로 설정한다.

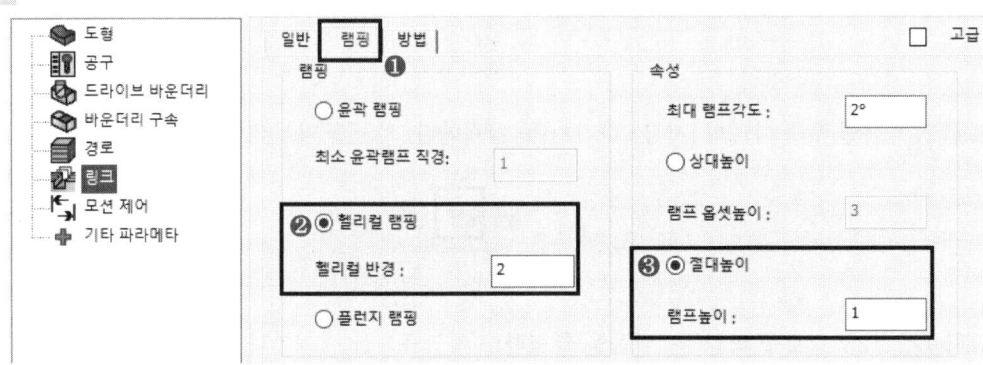

Step 15 화면 좌측 아래의 [저장&계산]을 눌러 공구경로를 생성한다.

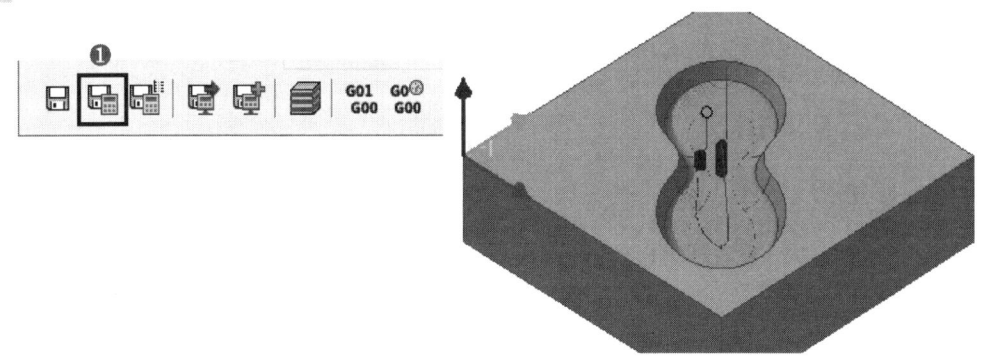

Step 16 [시뮬레이션]을 클릭한다.

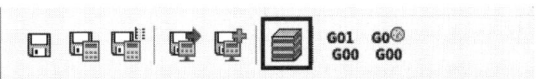

Step 17 [솔리드 검증 → 플레이]를 클릭하여 가공 모습을 보고, [나가기]를 클릭한다.
시뮬레이션 속도를 조절하여 가공모습을 천천히 볼 수도 있다.

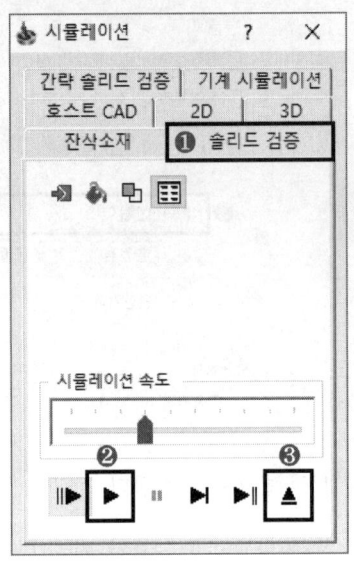
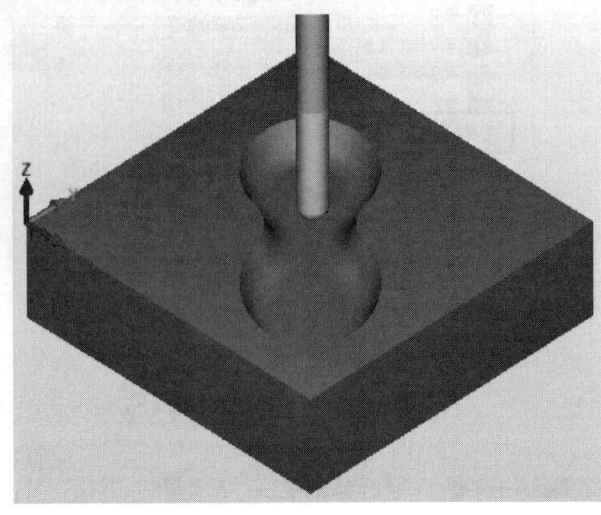

Step 18 화면 우측 아래의 [저장&나가기]를 클릭한다. 가공을 마무리한다.

Step 19 가공 경로를 확인 후, 다음을 클릭하여 체크표시를 해제한다.

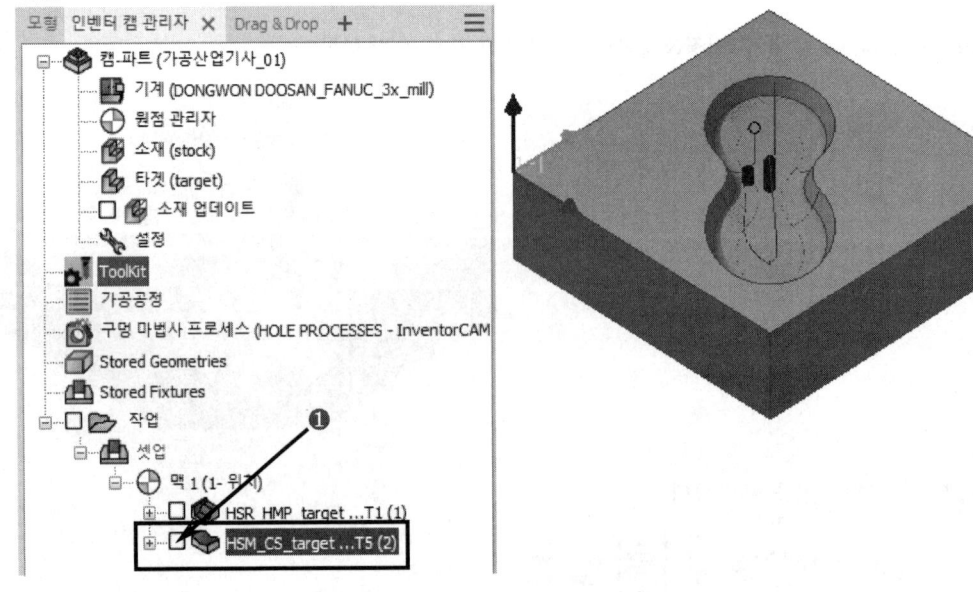

5. 시뮬레이션 및 G코드 생성

Step 01 [작업]을 클릭하여 체크표시를 한다.

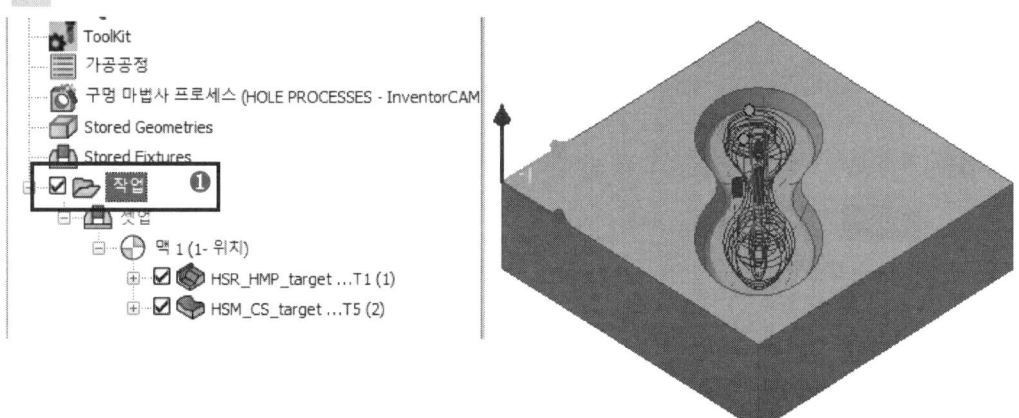

Step 02 [리본 → 시뮬레이션]을 클릭한다.

Step 03 시뮬레이션 창에서 [솔리드 검증 → 플레이 → 나가기]를 클릭하여 전체 시뮬레이션을 확인한다.

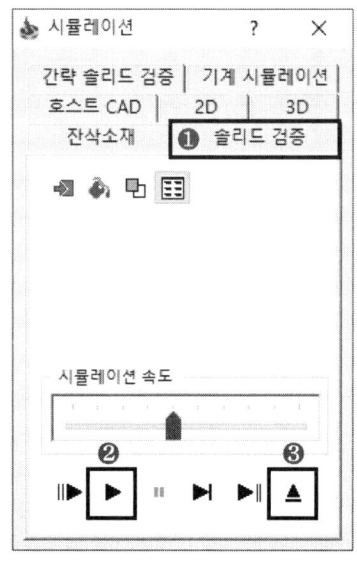
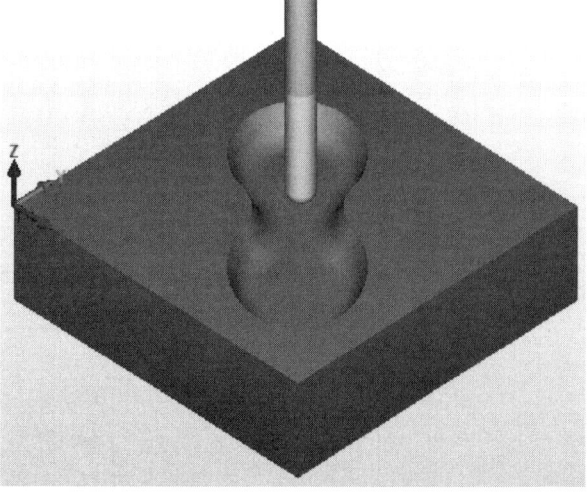

Step 04 [리본 → G코드생성]을 클릭한다.

Step 05 생성된 G코드를 확인한다.

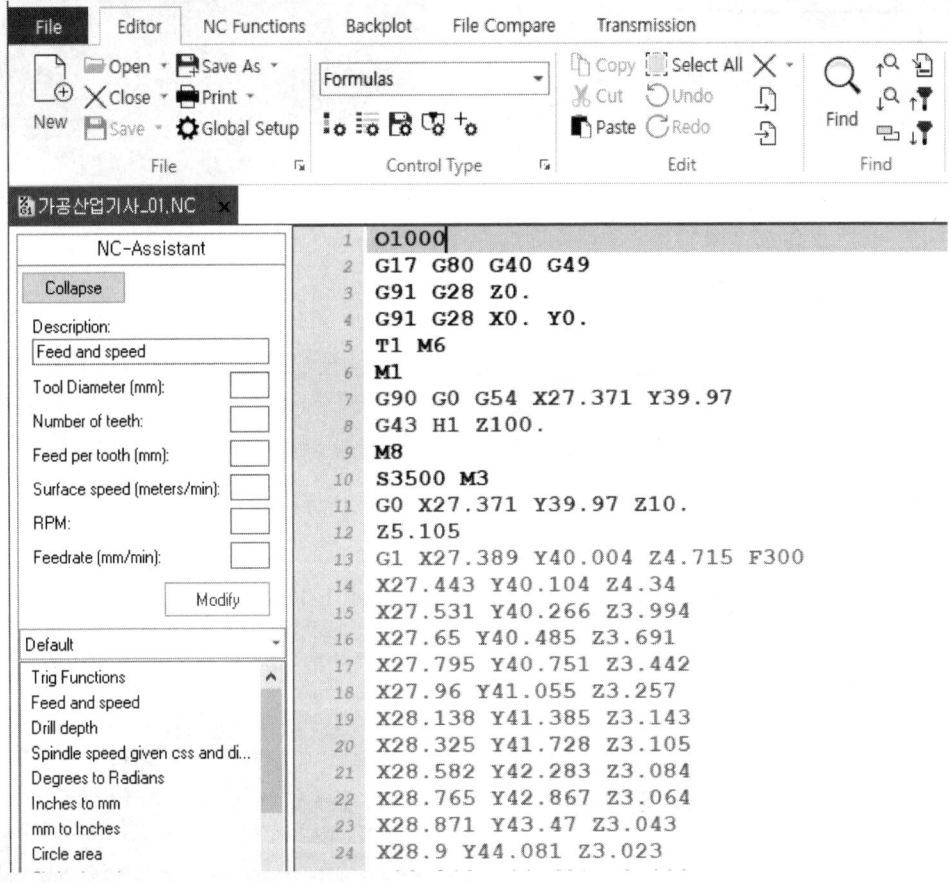

Step 06 [Save As]를 클릭하여 다른 이름으로 저장한다.

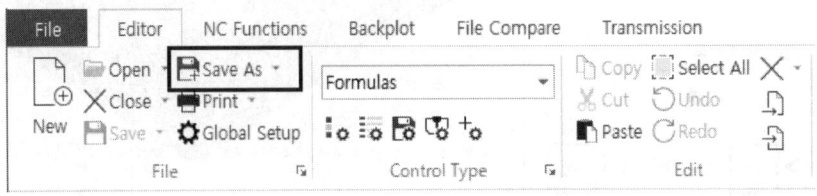

Chapter 03 컴퓨터응용가공산업기사 과정(CAM프로그램가공작업)

Step 07 파일이름과 확장자(.nc)까지 입력한 후, [저장]을 클릭한다.

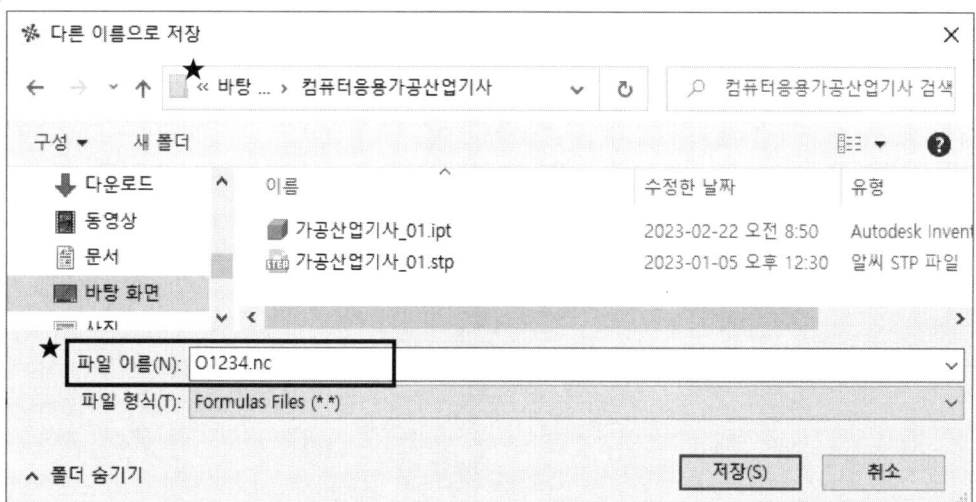

기본에 충실한 InventorCAM

InventorCAM

Chapter 04 컴퓨터응용선반기능사 과정

01 모델링 과정
02 인벤터 캠 과정

01 모델링 과정

종목	컴퓨터응용선반기능사	과제	선반가공작업

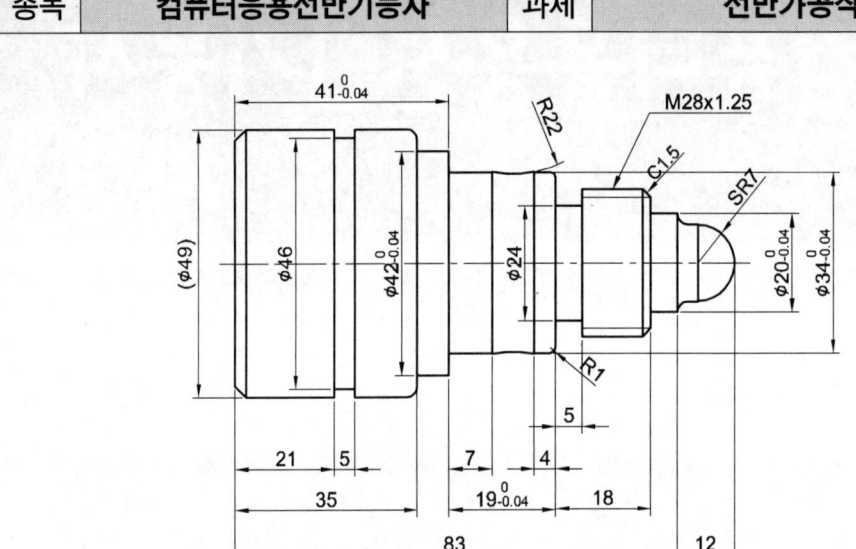

주 서

1. 도시되고 지시되지 않은 라운드 R2
2. 도시되고 지시없는 모따기 C2

	M28 x 1.5 - 보통형	
수나사	외 경	$27.968\,{}^{\ 0}_{-0.236}$
	유효경	$26.994\,{}^{\ 0}_{-0.150}$

공구번호	공구이름	이송속도	회전수	비고
1	황삭바이트	0.2	2000	
3	정삭바이트	0.1	2000	
5	홈바이트	0.08	500	
7	나사바이트	0.05	500	

1. 회전 형상 작업

Step 01 [새로 만들기 → Standard.ipt → 작성]을 선택한다.

Step 02 [스케치 → XY평면]을 선택한다.

Step 03 [선]을 이용하여 아래와 같이 회전 스케치를 작성한다.

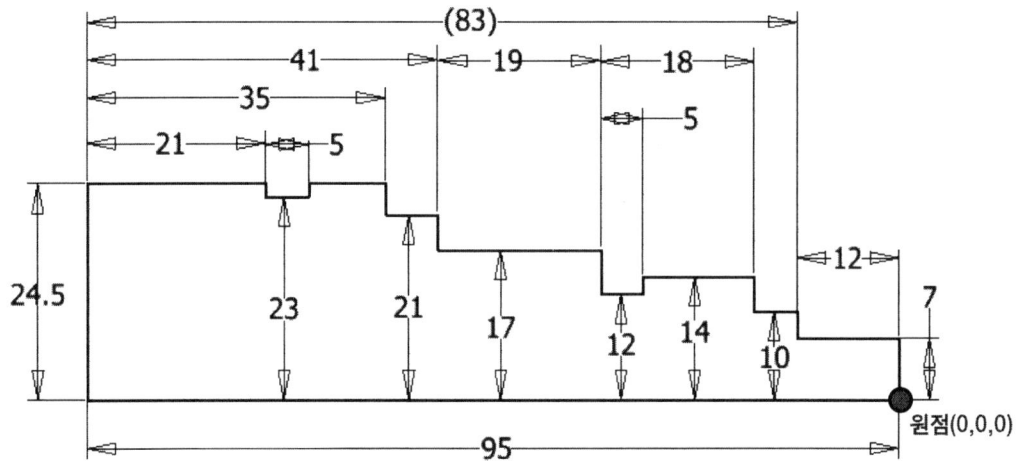

Step 04 [모깎기 → 반지름:7]로 스케치 우측 부분에 라운드를 적용한다.

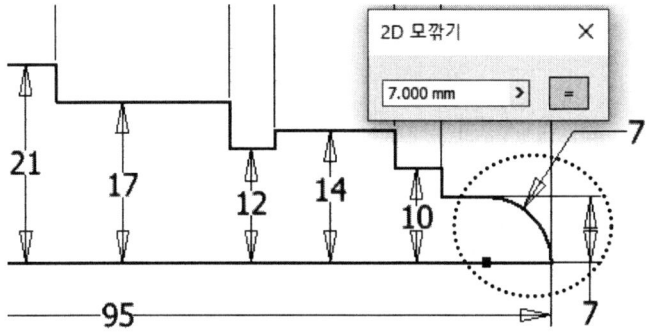

Step 05 스케치 중앙 부분에 [호 → 치수]를 적용한다.

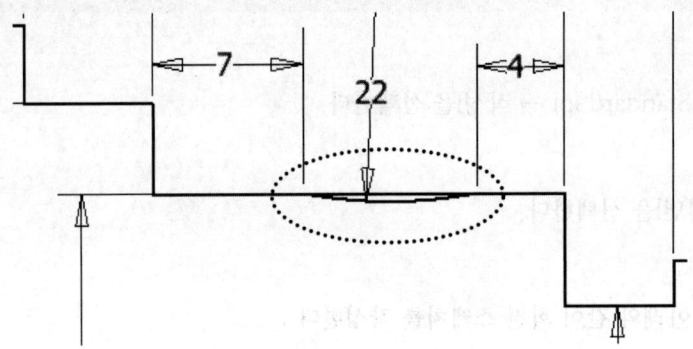

Step 06 [스케치 마무리]를 한다.

Step 07 [회전 → 프로파일 선택 → 축 선택]을 한다.

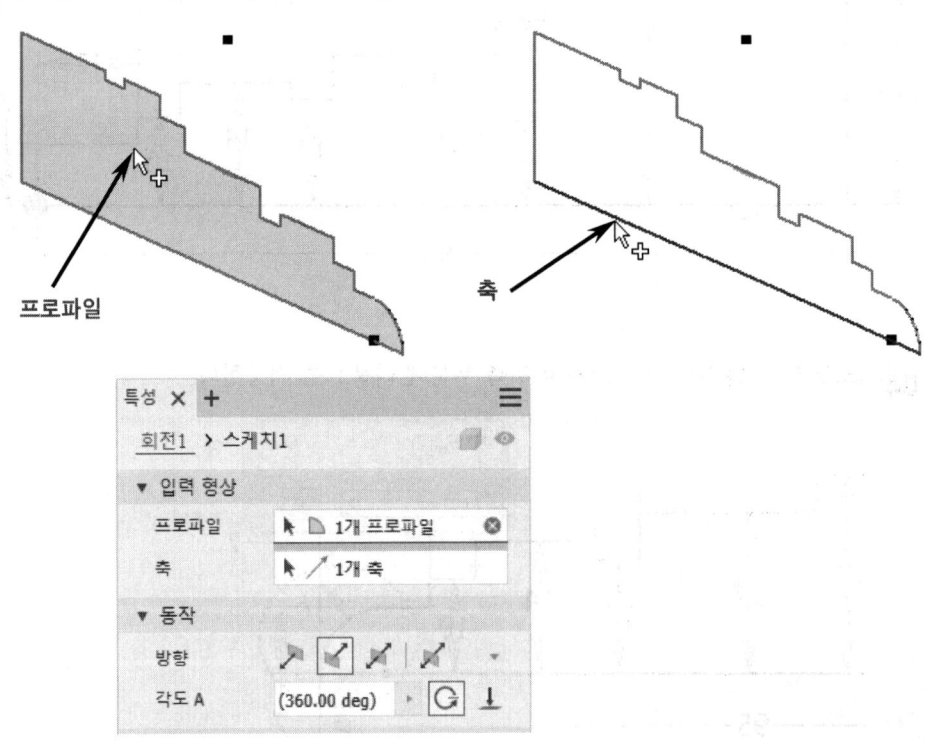

Step 08 [확인]을 클릭한다.

2. 모깎기, 모따기 작업

Step 01 [모깎기 → 반지름]을 입력하고, 표시된 모서리에 라운드 처리를 한다.

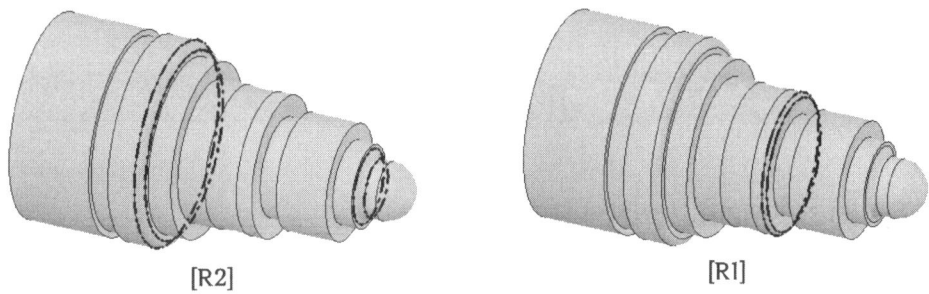

[R2]   [R1]

Step 02 [모따기 → 거리]를 입력하고, 표시된 모서리에 모따기 처리를 한다.

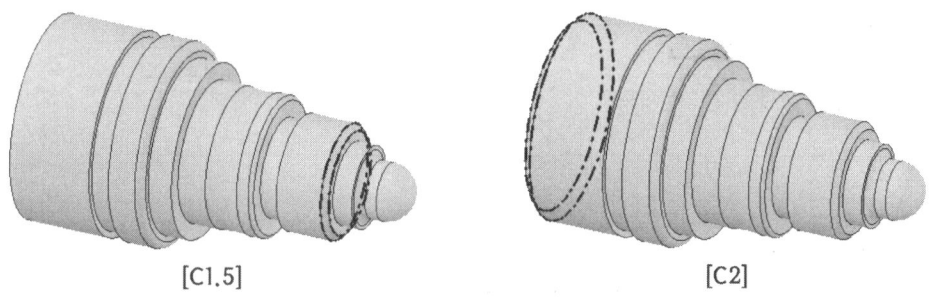

[C1.5]   [C2]

3. 모델링 저장

Step 01 [파일 → 저장]을 클릭하여 모델링 작업한 형상을 저장한다.

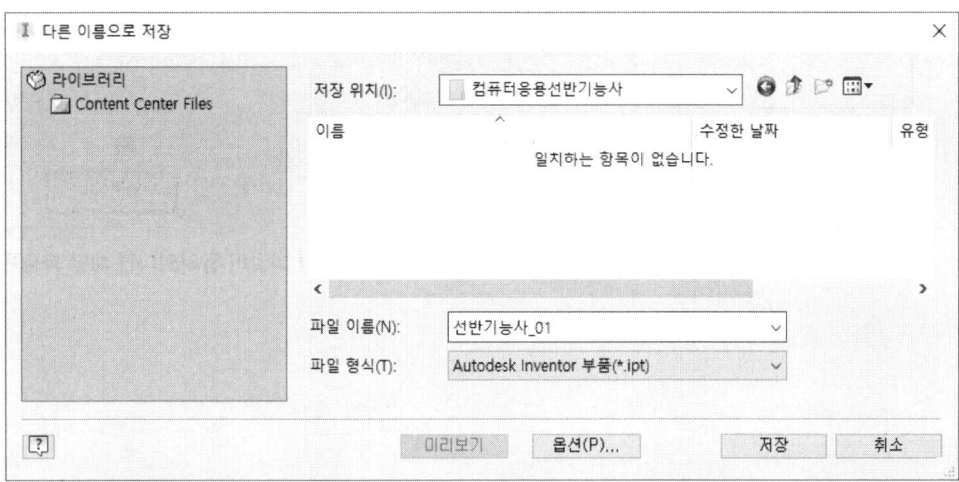

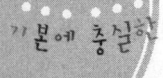

02 인벤터 캠 과정

1. InventorCAM 파트 정의

Step 01 [리본 → 열기]를 클릭하여 파일을 불러온다.

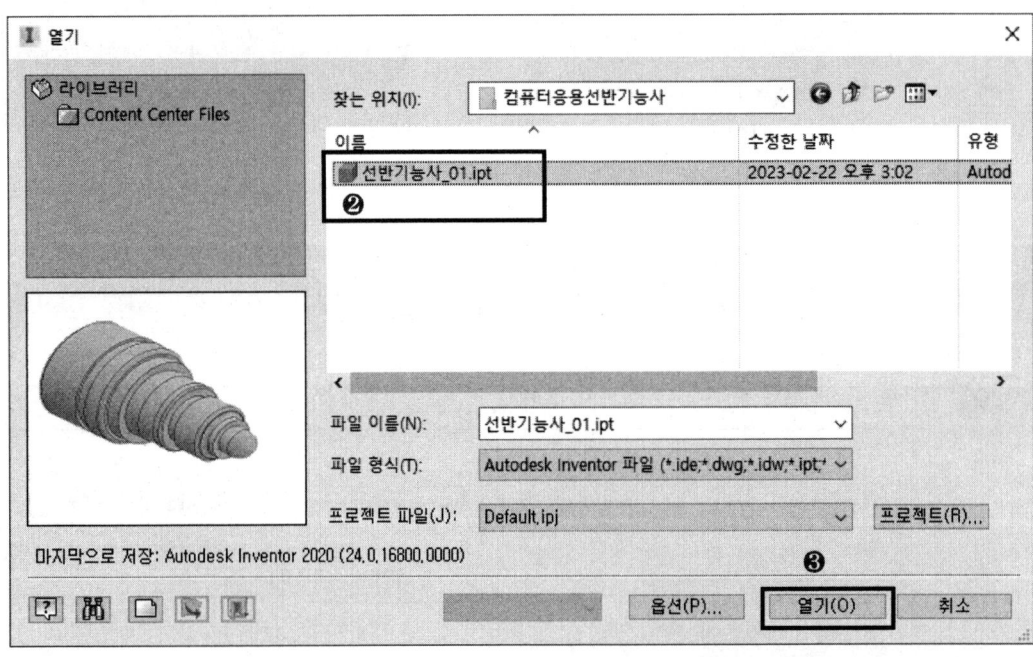

✔ 이미 모델링 파일이 열려있다면 해당 과정은 생략한다.

Step 02 [리본 → InventorCAM2021 탭 → 신규 → 선반]을 클릭한다.

Step 03 [모델파일 경로사용 체크 → 단위 → 미터]를 선택하고, 확인을 클릭한다.

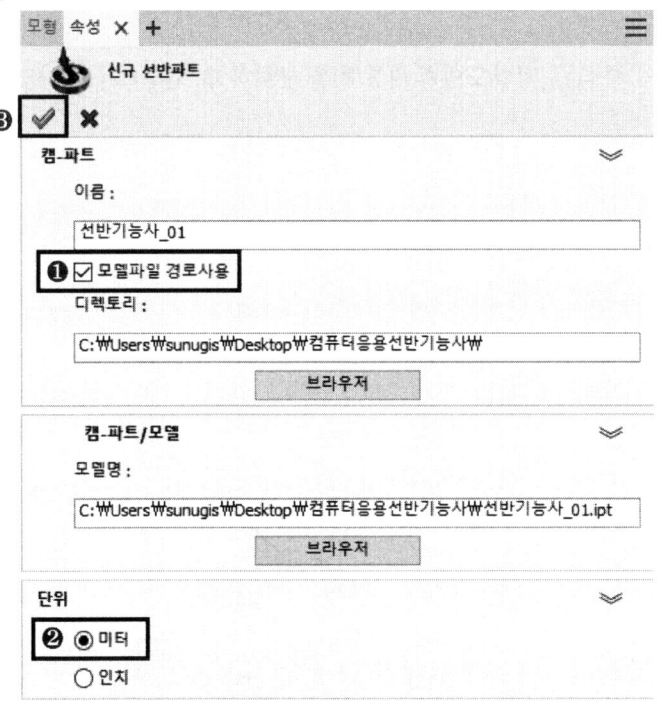

Step 04 [CNC-컨트롤러 → hwacheon_FANUC0T_KOREA_2]를 설정한 후, [정의→원점]을 클릭한다.

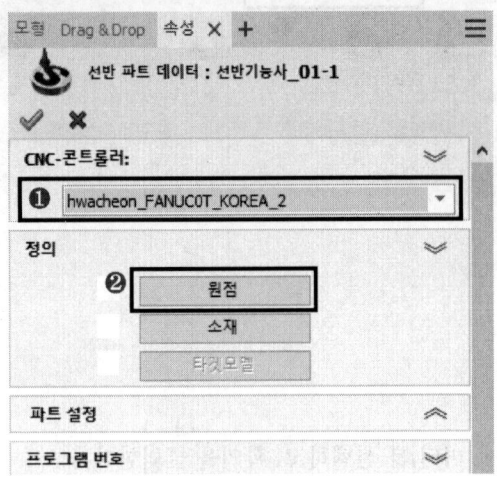

Step 05 [평면원점 → 회전면의 중심 → 형상모델링 원통면]을 클릭하고, 원점이 나타나면 [확인]을 클릭한다.

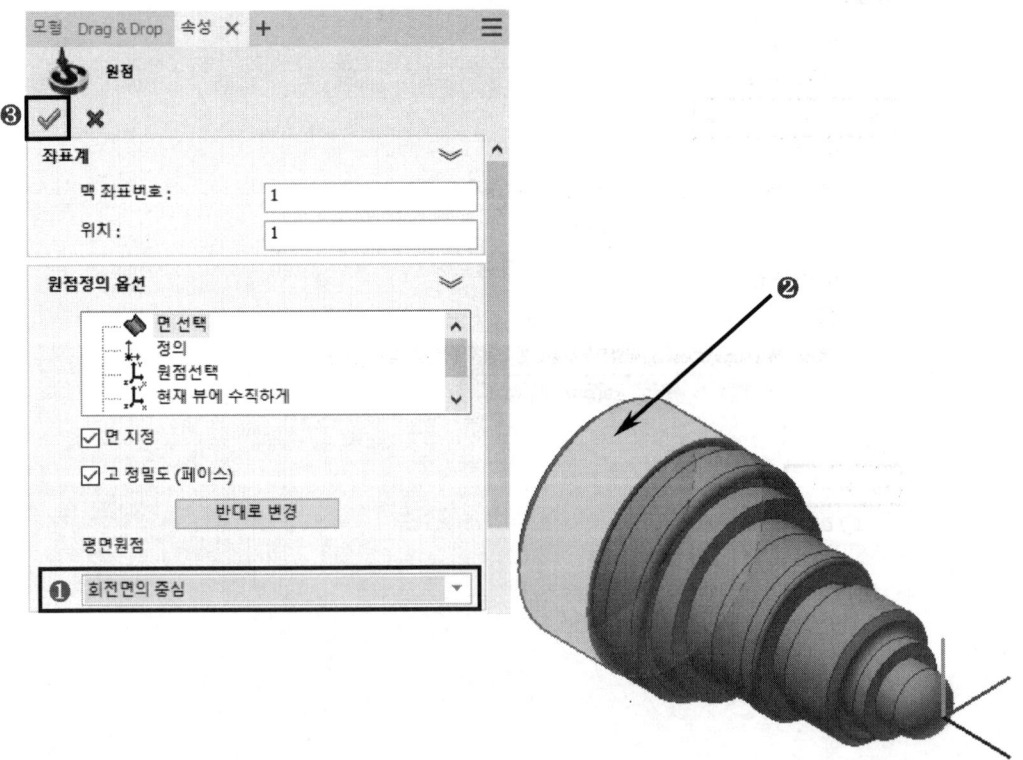

Step 06 원점 데이터&관리자 창이 나타나면 [확인]을 클릭한다.

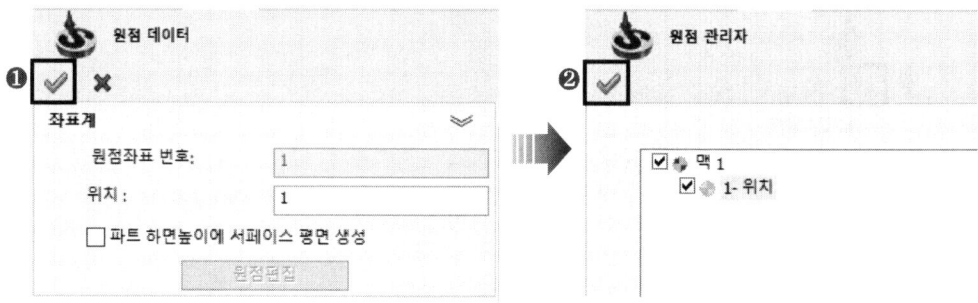

Step 07 [소재]를 클릭한다.

Step 08 모델링 형상을 클릭하여 형상을 정의하고, [옵셋 → 우측&외측:1, 좌측:0]을 입력한 후, [확인]을 클릭하여 소재를 정의한다.

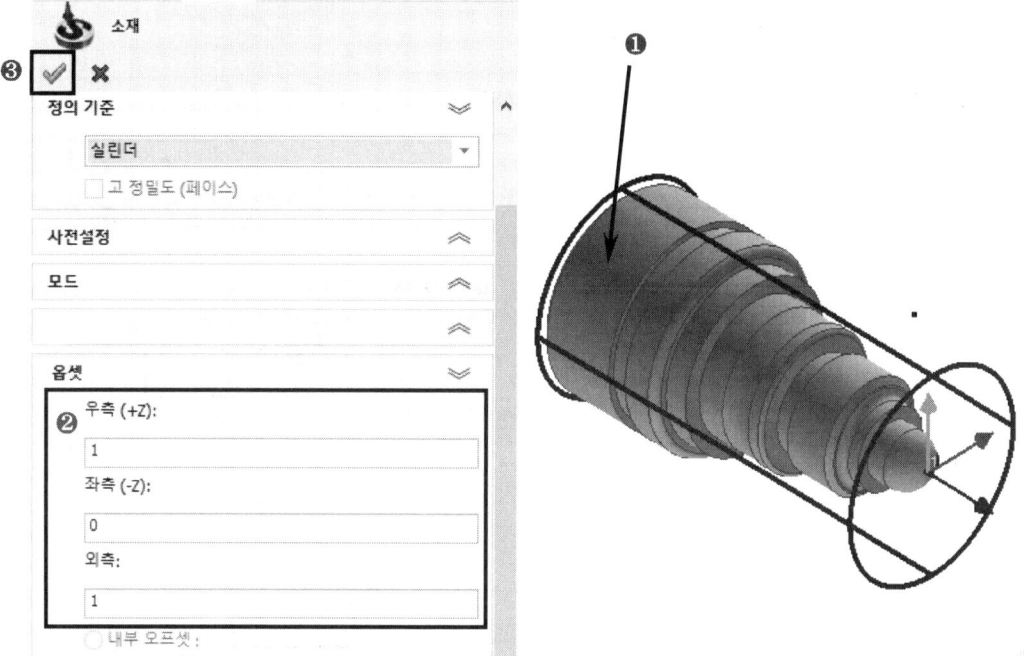

Step 09 원점, 소재, 타겟모델의 정의가 모두 완료되면 [확인]을 클릭하여 정의를 마친다.

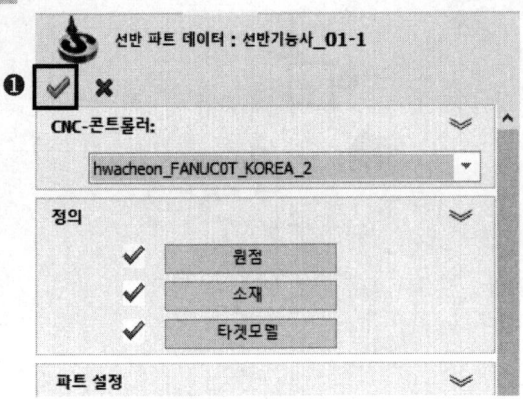

Step 10 [인벤터 캠 관리자 → 셋업 → 마우스 오른쪽 클릭 → 편집]을 클릭한다.

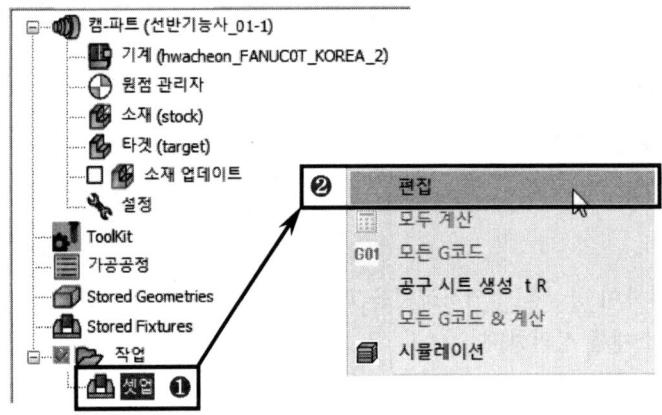

Step 11 [Table_Pos1 → Z:80 → 확인]을 클릭한다.

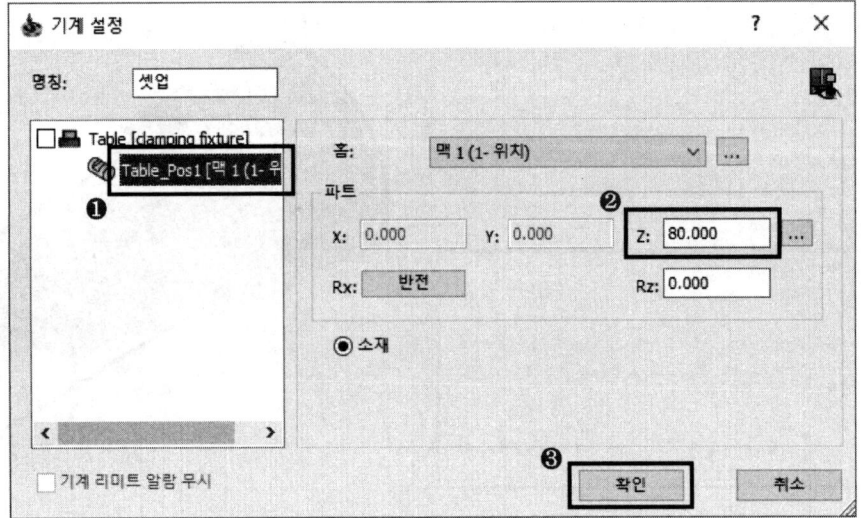

2. 황삭 가공

Step 01 [InventorCAM2021 작업 → 터닝 → 터닝]을 클릭한다.

Step 02 [지오메트리 → 솔리드 → 신규]를 클릭한다.

Step 03 가공이 시작되는 면(❶)과 가공이 끝나는 면(❷)을 클릭하고, [수락] 버튼을 클릭하여 체인을 생성한 후, [확인]을 클릭한다.

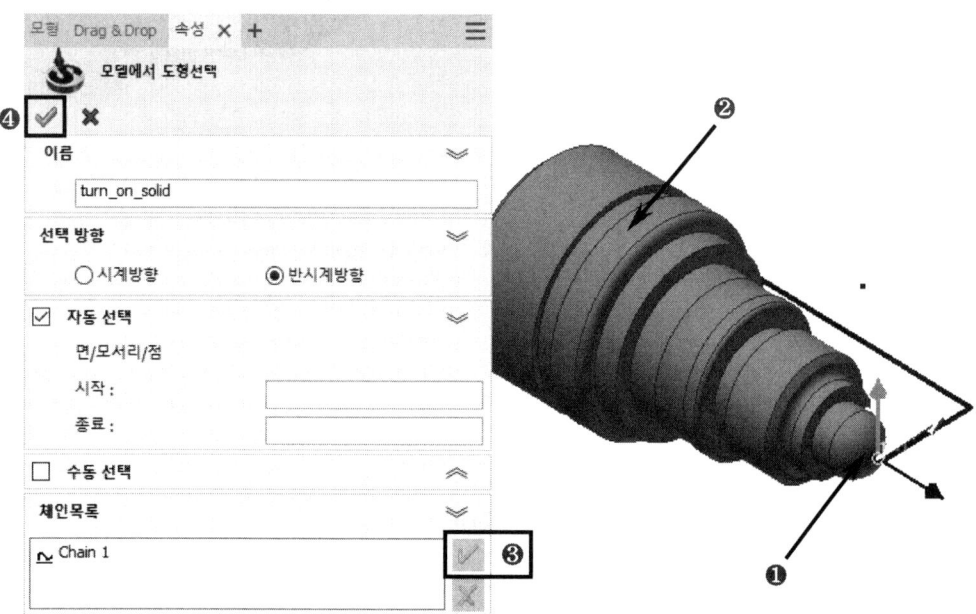

Step 04 [지오메트리 수정]을 클릭한다.

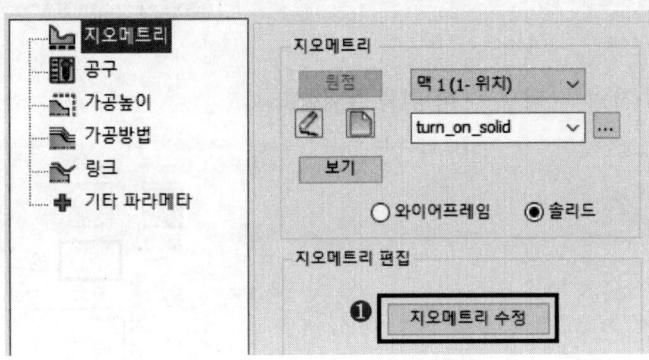

Step 05 [체인 끝점 연장/축소 → 거리값:-7]을 입력하고, [확인]을 클릭한다.

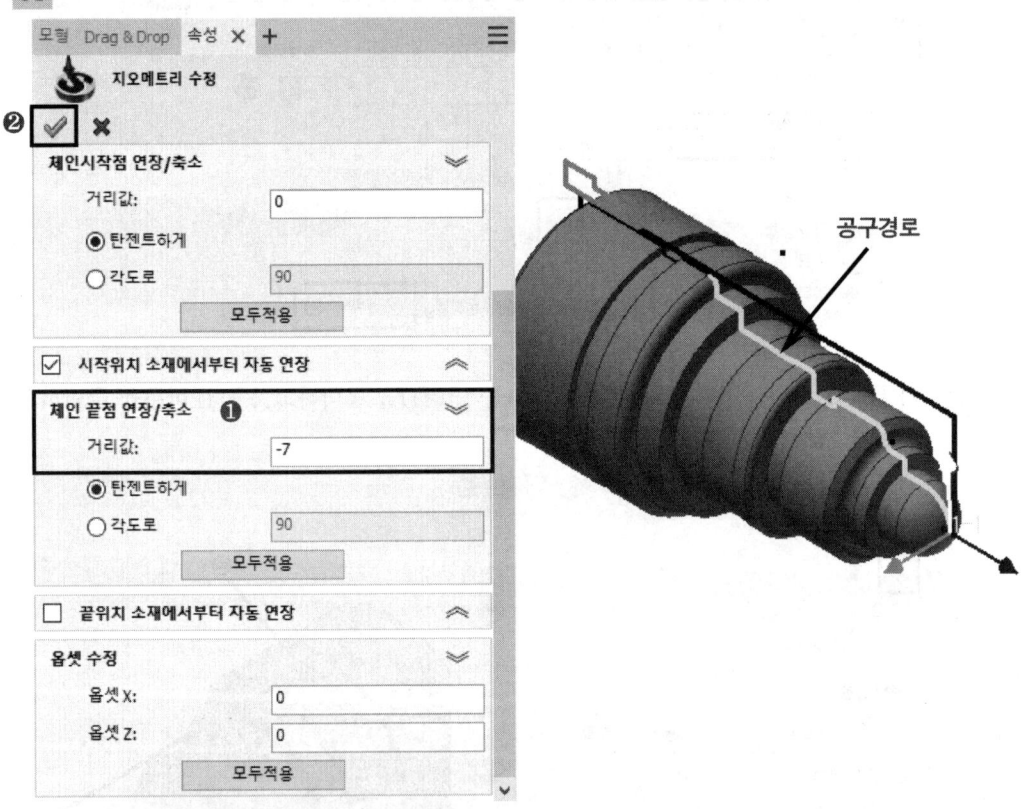

 그림에서 화살표가 표시하는 노란선이 "황삭바이트"가 지나는 공구 경로를 나타낸다.
따라서 [체인 시작점 연장/축소 & 체인 끝점 연장/축소]의 값을 가공물의 형상에 따라 적절히 조절할 수 있어야 한다.

Step 06 [공구 → 선택]을 클릭한다.

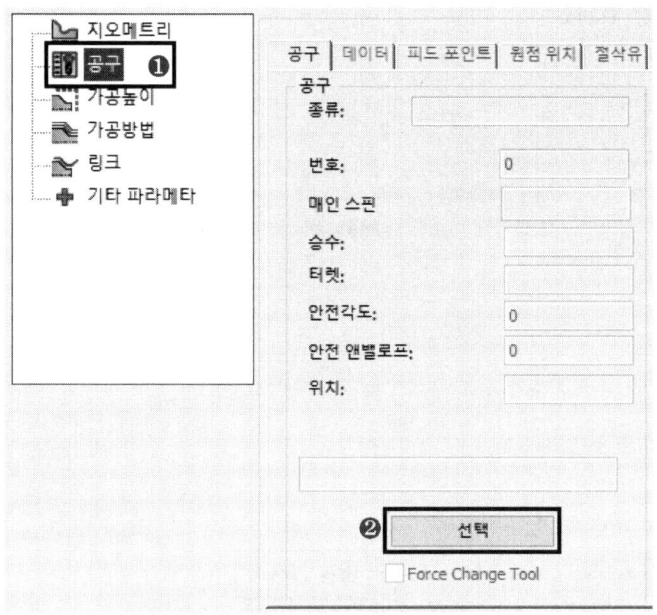

Step 07 [Ext. Turning]을 더블클릭한다.

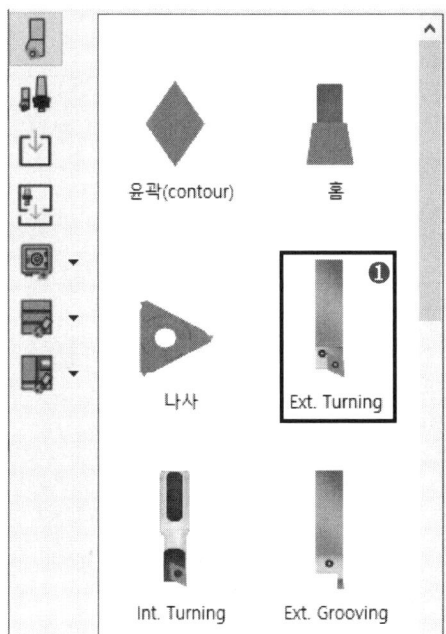

Step 08 [공구조건 → 일반&정삭피드 : 0.2 → 회전단위:V(m/min) → 일반&정삭회전 : 180 → 최대회전수 : 2000]을 입력한다.

Step 09 [공구정보 메뉴 → 공구번호 : 1 → 마운팅 위치 Ry : 0]을 입력한다.

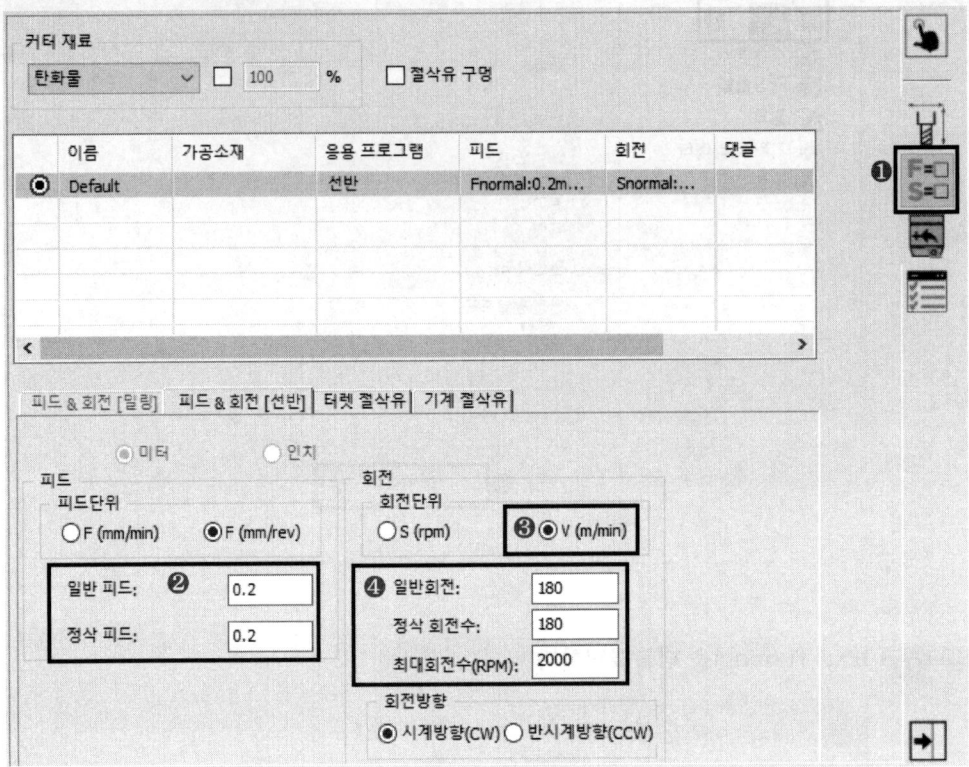

Step 10 ToolKit 우측 아래의 [선택]을 클릭한다.

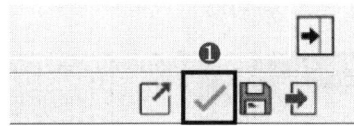

Step 11 [가공방법 → 황삭 탭 → 절입량 : 1 → 퇴피거리 : 0.5 → 옵셋 : 0.2]를 입력한다.

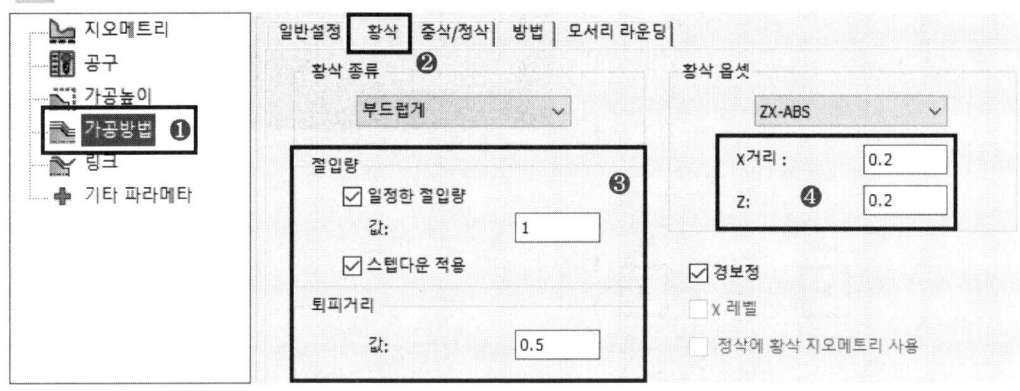

Step 12 [방법 탭 → 하강 이동하지 않음]을 선택한다.

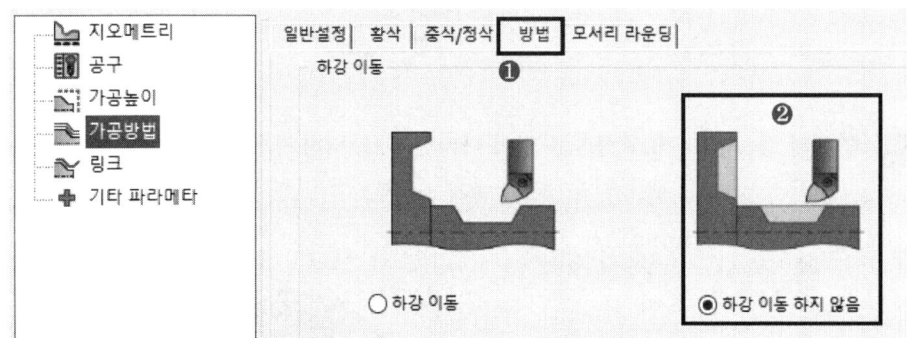

Step 13 화면 좌측 아래의 [저장&계산 → 시뮬레이션]을 클릭한다.

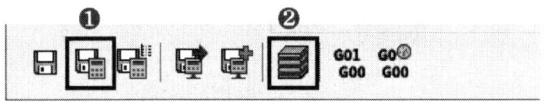

Step 14 [선반가공 → 플레이]를 클릭하여 가공 모습을 보고, [나가기]를 클릭한다.
시뮬레이션 속도를 조절하여 가공모습을 천천히 볼 수도 있다.

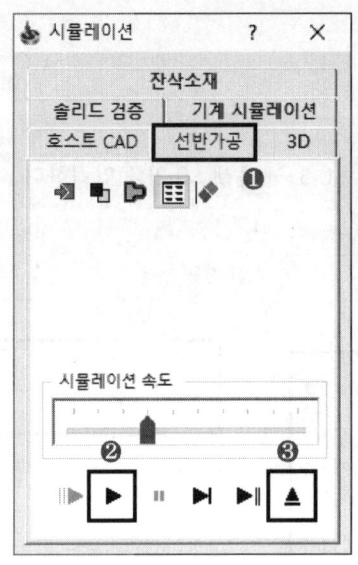
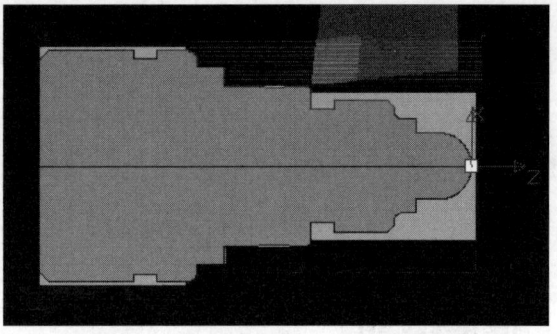

Step 15 화면 우측 아래의 [저장&나가기]를 클릭한다. 가공을 마무리한다.

Step 16 인벤터 캠 관리자에 생성한 작업이 나타난다. 클릭하여 체크표시를 해제한다.

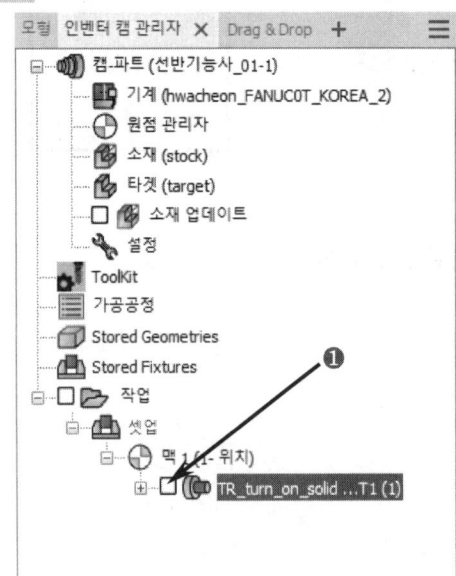
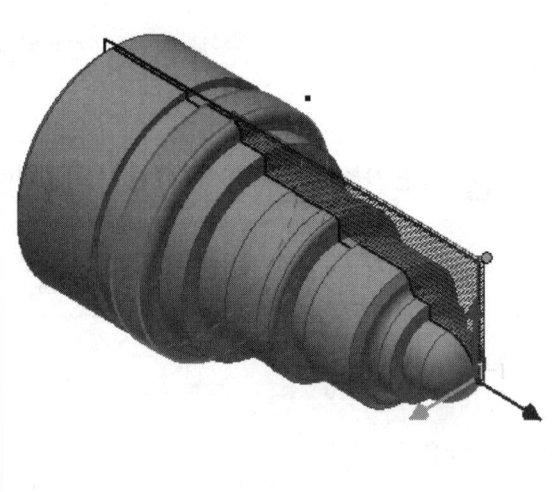

3. 정삭 가공

Step 01 황삭가공을 마우스 오른쪽 버튼 클릭으로 [복사]를 한다.

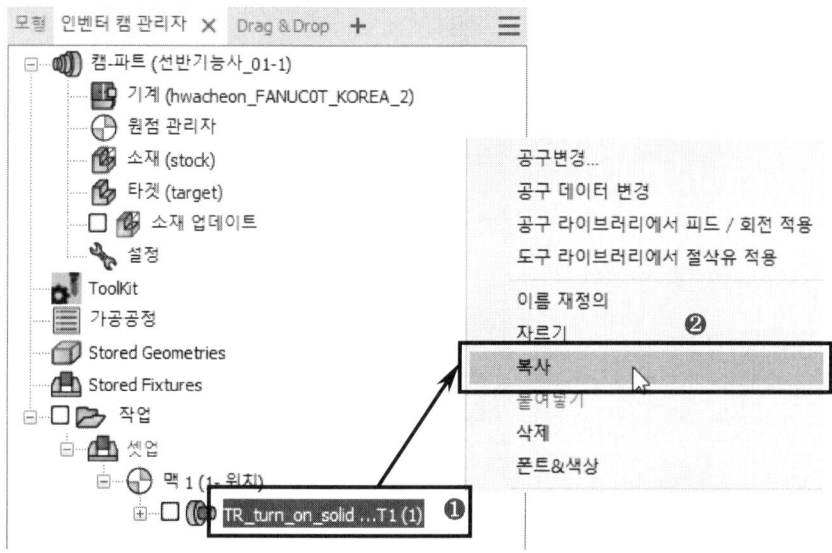

Step 02 다시 황삭가공을 마우스 오른쪽 버튼 클릭으로 [붙여넣기]를 한다.

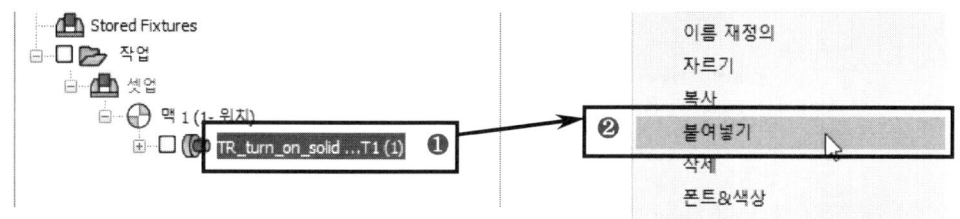

Step 03 복사된 작업을 더블클릭한다.

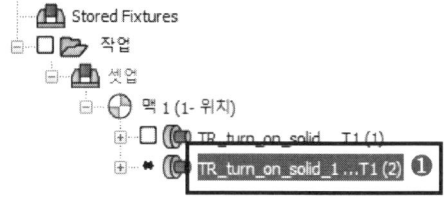

Step 04 [공구 → 선택]을 클릭한다.

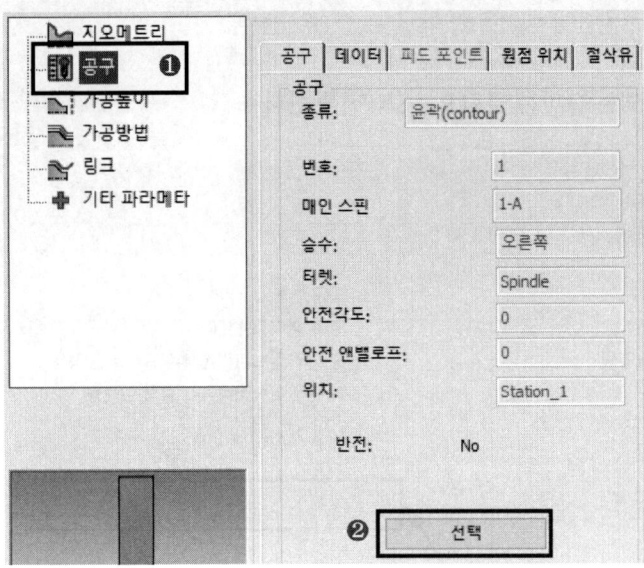

Step 05 [Ext. Turning]을 더블클릭한다.

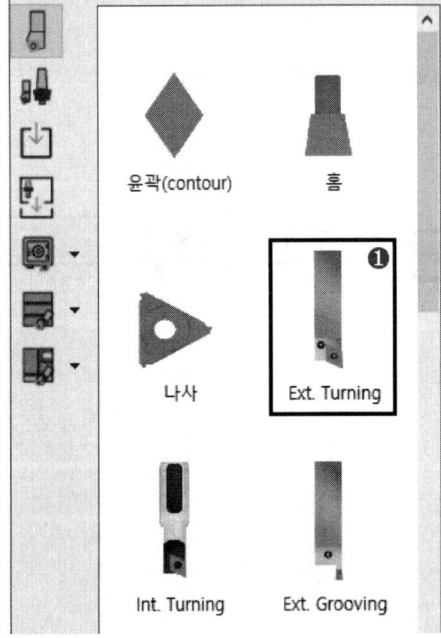

Step 06 [인서트 형상 → D(55deg)]를 선택한다.

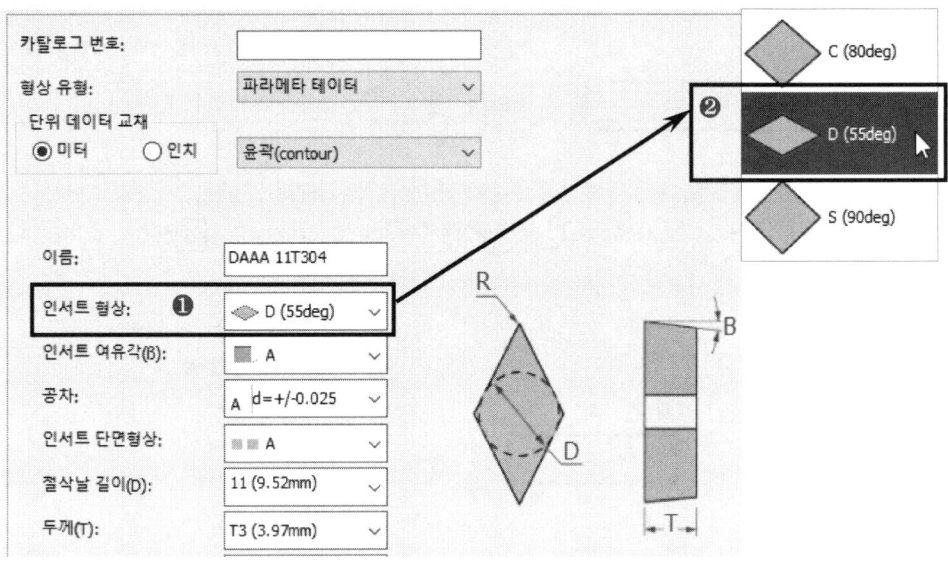

Step 07 [공구조건 → 일반&정삭피드 : 0.1 → 회전단위:V(m/min) → 일반&정삭회전 : 200 → 최대회전수 : 2000]을 입력한다.

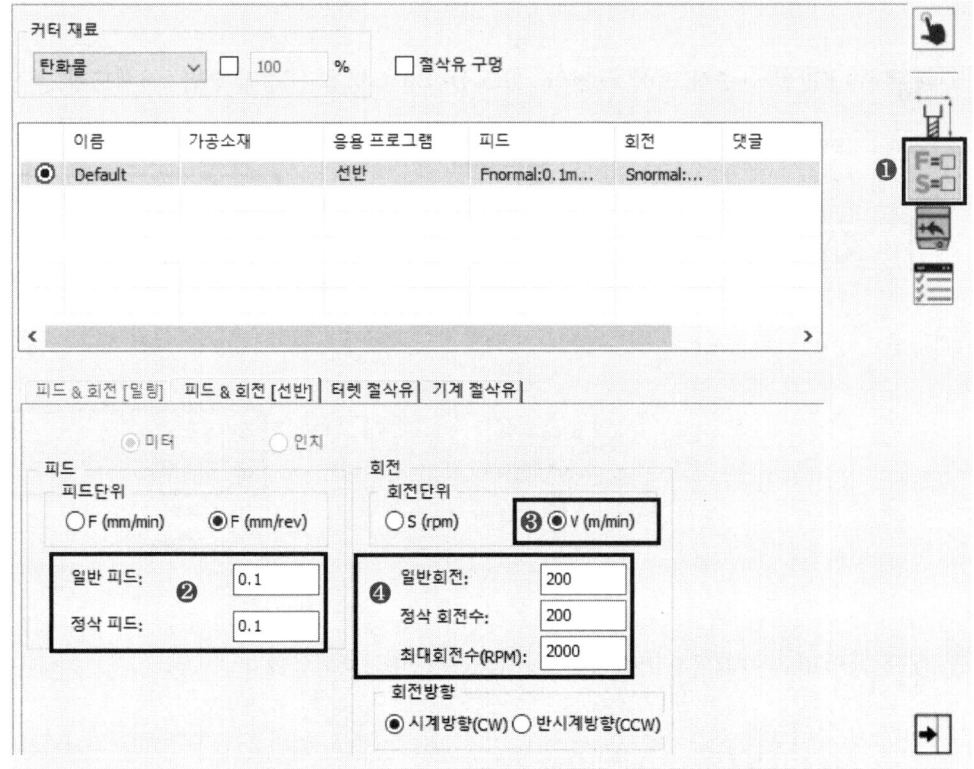

Step 08 [공구정보 메뉴 → 공구번호 : 3 → 마운팅 위치 : Ry : 0]을 입력한다.

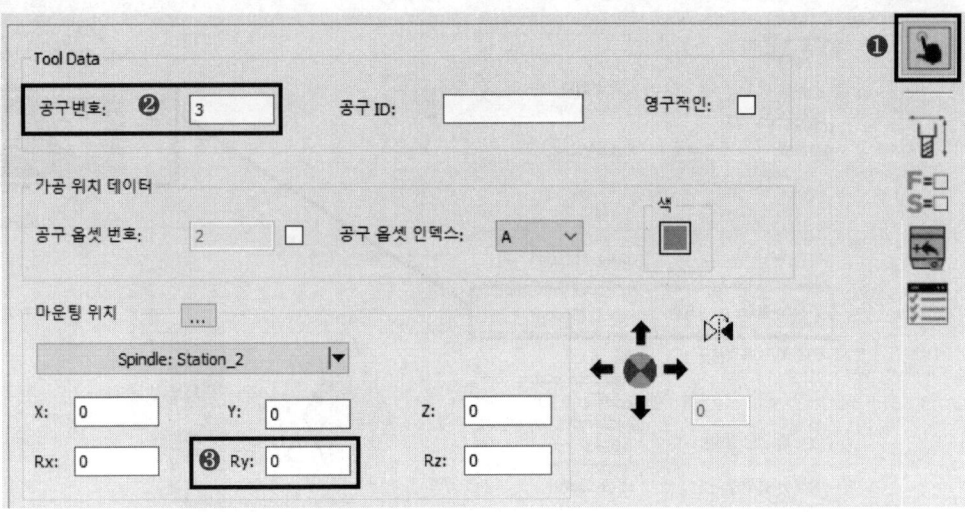

Step 09 ToolKit 우측 아래의 [선택]을 클릭한다.

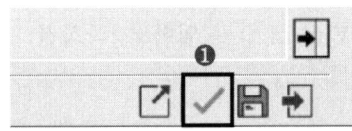

Step 10 [가공방법 → 중삭/정삭 → 정삭 : ISO-선반가공 방법 → 정삭 방법 : 전체도형]을 선택한다.

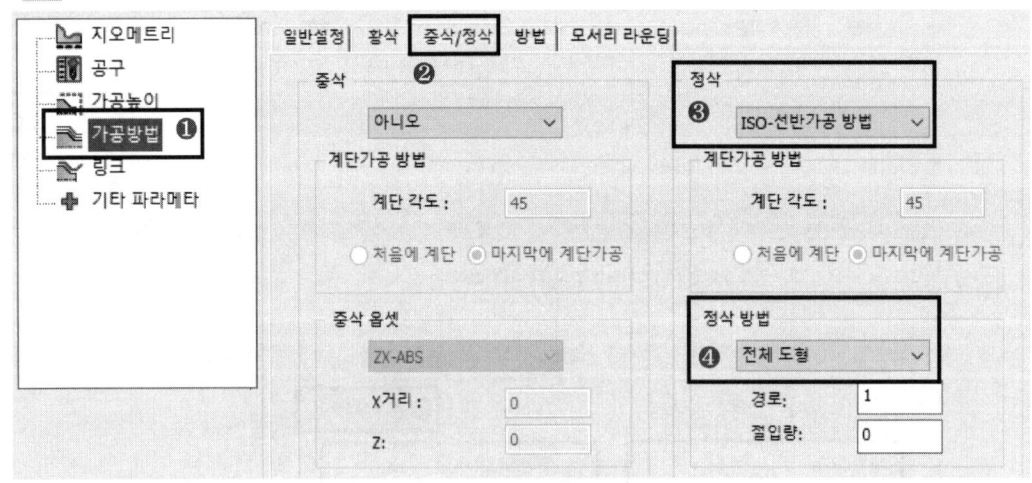

Step 11 화면 좌측 아래의 [저장&계산 → 시뮬레이션]을 클릭한다.

Step 12 [선반가공 → 플레이]를 클릭하여 가공 모습을 보고, [나가기]를 클릭한다.
시뮬레이션 속도를 조절하여 가공모습을 천천히 볼 수도 있다.

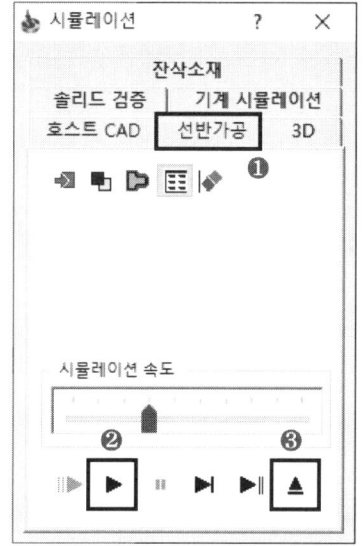
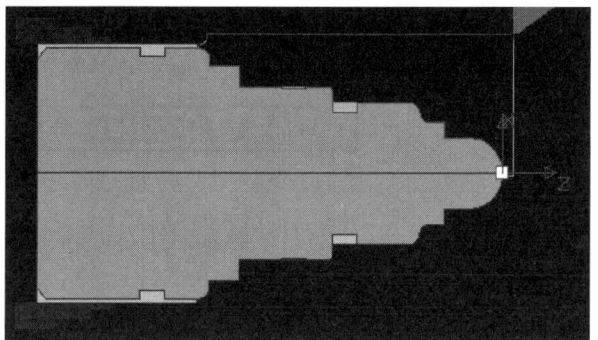

Step 13 화면 우측 아래의 [저장&나가기]를 클릭한다. 가공을 마무리한다.

Step 14 정삭가공을 마우스 오른쪽 버튼 클릭으로 [복사]를 한다.

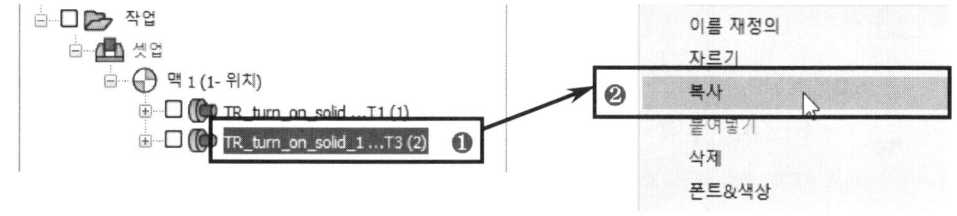

Step 15 다시 정삭가공을 마우스 오른쪽 버튼 클릭으로 [붙여넣기]를 한다.

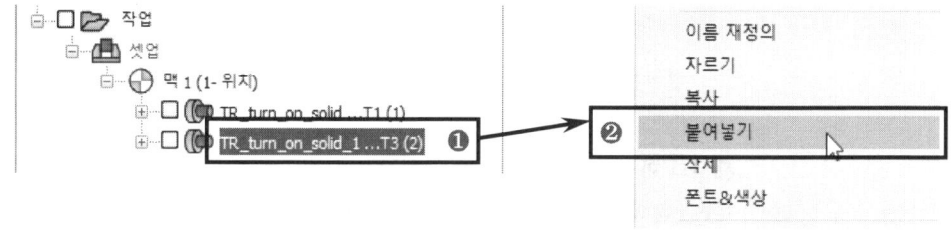

Step 16 복사된 작업을 더블클릭한다.

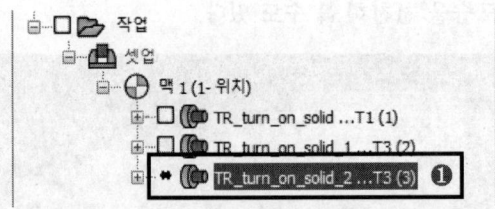

Step 17 [지오메트리 → 와이어프레임 → 신규]를 클릭한다.

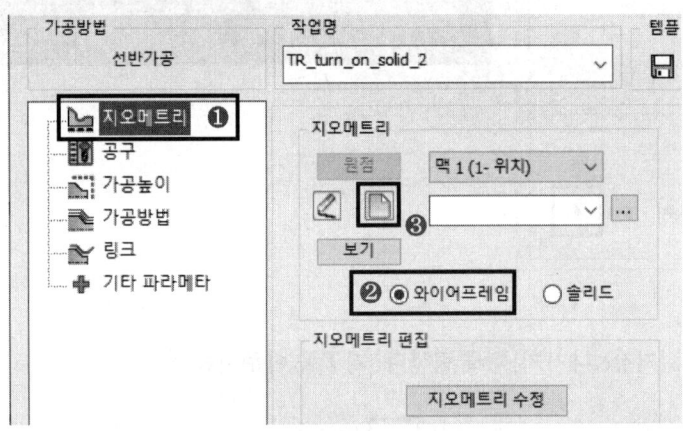

Step 18 화살표가 가리키는 선을 클릭하고, [체인수락 → 확인]을 클릭한다.

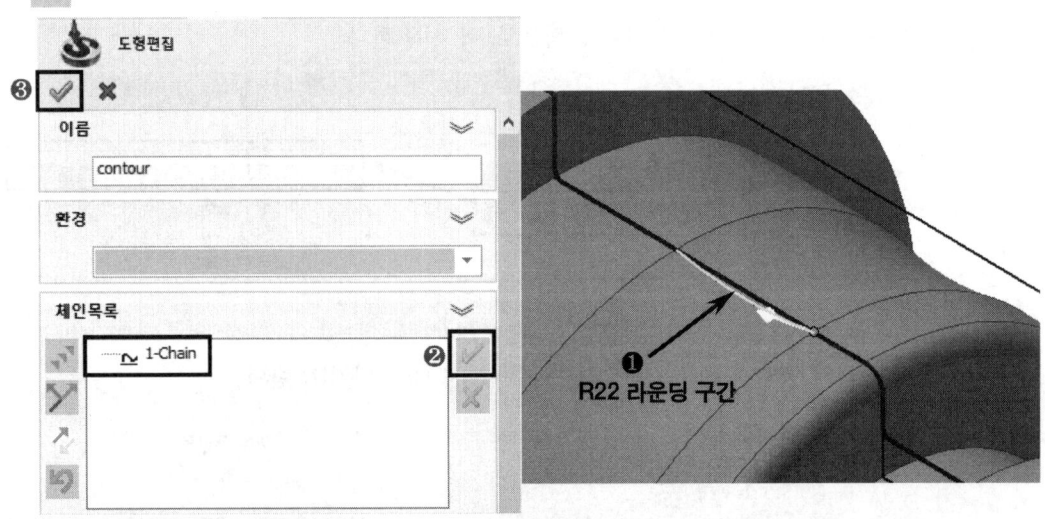

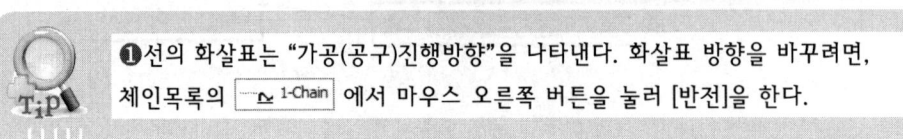

❶선의 화살표는 "가공(공구)진행방향"을 나타낸다. 화살표 방향을 바꾸려면, 체인목록의 1-Chain 에서 마우스 오른쪽 버튼을 눌러 [반전]을 한다.

Step 19 [지오메트리 수정]을 클릭한다.

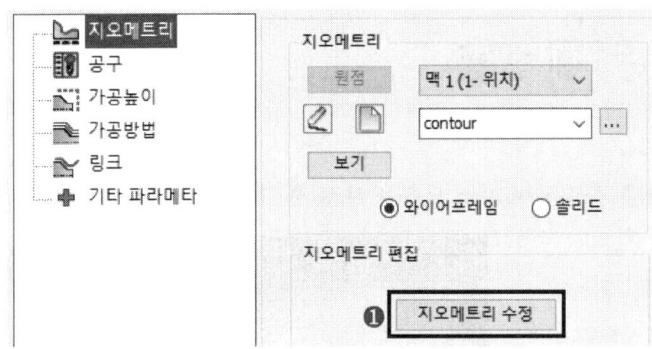

Step 20 [체인 시작점 연장/축소 : 3 → 체인 끝점 연장/축소 : 3]을 입력 후, [확인]을 누른다.

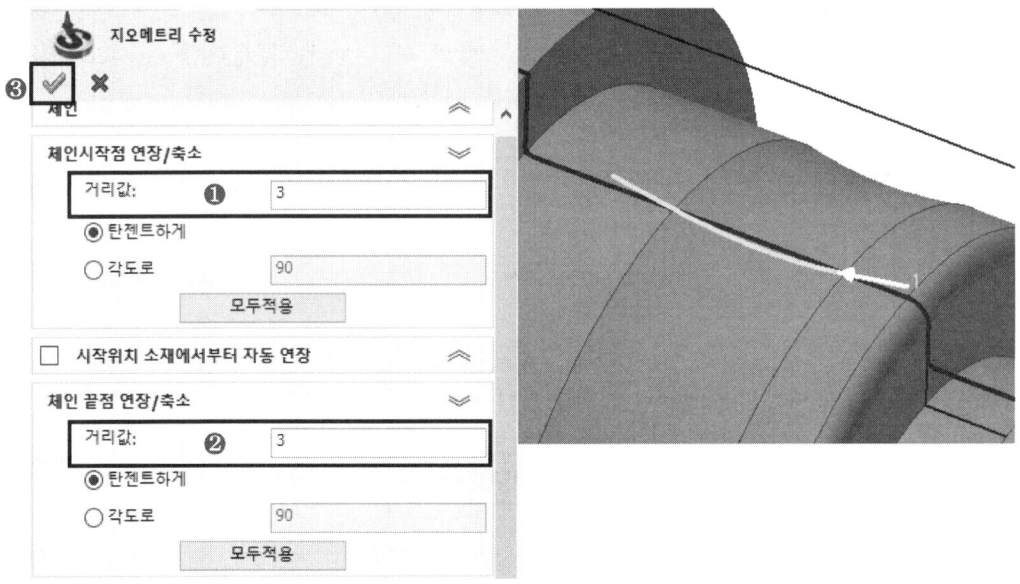

Step 21 [가공방법 → 방법 → 하강 이동]을 선택한다.

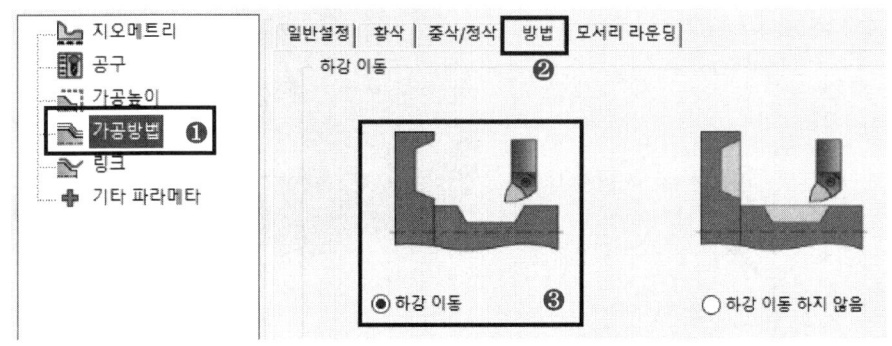

Step 22 화면 좌측 아래의 [저장&계산 → 시뮬레이션]을 클릭한다.

Step 23 [선반가공 → 플레이]를 클릭하여 가공 모습을 보고, [나가기]를 클릭한다.

Step 24 화면 우측 아래의 [저장&나가기]를 클릭한다. 가공을 마무리한다.

Step 25 인벤터 캠 관리자에 생성한 작업이 나타난다.

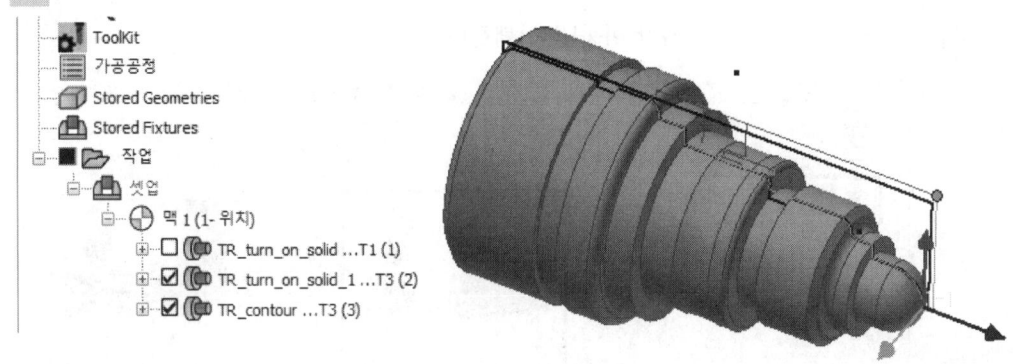

4. 홈 가공

Step 01 [InventorCAM2021 작업 → 터닝 → 홈]을 클릭한다.

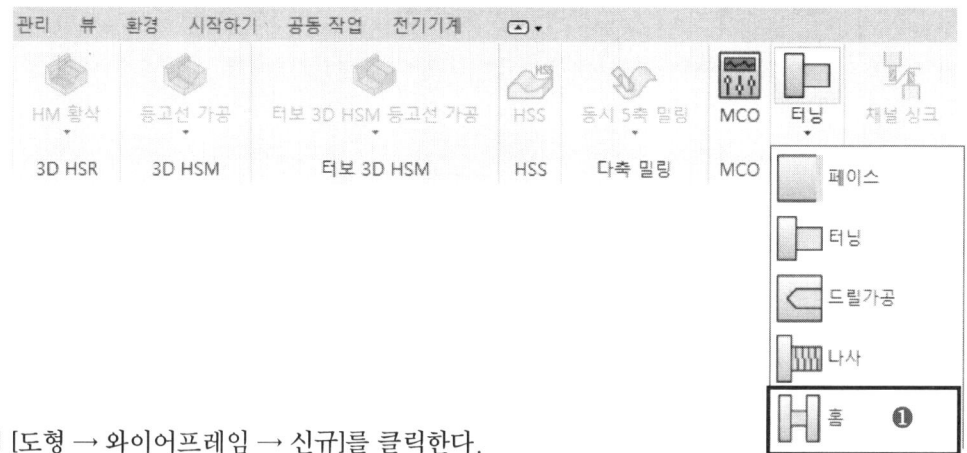

Step 02 [도형 → 와이어프레임 → 신규]를 클릭한다.

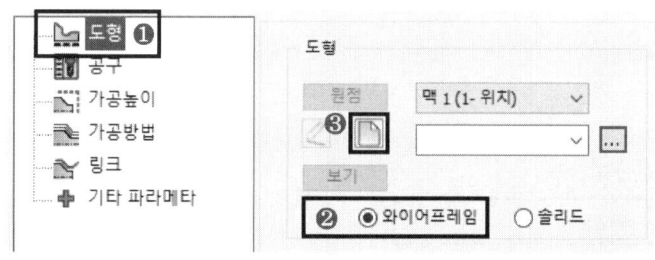

Step 03 화살표가 지시하는 선을 클릭하고 [체인수락 → 확인]을 클릭한다.

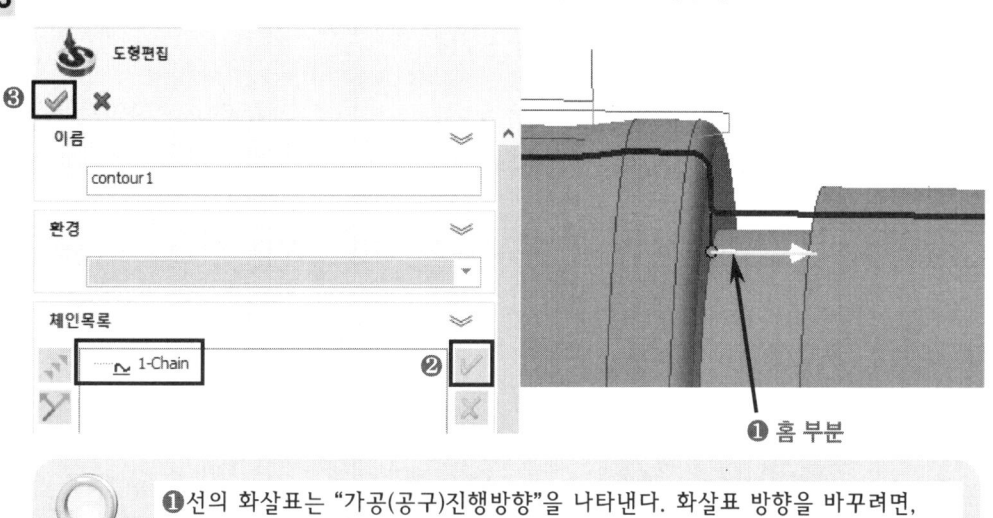

❶ 홈 부분

Tip ❶선의 화살표는 "가공(공구)진행방향"을 나타낸다. 화살표 방향을 바꾸려면, 체인목록의 1-Chain 에서 마우스 오른쪽 버튼을 눌러 [반전]을 한다.

Step 04 [지오메트리 수정]을 클릭한다.

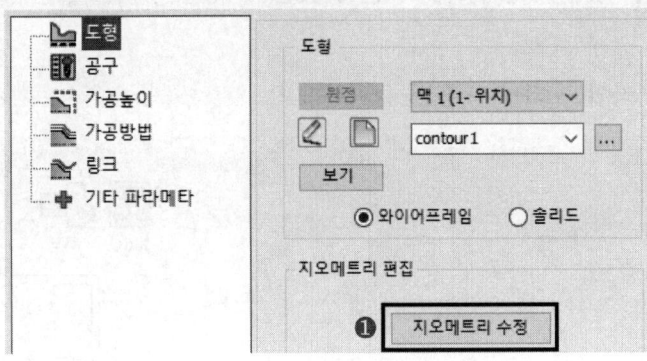

Step 05 [시작위치 소재에서부터 자동연장 → 체크해제 → 확인]을 클릭한다.

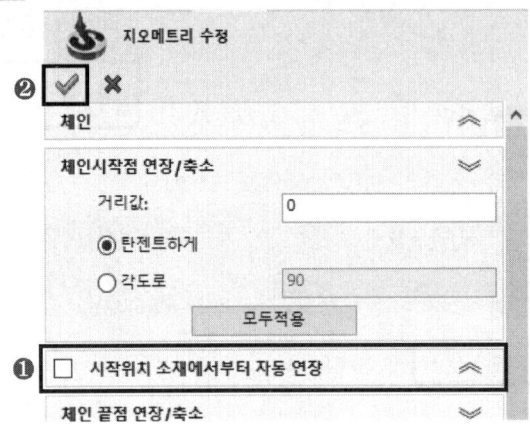

Step 06 [공구 → 선택]을 클릭한다.

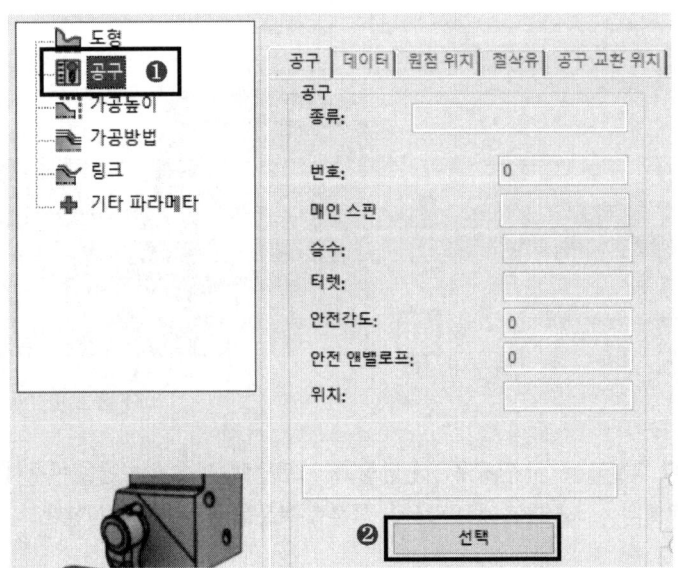

Step 07 [Ext. Grooving]을 더블클릭한다.

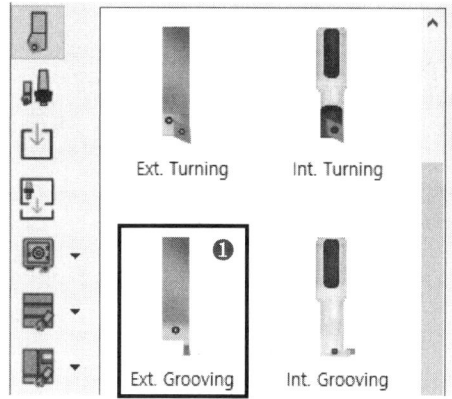

Step 08 공구형상을 [A:3 → W:3]으로 설정한다.

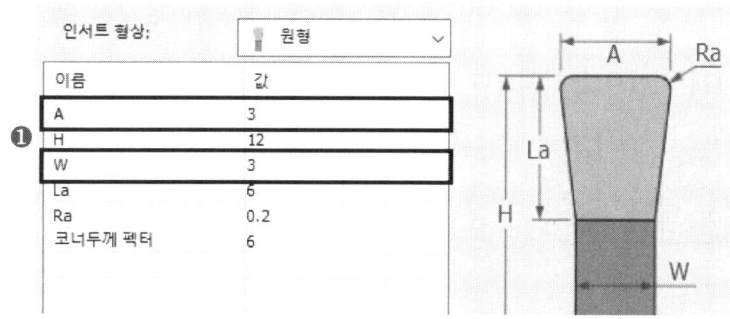

Step 09 [공구조건 → 일반&정삭피드 : 0.08 → 회전단위:V(m/min) → 일반&정삭회전 : 500 → 최대회전수 : 500]을 입력한다.

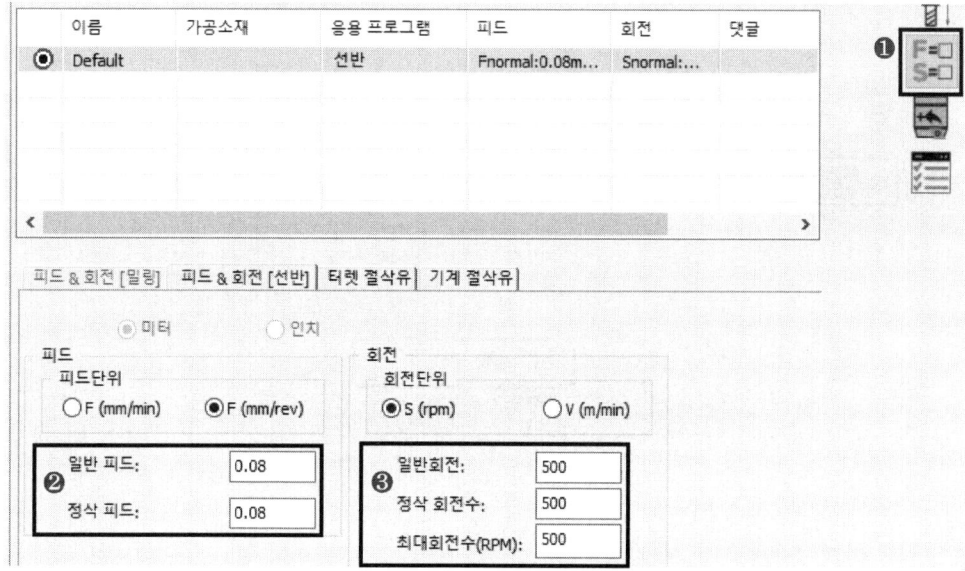

Step 10 [공구정보 메뉴 → 공구번호 : 5 → 마운팅 위치 : Ry : 0]을 입력한다.

Step 11 ToolKit 우측 아래의 [선택]을 클릭한다.

Step 12 [가공방법 → 황삭]에서 다음과 같이 설정한다.

- 절입량 : 없음
- 홈-피치 값 : 2 (가공형상 & 인서트 폭에 따라 다를 수 있음)
- 황삭 옵셋 X, Z 거리 : 0

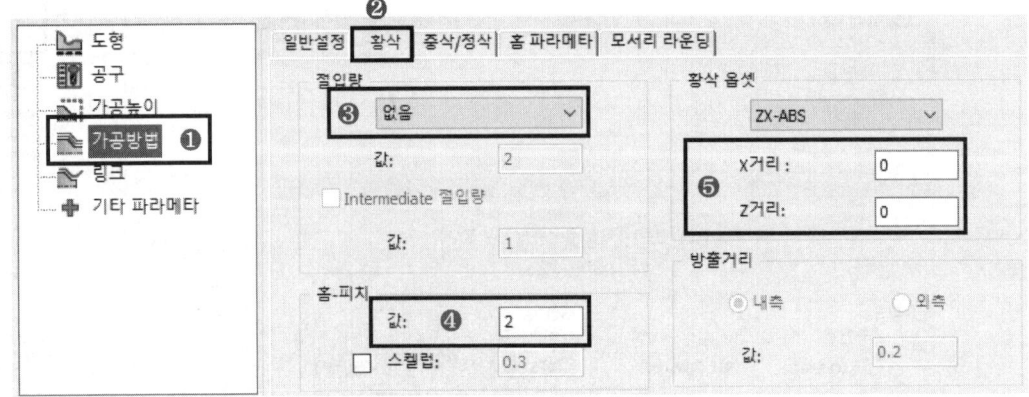

Step 13 [중삭/정삭 → 정삭 : 아니오]를 선택한다.

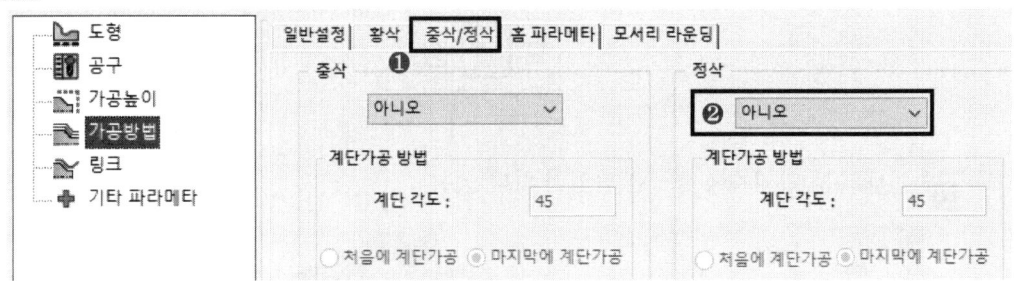

Step 14 [기타 파라메타 → Dwell 값 : 1000]을 입력한다.

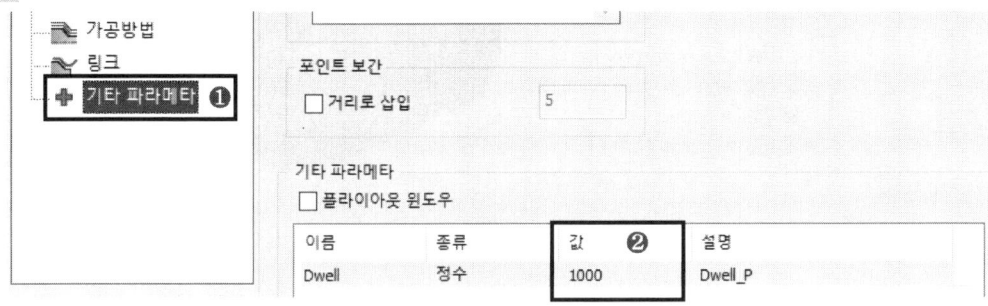

Step 15 화면 좌측 아래의 [저장&계산 → 시뮬레이션]을 클릭한다.

Step 16 [선반가공 → 플레이]를 클릭하여 가공 모습을 보고, [나가기]를 클릭한다.

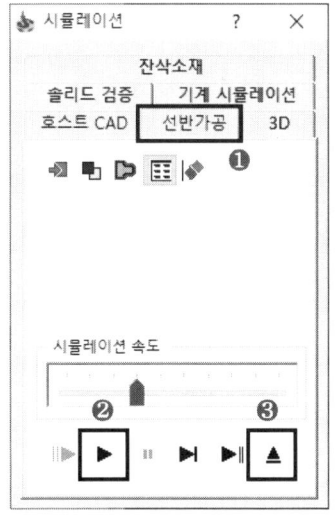
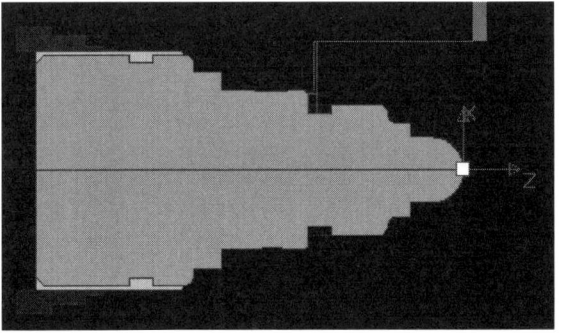

Step 17 화면 우측 아래의 [저장&나가기]를 클릭한다. 가공을 마무리한다.

Step 18 인벤터 캠 관리자에 생성한 작업이 나타난다.

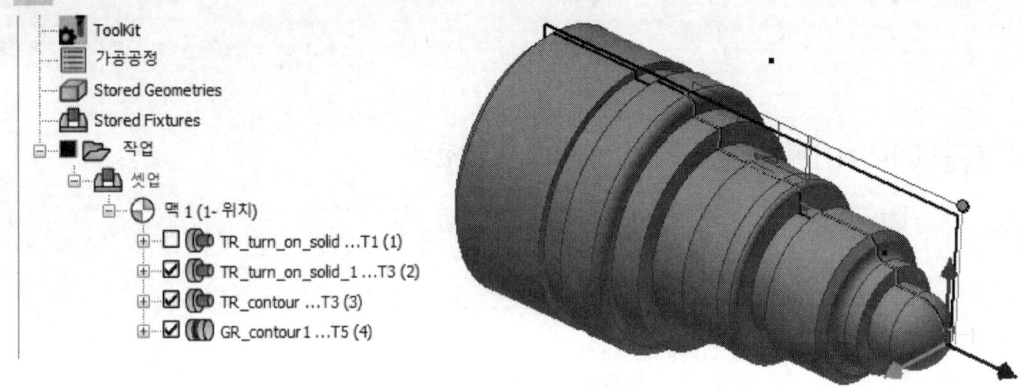

5. 나사 가공

Step 01 [InventorCAM2021 작업 → 터닝 → 나사]를 클릭한다.

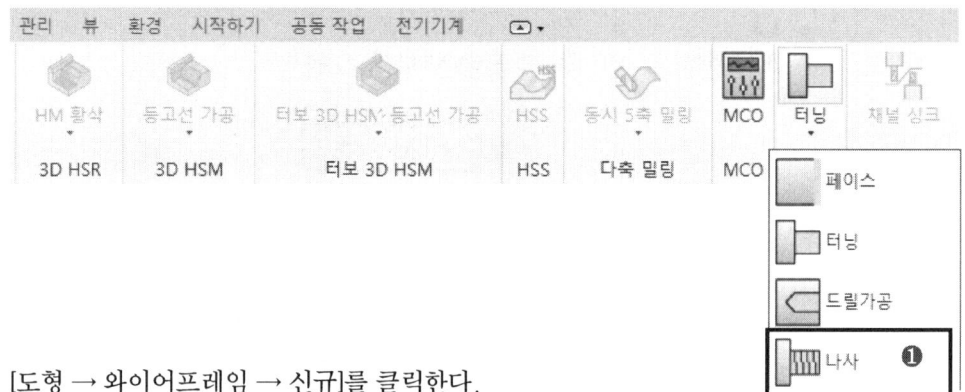

Step 02 [도형 → 와이어프레임 → 신규]를 클릭한다.

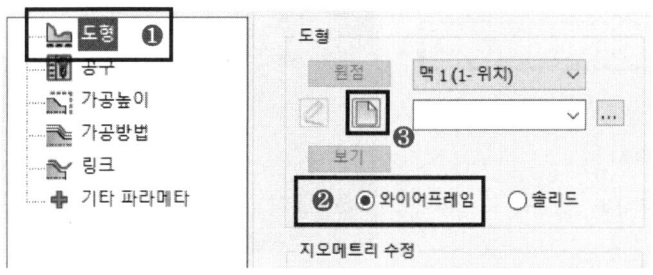

Step 03 화살표가 지시하는 선을 클릭하고 [체인수락 → 확인]을 클릭한다.

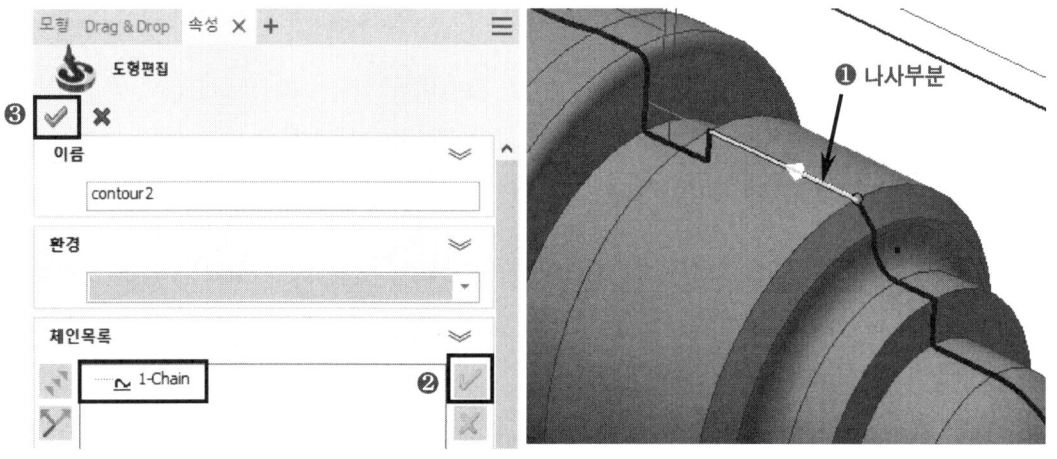

 ❶선의 화살표는 "가공(공구)진행방향"을 나타낸다. 화살표 방향을 바꾸려면, 체인목록의 `∼ 1-Chain` 에서 마우스 오른쪽 버튼을 눌러 [반전]을 한다.

Step 04 [지오메트리 수정]을 클릭한다.

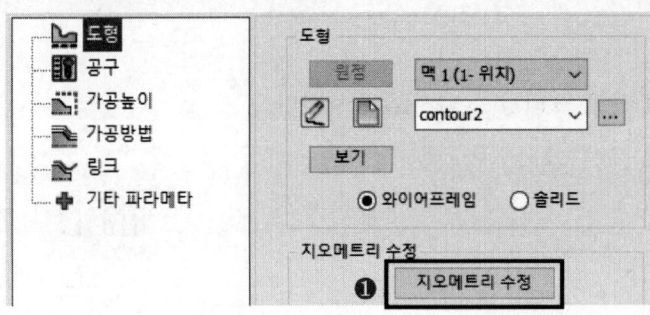

Step 05 [체인 시작점 연장/축소 : 5 → 체인 끝점 연장/축소 : 2]를 입력한 후, 확인을 누른다.

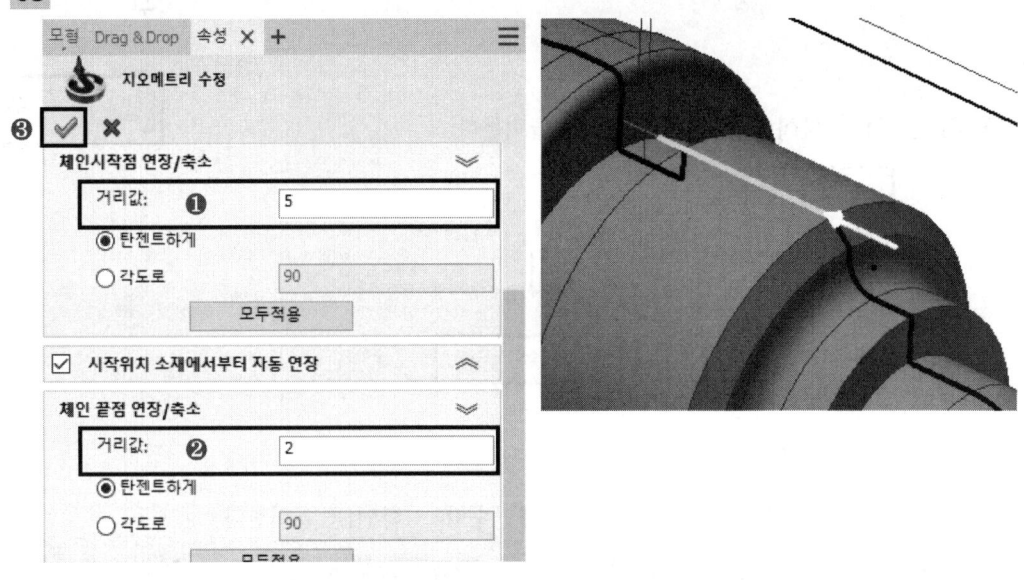

Step 06 [공구 → 선택]을 클릭한다.

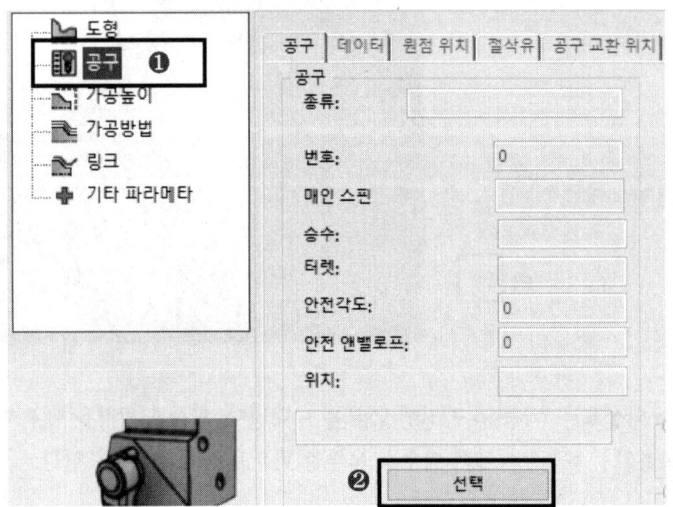

Step 07 [나사]를 더블클릭한다.

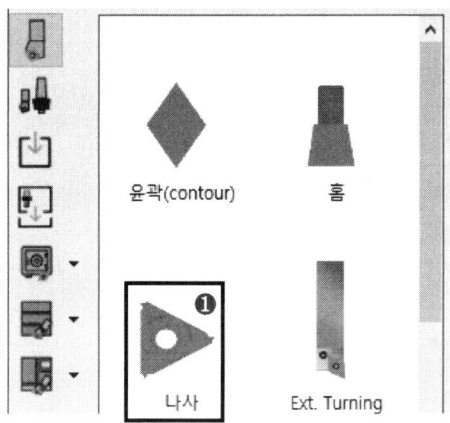

Step 08 [나사규격 Metric(ISO)]를 선택한다.

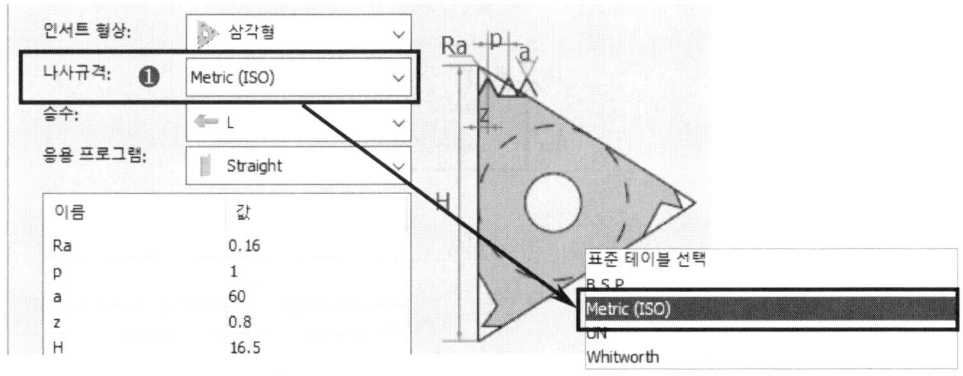

Step 09 [M28x1.5]를 선택하고, 확인을 누른다.

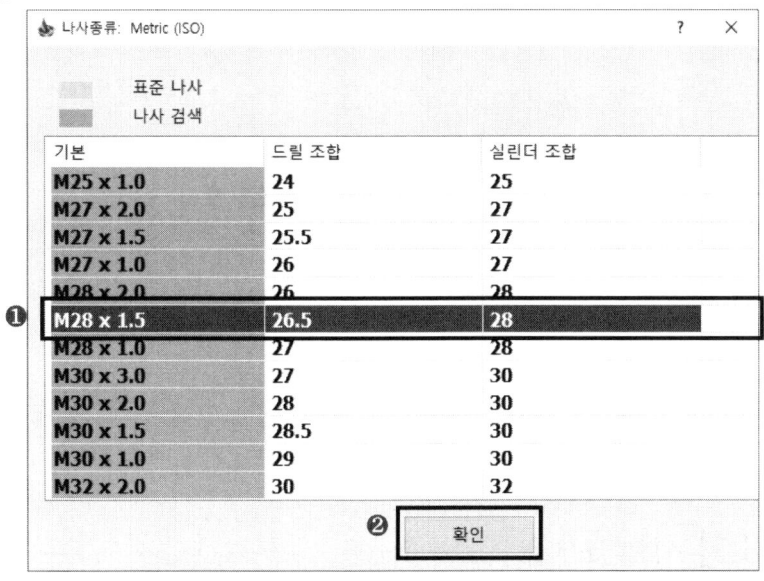

Step 10 [공구조건 → 일반&정삭회전 : 500 → 최대회전수 : 500]을 입력한다.

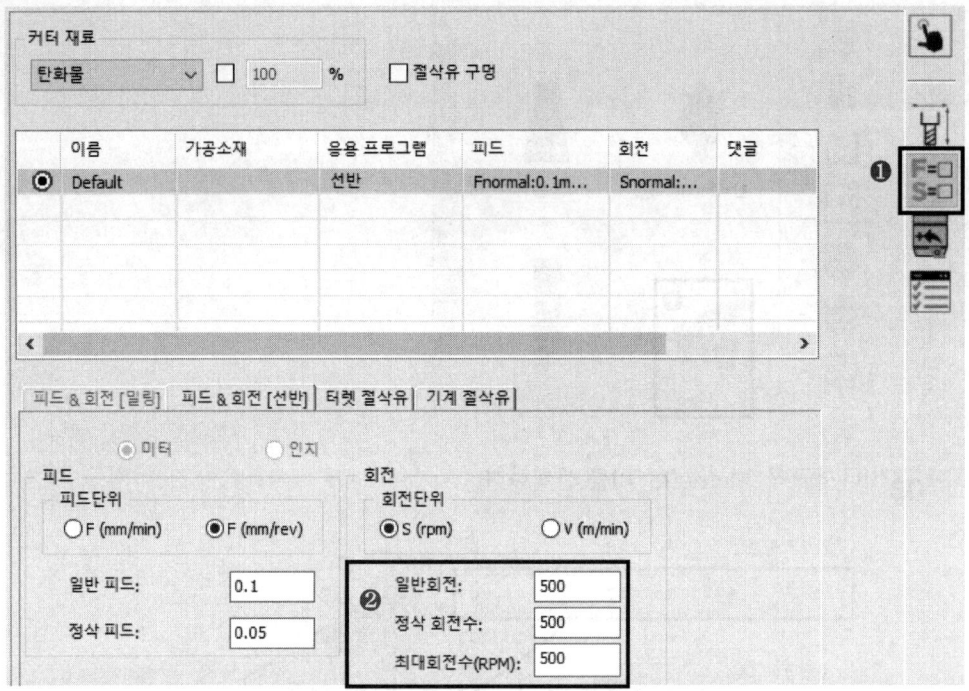

Step 11 [공구정보 메뉴 → 공구번호 : 7 → 마운팅 위치 : Ry : 0]을 입력한다.

Step 12 ToolKit 우측 아래의 [선택]을 클릭한다.

Step 13 [가공방법 → 테이블 → Metric(ISO)]를 클릭한다.

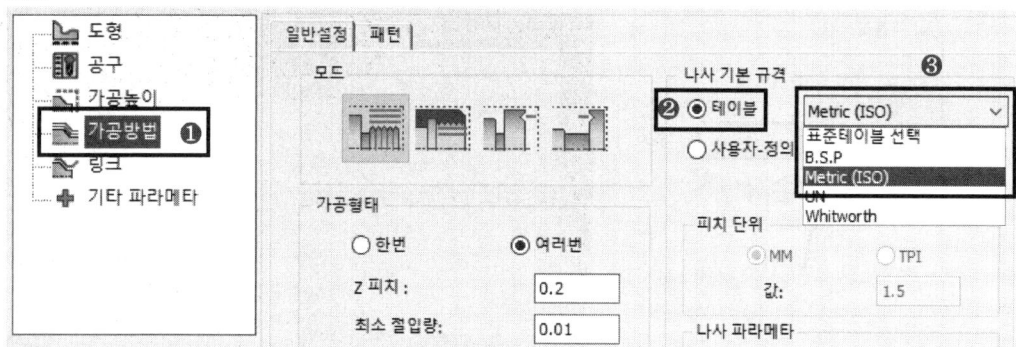

Step 14 [M28x1.5]를 선택하고, 확인을 누른다.

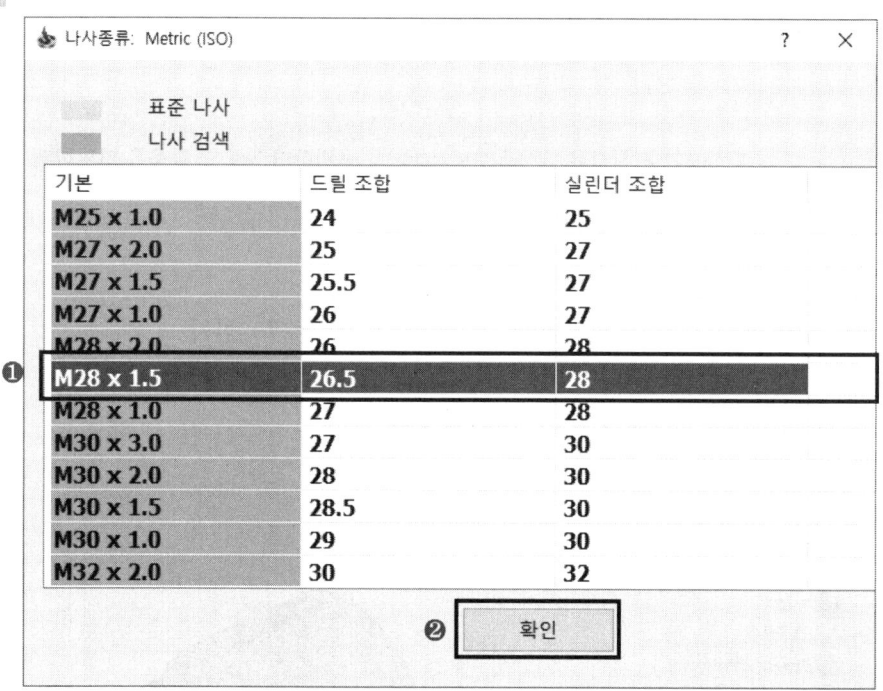

Step 15 화면 좌측 아래의 [저장&계산 → 시뮬레이션]을 클릭한다.

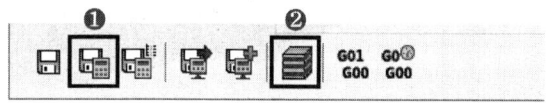

Step 16 [선반가공 → 플레이]를 클릭하여 가공 모습을 보고, [나가기]를 클릭한다.

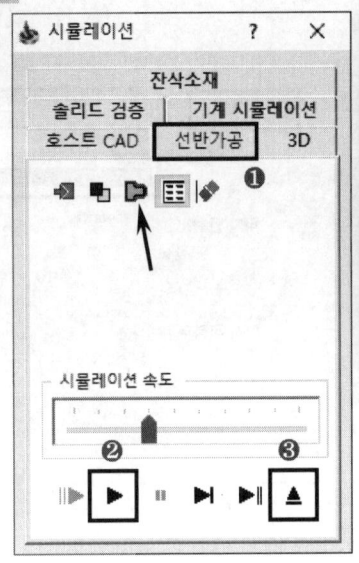
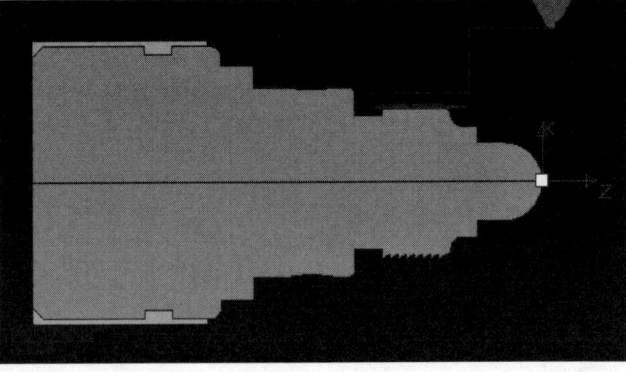

 화살표가 지시하는 잔삭소재보기( )를 클릭하면 가공 결과물을 명확하게 볼 수가 있다.

Step 17 화면 우측 아래의 [저장&나가기]를 클릭한다. 가공을 마무리한다.

Step 18 인벤터 캠 관리자에 생성한 작업이 나타난다.

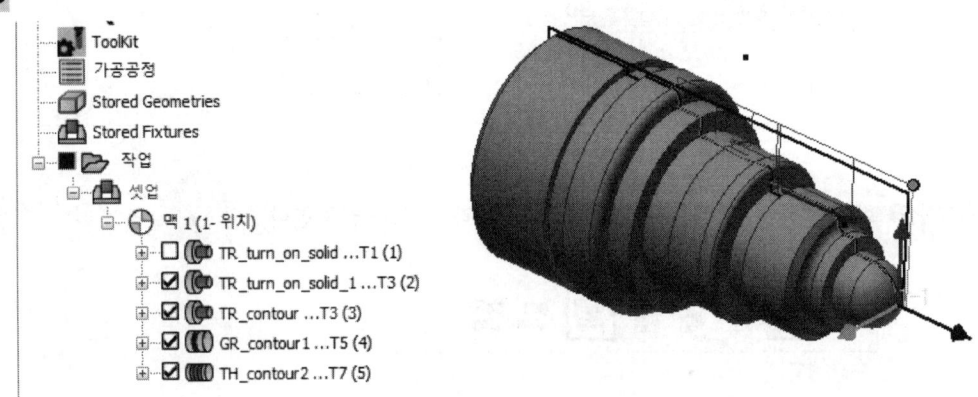

6. 시뮬레이션 및 G코드 생성

Step 01 [작업]을 클릭하여 체크표시를 한다.

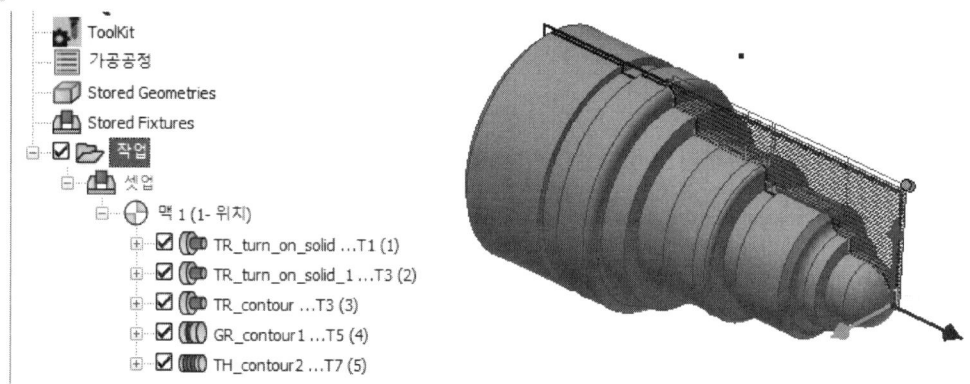

Step 02 [리본 → G코드생성]을 클릭한다.

Step 03 생성된 G코드를 확인한다.

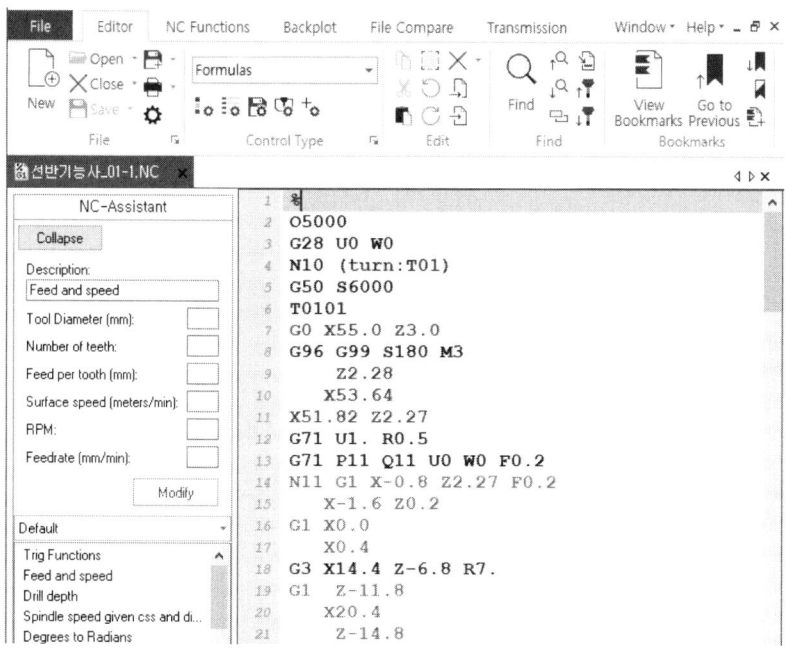

Step 04 [Save As]를 클릭하여 다른 이름으로 저장한다.

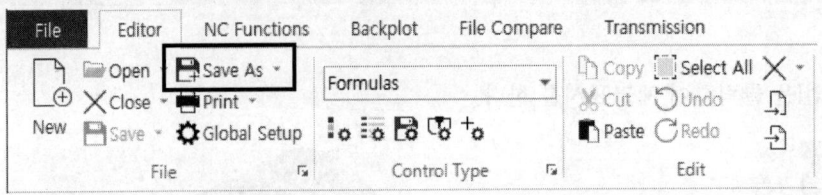

Step 05 파일이름과 확장자(.nc)까지 입력한 후, [저장]을 클릭한다.

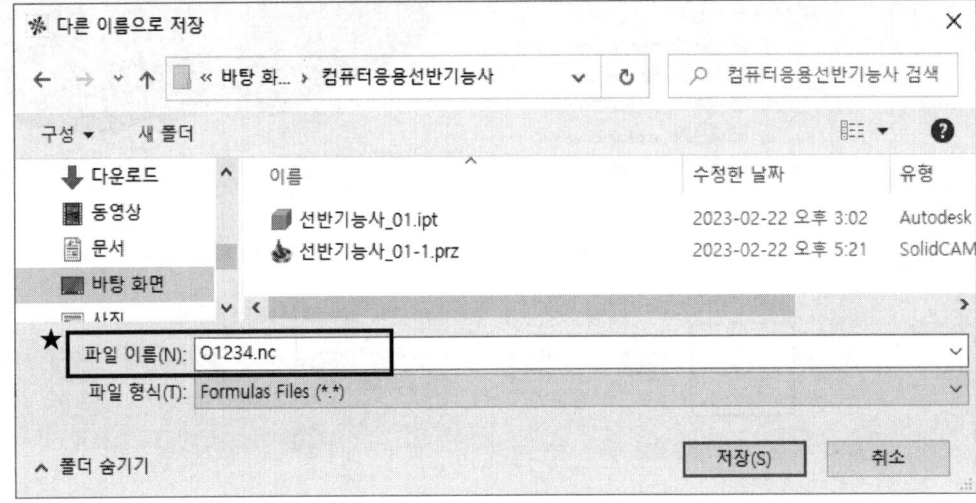

7. 뒷면 가공 파트정의

Step 01 [리본 → 열기]를 클릭하여 파일을 불러온다.

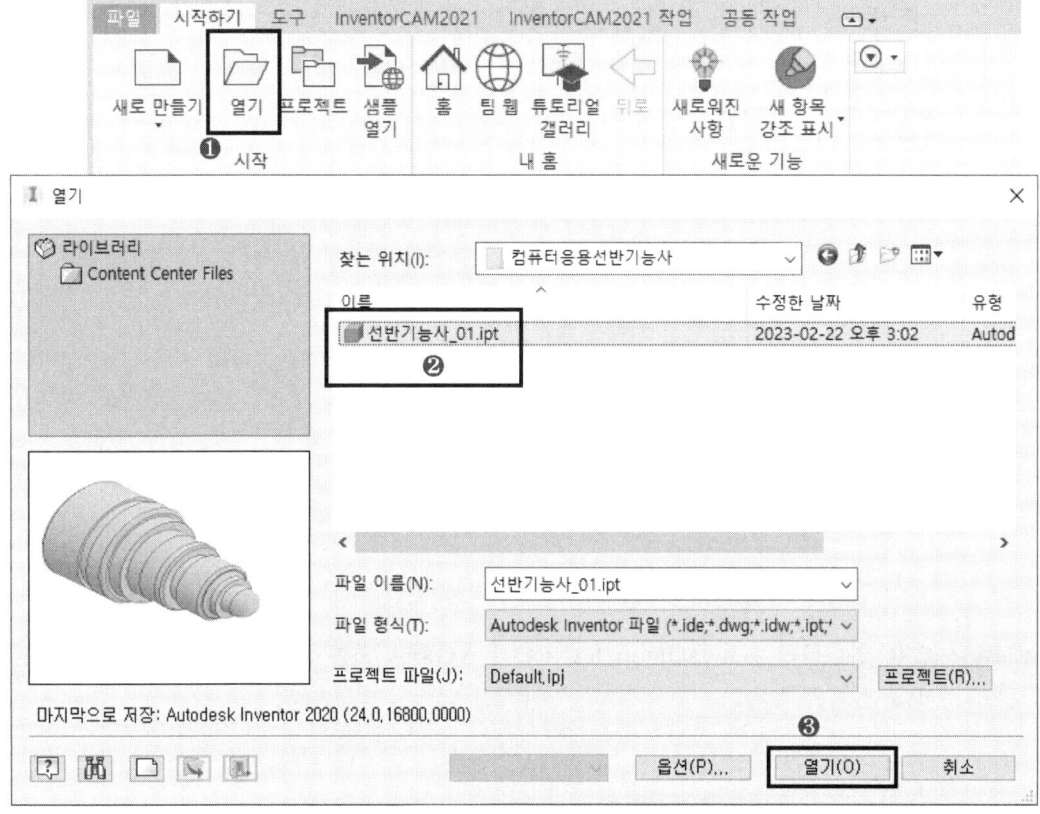

✔ 이미 모델링 파일이 열려있다면 해당 과정은 생략한다.

Step 02 [리본 → InventorCAM2021 탭 → 신규 → 선반]을 클릭한다.

Step 03 [모델파일 경로사용 체크 → 단위 → 미터]를 선택하고, 확인을 클릭한다.

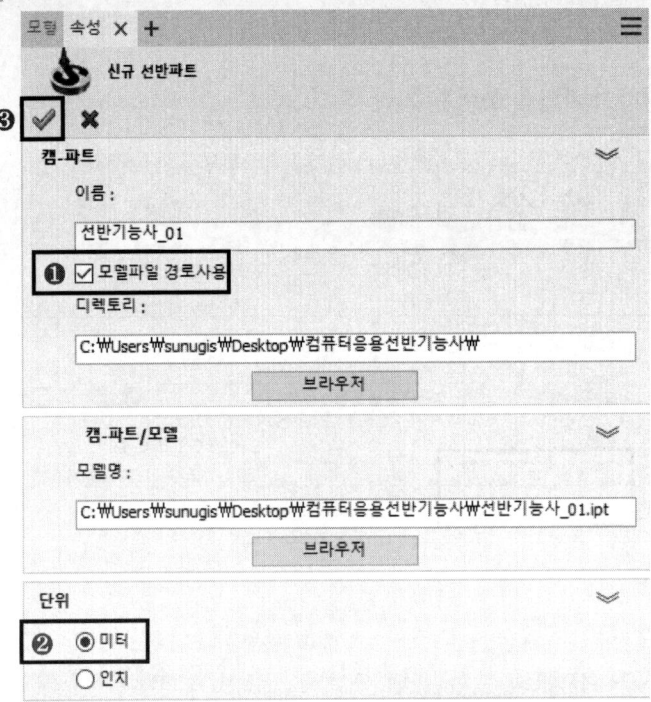

Step 04 [CNC-컨트롤러 → hwacheon_FANUC0T_KOREA_2]를 설정한 후, [정의→원점]을 클릭한다.

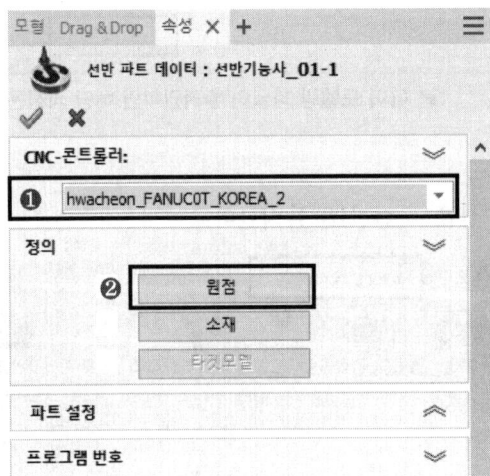

Step 05 [평면원점 → 회전면의 중심 → 형상모델링 원통면]을 클릭하고, [반대로 변경]을 클릭하여 그림과 같이 원점의 위치를 변경한다. [확인]을 누른다.

Step 06 원점 데이터&관리자 창이 나타나면 [확인]을 클릭한다.

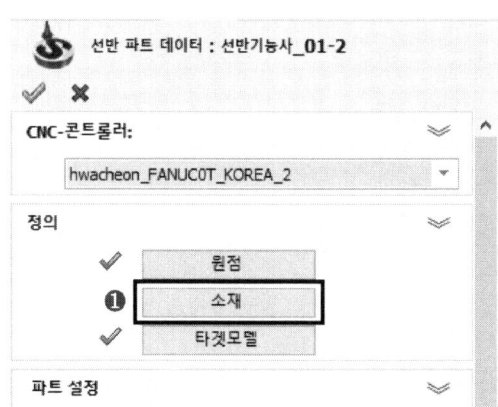

Step 07 [소재]를 클릭한다.

Step 08 모델링 형상을 클릭하여 형상을 정의하고, [옵셋 → 우측&좌측:0, 외측:1]을 입력한 후, [확인]을 클릭하여 소재를 정의한다.

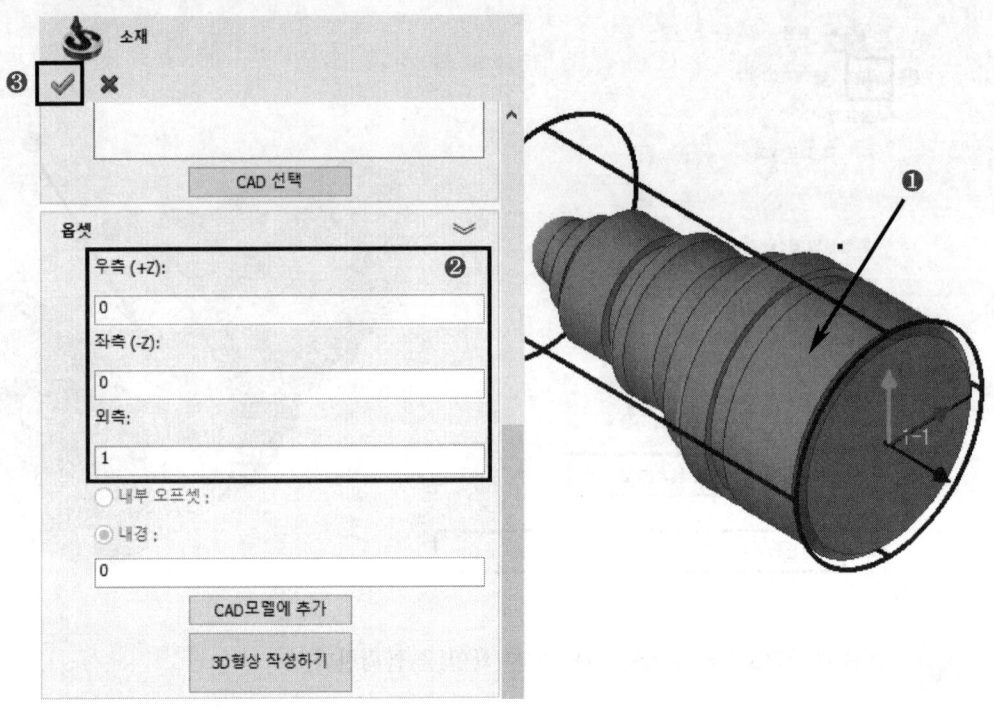

Step 09 원점, 소재, 타켓모델의 정의가 모두 완료되면 [확인]을 클릭하여 정의를 마친다.

Step 10 [인벤터 캠 관리자 → 셋업 → 마우스 오른쪽 클릭 → 편집]을 클릭한다.

Step 11 [Table_Pos1 → Z:80 → 확인]을 클릭한다.

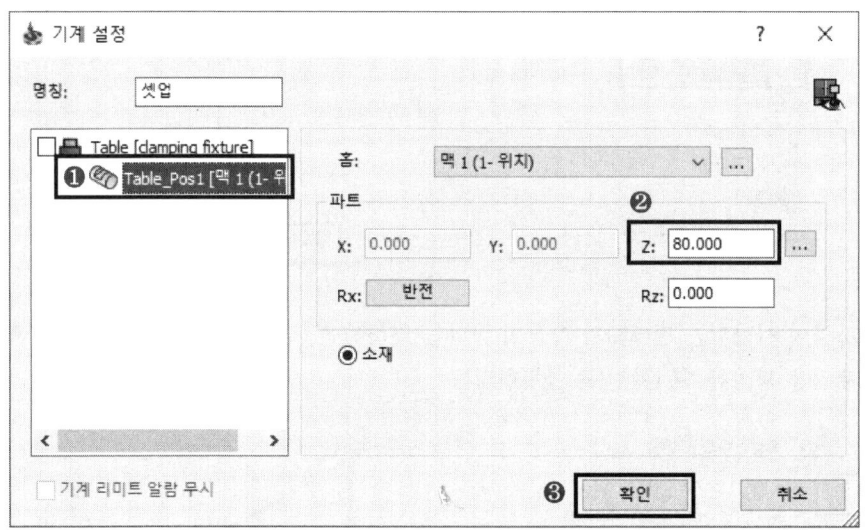

8. 뒷면 황삭 가공

Step 01 [InventorCAM2021 작업 → 터닝 → 터닝]을 클릭한다.

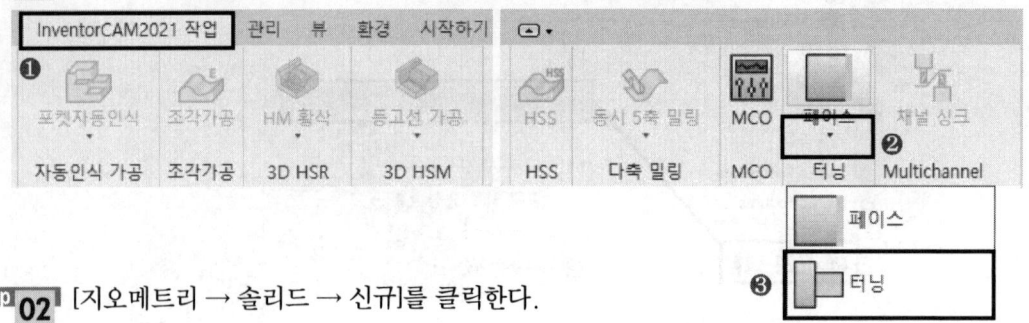

Step 02 [지오메트리 → 솔리드 → 신규]를 클릭한다.

Step 03 가공이 시작되는 면(❶)과 가공이 끝나는 면(❷)을 클릭하고, [수락] 버튼을 클릭하여 체인을 생성한 후, [확인]을 클릭한다.

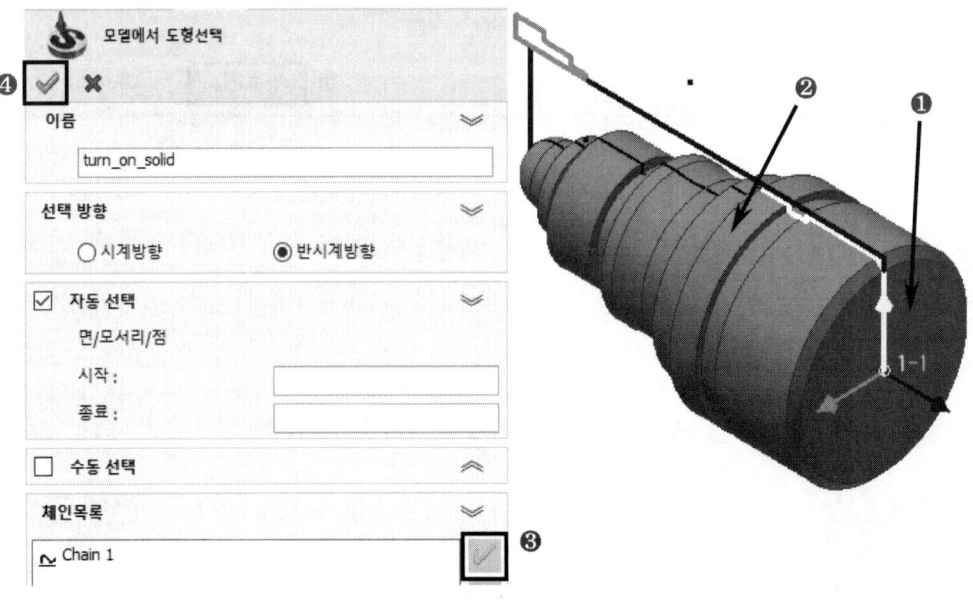

Step 04 [지오메트리 수정]을 클릭한다.

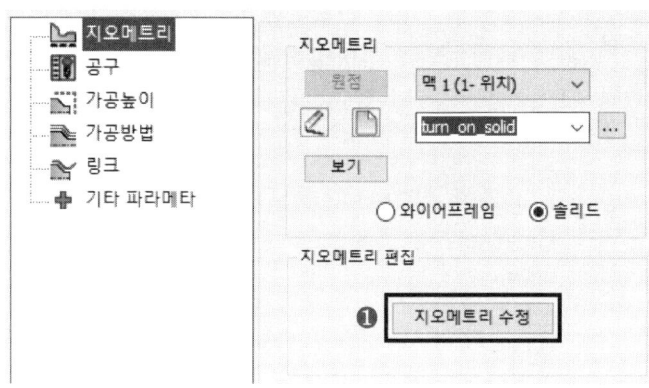

Step 05 [체인 끝점 연장/축소 → 거리값 : 5]를 입력하고, 확인을 누른다.

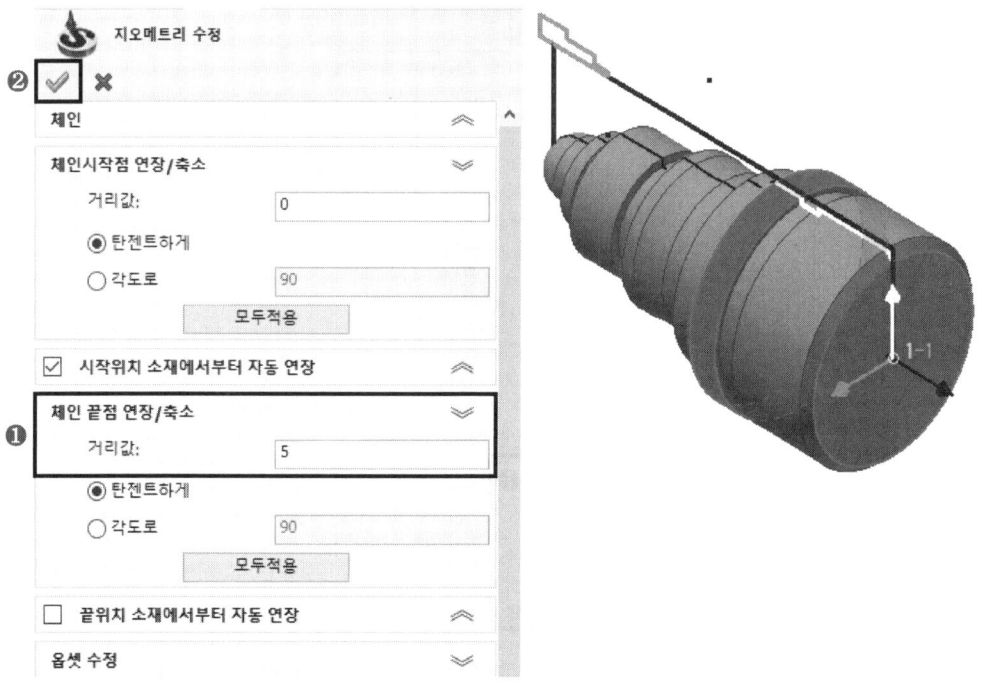

그림에서 나타나는 노란선이 "황삭바이트"가 지나는 공구 경로를 나타낸다.
따라서 [체인 시작점 연장/축소 & 체인 끝점 연장/축소]의 값을 가공물의 형상에 따라 적절히 조절할 수 있어야 한다.

Step 06 [공구 → 선택]을 클릭한다.

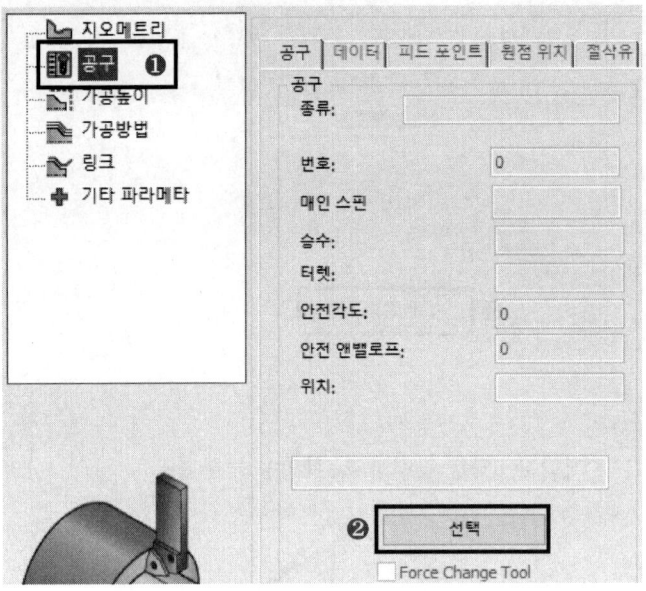

Step 07 [Ext. Turning]을 더블클릭한다.

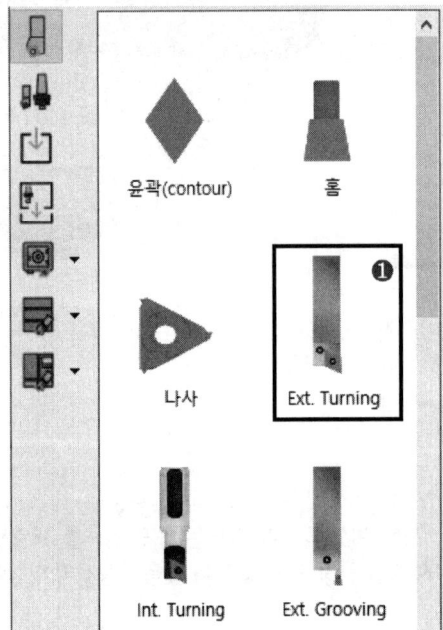

Step 08 [공구조건 → 일반&정삭피드 : 0.2 → 회전단위:V(m/min) → 일반&정삭회전 : 180 → 최대회전수 : 2000]을 입력한다.

Step 09 [공구정보 메뉴 → 공구번호 : 1 → 마운팅 위치 Ry : 0]을 입력한다.

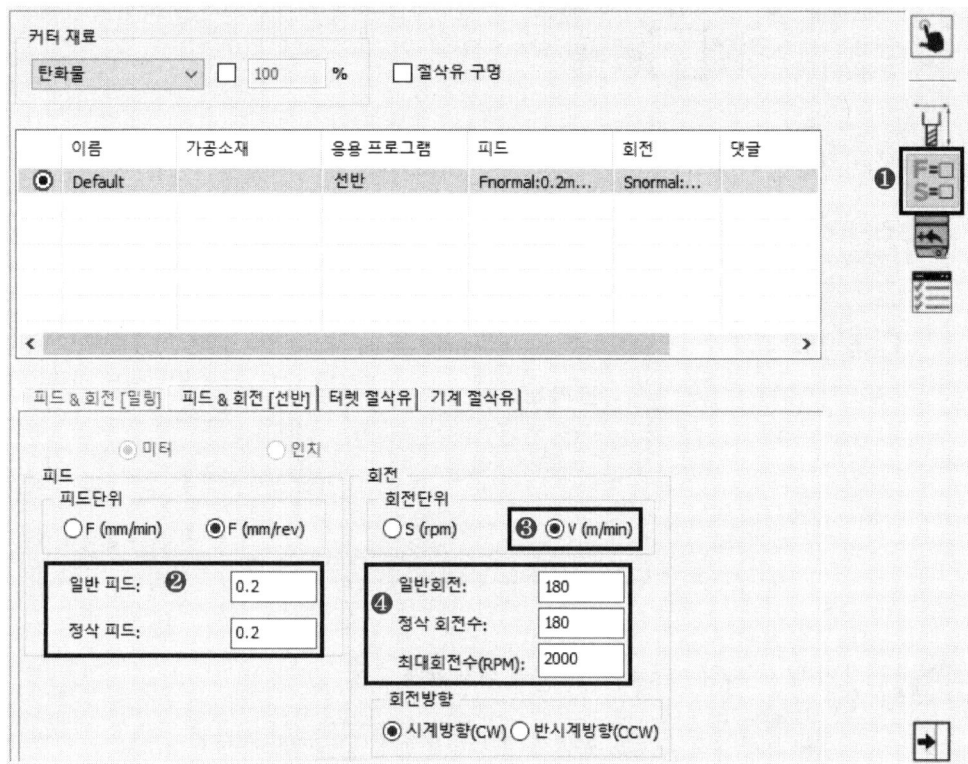

Step 10 ToolKit 우측 아래의 [선택]을 클릭한다.

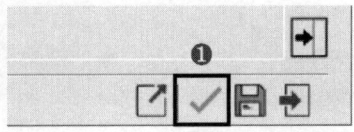

Step 11 [가공방법 → 황삭 탭 → 절입량 : 1 → 퇴피거리 : 0.5 → 옵셋 : 0.2]를 입력한다.

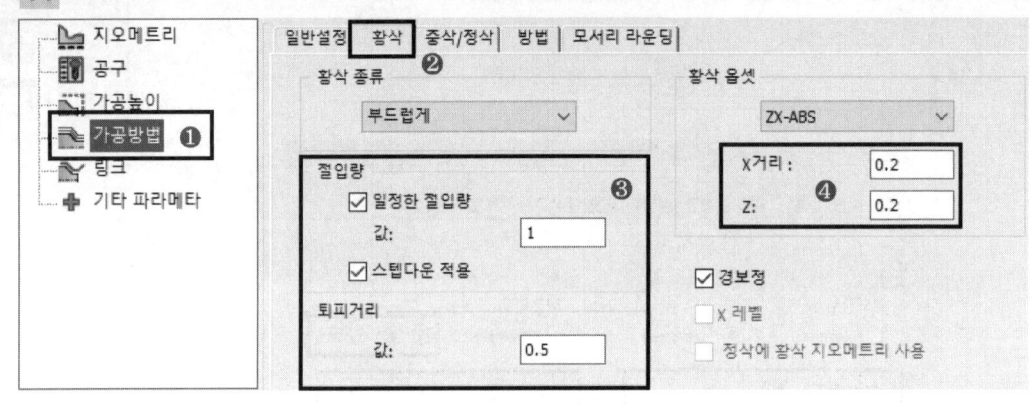

Step 12 [방법 탭 → 하강 이동하지 않음]을 선택한다.

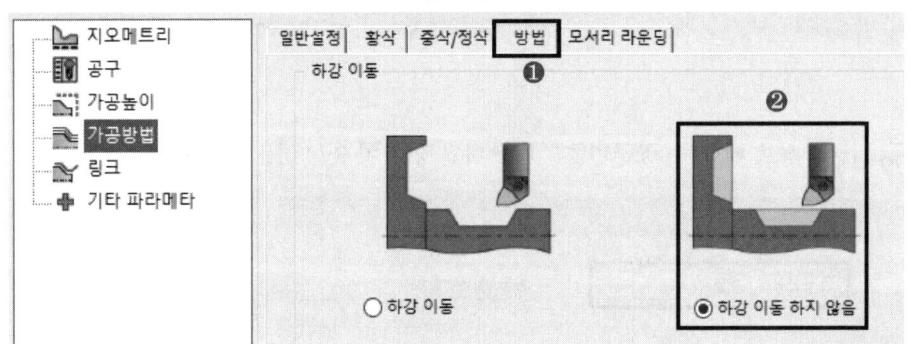

Step 13 화면 좌측 아래의 [저장&계산 → 시뮬레이션]을 클릭한다.

Step 14 [선반가공 → 플레이]를 클릭하여 가공 모습을 보고, [나가기]를 클릭한다.
시뮬레이션 속도를 조절하여 가공모습을 천천히 볼 수도 있다.

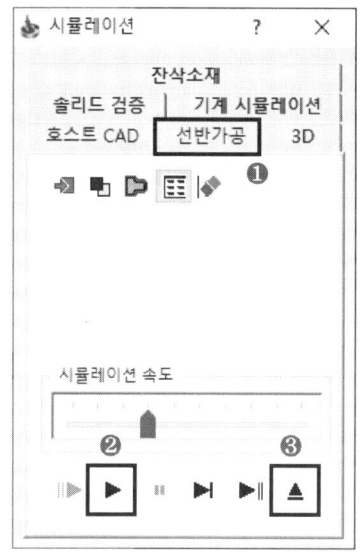
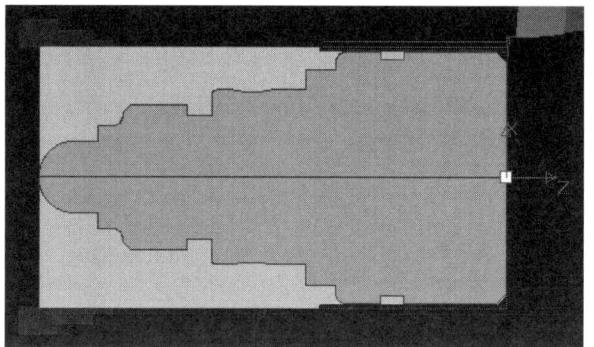

Step 15 화면 우측 아래의 [저장&나가기]를 클릭한다. 가공을 마무리한다.

Step 16 인벤터 캠 관리자에 생성한 작업이 나타난다. 클릭하여 체크표시를 해제한다.

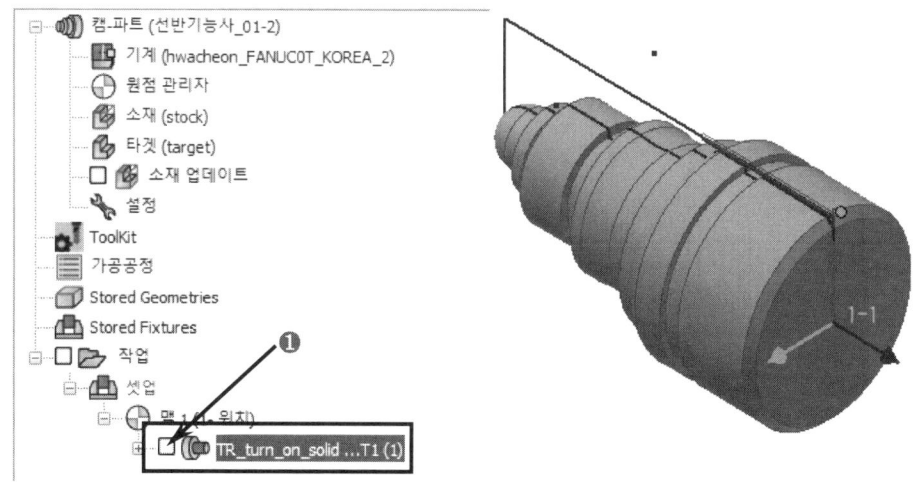

9. 뒷면 홈 가공

Step by Step

Step 01 [InventorCAM2021 작업 → 터닝 → 홈]을 클릭한다.

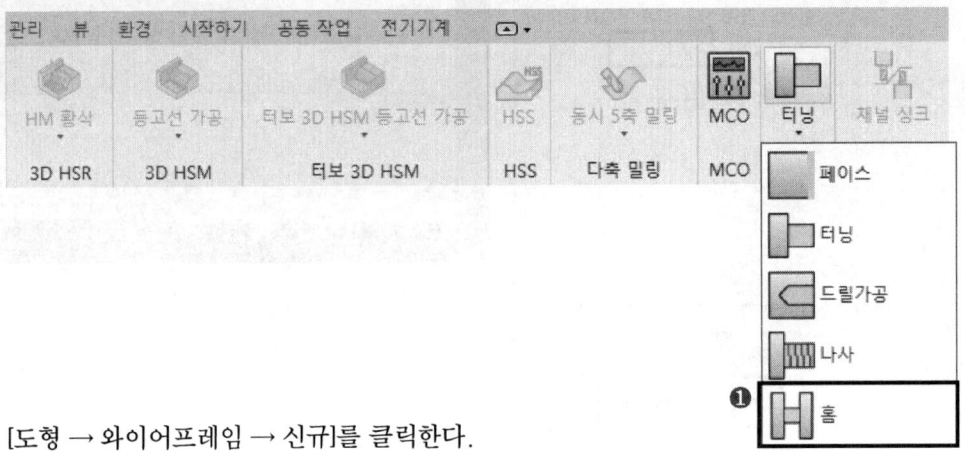

Step 02 [도형 → 와이어프레임 → 신규]를 클릭한다.

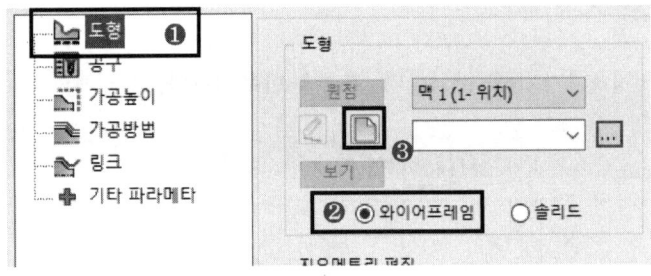

Step 03 화살표가 지시하는 선을 클릭하고 [체인수락 → 확인]을 클릭한다.

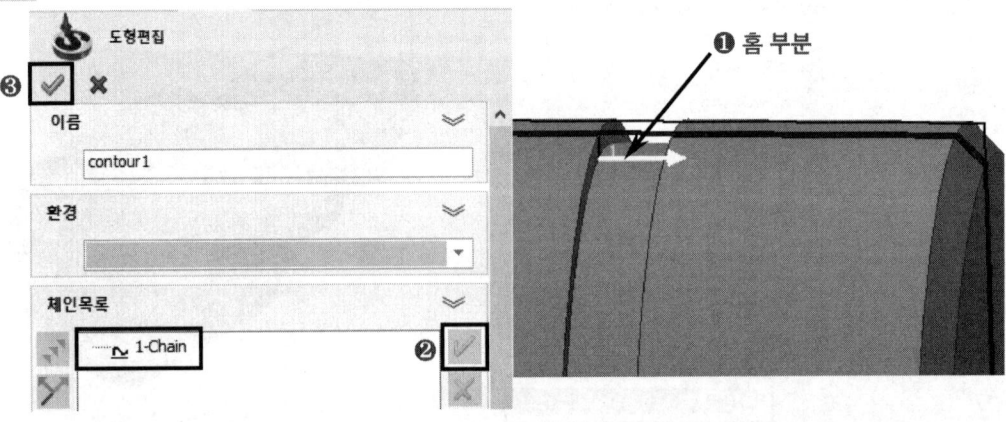

❶ 홈 부분

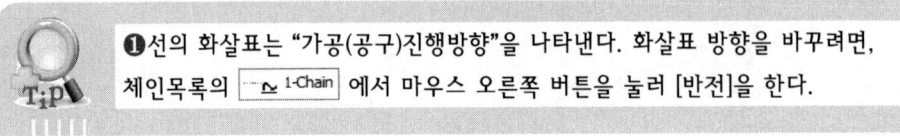

Tip ❶선의 화살표는 "가공(공구)진행방향"을 나타낸다. 화살표 방향을 바꾸려면, 체인목록의 1-Chain 에서 마우스 오른쪽 버튼을 눌러 [반전]을 한다.

Step 04 [지오메트리 수정]을 클릭한다.

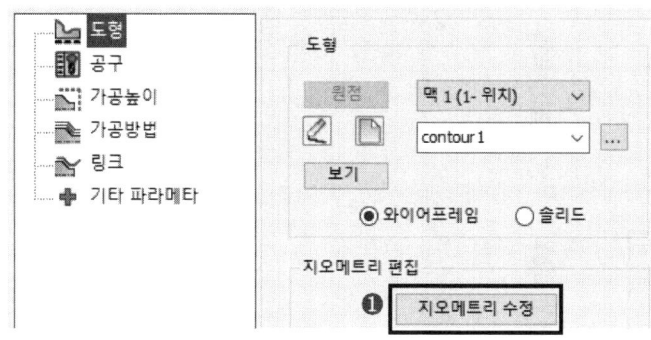

Step 05 [시작위치 소재에서부터 자동연장 → 체크해제 → 확인]을 클릭한다.

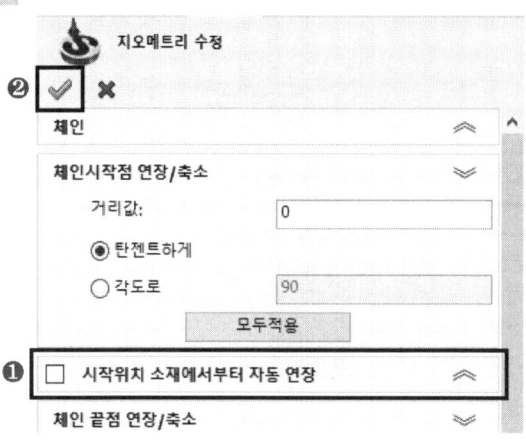

Step 06 [공구 → 선택]을 클릭한다.

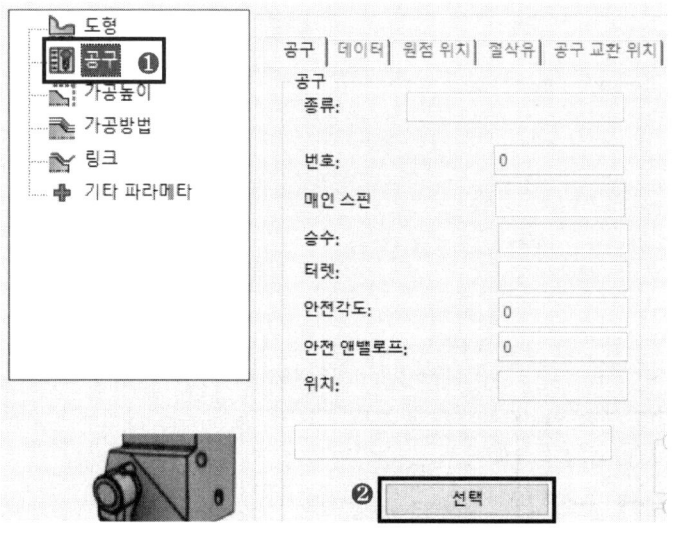

Step 07 [Ext. Grooving]을 더블클릭한다.

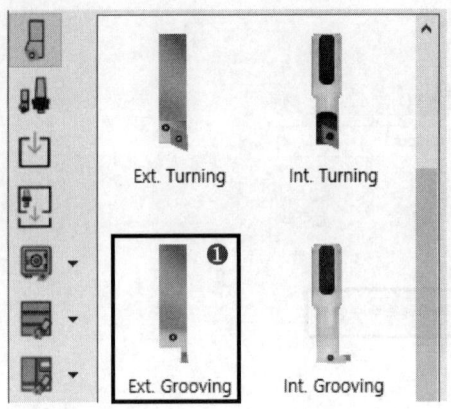

Step 08 공구형상을 [A:3 → W:3]으로 설정한다.

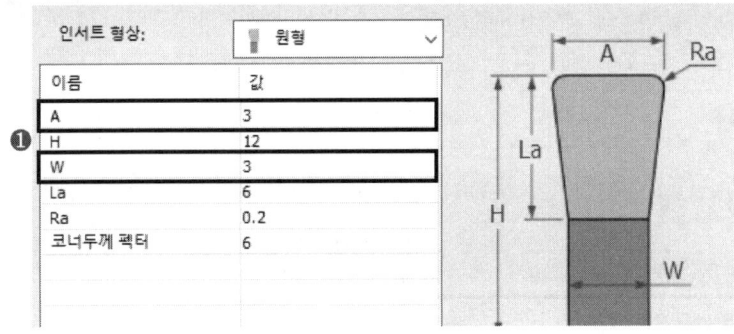

Step 09 [공구조건 → 일반&정삭피드 : 0.08 → 회전단위:V(m/min) → 일반&정삭회전 : 500 → 최대 회전수 : 500]을 입력한다.

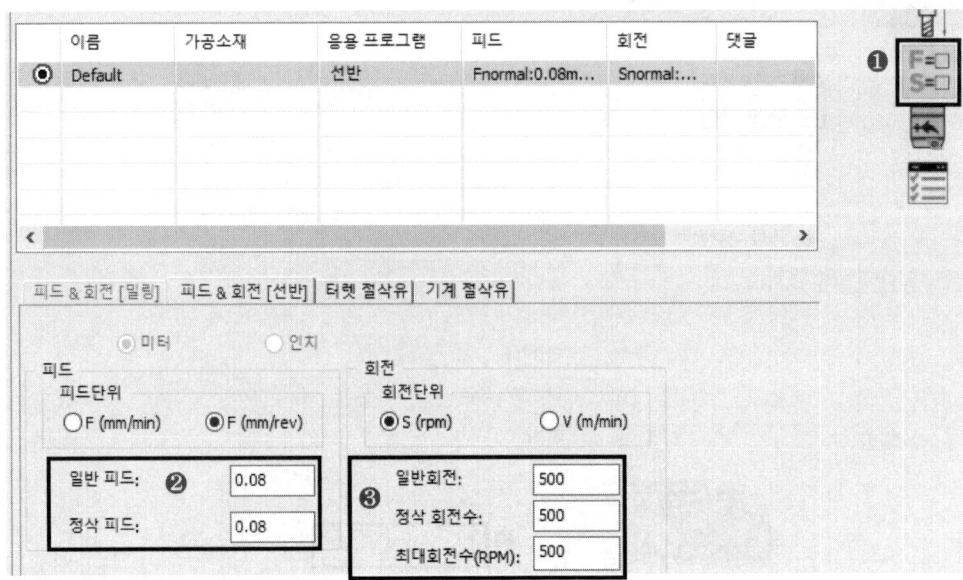

Step 10 [공구정보 메뉴 → 공구번호 : 5 → 마운팅 위치 : Ry : 0]을 입력한다.

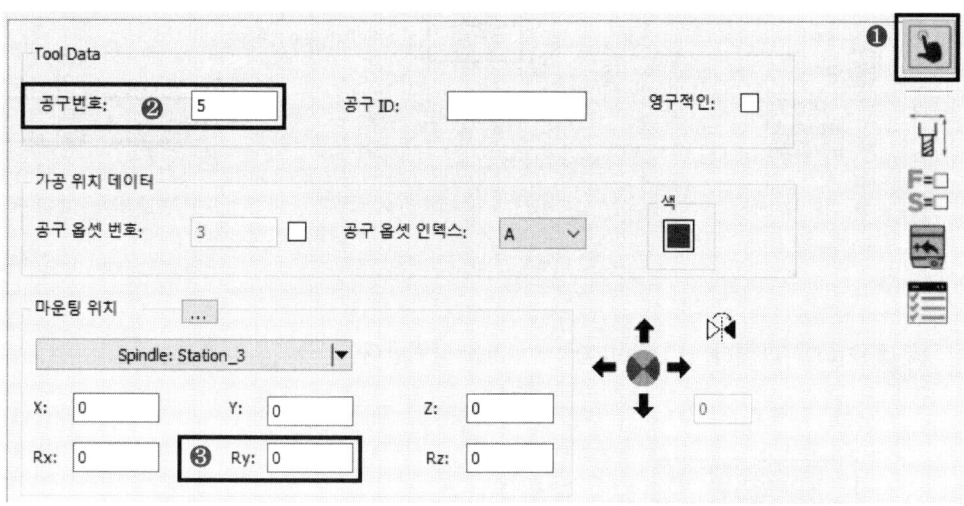

Step 11 ToolKit 우측 아래의 [선택]을 클릭한다.

Step 12 [가공방법 → 황삭]에서 다음과 같이 설정한다.

- 절입량 : 없음
- 홈-피치 값 : 2 (가공형상 & 인서트 폭에 따라 다를 수 있음)
- 황삭 옵셋 X, Z 거리 : 0

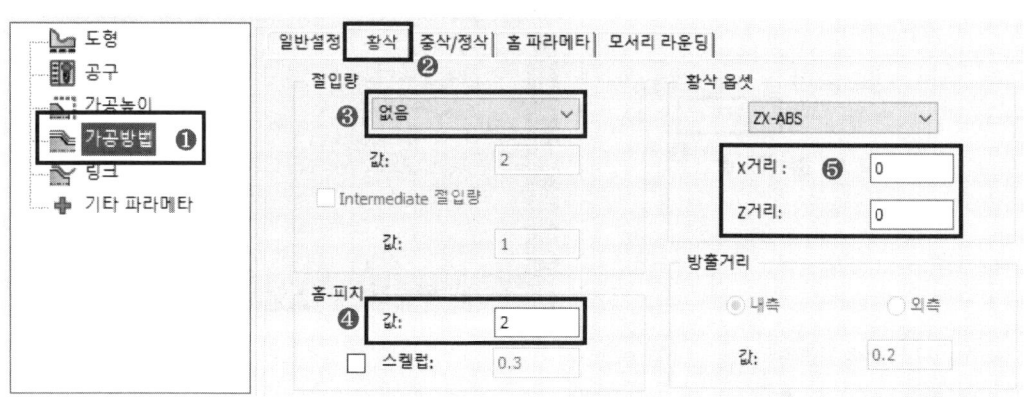

Step 13 [중삭/정삭 → 정삭 : 아니오]를 선택한다.

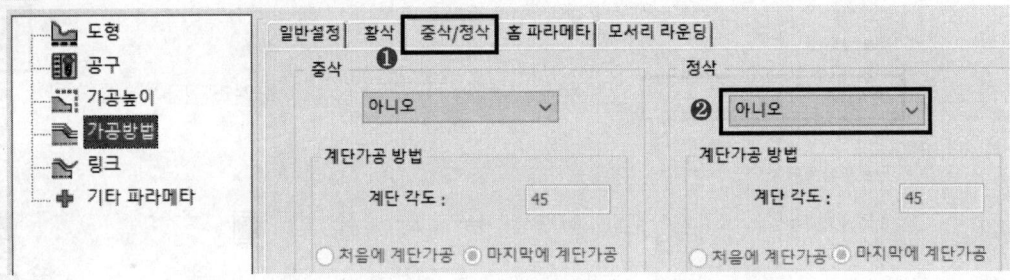

Step 14 [기타 파라메타 → Dwell 값 : 1000]을 입력한다.

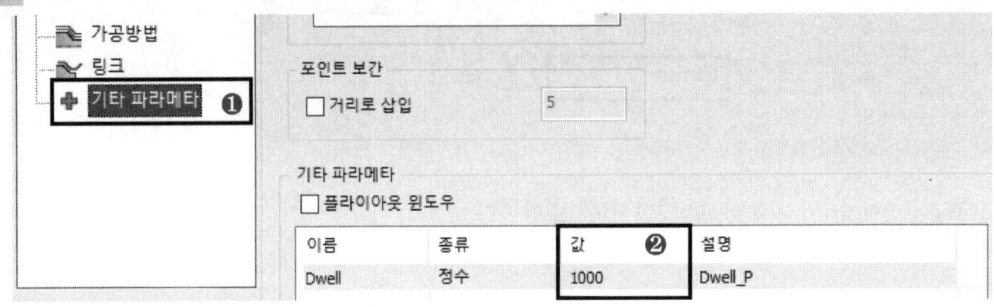

Step 15 화면 좌측 아래의 [저장&계산 → 시뮬레이션]을 클릭한다.

Step 16 [선반가공 → 플레이]를 클릭하여 가공 모습을 보고, [나가기]를 클릭한다.

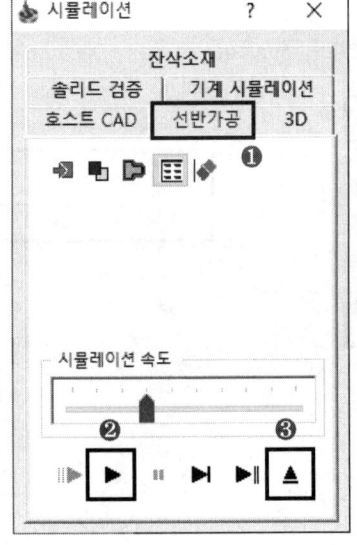
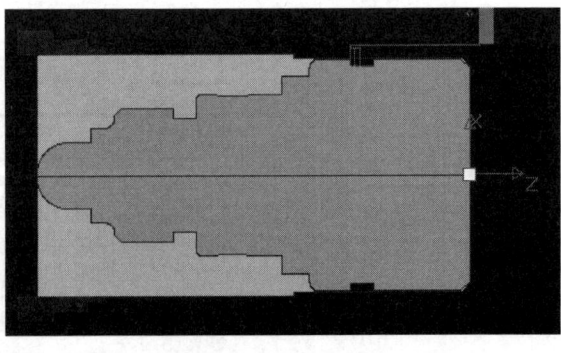

Step 17 화면 우측 아래의 [저장&나가기]를 클릭한다. 가공을 마무리한다.

Step 18 인벤터 캠 관리자에 생성한 작업이 나타난다.

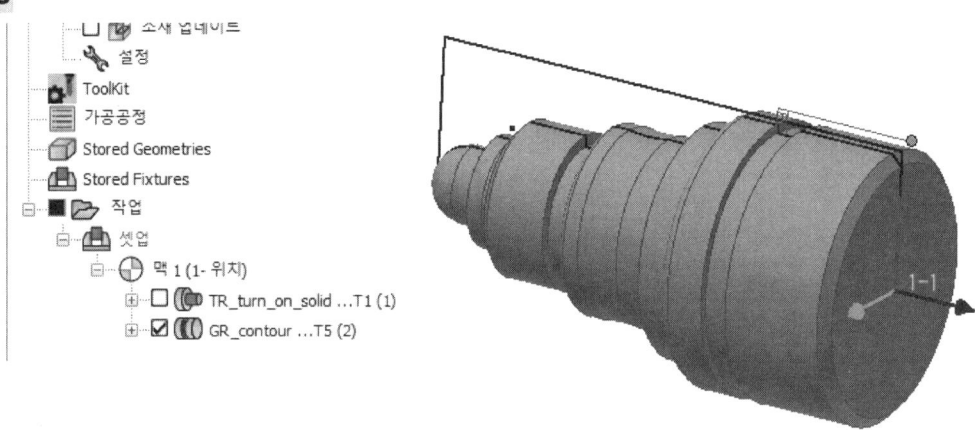

10. 시뮬레이션 및 G코드 생성

Step 01 [작업]을 클릭하여 체크표시를 한다.

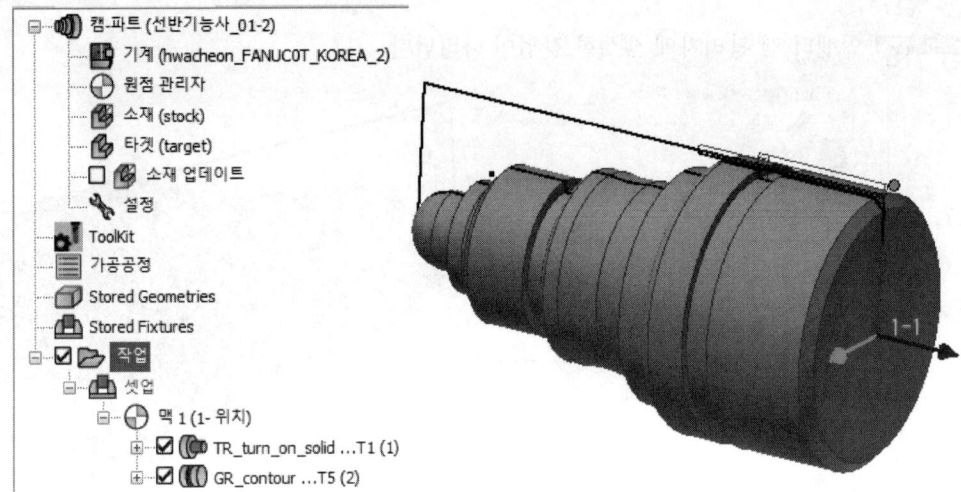

Step 02 [리본 → G코드생성]을 클릭한다.

Step 03 생성된 G코드를 확인한다.

```
%
O5000
G28 U0 W0
N10 (turn:T01)
G50 S6000
T0101
G0 X55.0 Z2.0
G96 G99 S180 M3
   Z0.54
   X52.08
G1 X51.02 Z0.01 F0.2
X51.82 Z0.0
G71 U1. R0.5
G71 P11 Q11 U0 W0 F0.2
N11 G1 X45.33 Z0.0
   X44.76 Z0.29
G1 X45.56 Z0.12
   X49.4 Z-1.8
   Z-38.4
   X51.82
G0 X55.0 Z0.01
```

Step 04 [Save As]를 클릭하여 다른 이름으로 저장한다.

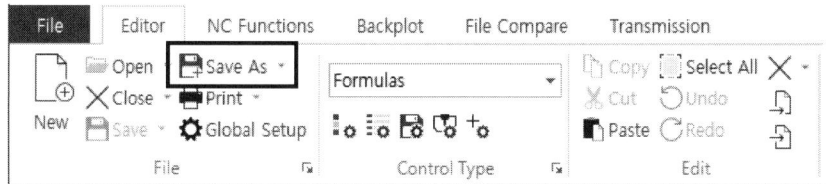

Step 05 파일이름과 확장자(.nc)까지 입력한 후, [저장]을 클릭한다.

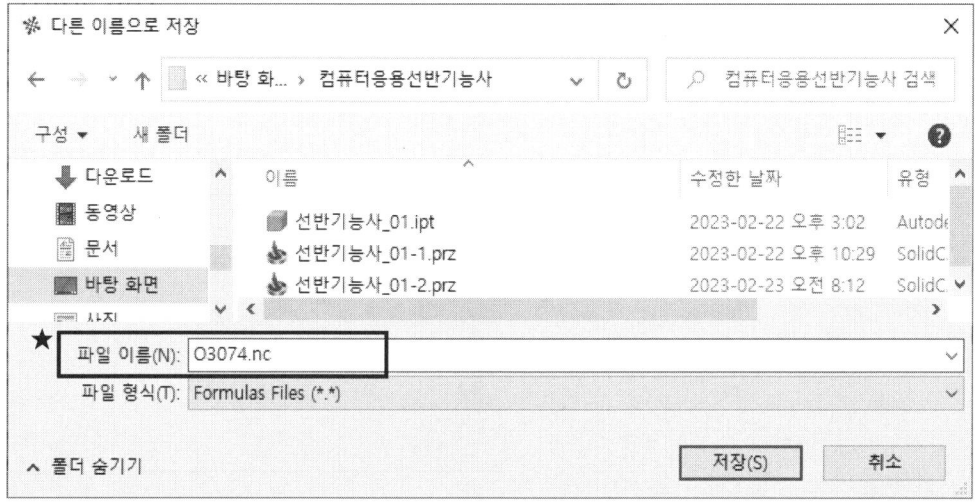

기본에 충실한 InventorCAM

InventorCAM

Chapter 05 *InventorCAM*

금형기능사 과정

01 모델링 과정
02 인벤터 캠 과정

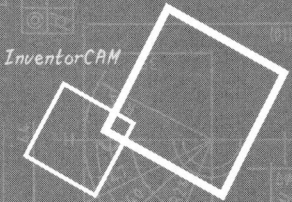

01 모델링 과정

종목	금형기능사	과제	CNC가공작업

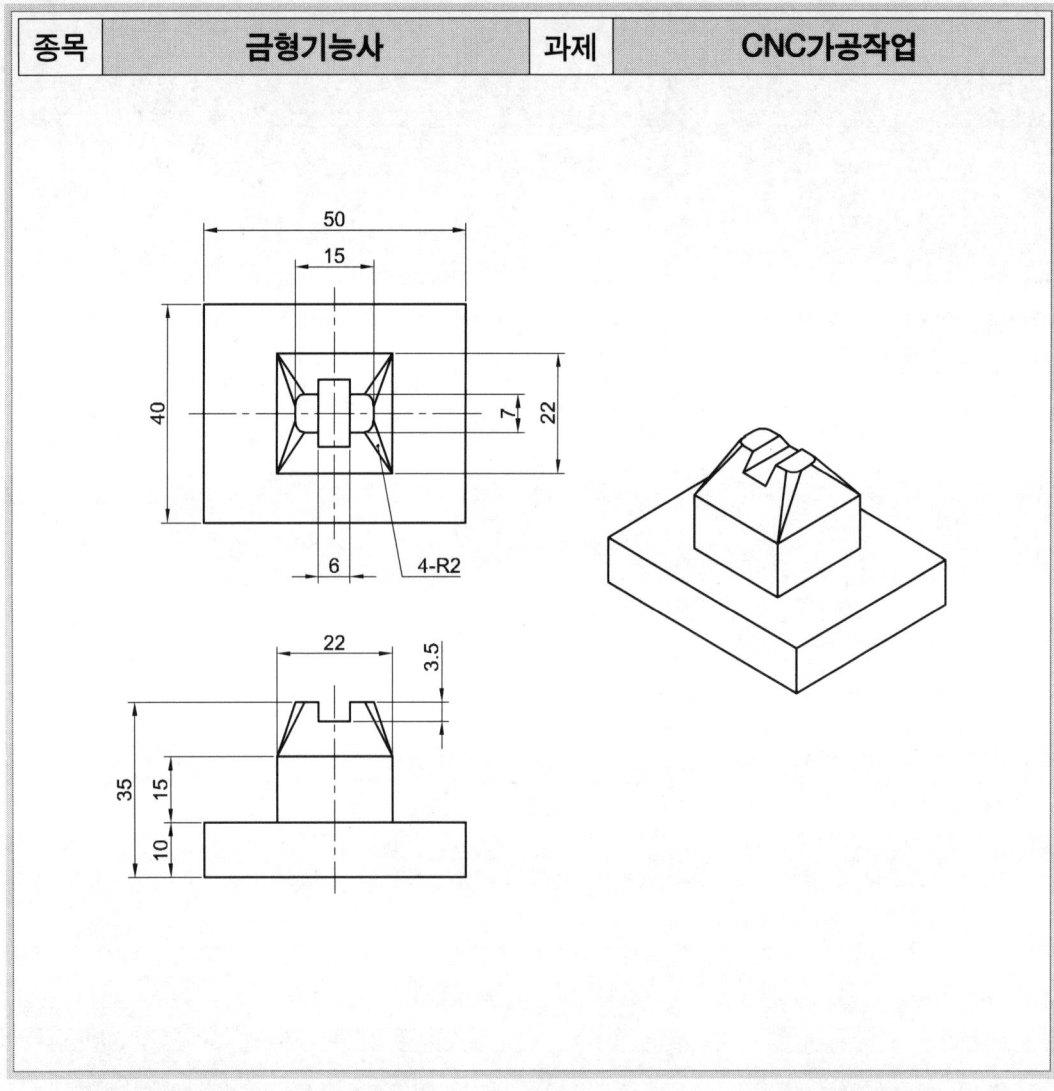

공구번호	공구이름	공구직경	이송속도	회전수
1	평엔드밀	10	100	1200
2	평엔드밀	4	100	2000
3	볼엔드밀	4	90	2200
4	볼엔드밀	2	80	2600

1. 돌출 형상 작업

Step 01 [새로 만들기 → Standard.ipt → 작성]을 선택한다.

Step 02 [스케치 → XY평면]을 선택한다.

Step 03 [사각형 → 치수]로 아래 그림과 같이 스케치를 작성한다.

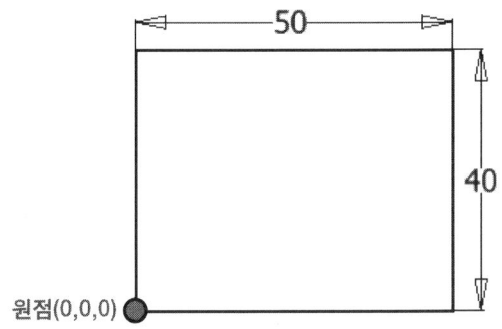

Step 04 [스케치 마무리]를 클릭한다.

Step 05 [돌출 → 거리:10]을 입력하고, [확인]을 누른다.

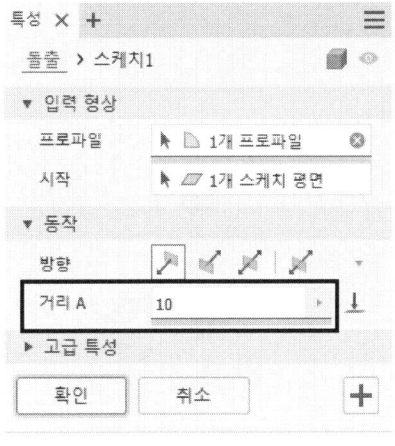
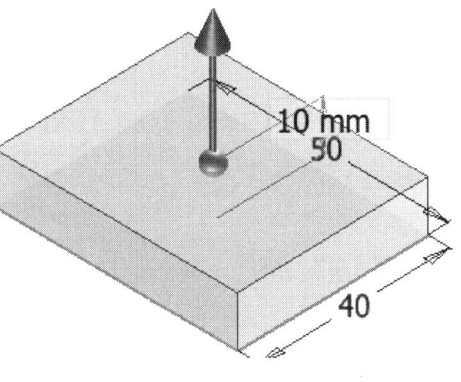

2. 사각기둥 형상 작업

Step 01 [스케치 → 형상윗면]을 클릭한다.

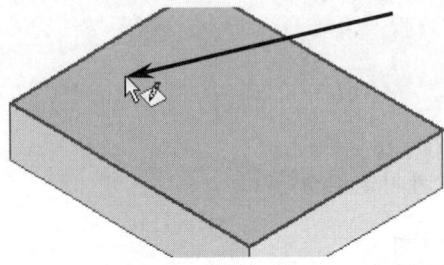

Step 02 중앙부분을 [직사각형 → 치수]로 작성한다.

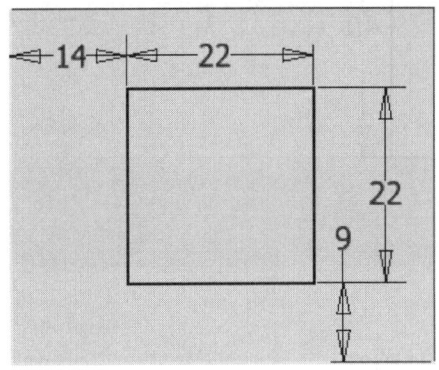

Step 03 [스케치 마무리]를 클릭한다.

Step 04 [돌출 → 거리:25]를 입력하고, [확인]을 누른다.

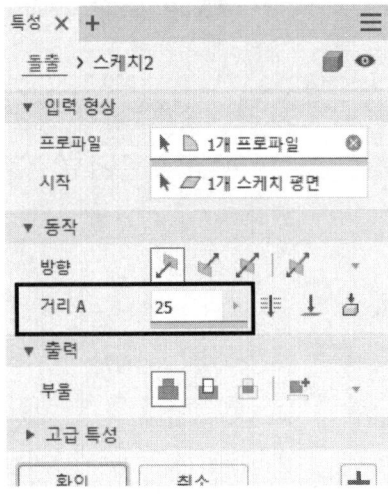
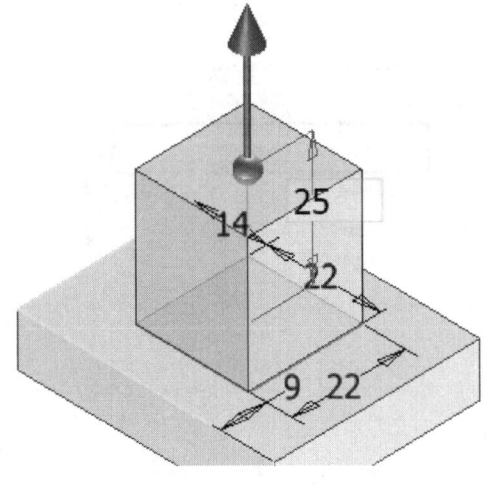

3. 사각 홈 형상 작업

Step 01 [스케치 → 형상윗면]을 클릭한다.

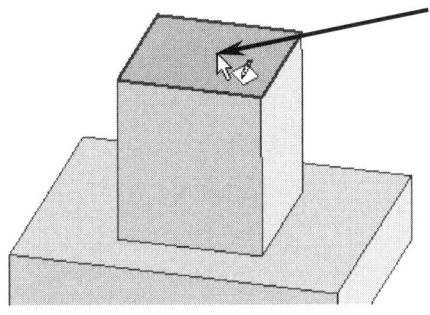

Step 02 [선]으로 사각모서리의 중간점을 지나는 곳에 수평, 수직선을 작성한다.

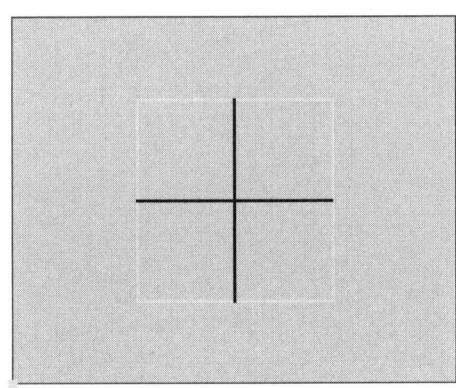

Step 03 작성한 수평&수직을 모두 선택하고, [구성(ㅗ)]을 클릭한다. 구성으로 바꾼 뒤에는 반드시 키보드 Esc를 2~3번 누른다.

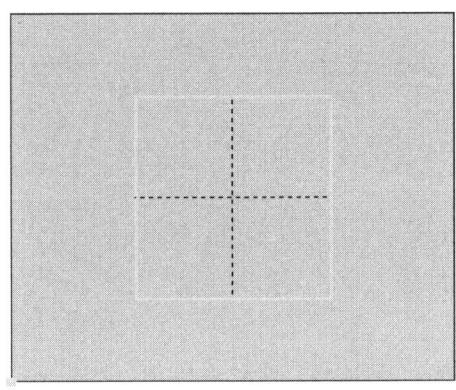

Step 04 중앙부분을 [직사각형 → 치수]로 작성한다.

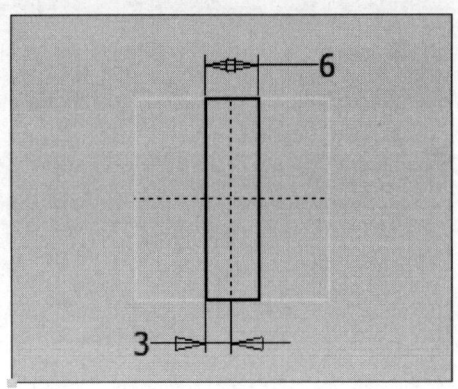

Step 05 [스케치 마무리]를 클릭한다.

Step 06 [돌출 → 내부영역 클릭 → 반전 → 거리:3.5 → 잘라내기]로 설정한다.

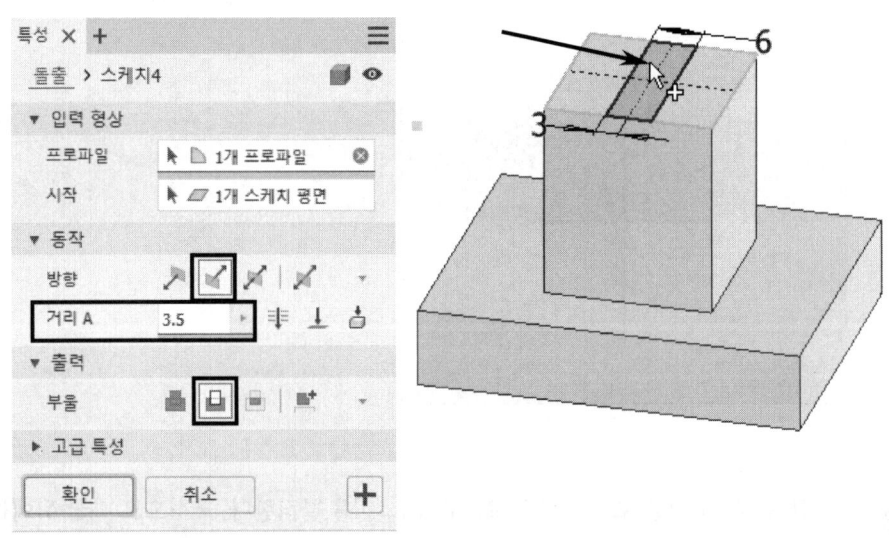

Step 07 [확인]을 누른다.

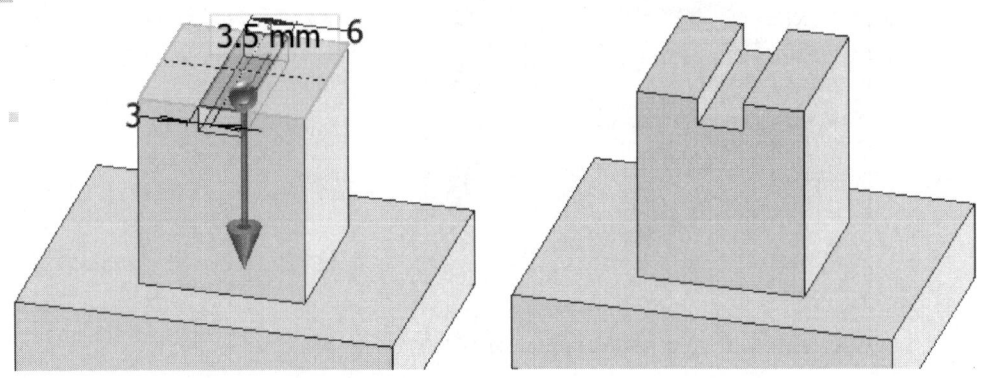

4. 모따기 형상 작업

Step 01 [모따기 → 두 거리 → 거리1:3.5 → 거리2:10]을 입력한다.

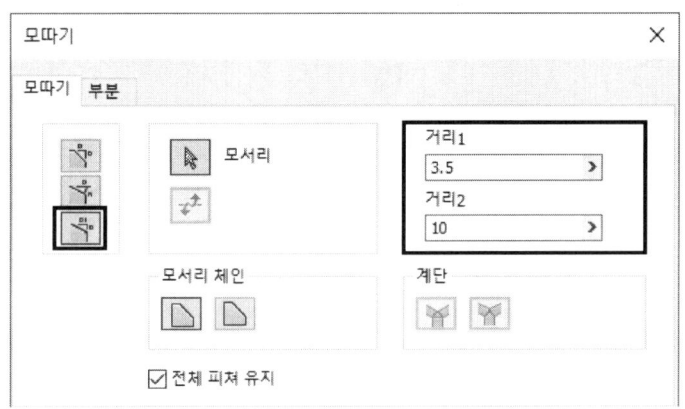

Step 02 [오른쪽 모서리 선택 → 적용 → 왼쪽 모서리 선택 → 적용]을 한다.

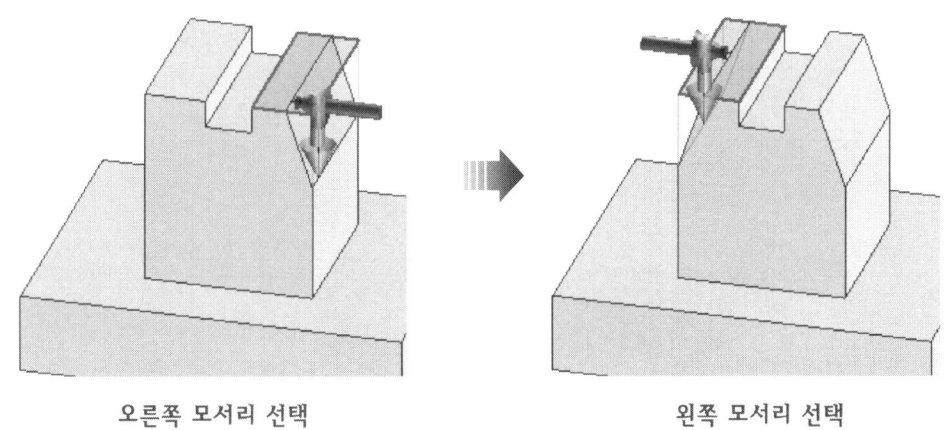

오른쪽 모서리 선택   왼쪽 모서리 선택

Step 03 [거리1:7.5 → 거리2:10]을 입력한다.

Step 04 [위쪽 모서리 선택 → 적용 → 아래쪽 모서리 선택 → 적용]을 한다.

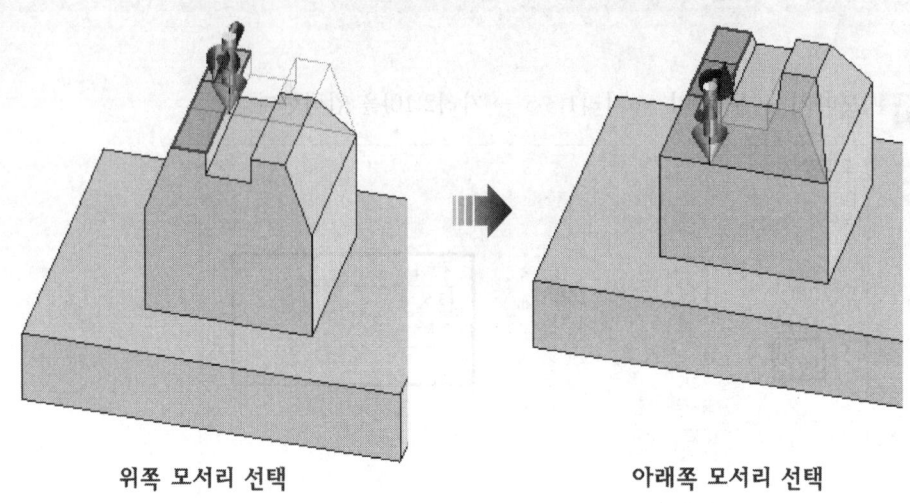

위쪽 모서리 선택   아래쪽 모서리 선택

Step 05 [확인]을 누른다.

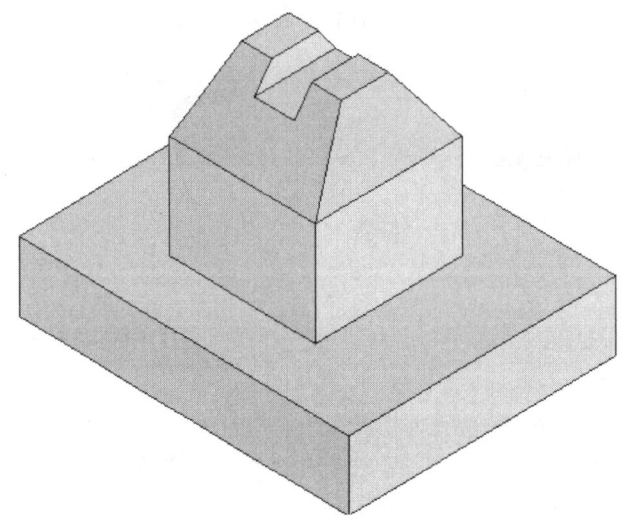

5. 모깎기 형상 작업

Step 01 [모깎기 → 변수 → 부드러운 반지름 변이 체크 해제]를 클릭한다.

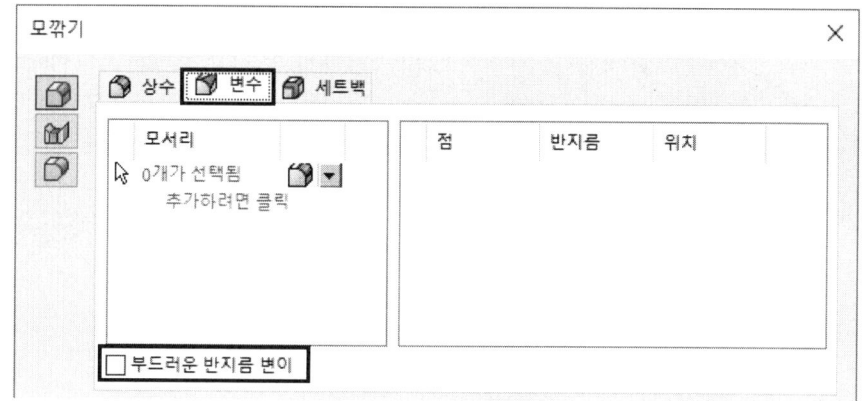

Step 02 [모서리 선택 → 시작:0 → 끝:2]를 입력한다. 미리보기로 결과를 알 수가 있다.
(모깎기가 반대로 나올 경우, 시작&끝의 반지름 값을 바꿔서 입력한다.)

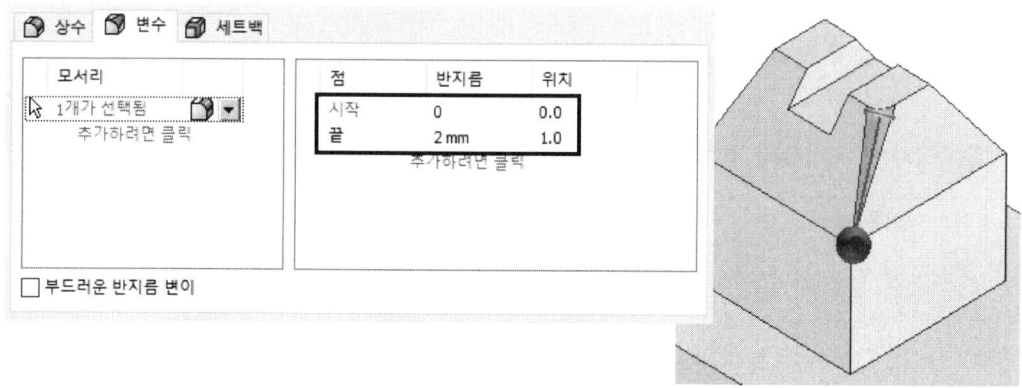

Step 03 [적용]을 클릭한다.

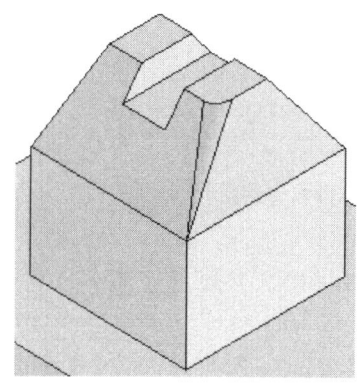

Step 04 나머지 모서리도 같은 방법으로 모깎기를 진행하고, [확인]을 누른다.

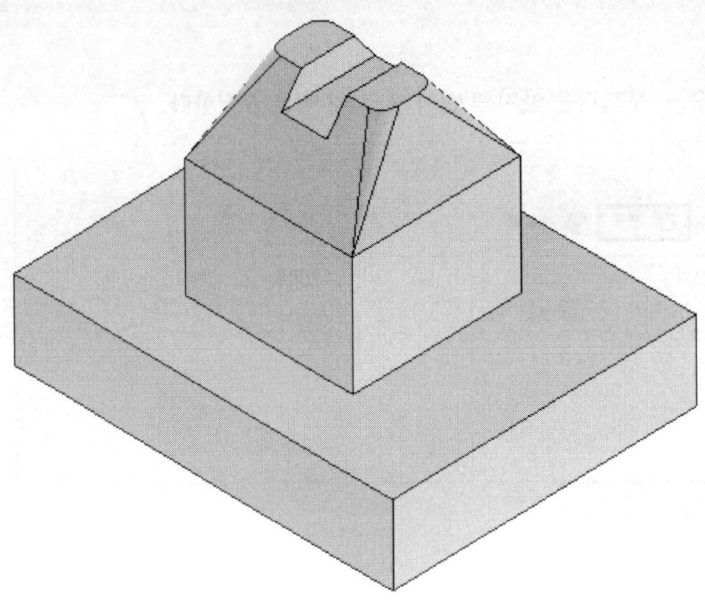

6. 모델링 저장

Step 01 [파일 → 저장]을 클릭하여 모델링 작업한 형상을 저장한다.

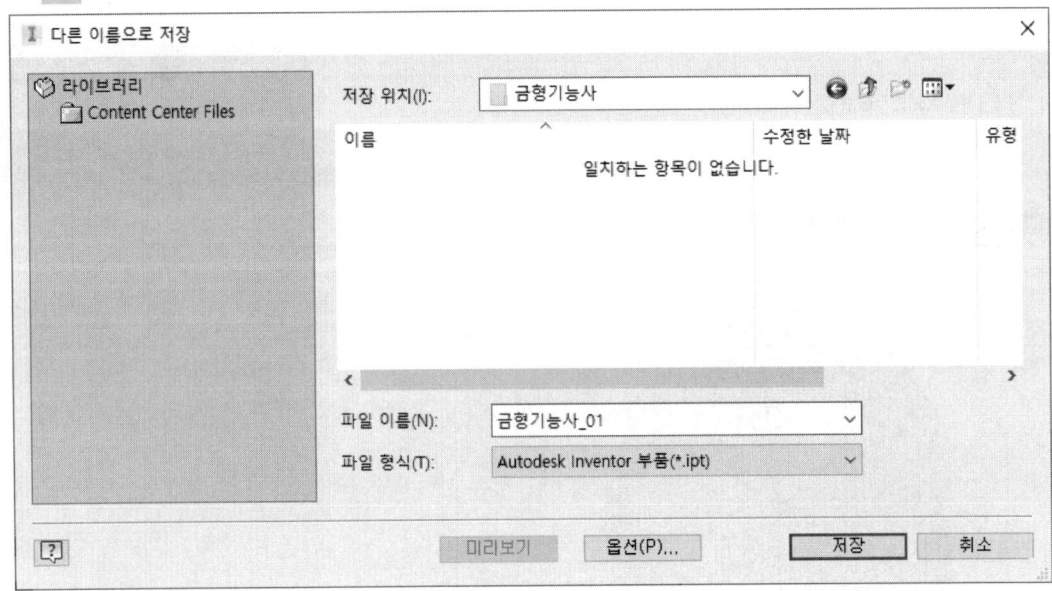

Chapter 05 금형기능사 과정

02 인벤터 캠 과정

1. InventorCAM 파트 정의

Step 01 [리본 → 열기]를 클릭하여 파일을 불러온다.

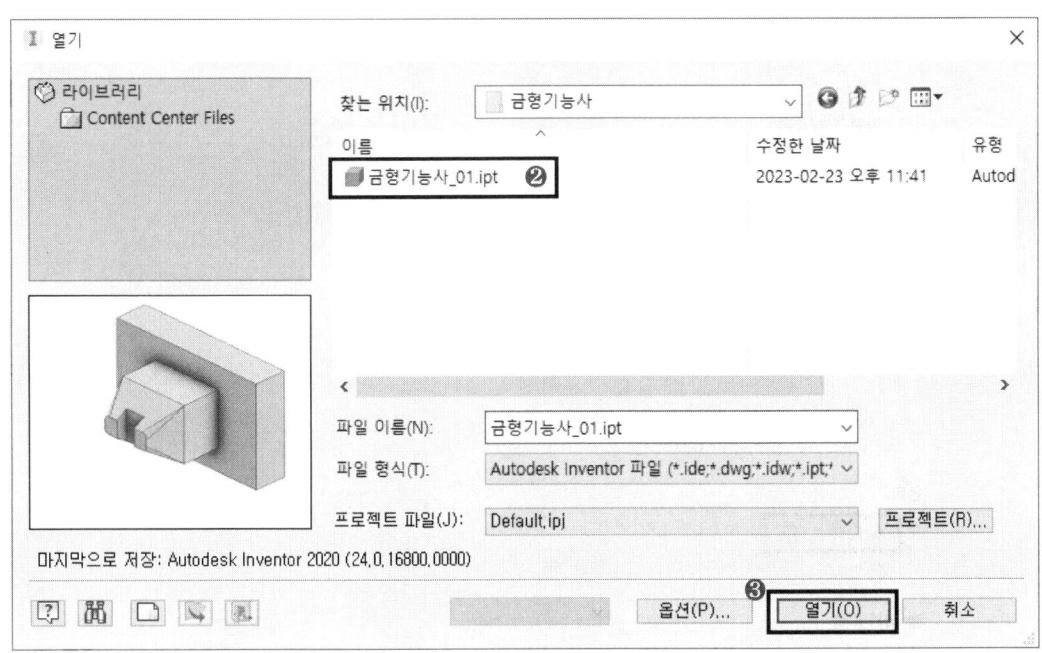

✔ 이미 모델링 파일이 열려있다면 해당 과정은 생략한다.

Step 02 [리본 → InventorCAM2021 탭 → 신규 → 밀링]을 클릭한다

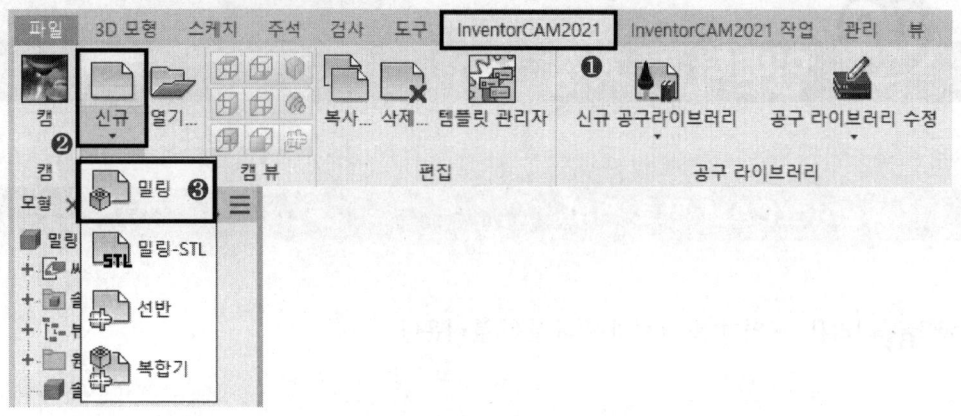

Step 03 [모델파일 경로사용 체크 → 단위 → 미터]를 선택하고, 확인을 클릭한다.

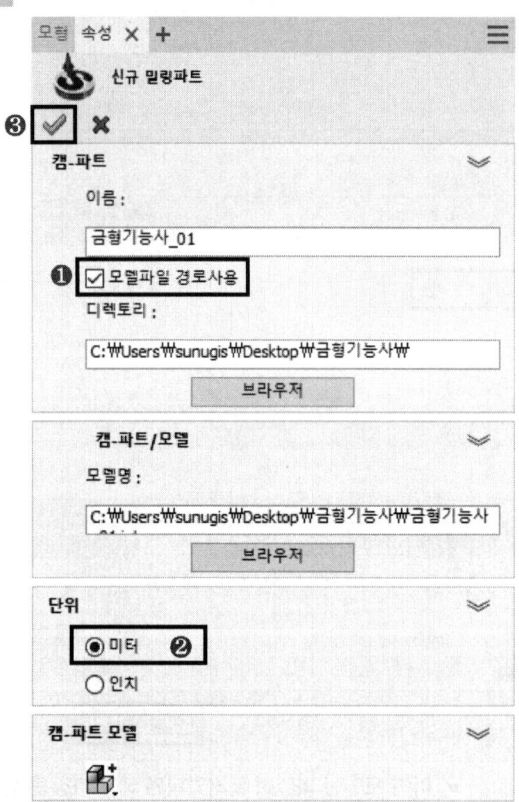

Step 04 [CNC-컨트롤러 → DONGWON DOOSAN_FANUC_3x_mill]를 설정한 후, [정의→원점]을 클릭한다.

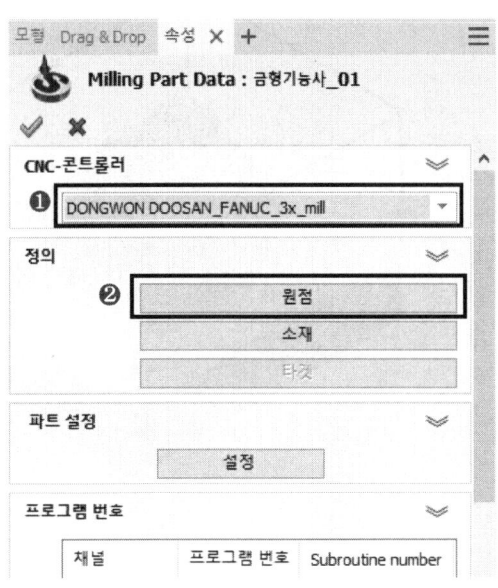

Step 05 [평면원점 → 면의 Z높이에서 투영된 박스의 코너]를 설정하고, 화살표가 지시하는 모델링의 면을 클릭한다.

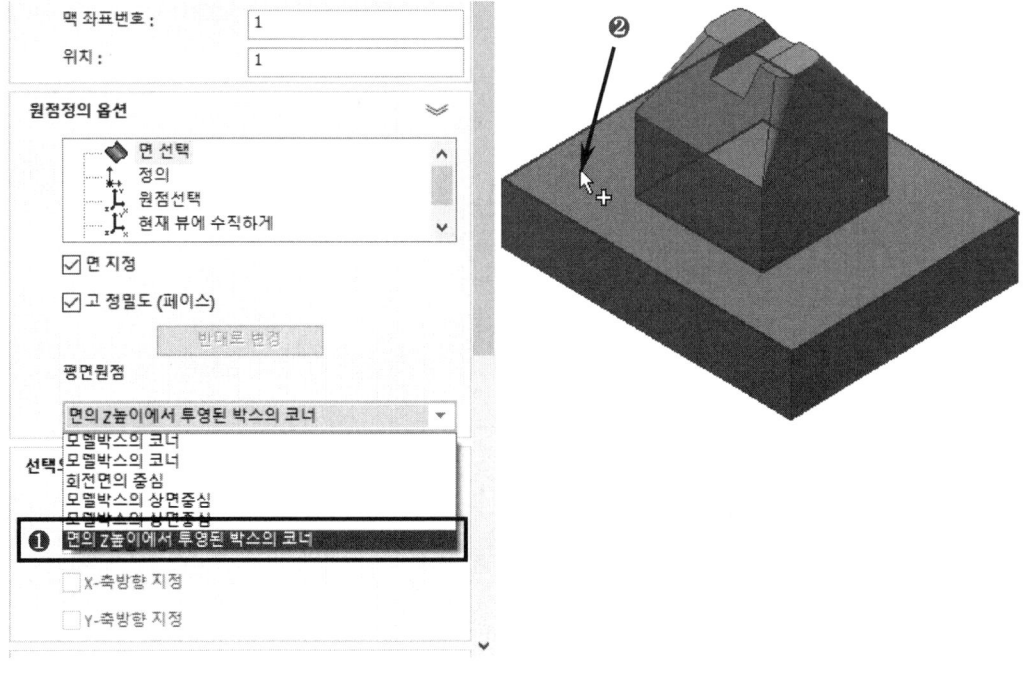

Step 06 원점이 나타나면 [확인]을 클릭한다.

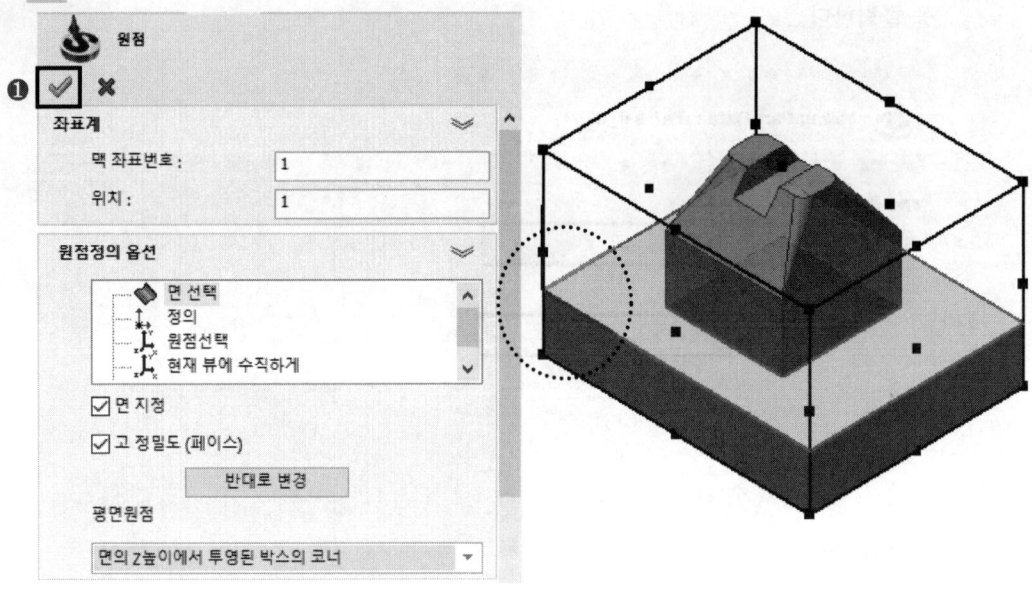

Step 07 [원점 데이터 → 아래와 같이 값 입력]을 하고, [확인]을 클릭한다.

- 공구시작높이 : 150
- 안전높이 : 50
- 파트하면높이 : 0
- 가공종료높이 : 150

Step 08 원점 관리자 창에서 [확인]을 클릭한다.

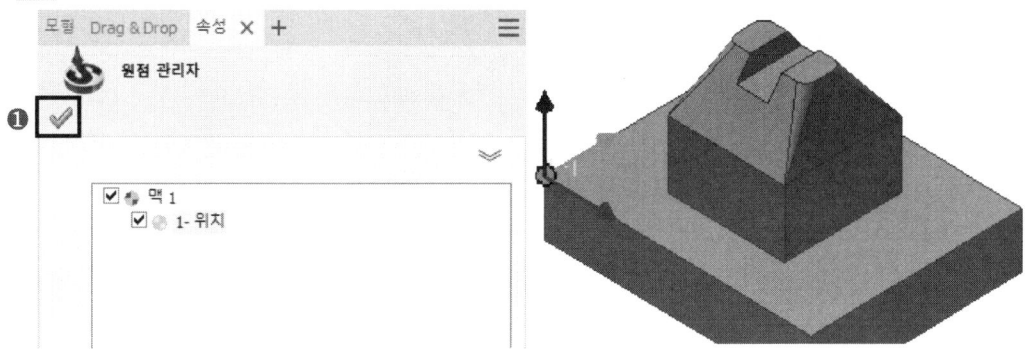

Step 09 [소재]를 클릭한다.

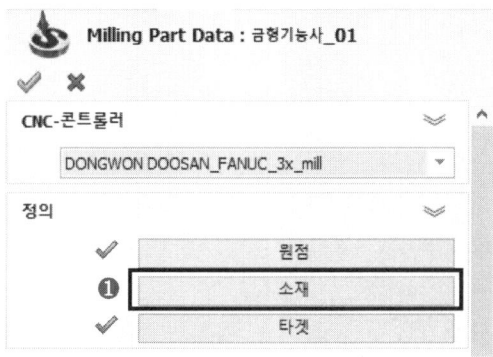

Step 10 모델링을 클릭하여 소재를 정의하고, [박스확장]의 모든 값을 "0"으로 입력한 후, [확인]을 클릭한다.

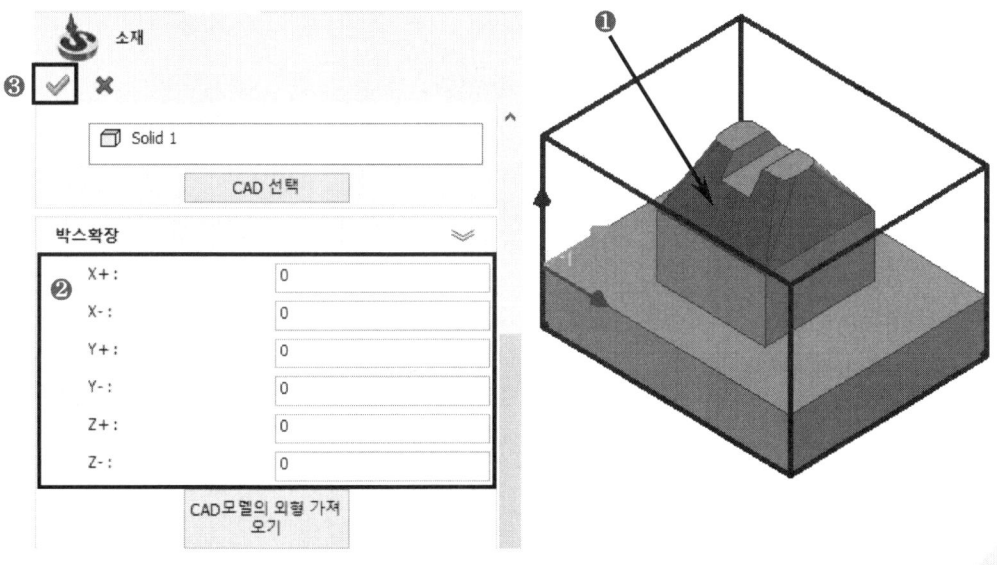

Step 11 모든 정의가 완료되면 [확인]을 클릭하여 파트 정의를 마친다.

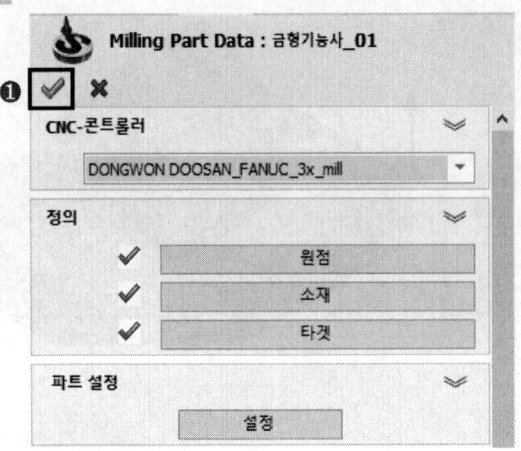

2. 3D HSR - 윤곽 황삭 밀링작업

Step 01 [Inventor2021 작업 탭 → 3D HSR → 윤곽 황삭]을 클릭한다.

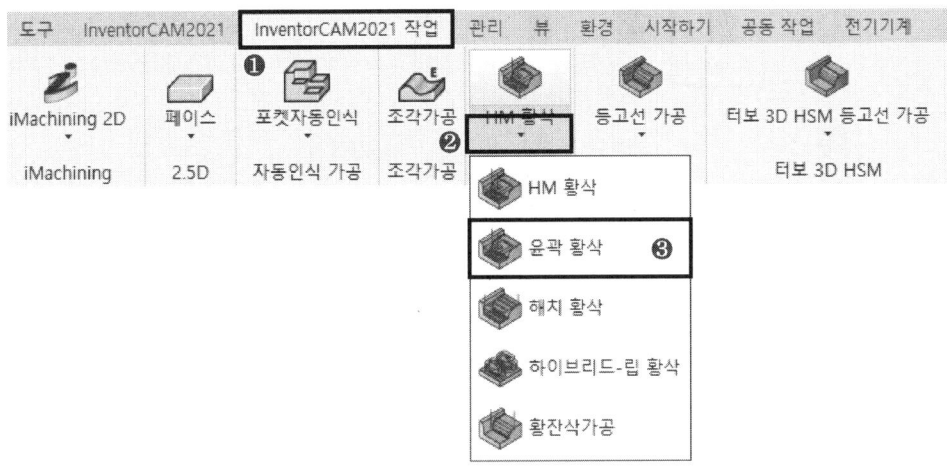

Step 02 [공구 → 선택]을 클릭한다.

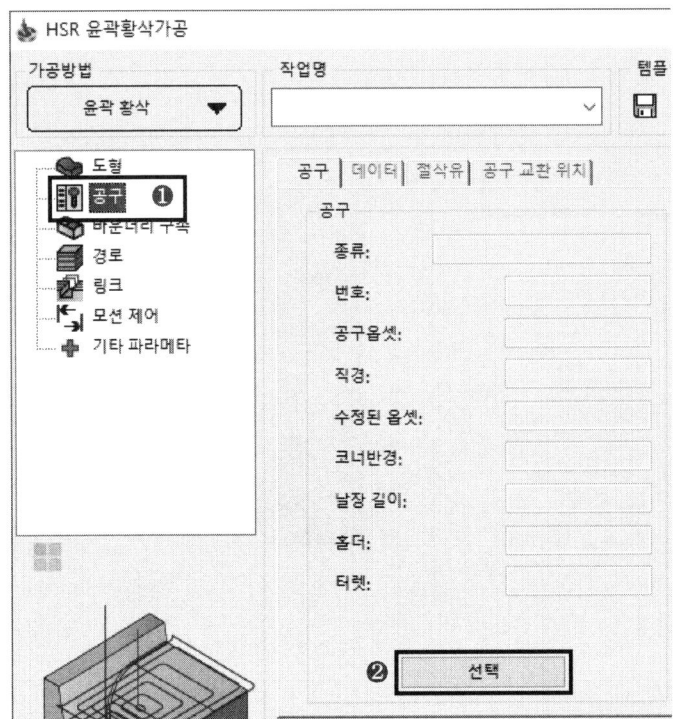

Step 03 [평 엔드밀]을 더블클릭한다.

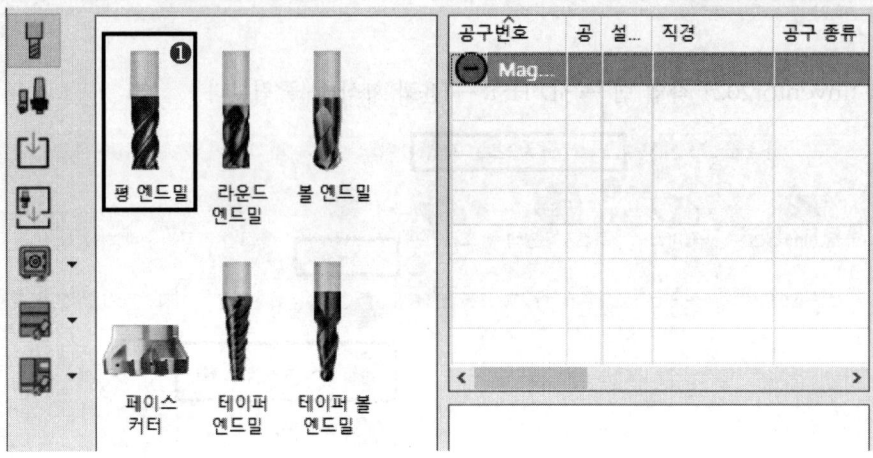

Step 04 [구조 메뉴 → 직경:6]을 입력한다.

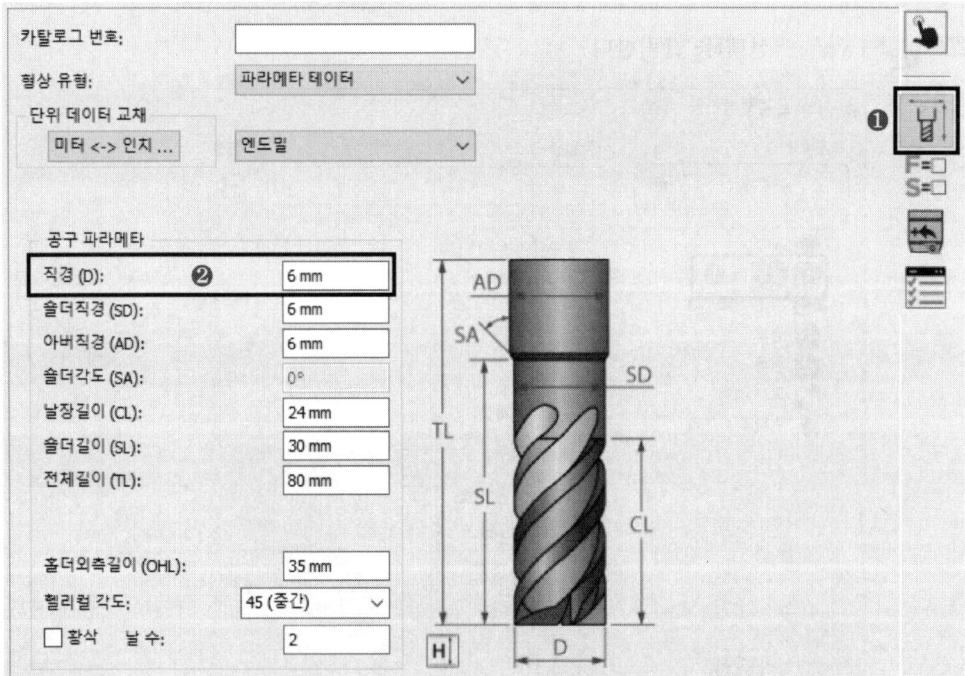

Step 05 [공구조건 메뉴 → XY피드 : 100 → Z피드 : 100 → 회전율 : 1200]을 입력한다.
정삭 XY 피드 & 정삭회전수는 체크를 하지 않는다.

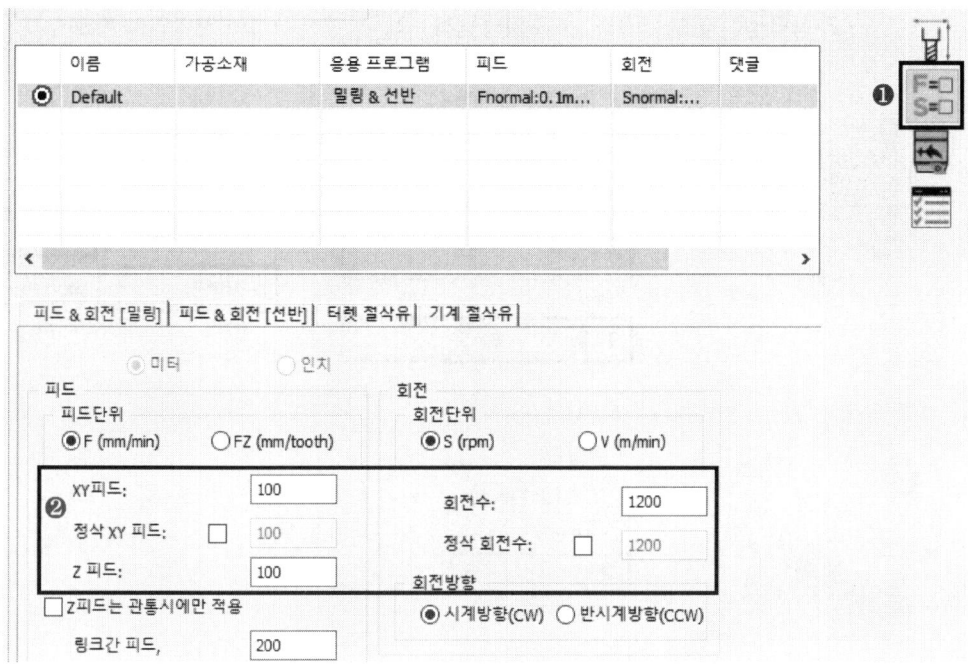

Step 06 ToolKit 우측 아래의 [선택]을 클릭한다.

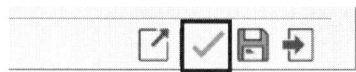

Step 07 [바운더리 구속 → 바운더리 종류 : 자동생성 → 타겟도형의 자동-생성 박스 → 가공영역상의 공구위치 : 중간]을 선택한다.

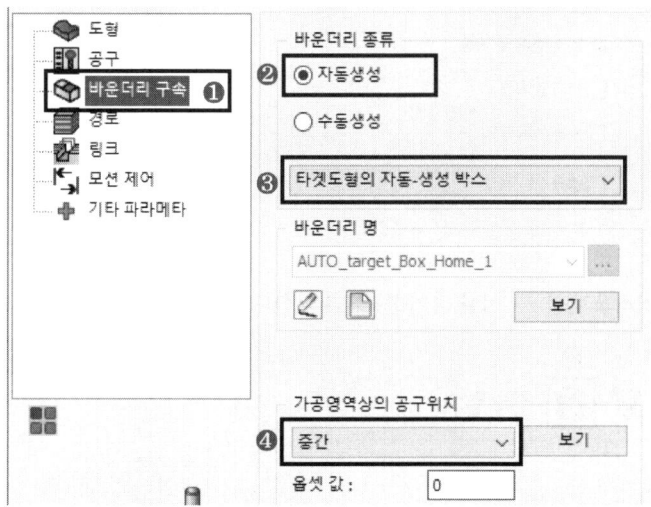

Step 08 [경로] 메뉴에서 다음과 같이 설정한다.

- 측벽옵셋 : 0.3
- 바닥옵셋 : 0.3
- 절입량 : 3
- Z-상면높이 델타 : 10
- Z-하면높이 : 0
- 코어영역인식 체크

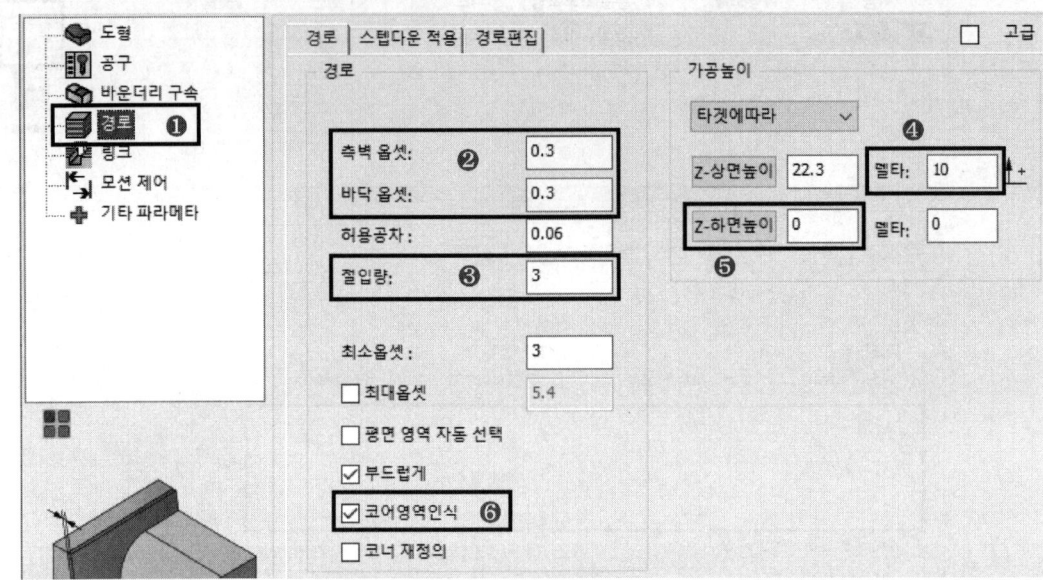

Step 09 [링크 → 파트 안전높이]로 설정한다.

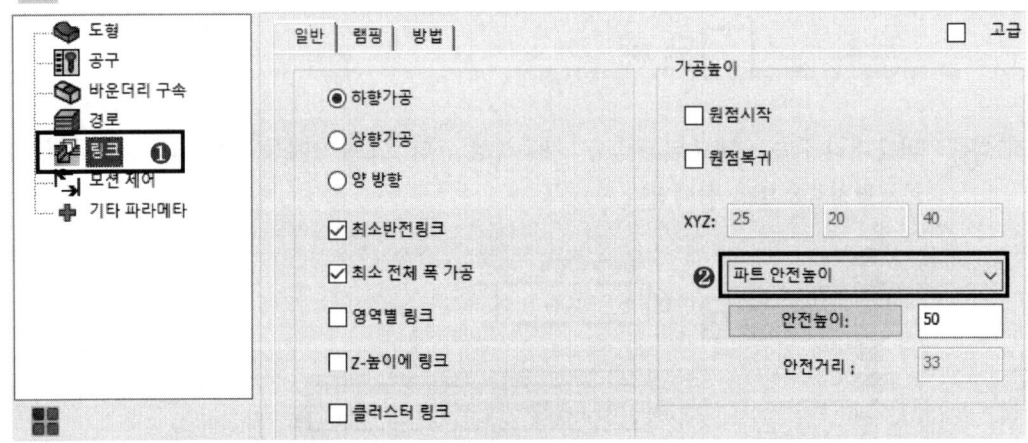

Step 10 화면 좌측 아래의 [저장&계산 → 시뮬레이션]을 클릭한다.

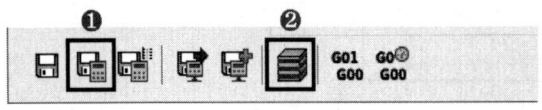

174

Step 11 [솔리드 검증 → 플레이]를 클릭하여 가공 모습을 보고, [나가기]를 클릭한다.
시뮬레이션 속도를 조절하여 가공모습을 천천히 볼 수도 있다.

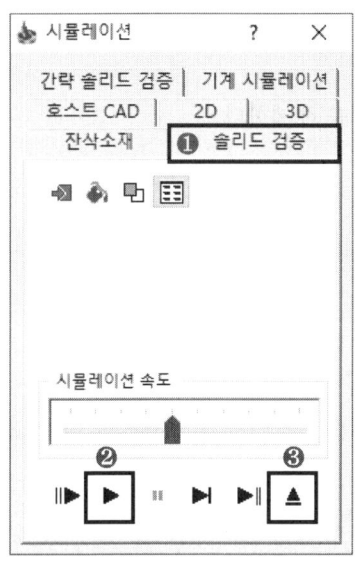
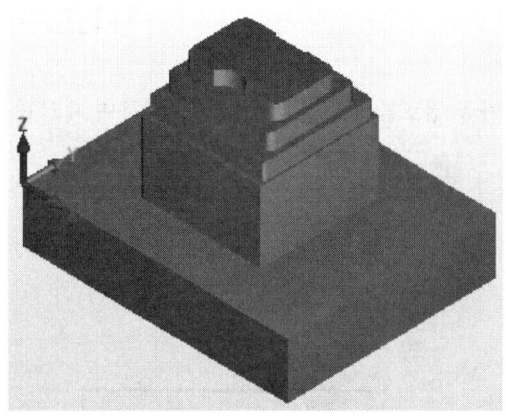

Step 12 [G코드 생성]을 클릭한다.

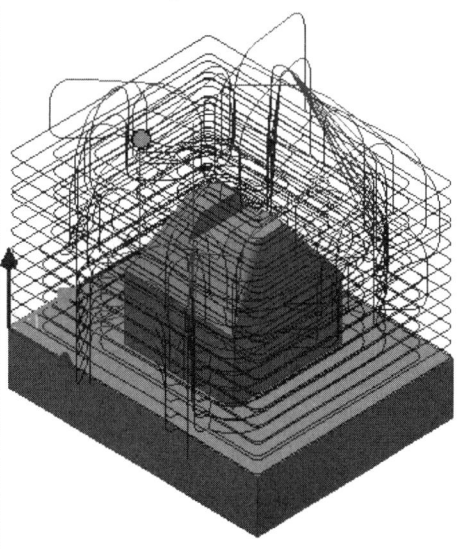

Step 13 생성된 G코드의 전반부 30블록만 남기고 나머지는 삭제한 후, 저장한다.

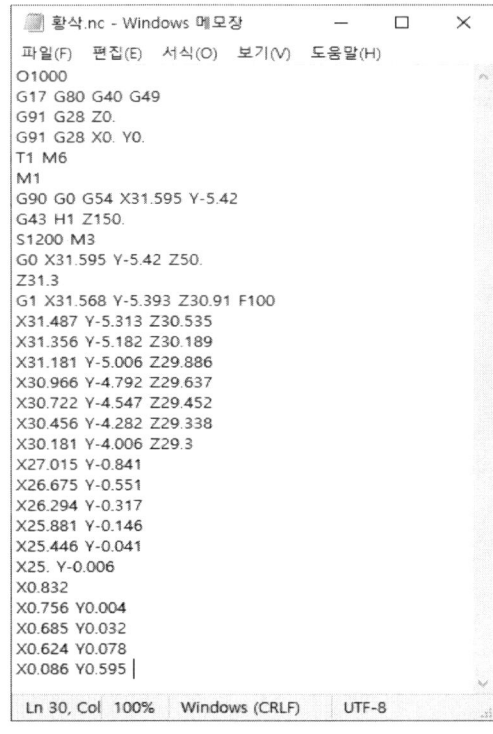

Step 14 화면 우측 아래의 [저장&나가기]를 클릭한다. 가공을 마무리한다.

Step 15 가공 경로를 확인 후, 다음을 클릭하여 체크표시를 해제한다.

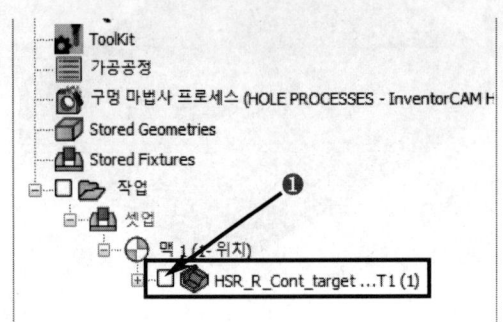

Step 16 모델링을 등각뷰로 변경한다. (키보드 F6을 클릭한다.)

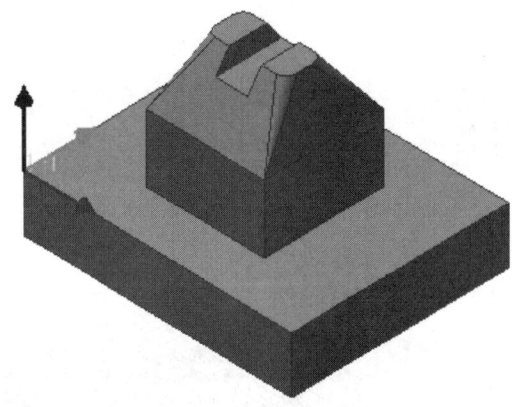

Step 17 [리본 → 파일 탭 → 내보내기 → 이미지]를 클릭한다.

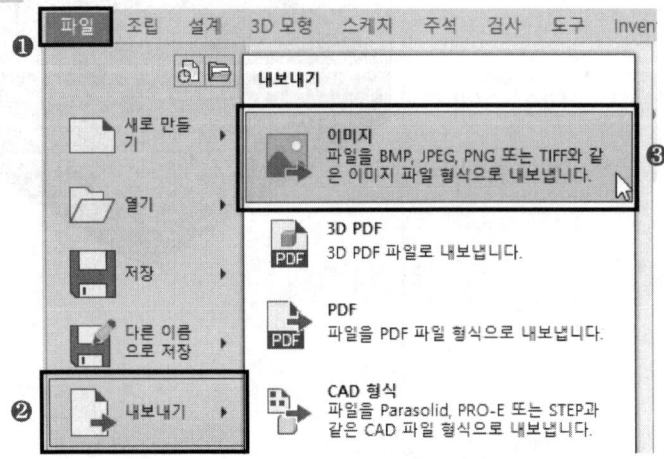

Step 18 저장위치를 지정하고, 파일이름을 입력한 후, [저장]을 클릭한다. 파일확장자는 [jpg]로 설정한다.

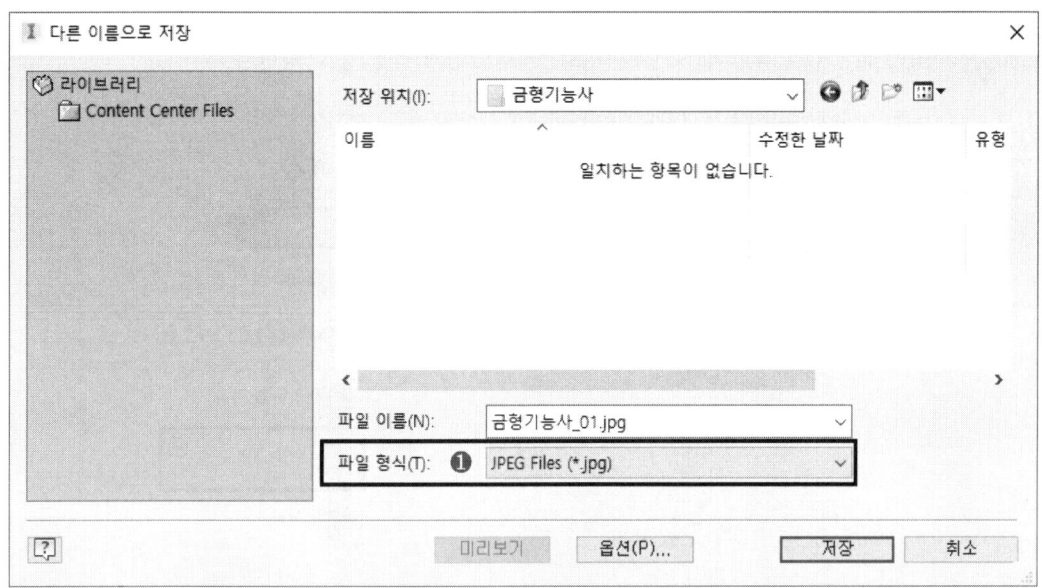

3. 3D HSM - 평면영역 가공 작업

Step 01 [Inventor2021 작업 탭 → 3D HSM → 평면영역 가공]을 클릭한다.

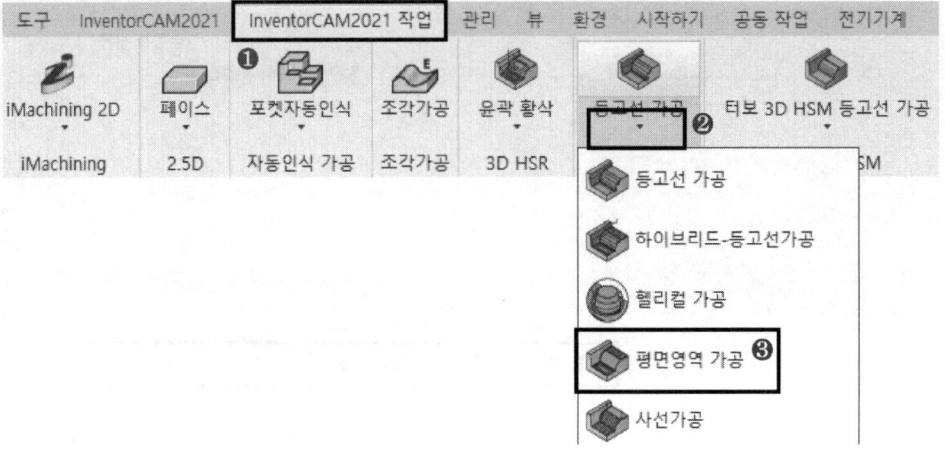

Step 02 [공구 → 선택]을 클릭한다.

Step 03 [평 엔드밀]을 더블클릭한다.

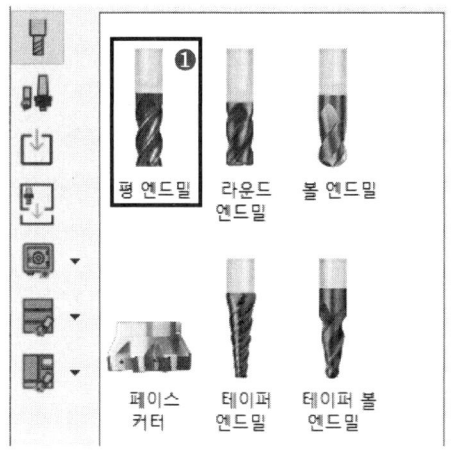

Step 04 [구조메뉴 → 직경:4]를 입력한다.

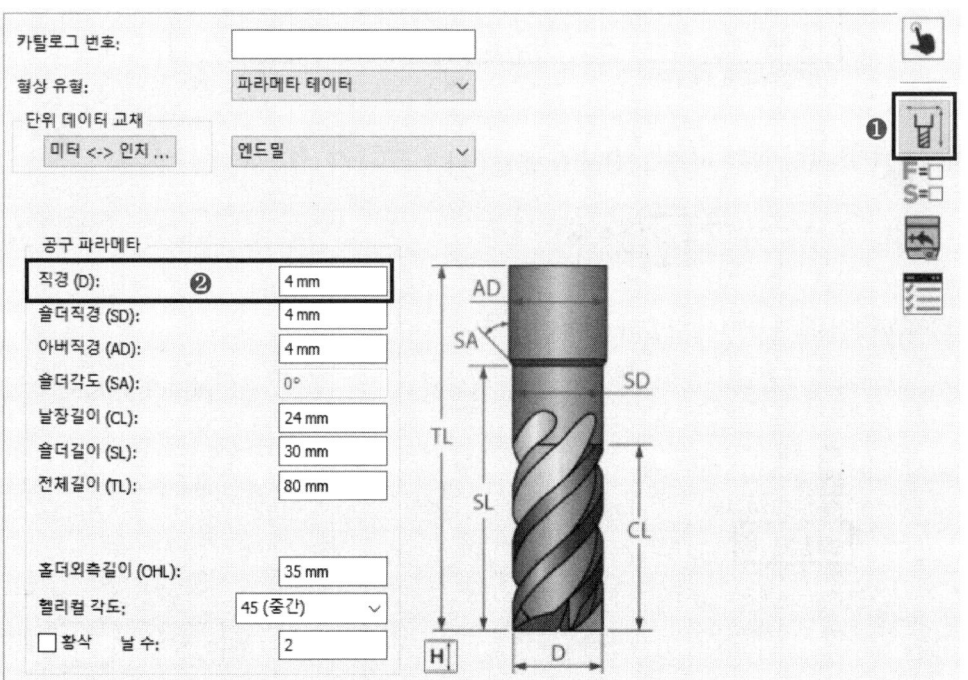

Step 05 [공구조건 메뉴 → XY피드 : 100 → Z피드 : 100 → 회전율 : 2000]을 입력한다.
정삭 XY 피드 & 정삭회전수는 체크를 하지 않는다.

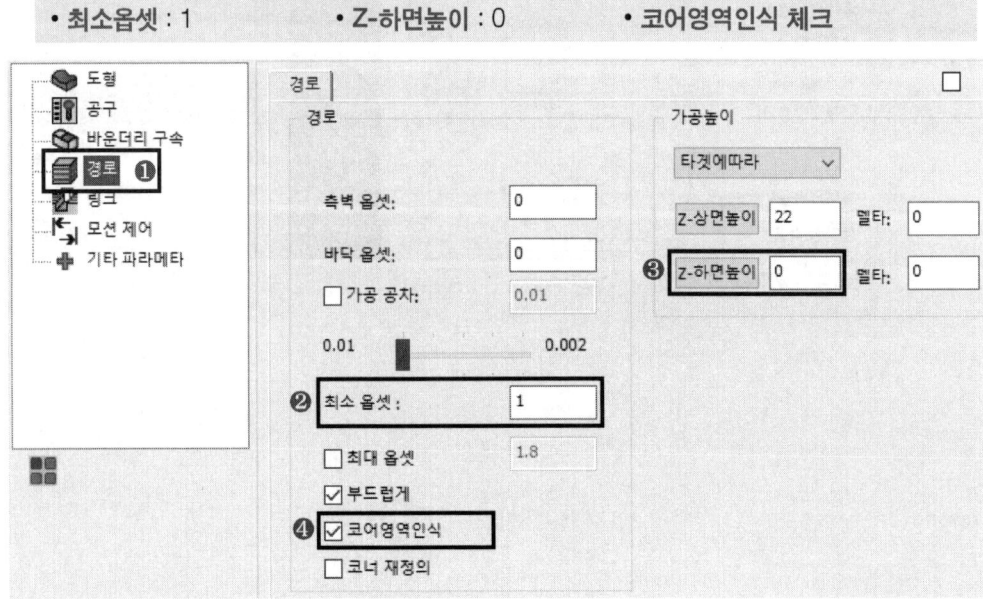

Step 06 ToolKit 우측 아래의 [선택]을 클릭한다.

Step 07 [경로] 메뉴에서 다음과 같이 설정한다.

- 최소옵셋 : 1
- Z-하면높이 : 0
- 코어영역인식 체크

Step 08 [링크 → 파트 안전높이]로 설정한다.

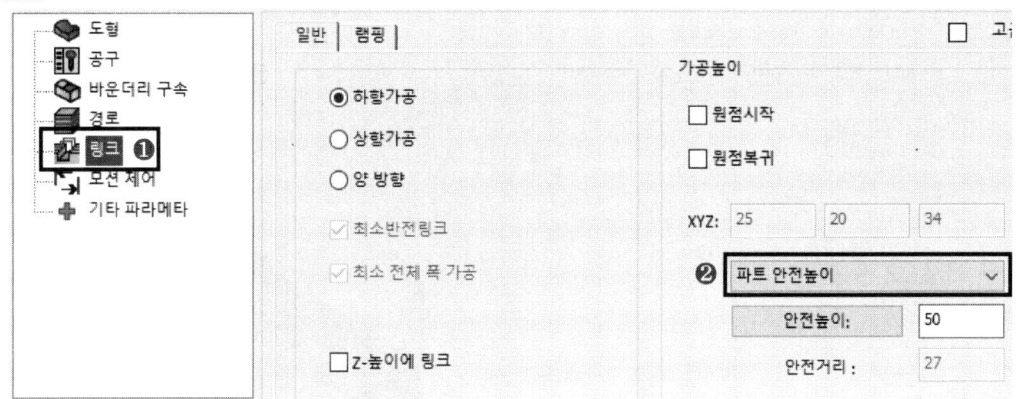

Step 09 화면 좌측 아래의 [저장&계산 → 시뮬레이션]을 클릭한다.

Step 10 [솔리드 검증 → 플레이]를 클릭하여 가공 모습을 보고, [나가기]를 클릭한다.
시뮬레이션 속도를 조절하여 가공모습을 천천히 볼 수도 있다.

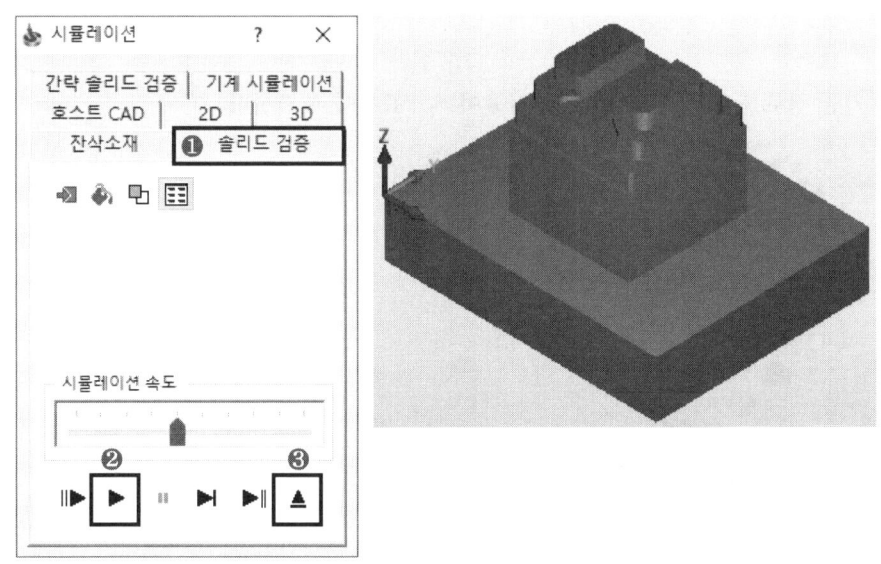

Step 11 [G코드 생성]을 클릭한다.

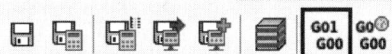

Step 12 생성된 G코드의 전반부 15블록만 남기고 나머지는 삭제한 후, 저장한다.

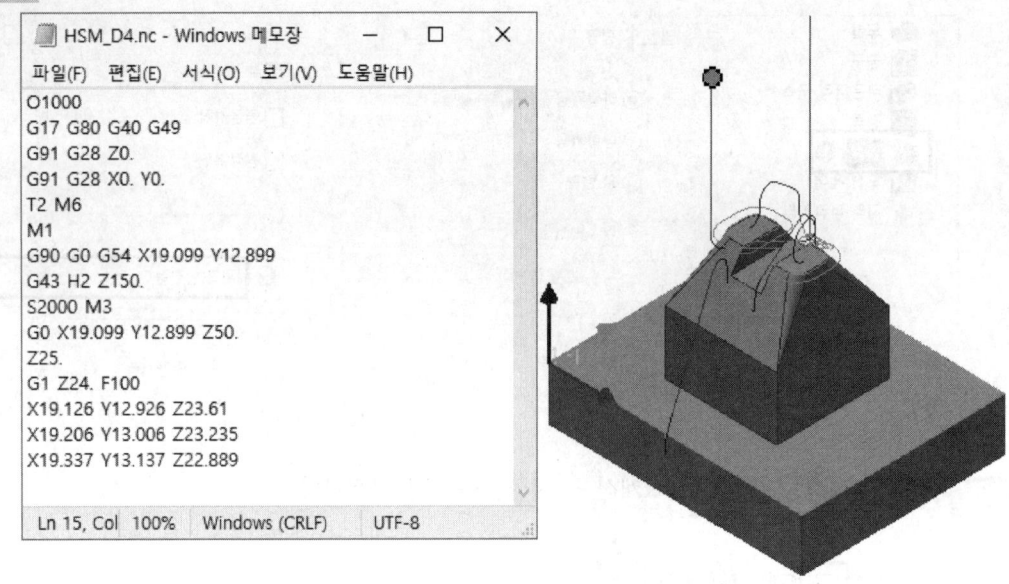

Step 13 화면 우측 아래의 [저장&나가기]를 클릭한다. 가공을 마무리한다.

Step 14 가공 경로를 확인 후, 다음을 클릭하여 체크표시를 해제한다.

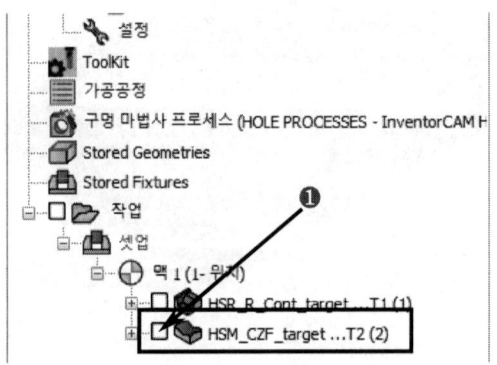

4. 3D HSM – 사선 가공 작업

Step 01 [Inventor2021 작업 탭 → 3D HSM → 사선 가공]을 클릭한다.

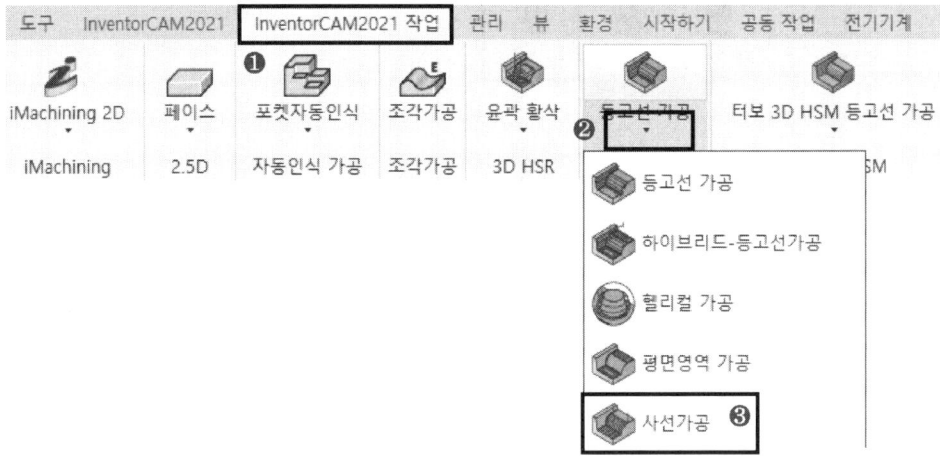

Step 02 [공구 → 선택]을 클릭한다.

183

Step 03 [볼 엔드밀]을 더블클릭한다.

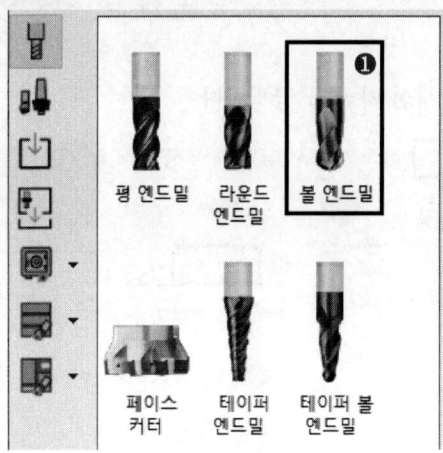

Step 04 [구조메뉴 → 직경:4]를 입력한다.

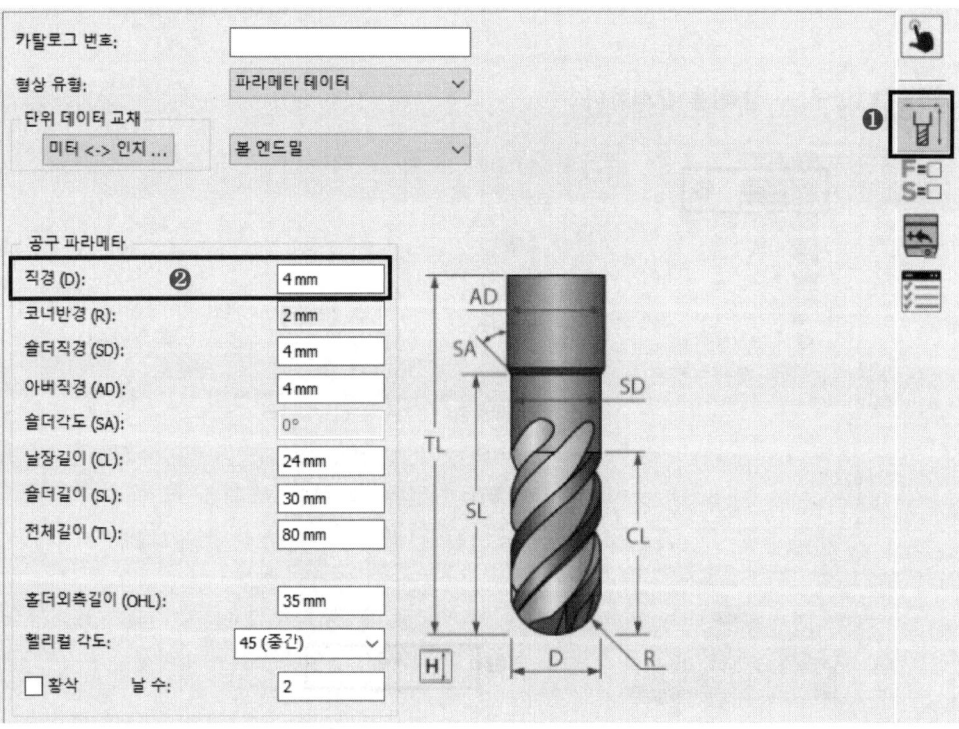

Step 05 [공구조건 메뉴 → XY피드 : 90 → Z피드 : 90 → 회전율 : 2200]을 입력한다.
정삭 XY 피드 & 정삭회전수는 체크를 하지 않는다.

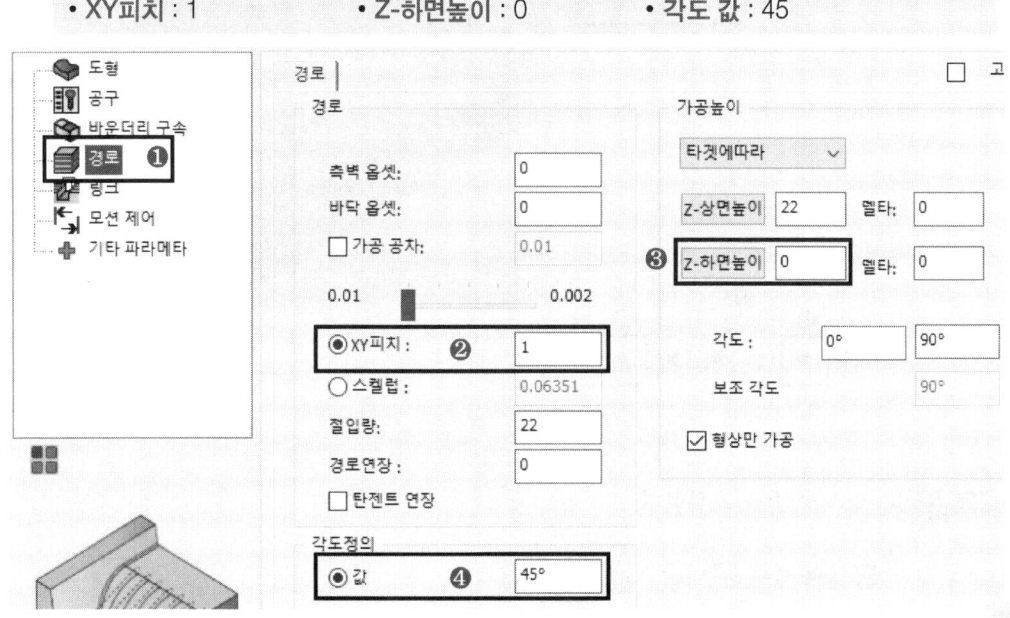

Step 06 ToolKit 우측 아래의 [선택]을 클릭한다.

Step 07 [경로] 메뉴에서 다음과 같이 설정한다.

- **XY피치** : 1
- **Z-하면높이** : 0
- **각도 값** : 45

Step 08 [링크 → 파트 안전높이]로 설정한다.

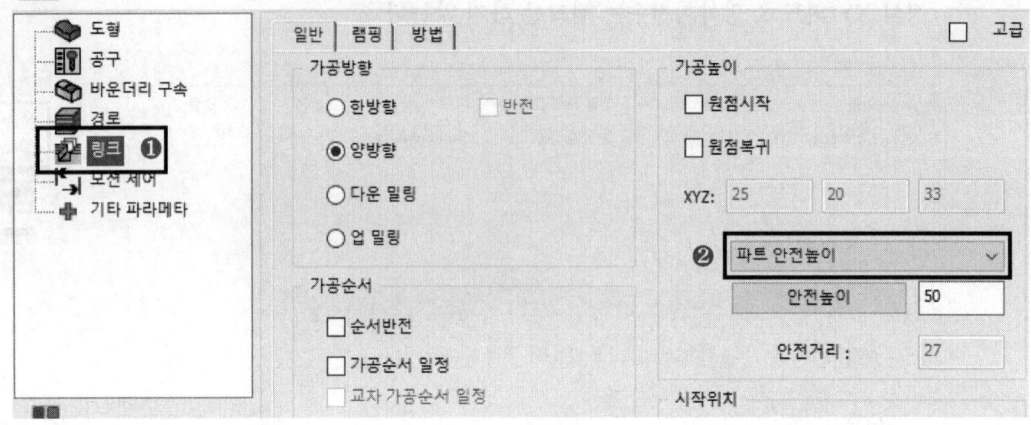

Step 09 화면 좌측 아래의 [저장&계산 → 시뮬레이션]을 클릭한다.

Step 10 [솔리드 검증 → 플레이]를 클릭하여 가공 모습을 보고, [나가기]를 클릭한다. 시뮬레이션 속도를 조절하여 가공모습을 천천히 볼 수도 있다.

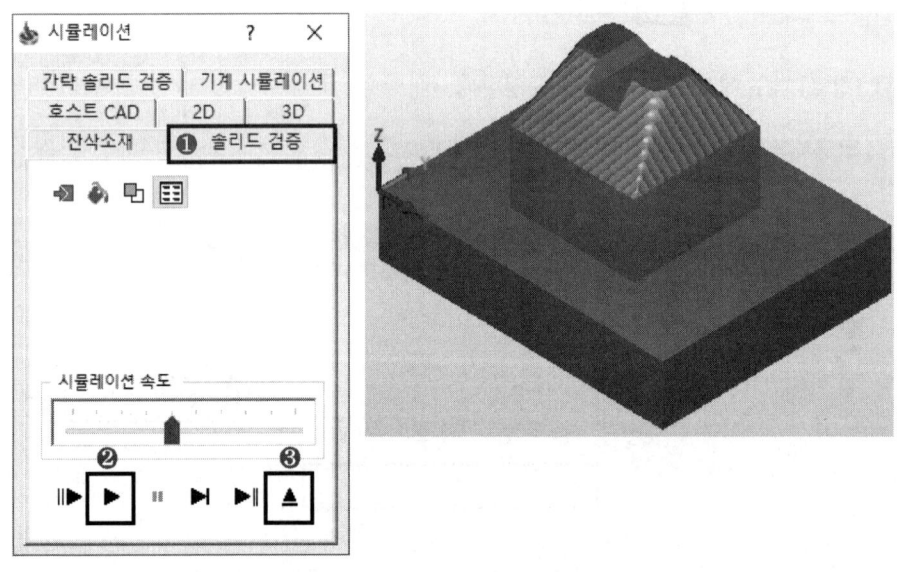

Step 11 [G코드 생성]을 클릭한다.

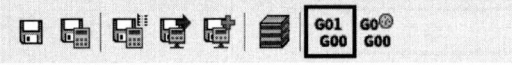

Step 12 생성된 G코드의 전반부 15블록만 남기고 나머지는 삭제한 후, 저장한다.

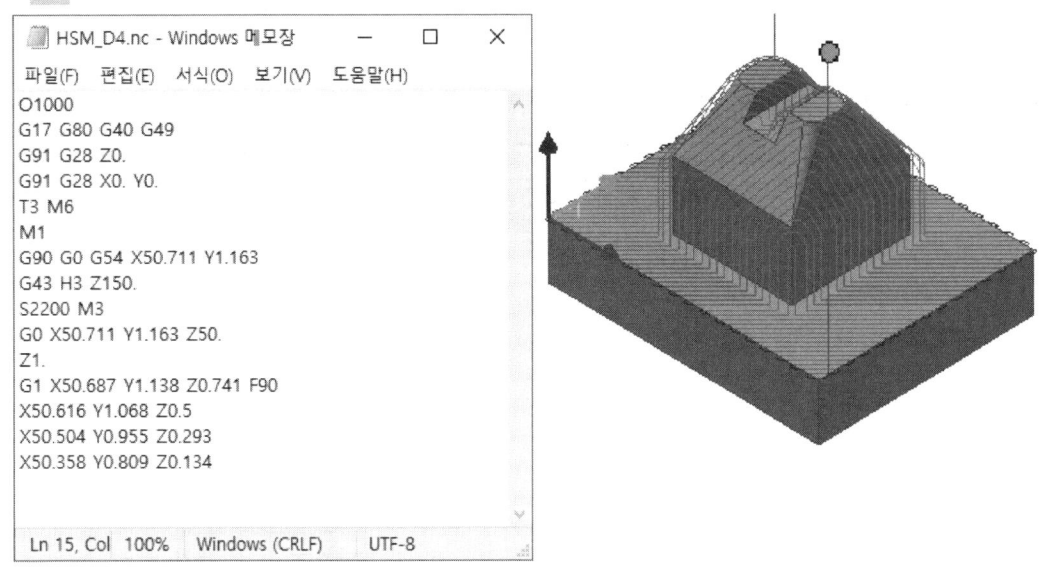

Step 13 화면 우측 아래의 [저장&나가기]를 클릭한다. 가공을 마무리한다.

Step 14 가공 경로를 확인 후, 다음을 클릭하여 체크표시를 해제한다.

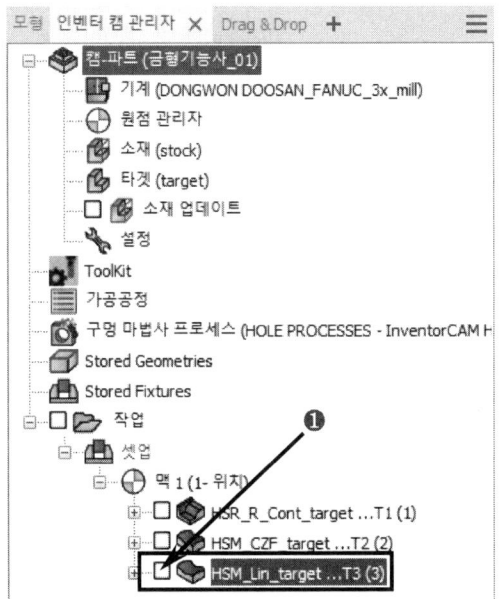

5. 3D HSM – 펜슬 밀링 작업

Step 01 [Inventor2021 작업 탭 → 3D HSM → 펜슬 밀링]을 클릭한다.

Step 02 [공구 → 선택]을 클릭한다.

Step 03 [볼 엔드밀]을 더블클릭한다.

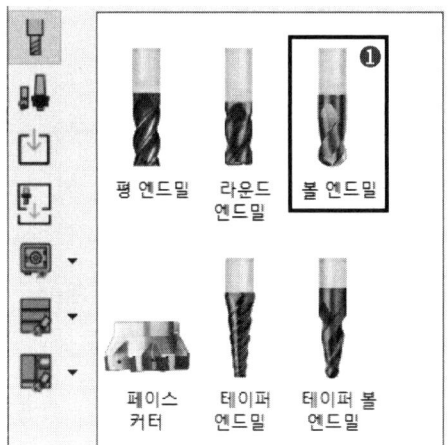

Step 04 [구조메뉴 → 직경:2]를 입력한다.

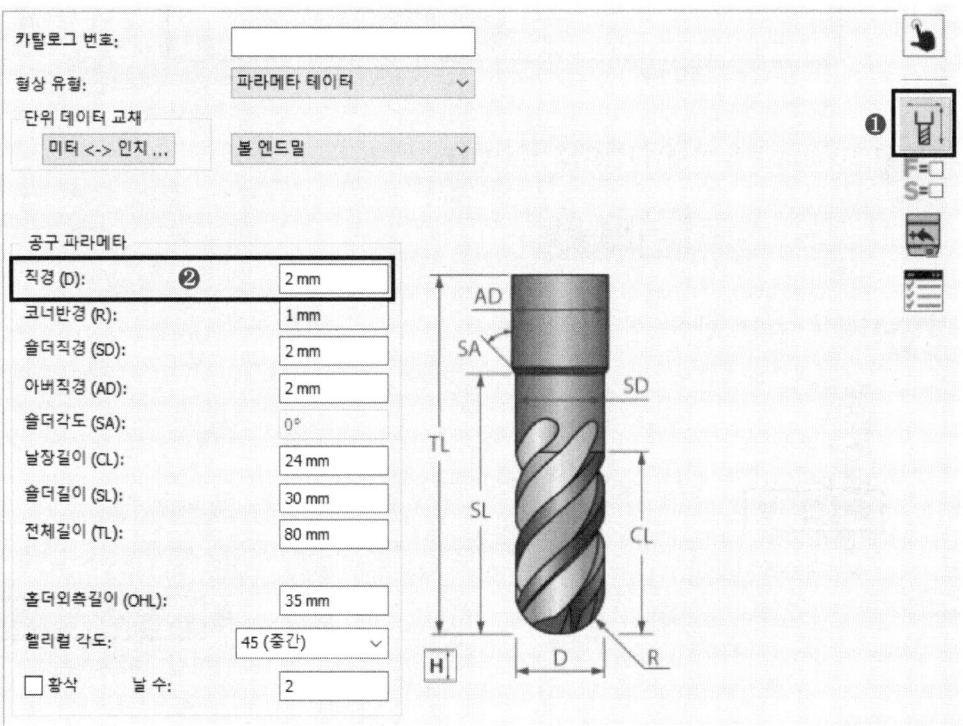

Step 05 [공구조건 메뉴 → XY피드 : 80 → Z피드 : 80 → 회전율 : 2600]을 입력한다.
정삭 XY 피드 & 정삭회전수는 체크를 하지 않는다.

Step 06 ToolKit 우측 아래의 [선택]을 클릭한다.

Step 07 링크 → 파트 안전높이로 설정한다.

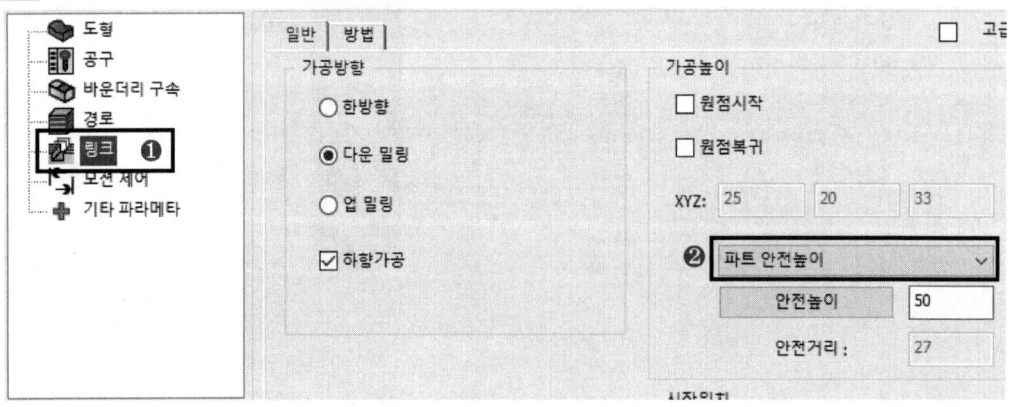

Step 08 화면 좌측 아래의 [저장&계산 → 시뮬레이션]을 클릭한다.

Step 09
[솔리드 검증 → 플레이]를 클릭하여 가공 모습을 보고, [나가기]를 클릭한다.
시뮬레이션 속도를 조절하여 가공모습을 천천히 볼 수도 있다.

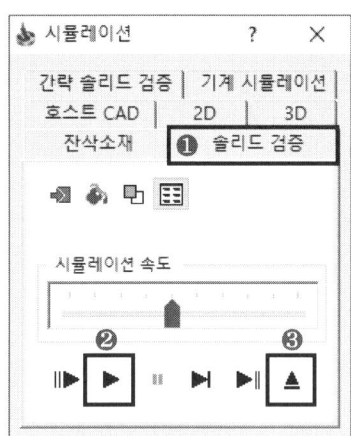
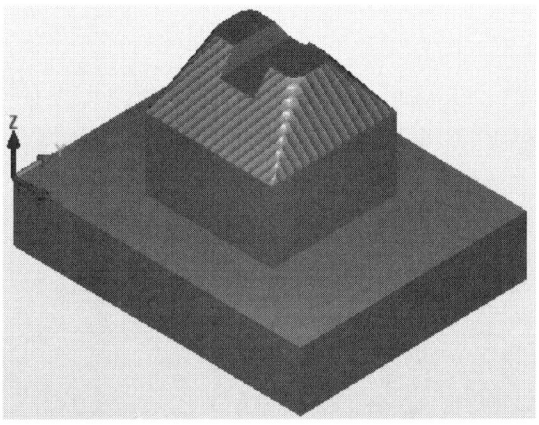

Step 10
[G코드]를 클릭한다.

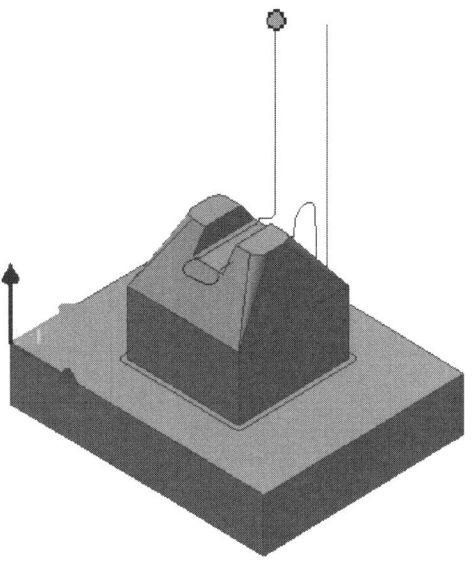

Step 11
생성된 G코드의 전반부 30블록만 남기고 나머지는 삭제한 후, 저장한다.

Step 12 화면 우측 아래의 [저장&나가기]를 클릭한다. 가공을 마무리한다.

Step 13 [작업]을 클릭하여 체크표시를 한다.

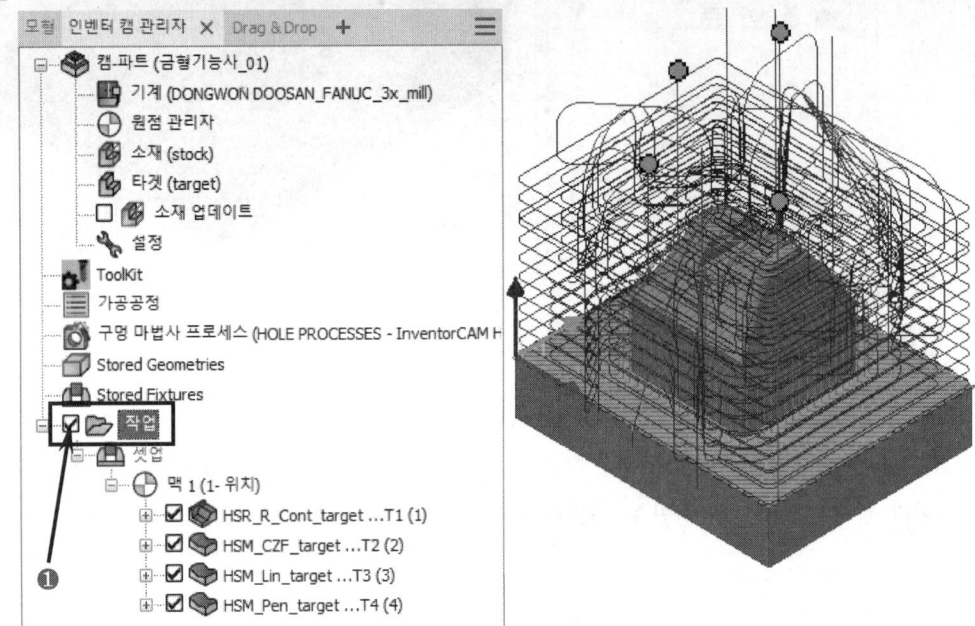

Chapter 06
InventorCAM

컴퓨터응용가공산업기사
(과정형 평가)

01 모델링 과정
02 인벤터 캠 과정

01 모델링 과정

종목	컴퓨터응용가공산업기사	과제	과정형평가(CAM과정)

공구번호	공구이름	공구직경	이송속도	회전수
1	평엔드밀	10	2000	8000
2	볼엔드밀	6	3000	8000
3	볼엔드밀	2	1000	9000

1. 돌출 형상 작업 1

Step 01 [새로 만들기 → Standard.ipt → 작성]을 선택한다.

Step 02 [스케치 → XY평면]을 선택한다.

Step 03 [사각형 → 치수]로 아래 그림과 같이 스케치를 작성한다.

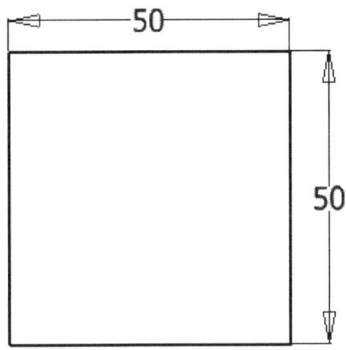

Step 04 [스케치 마무리]를 클릭한다.

Step 05 [돌출 → 거리:10]을 입력하고, [확인]을 누른다.

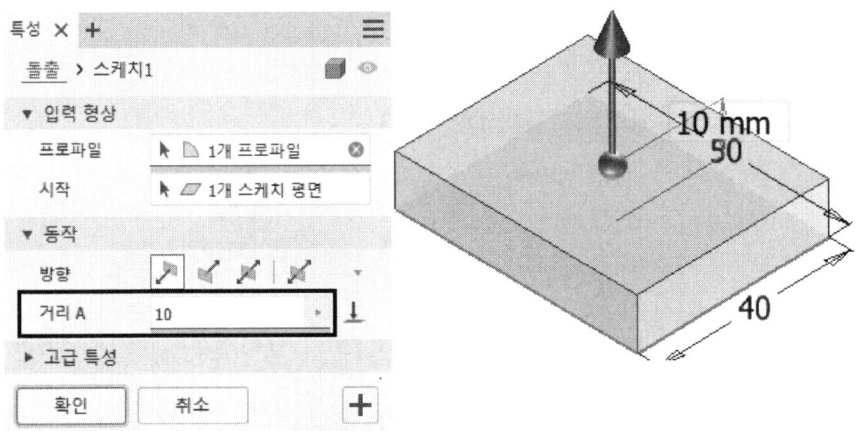

2. 돌출 형상 작업 2

Step 01 [스케치 → 형상윗면]을 클릭한다.

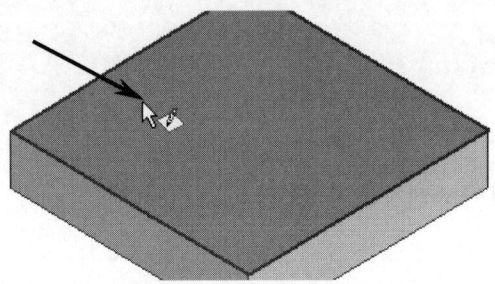

Step 02 중앙부분을 [직사각형 → 치수]로 작성한다.

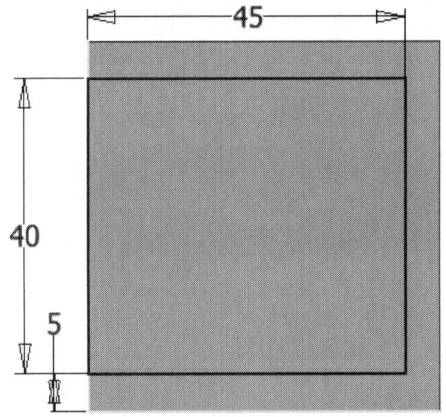

Step 03 [스케치 마무리]를 클릭한다.

Step 04 [돌출 → 거리:3]을 입력하고, [확인]을 누른다.

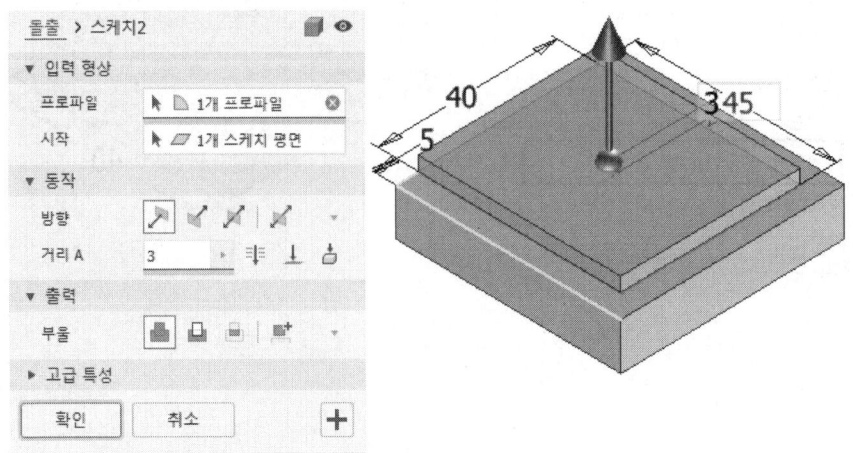

196

3. 모따기 형상 작업 1

Step 01 [모따기 → 거리:7]을 입력하고, [모서리 선택 → 확인]을 선택한다.

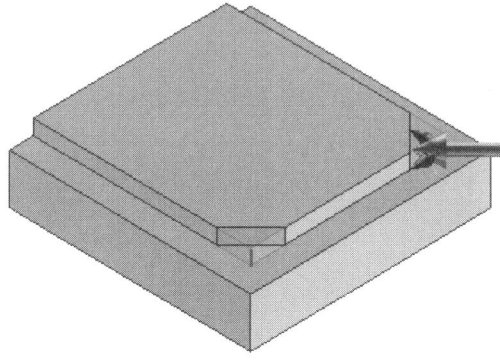

4. 로프트 형상 작업

Step 01 [스케치 → 형상윗면]을 클릭한다.

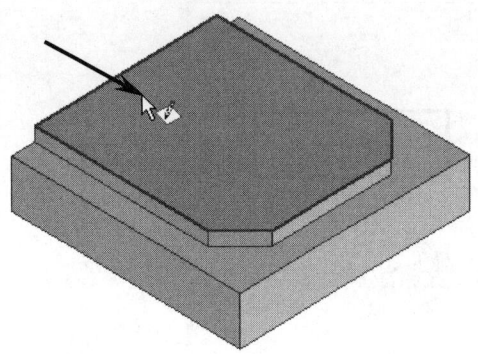

Step 02 중앙부분을 [직사각형 → 치수]로 작성한다.

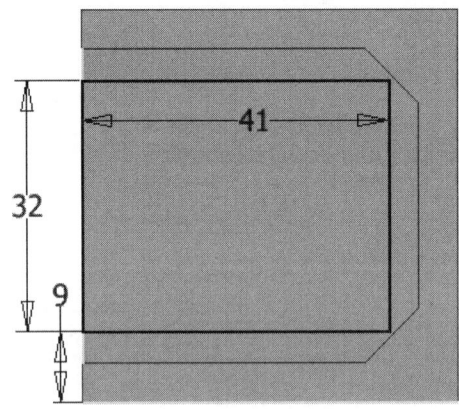

Step 03 [모깎기 → 반지름:7 입력 → 모서리]를 선택한다.

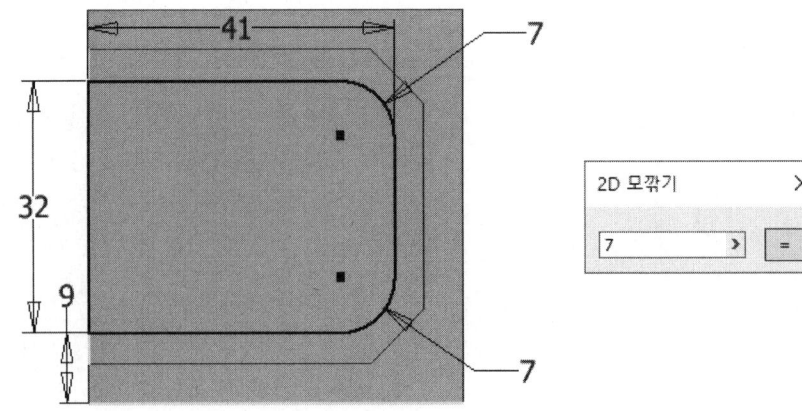

Step 04 [스케치 마무리]를 클릭한다.

Step 05 [평면 → 평면에서 간격띄우기]를 실행하고, [형상모델링 윗면 → 거리:8]을 입력한다.

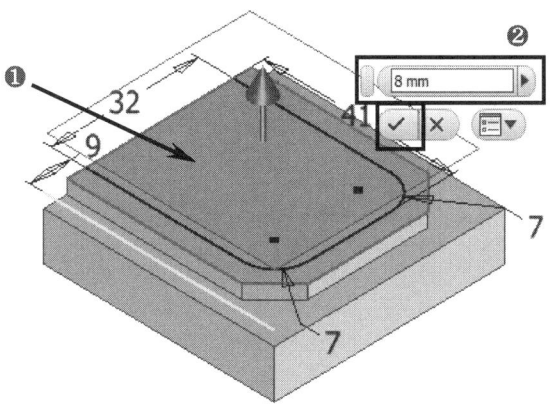

Step 06 [스케치 → 작업평면]을 클릭한다.

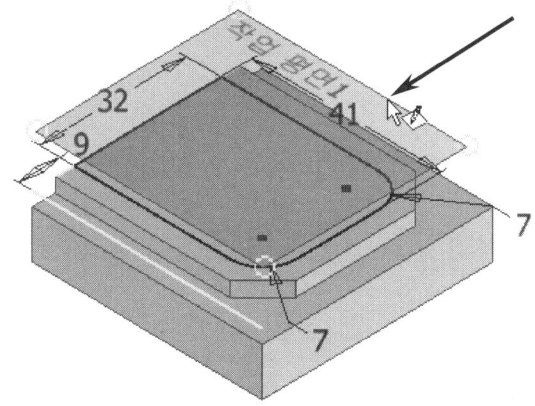

Step 07 [형상투영 → 선(화살표가 지시하는)]을 클릭한다.

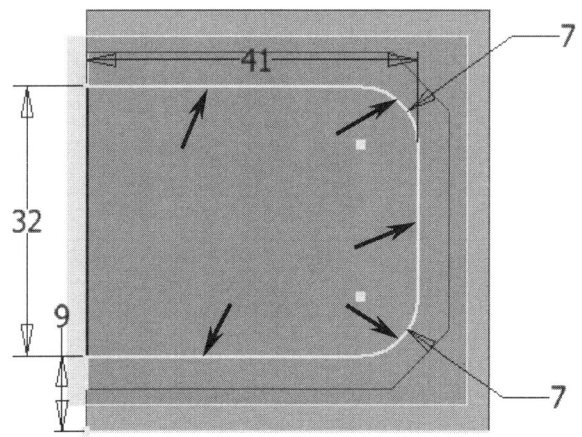

Step 08 [간격띄우기 → 형상투영한 선 선택 → 마우스 안쪽방향으로 이동 → 거리:4]를 입력하고, 엔터키를 누른다.

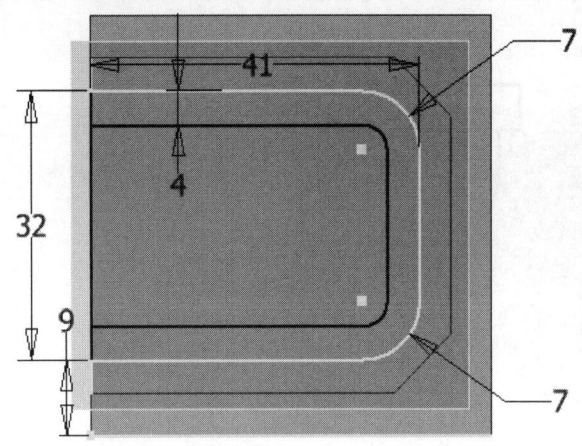

Step 09 [선 → ❶번과 ❷번]을 클릭하여 선을 작성한다.

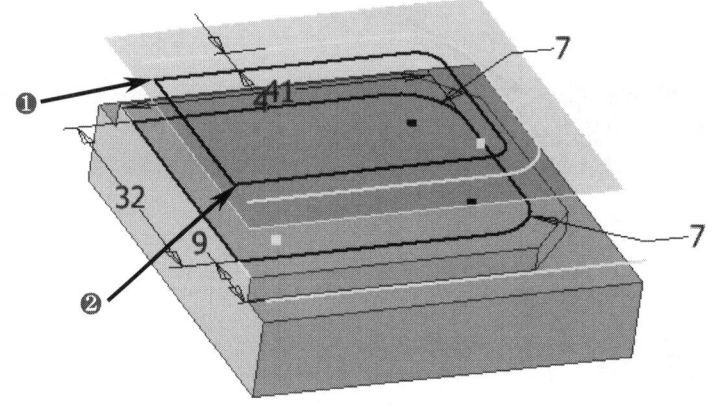

Step 10 [스케치 마무리]를 클릭한다.

Step 11 [로프트 → ❶스케치영역 클릭 → ❷스케치영역 클릭]을 한다.

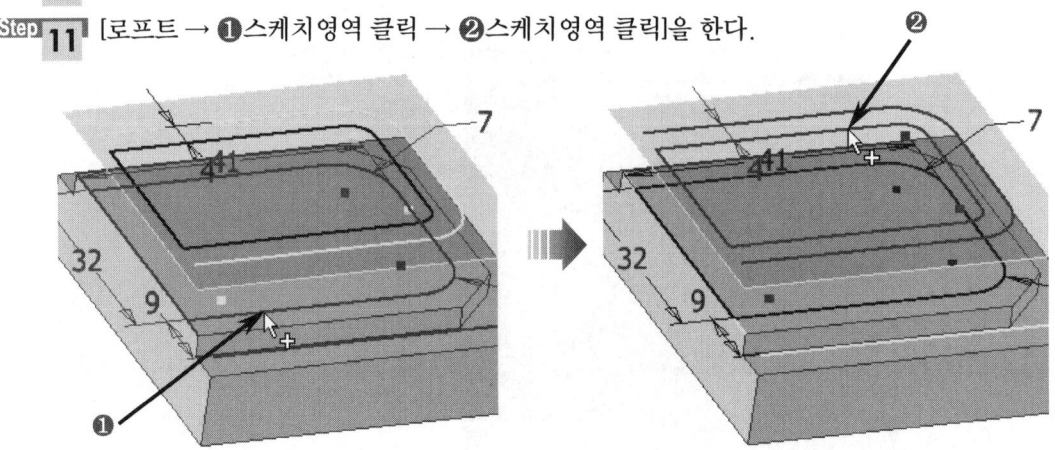

Step 12 [확인]을 클릭한다.

Step 13 검색기의 작업평면1을 마우스 오른쪽 버튼을 눌러 "가시성"에 체크해제를 한다.

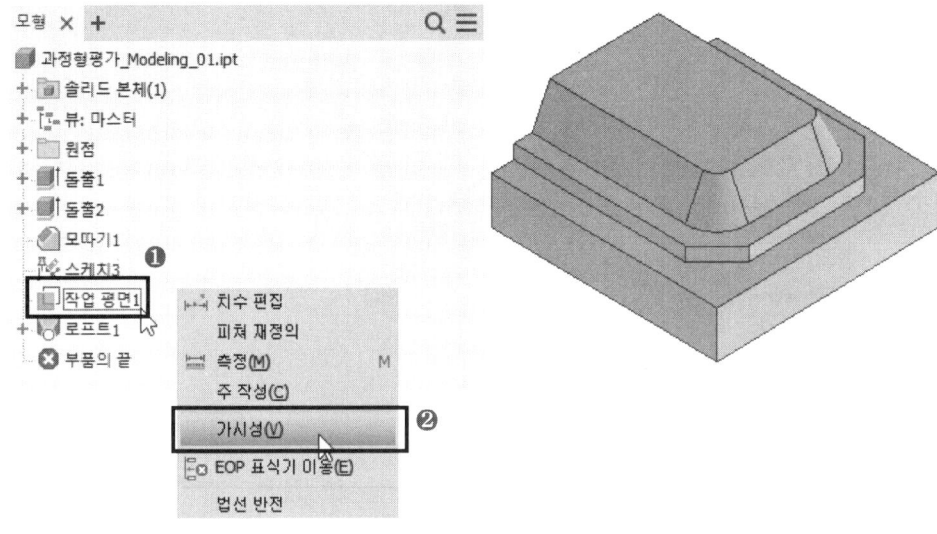

5. 돌출 컷 형상 작업

Step 01 [평면 → 두 평면 사이의 중간평면]을 실행하고, [형상모델링 좌측면 → 형상모델링 우측면]을 클릭한다.

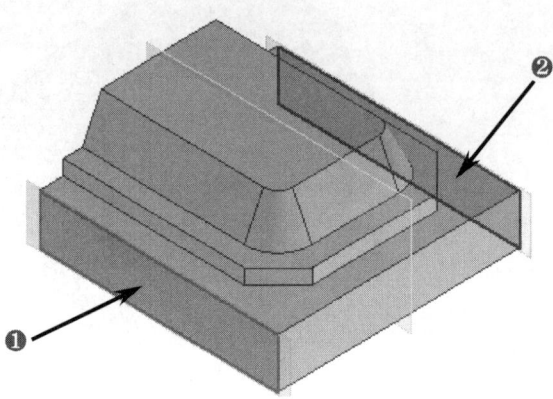

Step 02 [스케치 → 작업평면]을 클릭한다.

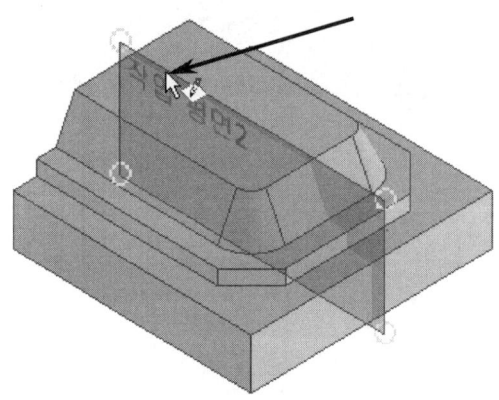

Step 03 [F7]:그래픽 슬라이스 → 선 → 치수]로 스케치를 한다.

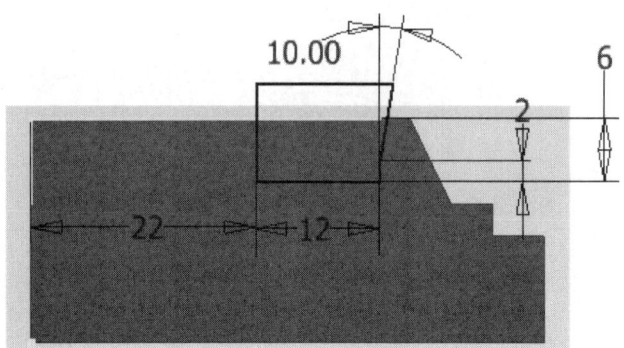

Step 04 [스케치 마무리]를 클릭한다.

Step 05 [돌출 → 대칭 → 전체관통 → 잘라내기 → 확인]을 클릭한다.

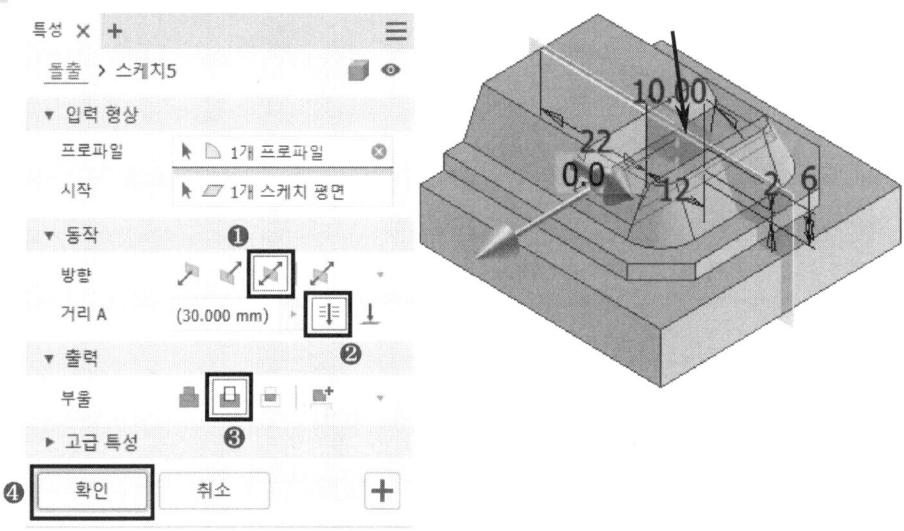

6. 스윕 형상 작업

Step 01 [스케치 → 작업평면]을 클릭한다.

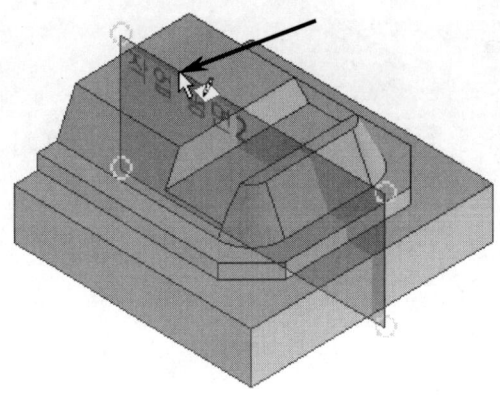

Step 02 [F7:그래픽 슬라이스 → 호 → 치수]로 스케치를 한다.

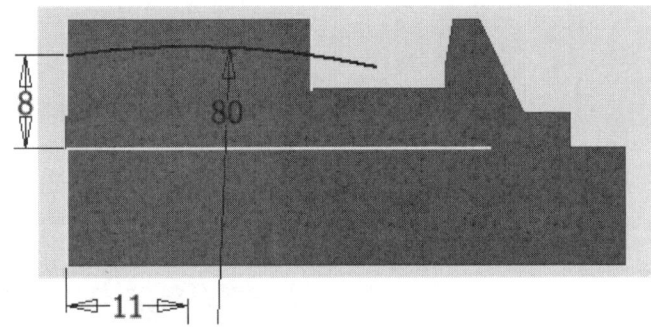

Step 03 [스케치 마무리]를 클릭한다.

Step 04 [평면 → 점에서 곡선에 수직]을 실행하고, [호 → 호의 끝점]을 클릭한다.

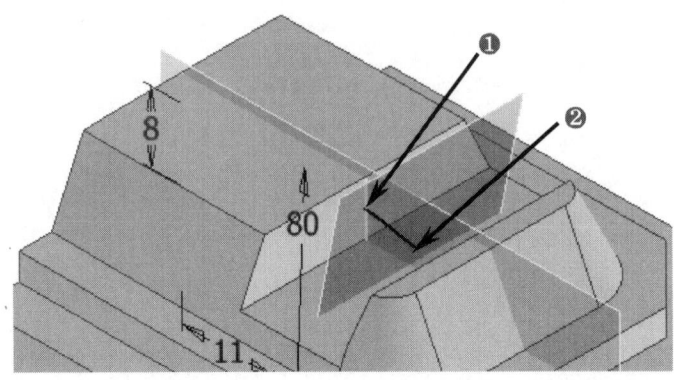

Chapter 06 컴퓨터응용가공산업기사(과정형 평가)

Step 05 [스케치 → 작업평면]을 클릭한다.

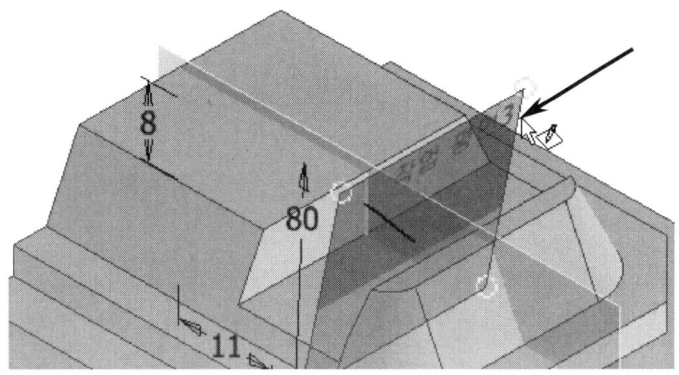

Step 06 [F7]:그래픽 슬라이스 → 형상투영 → 호의 끝점]을 클릭한다.

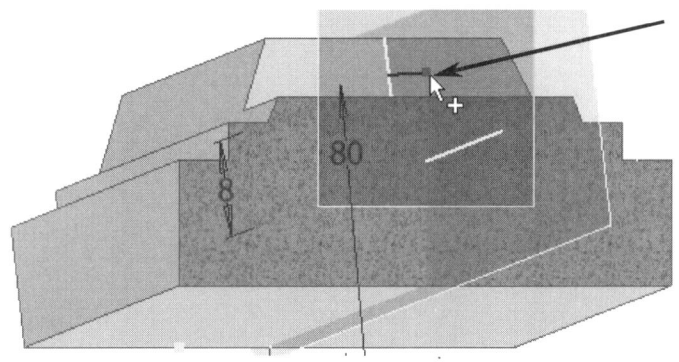

Step 07 [호 → 치수]로 스케치를 한다.

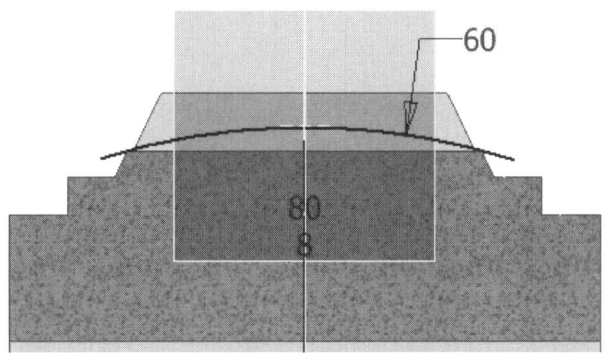

Step 08 [스케치 마무리]를 클릭한다.

Step 09 [스윕 → 곡면모드 → 프로파일 선택 → 경로 선택 → 확인]을 클릭한다.

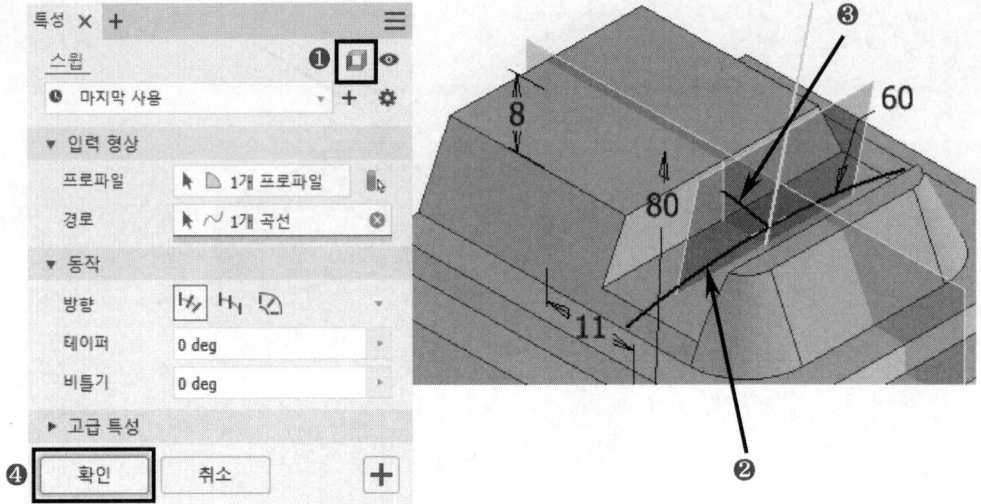

7. 곡면연장 작업

Step 01 [곡면 → 곡면연장 → 곡면모서리 선택 → 거리:3]을 입력하고, 확인을 클릭한다.

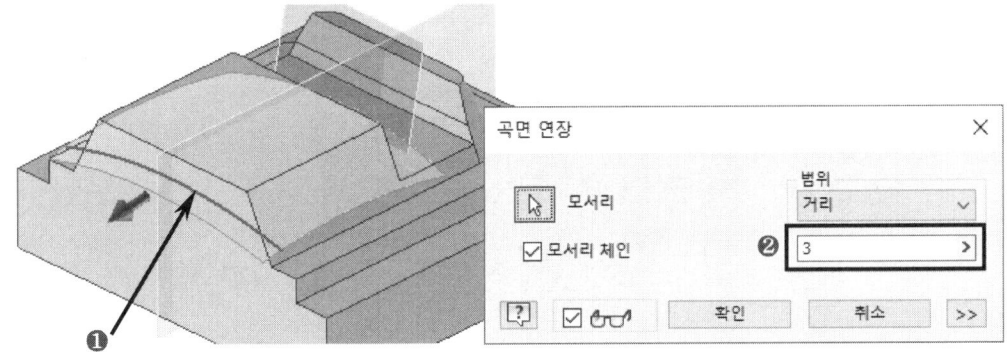

Step 02 [분할 → 솔리드자르기 → 스윕곡면 선택 → 제거할 면 방향지정 → 확인]을 클릭한다.

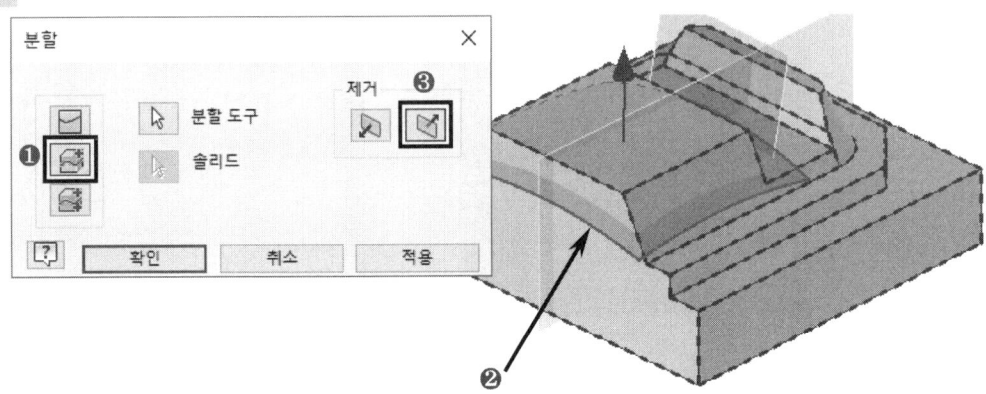

Step 03 표시된 작업평면, 스윕곡면, 연장은 가시성 해제를 한다.

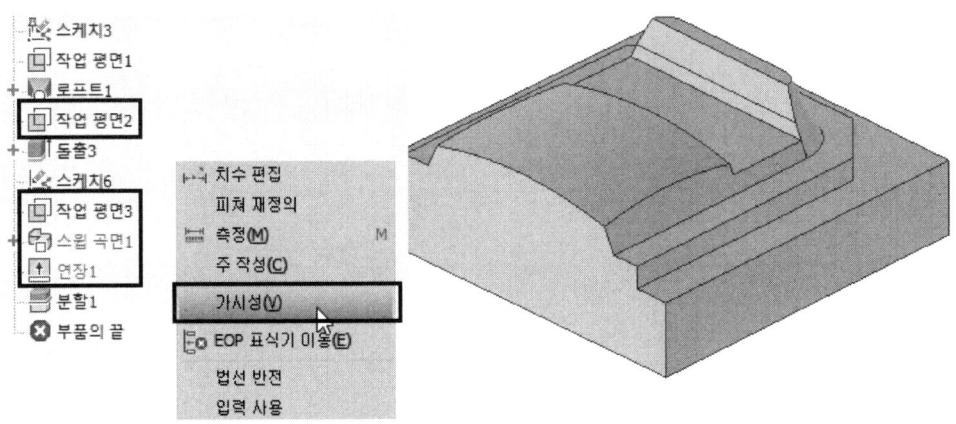

8. 돌출 형상 작업 3

Step 01 [스케치 → 형상의 면]을 클릭한다.

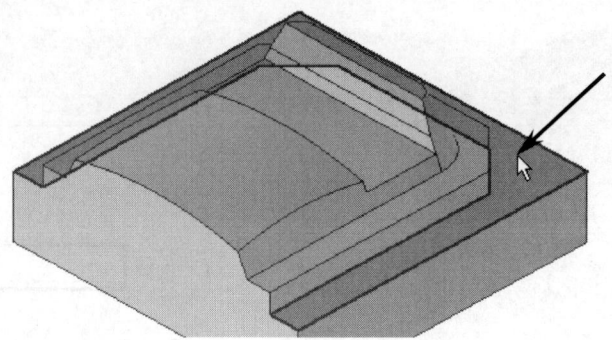

Step 02 [F7:그래픽 슬라이스 → 직사각형 → 치수]를 입력한다.

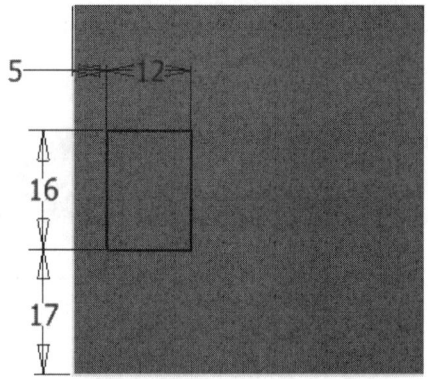

Step 03 [스케치 마무리]를 클릭한다.

Step 04 [돌출 → 거리:11]을 입력하고, [확인]을 누른다.

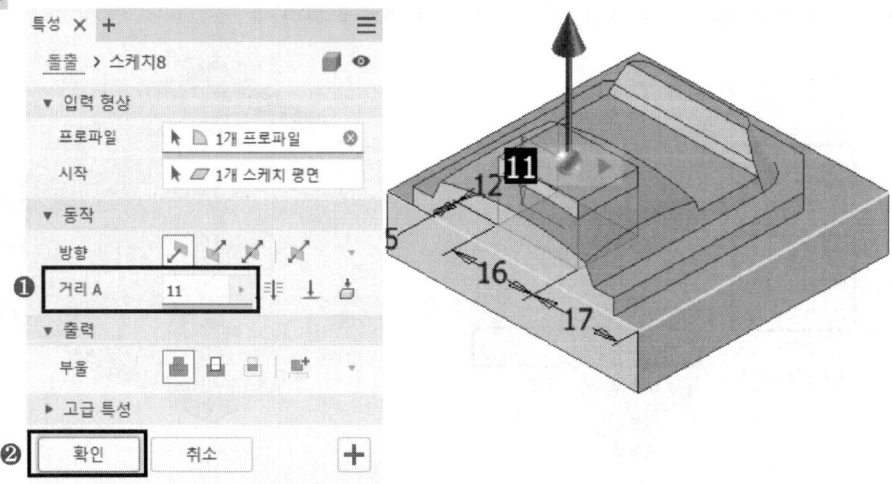

9. 모깎기 형상 작업 1

Step 01 [모깎기 → 반지름:3 입력 → 모서리 선택 → 적용]을 클릭한다.

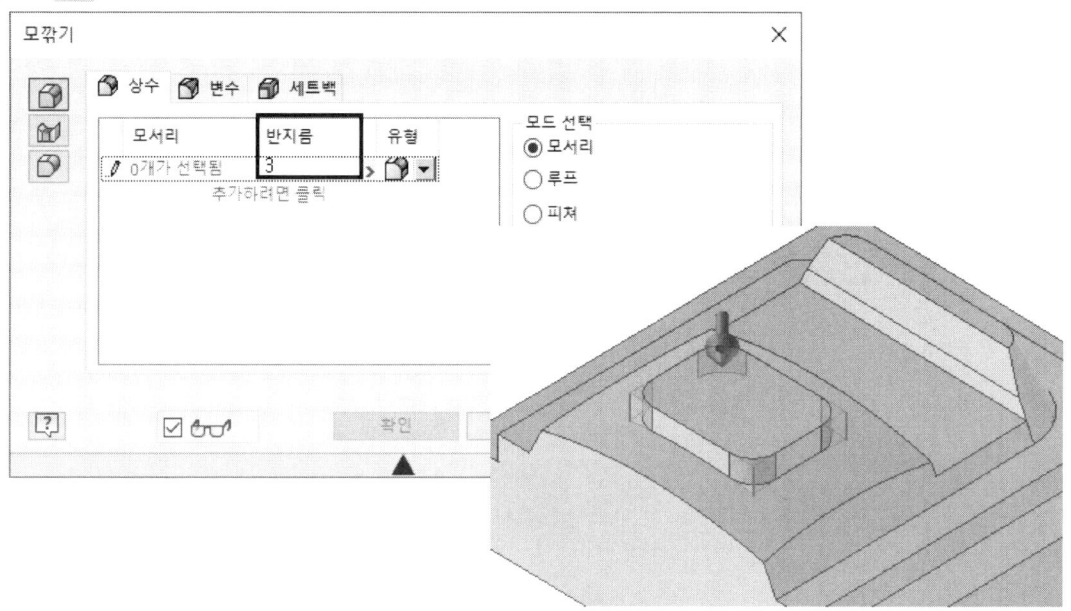

Step 02 [반지름:1 입력 → 모서리 선택 → 확인]을 클릭한다.

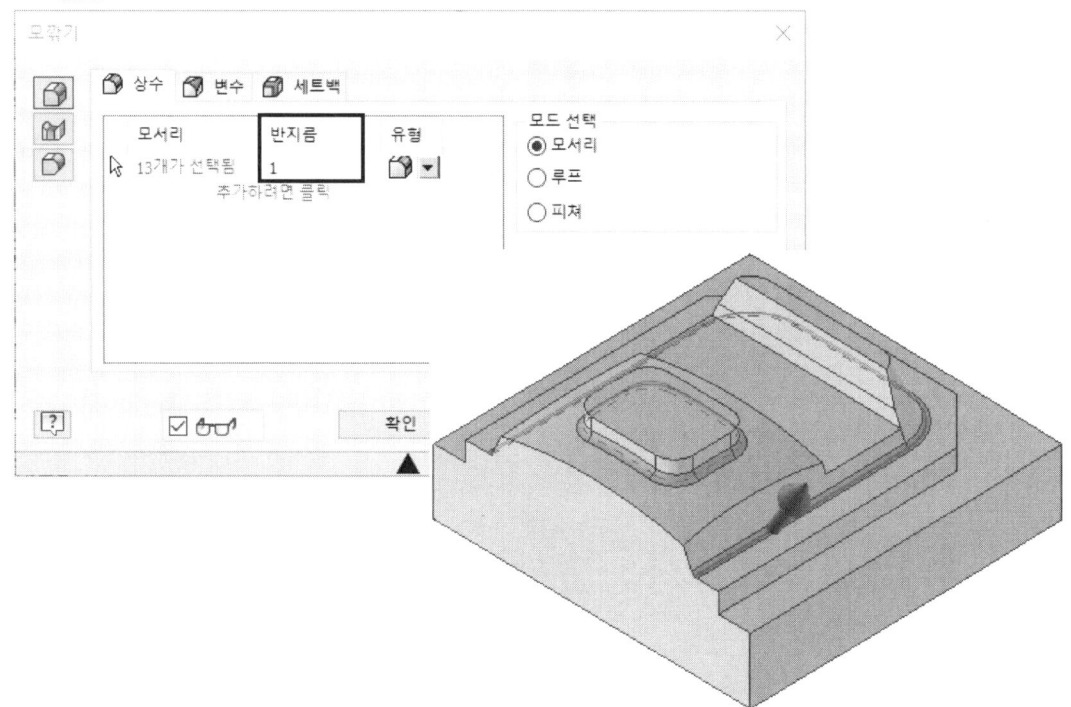

10. 모델링 저장

Step 01 [파일 → 저장]을 클릭하여 모델링 작업한 형상을 저장한다.

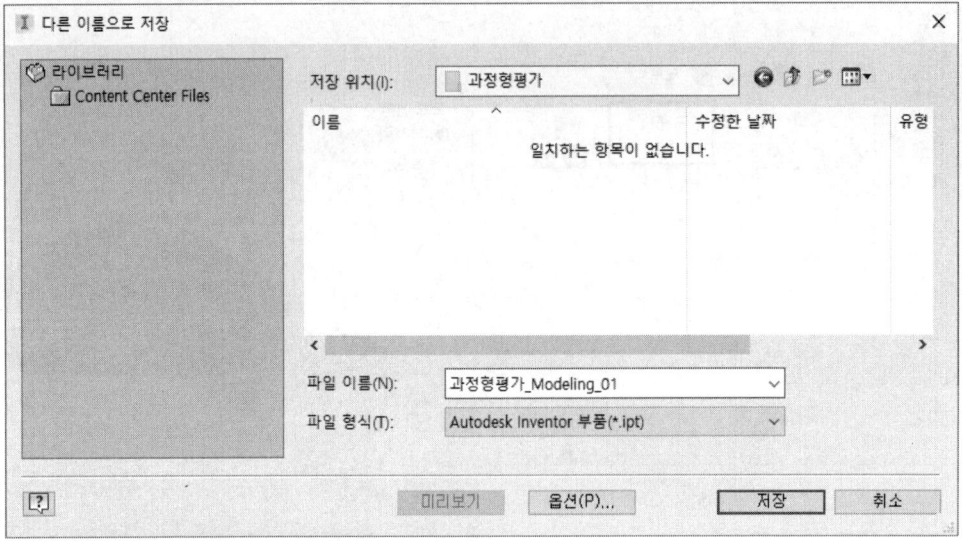

Chapter 06 컴퓨터응용가공산업기사(과정형 평가)

02 인벤터 캠 과정

1. InventorCAM 파트정의

Step 01 [리본 → 열기]를 클릭하여 파일을 불러온다.

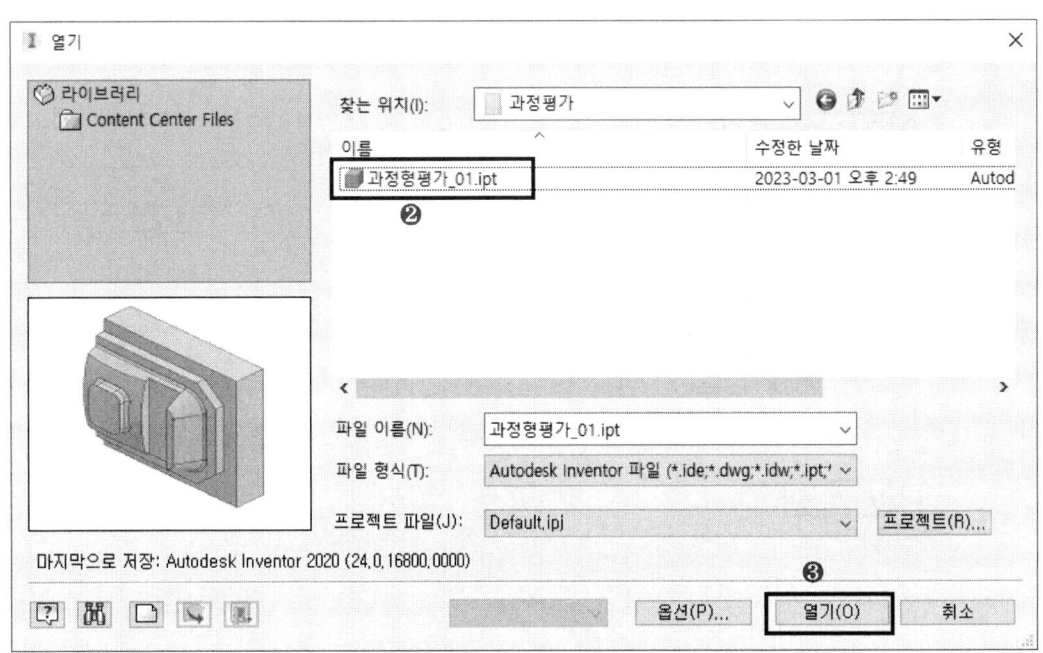

✔ 이미 모델링 파일이 열려있다면 해당 과정은 생략한다.

Step 02 [리본 → InventorCAM2021 탭 → 신규 → 밀링]을 클릭한다.

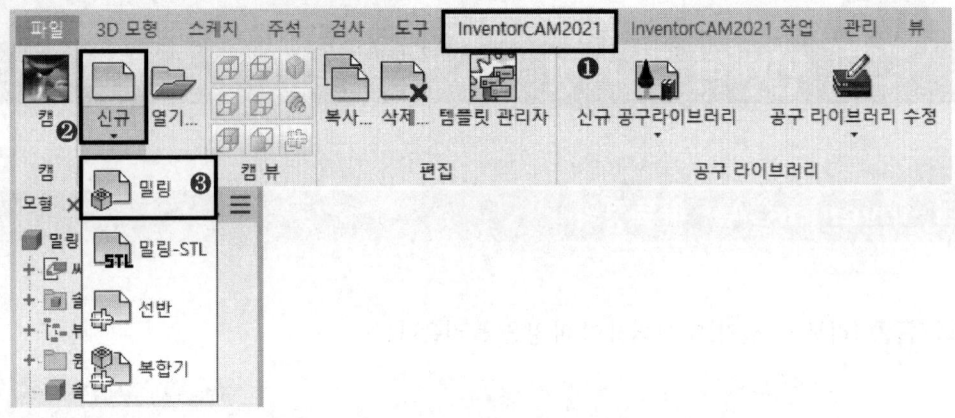

Step 03 [모델파일 경로사용 체크 → 단위 → 미터]를 선택하고, 확인을 클릭한다.

Step 04 [CNC-컨트롤러 → DONGWON DOOSAN_FANUC_3x_mill]를 설정한 후, [정의→원점]을 클릭한다.

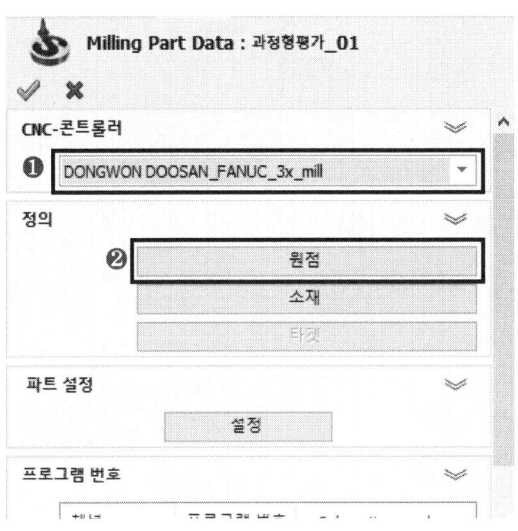

Step 05 [평면원점 → 모델박스의 코너 → 형상모델링 선택 → 원점지정 체크]를 하고,
[❹꼭지점 클릭 → Z:25 → 확인]을 클릭한다.

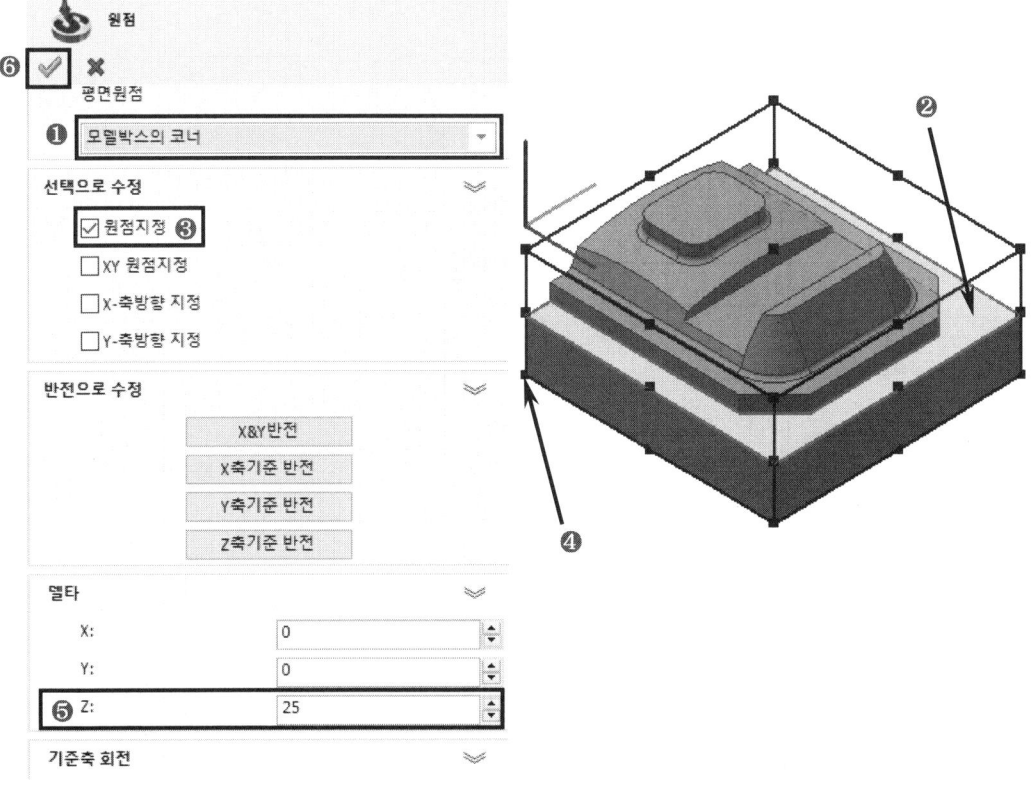

Step 06 [원점 데이터 & 원점 관리자 → 확인]을 클릭한다.

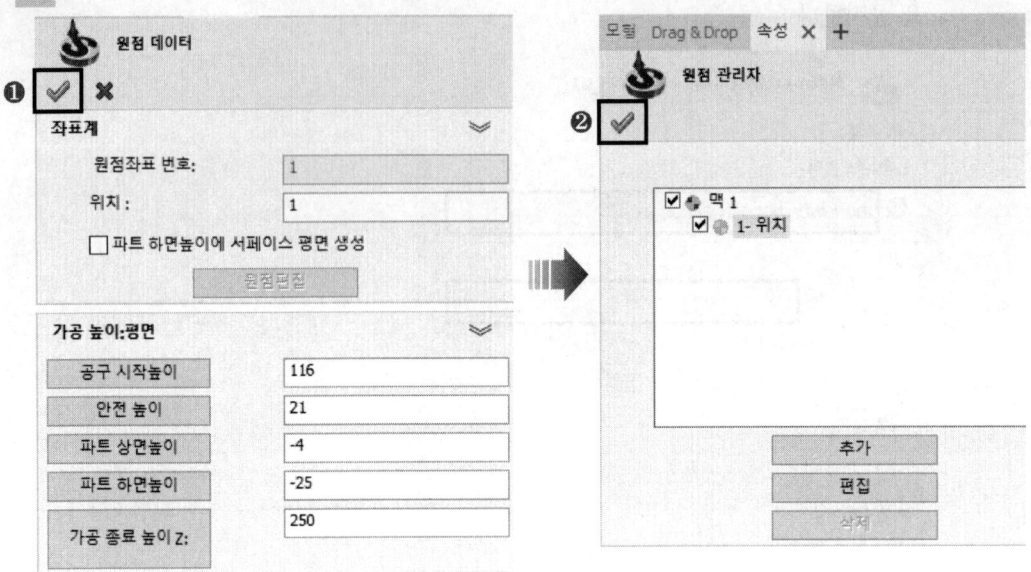

Step 07 [소재]를 클릭한다.

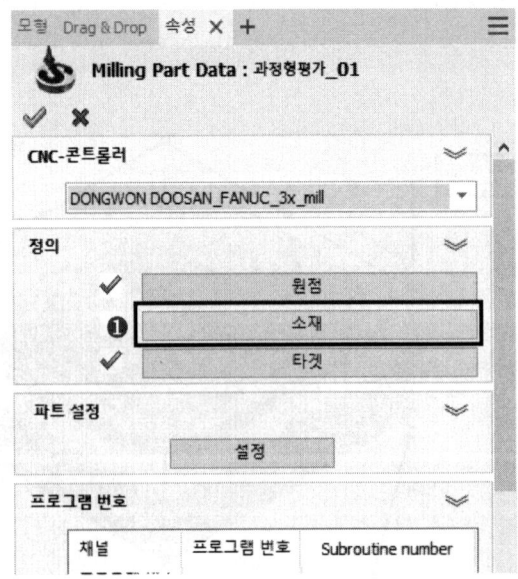

Step 08 [모드 → 소재크기 → 형상 모델링 클릭 → 박스사이즈 X:50, Y:50, Z:25 입력 → 타겟에서 오프셋 Z-:0 입력 → 확인]을 클릭한다.

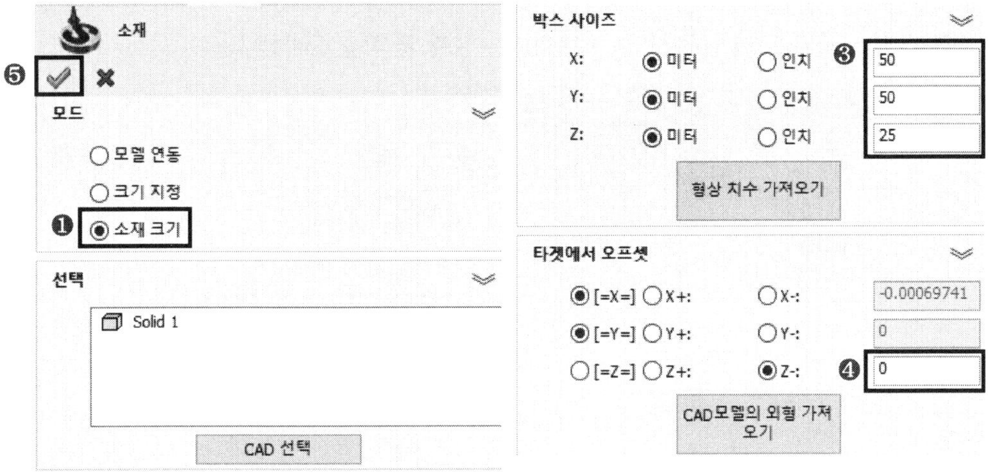

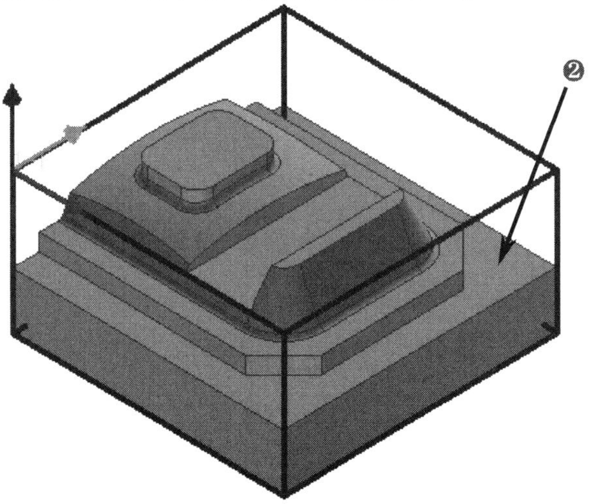

Step 09 모든 정의가 완료되면 [확인]을 클릭하여 파트 정의를 마친다.

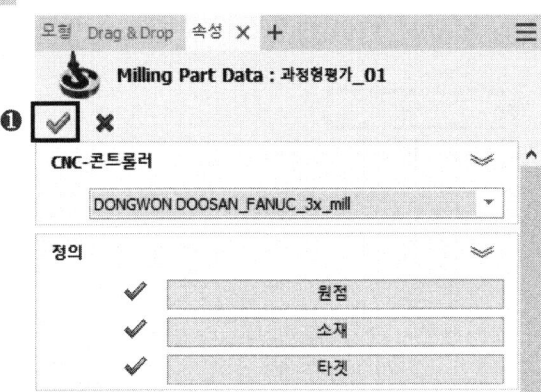

2. 3D HSR – 윤곽 황삭 밀링작업

Step 01 [Inventor2021 작업 탭 → 3D HSR → 윤곽 황삭]을 클릭한다.

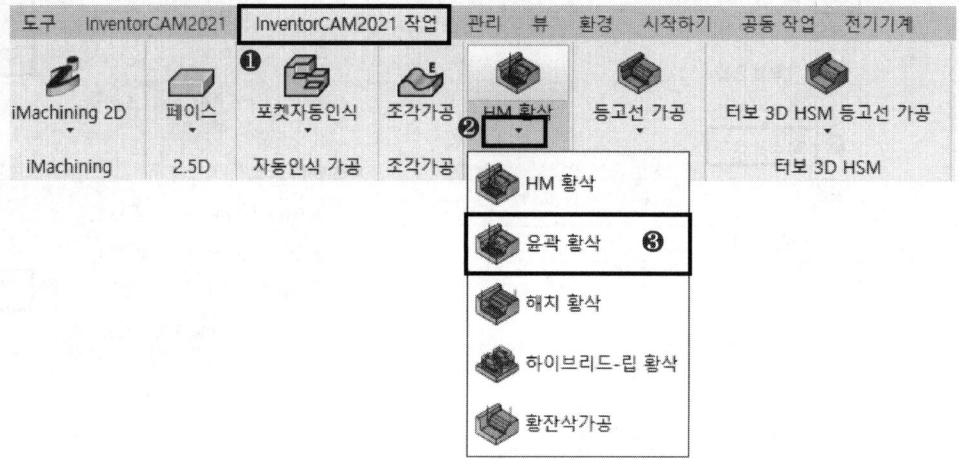

Step 02 [공구 → 선택]을 클릭한다.

Step 03 [평 엔드밀]을 더블클릭한다.

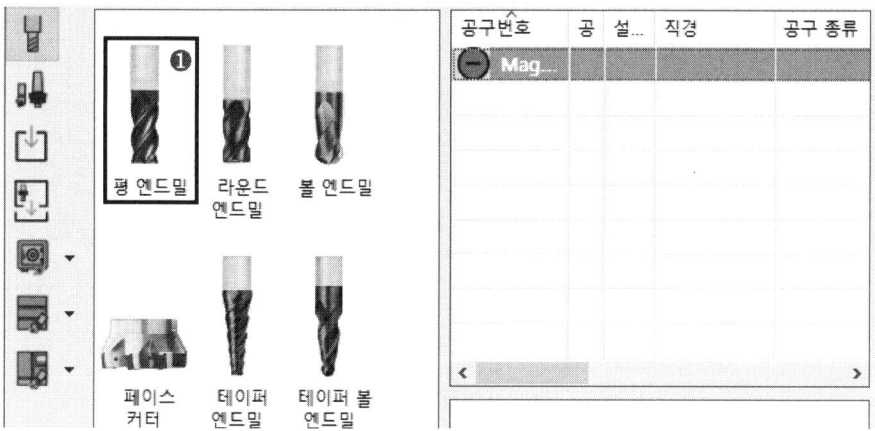

Step 04 [구조 메뉴 → 직경:10]을 입력한다.

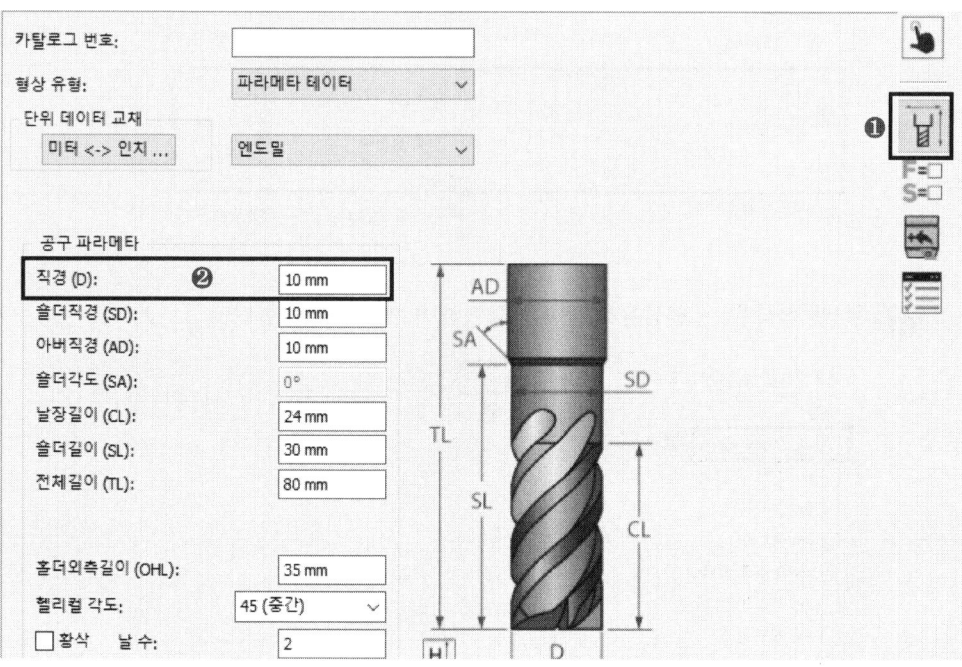

Step 05 [공구정보 → 공구번호:1]을 입력한다.

Step 06 [공구조건 메뉴 → XY피드 : 2000 → Z피드 : 300 → 회전율 : 8000]을 입력한다.
정삭 XY 피드 & 정삭회전수는 체크를 하지 않는다.

Step 07 [터렛 절삭유 → 절삭유(M08)]를 클릭하여 체크표시를 한다.

Step 08 ToolKit 우측 아래의 [선택]을 클릭한다.

Step 09 [바운더리 구속 → 가공영역상의 공구위치 → 외측]을 클릭한다.

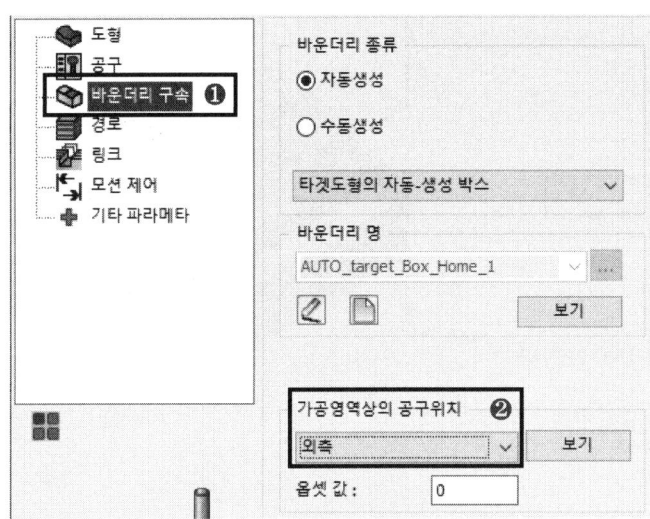

Step 10 [경로 탭 → 측벽&바닥옵셋:0 → 절입량:1 → 코어영역인식 체크 → 가공높이 → 소재에 따라 → Z-하면높이]를 클릭하여 차례로 설정한다.

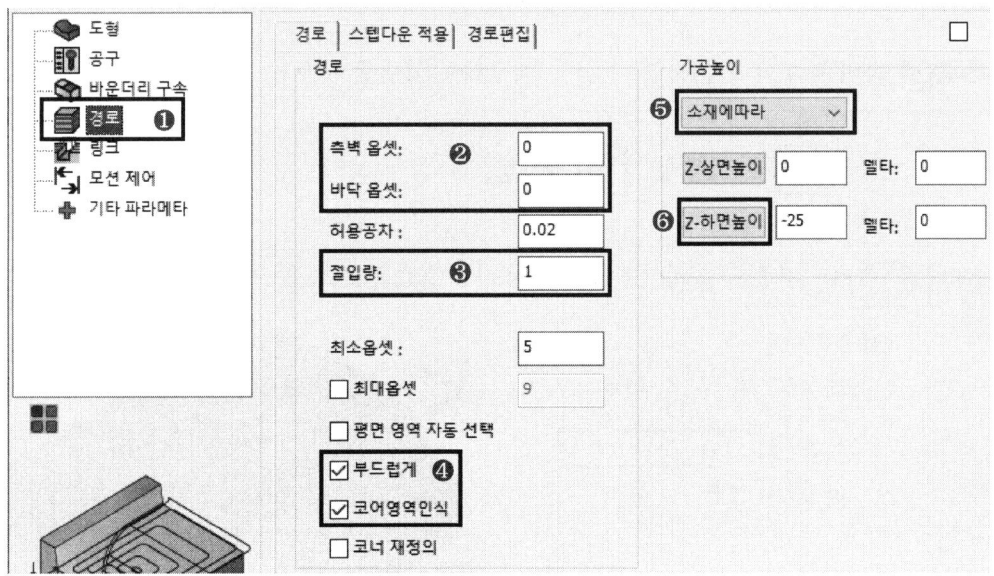

Step 11 [하면높이 클릭 → Z 값 확인 → 확인]을 클릭한다.

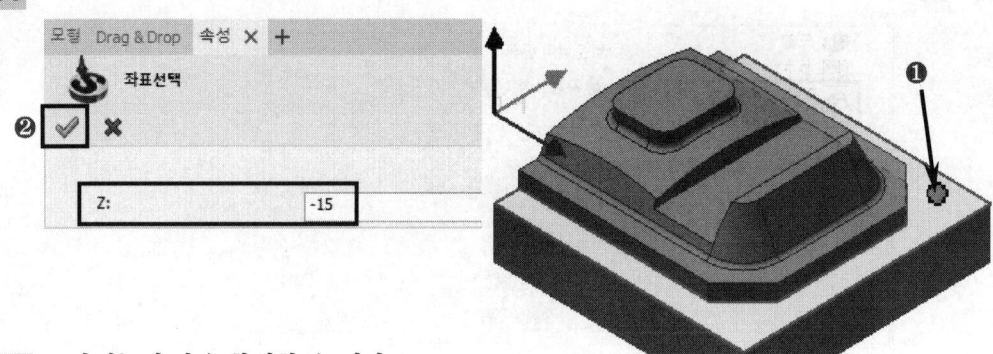

Step 12 Z-하면높이 값을 확인할 수 있다.

Step 13 화면 좌측 아래의 [저장&계산 → 시뮬레이션]을 클릭한다.

Step 14 [솔리드 검증 → 플레이]를 클릭하여 가공 모습을 보고, [나가기]를 클릭한다.

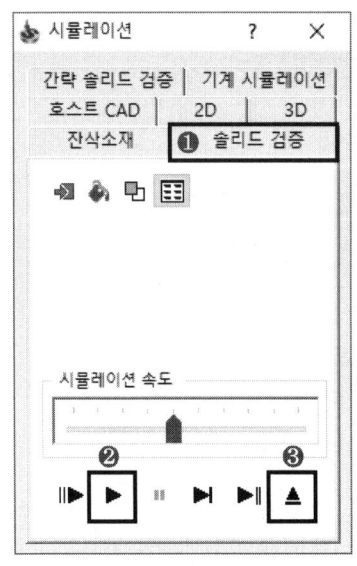
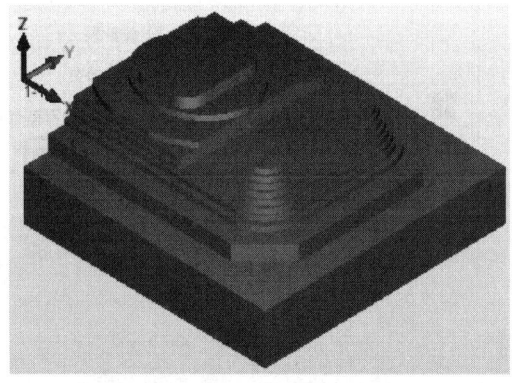

Step 15 화면 우측 아래의 [저장&나가기]를 클릭한다. 가공을 마무리한다.

Step 16 가공 경로를 확인 후, 다음을 클릭하여 체크표시를 해제한다.

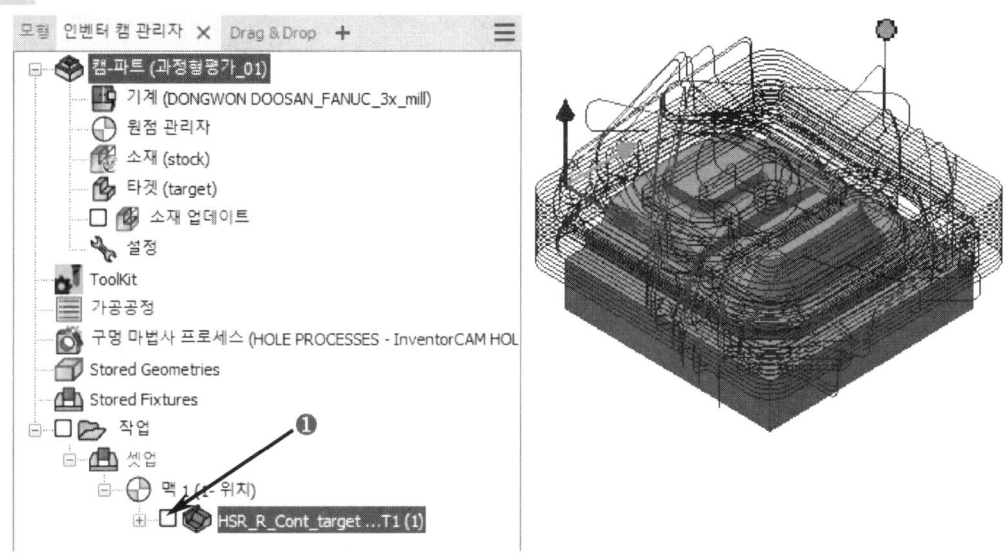

3. 3D HSM - 사선 가공 작업

Step by Step

Step 01 [Inventor2021 작업 탭 → 3D HSM → 사선 가공]을 클릭한다.

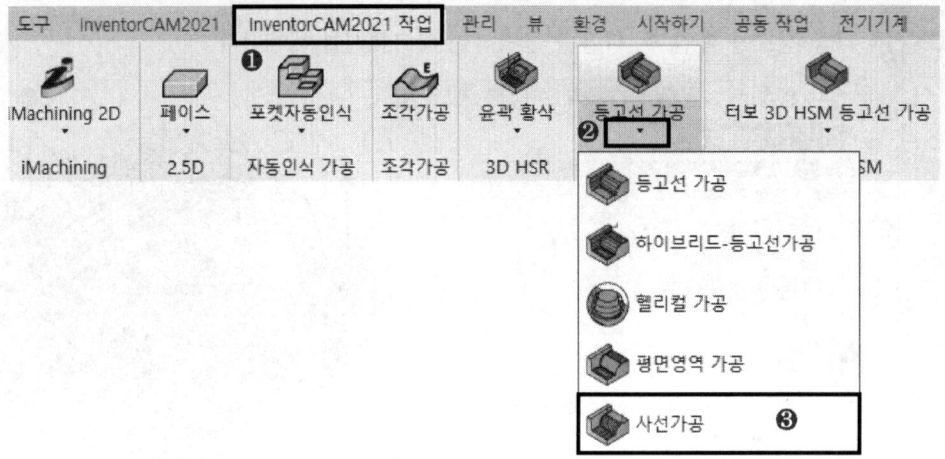

Step 02 [공구 → 선택]을 클릭한다.

Chapter 06 컴퓨터응용가공산업기사(과정형 평가)

Step 03 [볼 엔드밀]을 더블클릭한다.

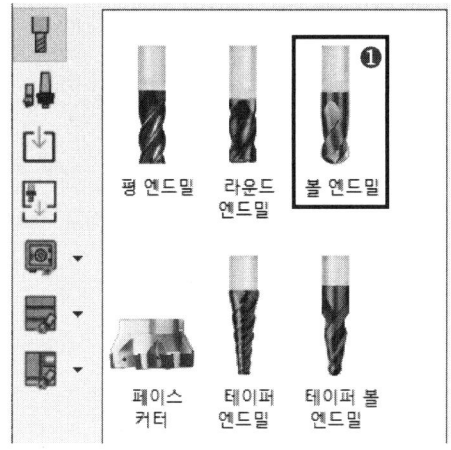

Step 04 [구조메뉴 → 직경:6]을 입력한다.

Step 05 [공구정보 → 공구번호:2]를 입력한다.

Step 06 [공구조건 메뉴 → XY피드 : 3000 → Z피드 : 300 → 회전율 : 8000]을 입력한다.
정삭 XY 피드 & 정삭회전수는 체크를 하지 않는다.

Step 07 [터렛 절삭유 → 절삭유(M08)]를 클릭하여 체크표시를 한다.

Step 08 ToolKit 우측 아래의 [선택]을 클릭한다.

Step 09 [바운더리 구속 → 수동생성 → 사용자 정의 바운더리 → 가공영역상의 공구위치 → 탄젠트 → 신규]를 차례대로 클릭한다.

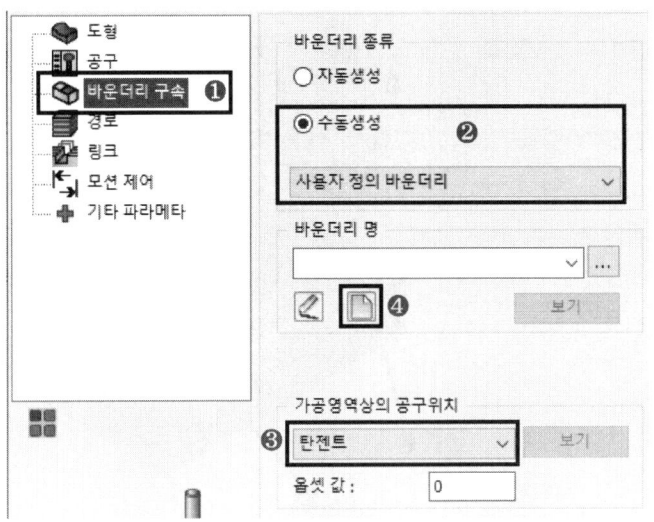

Step 10 [델타 Z 체크 해제 → 모서리 선택]을 한다.

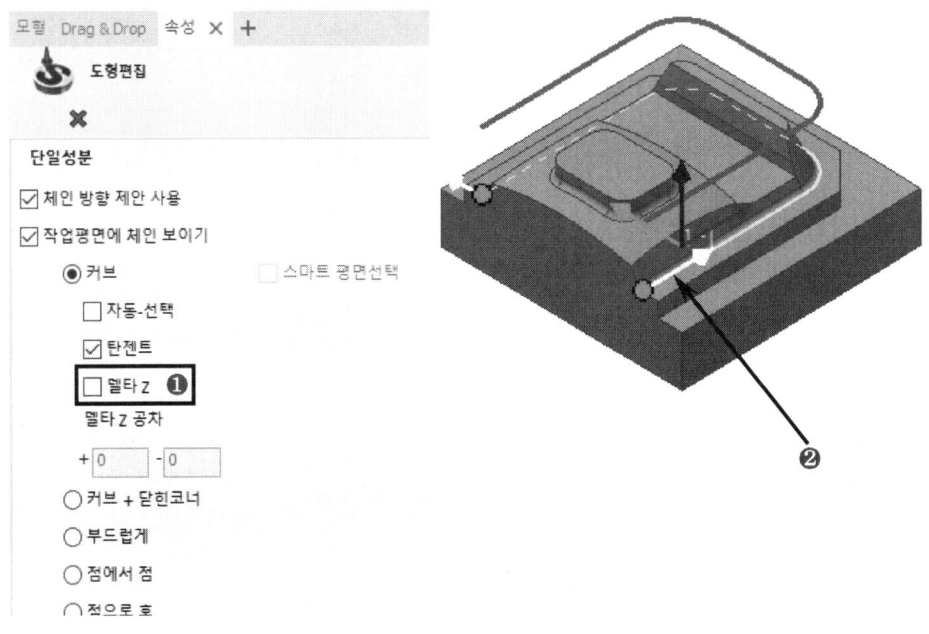

Step 11 [점에서 점]을 체크하고, ❷점과 ❸점을 클릭하고, [확인]을 누른다.

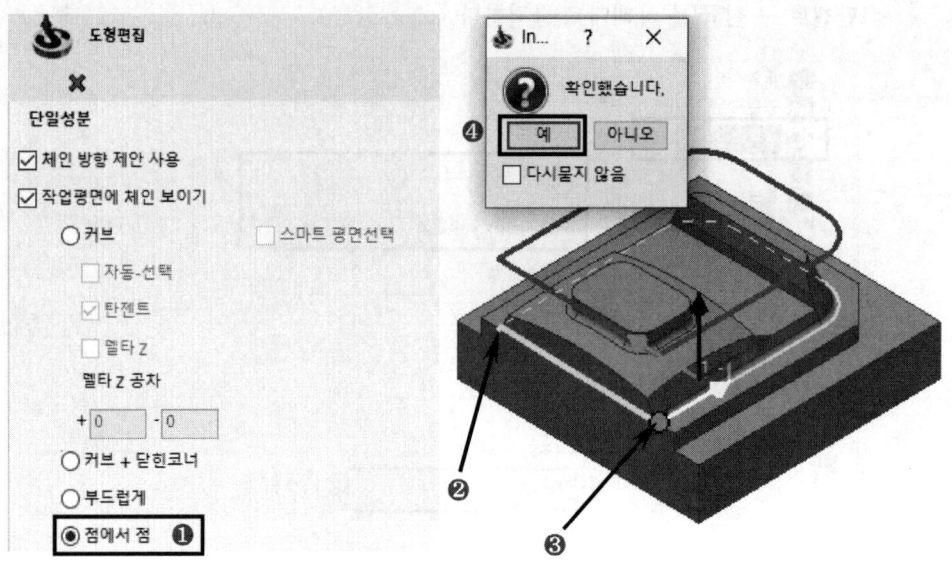

Step 12 [도형편집 → 확인]을 클릭한다.

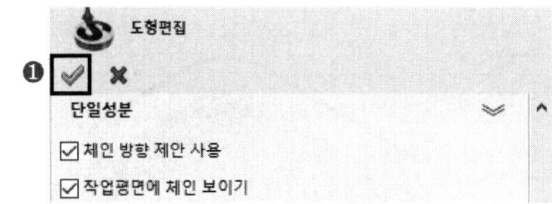

Step 13 [경로 탭 → 측벽&바닥 옵셋:0 → XY피치:0.3 → 각도정의 값:45 → 가공높이:타겟에따라 → Z-하면높이]를 클릭한다.

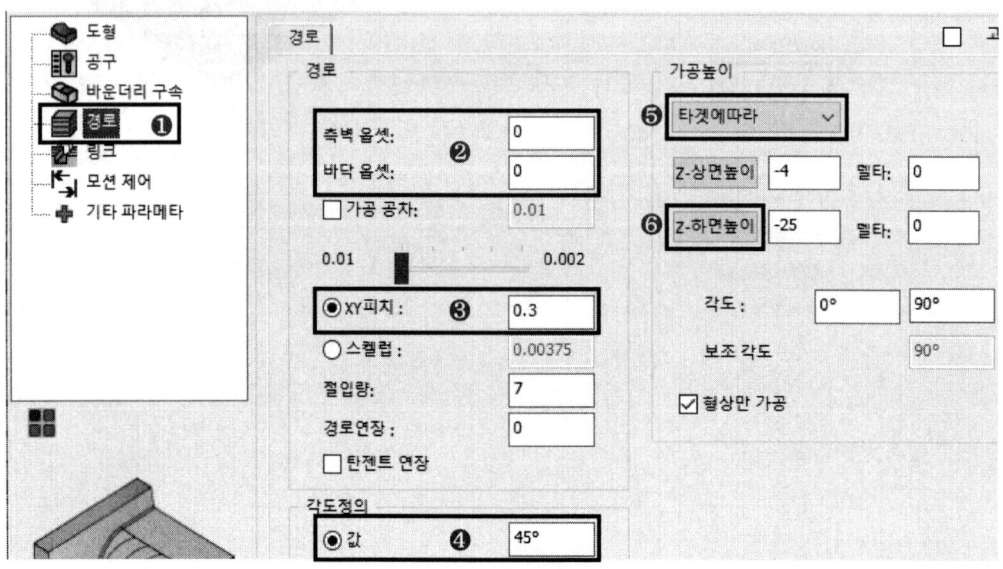

Step 14 [형상 면 클릭 → Z:-12 → 확인]을 클릭한다.

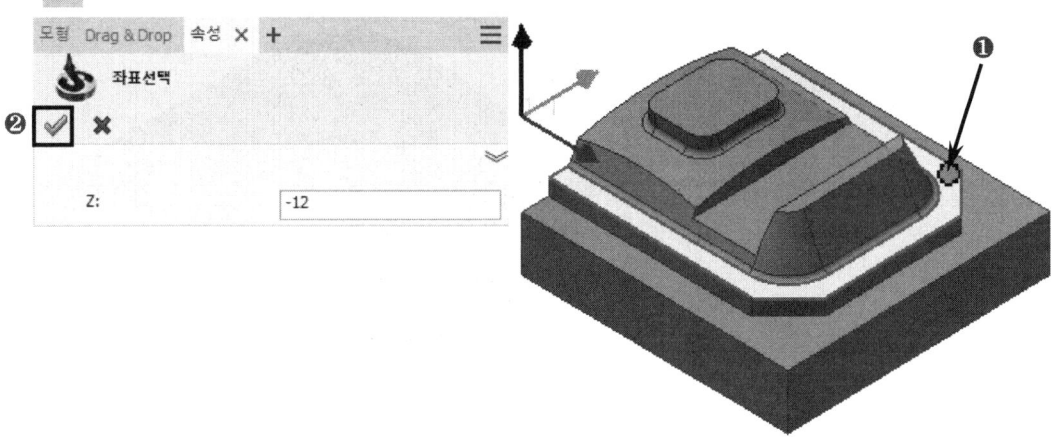

Step 15 바닥면까지 가공되는 것을 방지하기 위해 Z-하면높이에 "-11"을 입력한다.
(측정한 값에 "-1"을 계산하여 입력한다.)

Step 16 화면 좌측 아래의 [저장&계산 → 시뮬레이션]을 클릭한다.

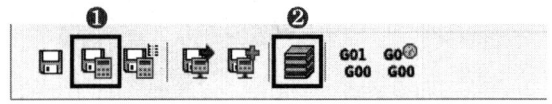

Step 17 [솔리드 검증 → 플레이]를 클릭하여 가공 모습을 보고, [나가기]를 클릭한다.

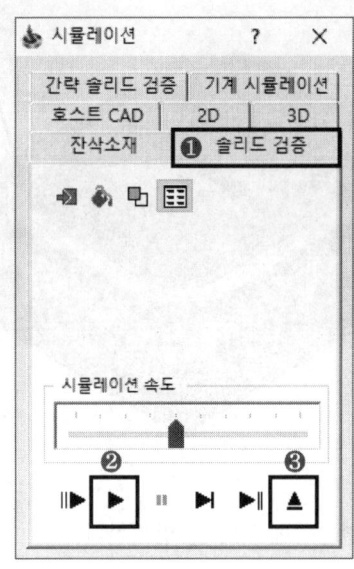

Step 18 화면 우측 아래의 [저장&나가기]를 클릭한다. 가공을 마무리한다.

Step 19 가공 경로를 확인 후, 다음을 클릭하여 체크표시를 해제한다.

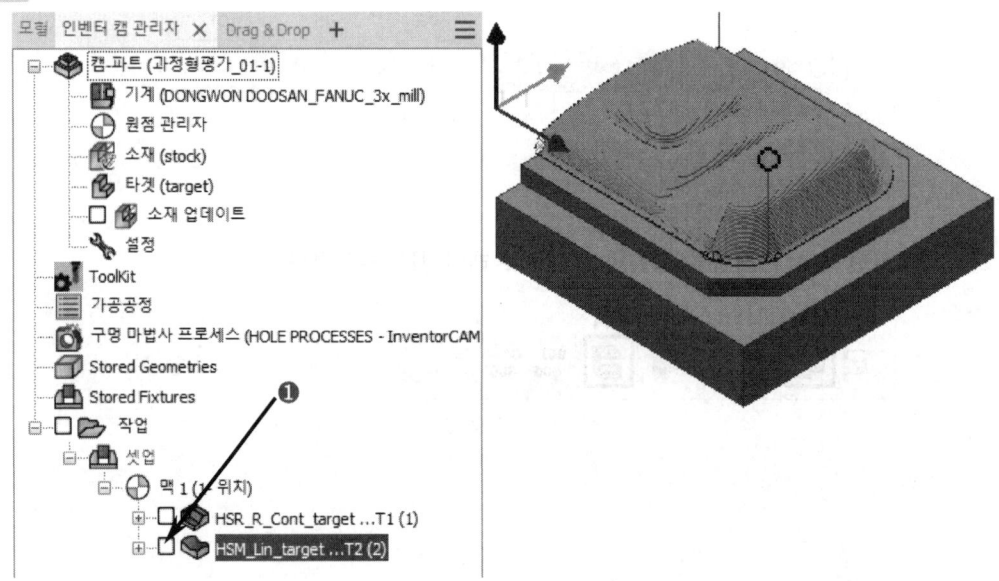

4. 3D HSM - 사선 가공 작업

Step 01 [Inventor2021 작업 탭 → 3D HSM → 패러렁 펜슬 밀링]을 클릭한다.

Step 02 [공구 → 선택]을 클릭한다.

Step 03 [볼 엔드밀]을 더블클릭한다.

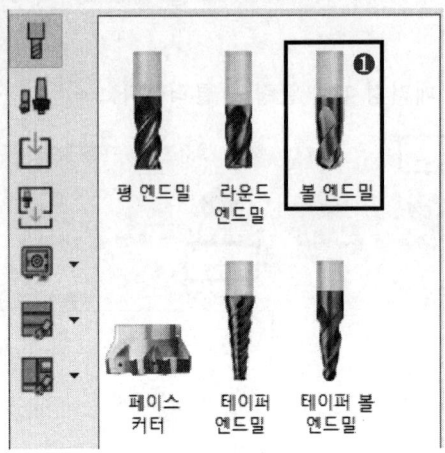

Step 04 [구조메뉴 → 직경:6]을 입력한다.

Step 05 [공구정보 → 공구번호:3]을 입력한다.

Step 06 [공구조건 메뉴 → XY피드 : 1000 → Z피드 : 300 → 회전율 : 9000]을 입력한다.
정삭 XY 피드 & 정삭회전수는 체크를 하지 않는다.

Step 07 [터렛 절삭유 → 절삭유(M08)]를 클릭하여 체크표시를 한다.

Step 08 ToolKit 우측 아래의 [선택]을 클릭한다.

Step 09 [바운더리 구속 탭 → 자동생성]을 클릭한다.

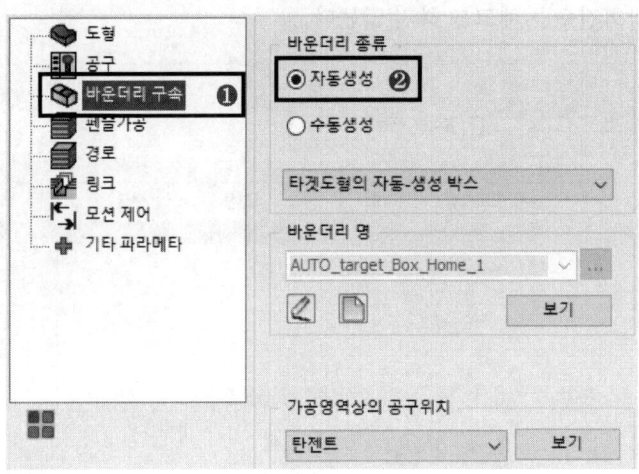

Step 10 [경로 탭 → 수평&수직 가공피치 : 0.3]을 입력한다.

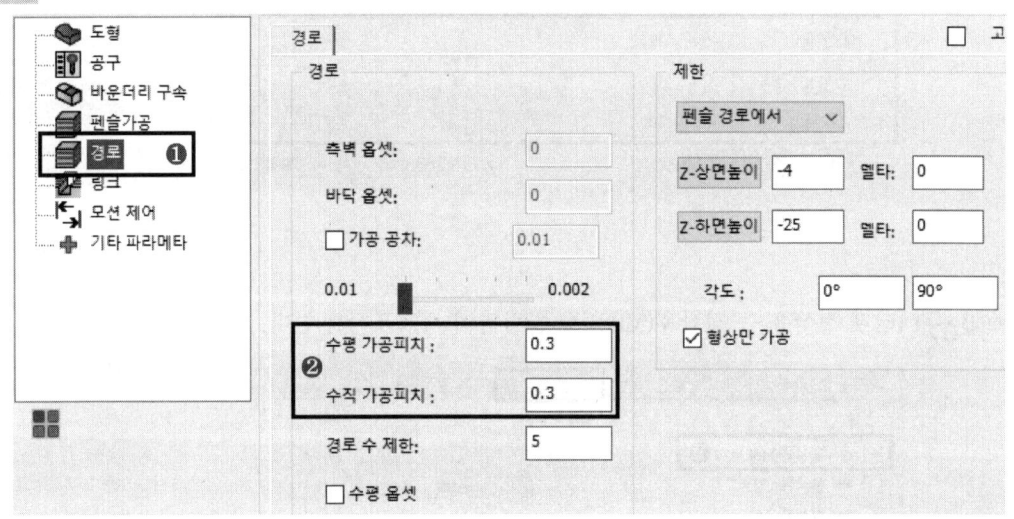

Step 11 화면 좌측 아래의 [저장&계산 → 시뮬레이션]을 클릭한다.

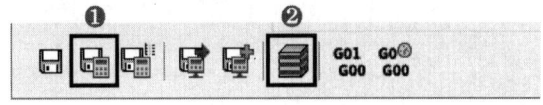

Chapter 06 컴퓨터응용가공산업기사(과정형 평가)

Step 12 [솔리드 검증 → 플레이]를 클릭하여 가공 모습을 보고, [나가기]를 클릭한다.

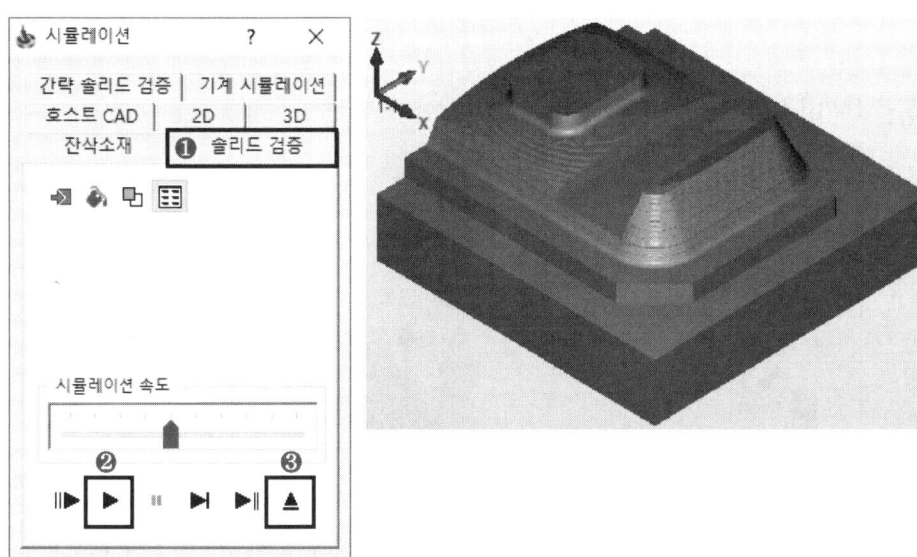

Step 13 화면 우측 아래의 [저장&나가기]를 클릭한다. 가공을 마무리한다.

Step 14 가공 경로를 확인 후, 다음을 클릭하여 체크표시를 해제한다.

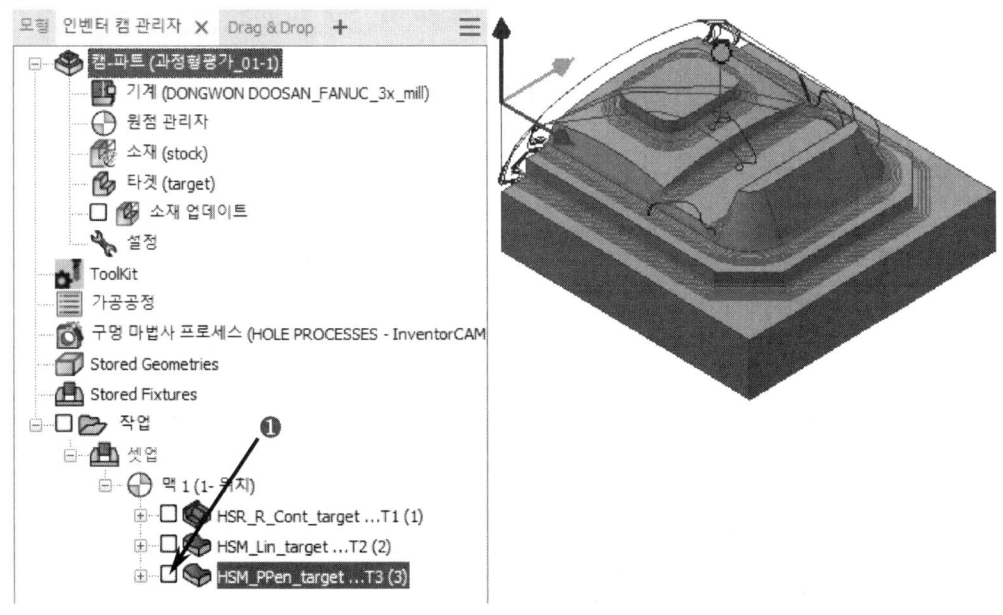

233

5. 시뮬레이션 및 G코드 생성

Step 01 [작업]을 클릭하여 체크표시를 한다.

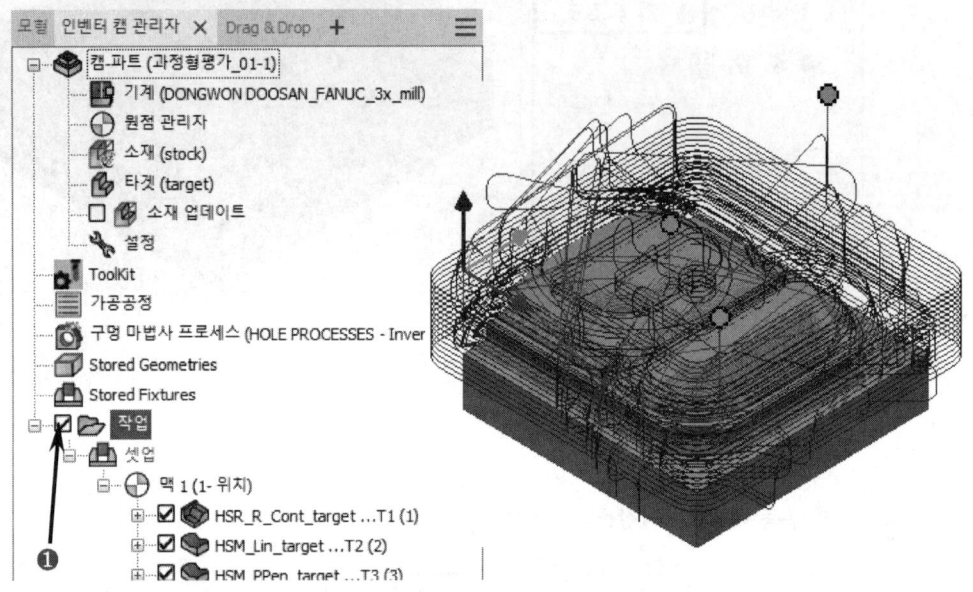

Step 02 [리본 → 시뮬레이션]을 클릭한다.

Step 03 시뮬레이션 창에서 [솔리드 검증 → 플레이 → 나가기]를 클릭하여 전체 시뮬레이션을 확인한다.

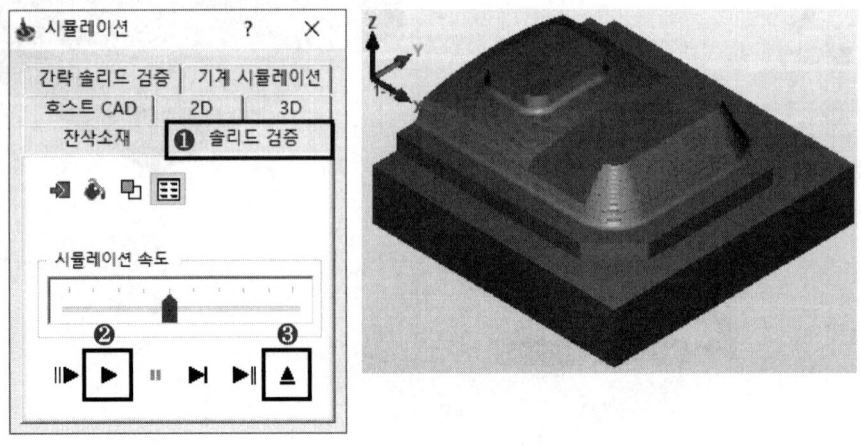

Step 04 [리본 → G코드생성]을 클릭한다.

Step 05 생성된 G코드를 확인한다.

```
1   O1000
2   G17 G80 G40 G49
3   G91 G28 Z0.
4   G91 G28 X0. Y0.
5   T1 M6
6   M1
7   G90 G0 G54 X15.618 Y62.424
8   G43 H1 Z116.
9   M8
10  S8000 M3
11  G0 X15.618 Y62.424 Z8.
12  Z1.
13  G1 X15.645 Y62.397 Z0.61 F300
14  X15.726 Y62.317 Z0.235
15  X15.857 Y62.186 Z-0.111
16  X16.032 Y62.01 Z-0.414
17  X16.247 Y61.796 Z-0.663
18  X16.491 Y61.551 Z-0.848
19  X16.757 Y61.286 Z-0.962
20  X17.032 Y61.01 Z-1.
21  X21.641 Y56.401 F2000
22  X22.038 Y56.046
23  X22.473 Y55.738
```

Step 06 [Save As]를 클릭하여 다른 이름으로 저장한다.

Step 07 파일이름과 확장자(.nc)까지 입력한 후, [저장]을 클릭한다.

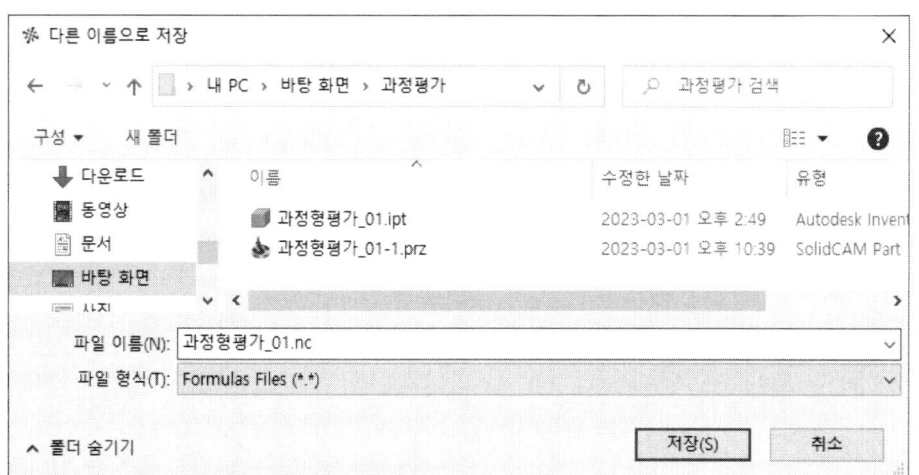

기본에 충실한 InventorCAM

InventorCAM

Chapter 07
InventorCAM

밀링 프로그램(G-코드) 수기작성

01	머시닝센터 코드 작성 및 설명 1
02	머시닝센터 코드 작성 2
03	머시닝센터 코드 작성 3
04	머시닝센터 코드 작성 4
05	머시닝센터 코드 작성 5

기본에 충실한 InventorCAM

01 머시닝센터 코드 작성 및 설명 1

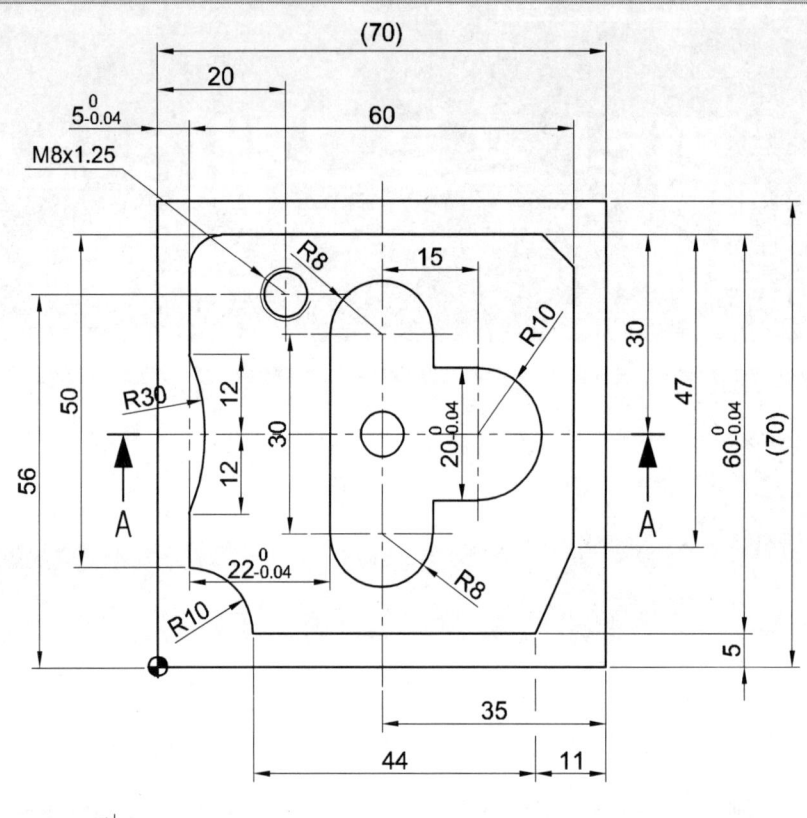

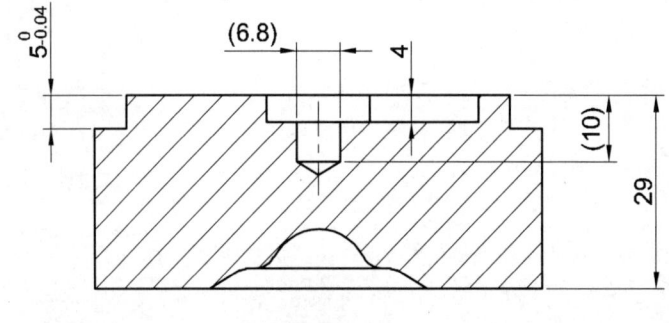

단면 A-A

주서

※ 도시되고 지시없는 모따기 C5 , 라운드 R5
※ 일반 모따기 C0.2 ~ C 0.3 (챔퍼밀 사용)
※ 나사 탭 M8x1.25 , 관통

1. 절삭지시서

공구번호	공구명	크기	이송속도 (mm/min)	주축회전수 (RPM)	보정번호
T01	엔드밀	⌀10	200	2000	H01 D01
T02	센터드릴	⌀3	100	1000	H02 D02
T03	드릴	⌀6.8	100	1000	H03 D03
T04	탭	M8×1.25	250	200	H04 D04

2. G-코드 및 설명

O1006	프로그램 번호
G40 G49 G80	공구 직경보정 취소, 공구 길이보정 취소, 고정 사이클 취소
G91 G28 Z0.	공구 교환위치로 이동
---------------------	---------------------
T2M6	2번 공구 교환 (⌀3 : 센터드릴)
M1	선택 프로그램 정지(조작판의 M01 스위치가 ON인 경우 정지)
G0 G90 G54 X20. Y56.	절대 좌표계 지령, 공작물 좌표계 1번 선택 / 센터드릴구멍 가공위치로 이동 (X20. Z56.)
G43 H2 Z100.	Z100.으로 이동하면서 공구 길이 보정 [길이보정값(H2)]
S1000 M3	1000rpm으로 주축 정회전
Z10. M8	Z10.으로 이동, 절삭유ON
G81 G98 Z-3. R5. F100	스폿 드릴링 사이클 지정, 구멍깊이 -3으로 가공 후, 안전높이 5로 이동, 공구이송속도 100.
X35. Y35.	X35. Y35. 에 센터드릴 추가 가공
G80 M9	고정 사이클 취소, 절삭유OFF
G91 G28 Z0. M5	공구 교환위치로 이동, 주축정지
---------------------	---------------------
T3M6	2번 공구 교환 (⌀6.8 : 드릴)
M1	선택 프로그램 정지(조작판의 M01 스위치가 ON인 경우 정지)
G0 G90 G54 X20. Y56.	절대 좌표계 지령, 공작물 좌표계 1번 선택 / 드릴구멍 가공위치로 이동 (X20. Z56.)

G43 H3 Z100.	Z100.으로 이동하면서 공구 길이 보정 [길이보정값(H3)]
S1000 M3	1000rpm으로 주축 정회전
Z10. M8	Z10.으로 이동, 절삭유ON
G83 G98 Z-33. R5. Q2. F100	고속팩드릴링 사이클 지정. 구멍깊이 -33으로 가공 후, 안전높이 5로 이동. (Q=드릴 1회 절입량은 2). 공구이송속도 100.
X35. Y35. Z-12.	X35. Y35. Z-12. 에 드릴 추가 가공
G80 M9	고정 사이클 취소, 절삭유OFF
G91 G28 Z0. M5	공구 교환위치로 이동, 주축정지
---	---
T1M6	1번 공구 교환 (∅ 10 : 엔드밀)
M1	선택 프로그램 정지(조작판의 M01 스위치가 ON인 경우 정지)
G0 G90 G54 X-15. Y-15.	절대 좌표계 지령, 공작물 좌표계 1번 선택 / 윤곽가공위치로 이동 (X-15. Z-15.)
G43 H1 Z100.	Z100.으로 이동하면서 공구 길이 보정 [길이보정값(H1)]
S2000 M3	2000rpm으로 주축 정회전
Z10. M8	Z10.으로 이동, 절삭유ON
G1 Z-5. F200	직선절삭하면서 Z-5만큼 이동. 공구이송속도 200.
G41 D1 G1 X5.	공구좌측보정 받으면서 X5.까지 직각 이동.
Y65.	Y65.까지 직선가공
X65.	X65.까지 직선가공
Y5.	Y5.까지 직선가공
X5.	X5.까지 직선가공 (→바깥외곽가공)
Y23.	Y23.까지 직선가공
G03 Y47. R30.	반시계방향 원호가공으로 Y47.까지 이동. 반경 R30.
G01 Y60.	Y60.까지 직선가공
G02 X10. Y65. R5.	시계방향 원호가공으로 X10. Y65.까지 이동. 반경 R5.
G01 X60.	X60.까지 직선가공
X65. Y60.	X65. Y60.까지 직선(대각선)가공
Y18.	Y18.까지 직선가공
X59. Y5.	X59. Y5.까지 직선(대각선)가공
X15.	X15.까지 직선가공
G3 X5. Y15. R10.	반시계방향 원호가공으로 X5. Y15.까지 이동. 반경 R10.
G1 Y20.	Y20.까지 직선가공
X-10.	X-10.까지 직선가공 (윤곽가공 후 밖으로 공구 이동)
G40 X-15.	공구경 보정 해제, X-15.로 이동

G0 Z10.	Z10.안전높이로 급송이동
G0 X35. Y35.	구멍위치 X35. Y35.로 빠르게 이동 (포켓가공위치로 이동)
G1 Z-4. F100.	직선절삭하면서 Z-4만큼 이동, 공구이송속도 100.
G41 D1 X27.	공구좌측보정 받으면서 X27.까지 직각 이동.
Y20.	Y20.까지 직선가공
G3 X43. R8.	반시계방향 원호가공으로 X43.까지 이동. 반경 R8.
G1 Y25.	Y25.까지 직선가공
X50.	X50.까지 직선가공
G3 Y45. R10.	반시계방향 원호가공으로 Y45.까지 이동. 반경 R10.
G1 X43.	X43.까지 직선가공
Y50.	Y50.까지 직선가공
G3 X27. R8.	반시계방향 원호가공으로 X27.까지 이동. 반경 R8.
G1 Y30.	Y30.까지 직선가공
G40 X35.	공구경 보정 해제. X35.로 이동
G0 Z10. M9	Z10.까지 급속이동, 절삭유OFF
G91 G28 Z0. M5	공구 교환위치로 이동, 주축정지
T4M6	4번 공구 교환 (M8 : 탭)
M1	선택 프로그램 정지(조작판의 M01 스위치가 ON인 경우 정지)
G0 G90 G54 X20. Y56.	절대 좌표계 지령, 공작물 좌표계 1번 선택 / 탭가공위치로 이동 (X-20. Z-56.)
G43 H4 Z100.	Z100.으로 이동하면서 공구 길이 보정 [길이보정값(H4)]
S200 M3	200rpm으로 주축 정회전.
Z10. M8	Z10.으로 이동, 절삭유ON.
G84 G98 Z-33. F250.	탭 고정 사이클 지정 (F=S×피치 ⇒ 200×1.25=250)
G80 M9	고정 사이클 취소, 절삭유OFF
G91 G28 Z0. M5	공구 교환위치로 이동, 주축정지
G91 G28 Z0.	공구 교환위치로 이동
M2	프로그램 끝

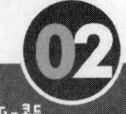

G-코드

02 머시닝센터 코드 작성 2

InventorCAM

CAM

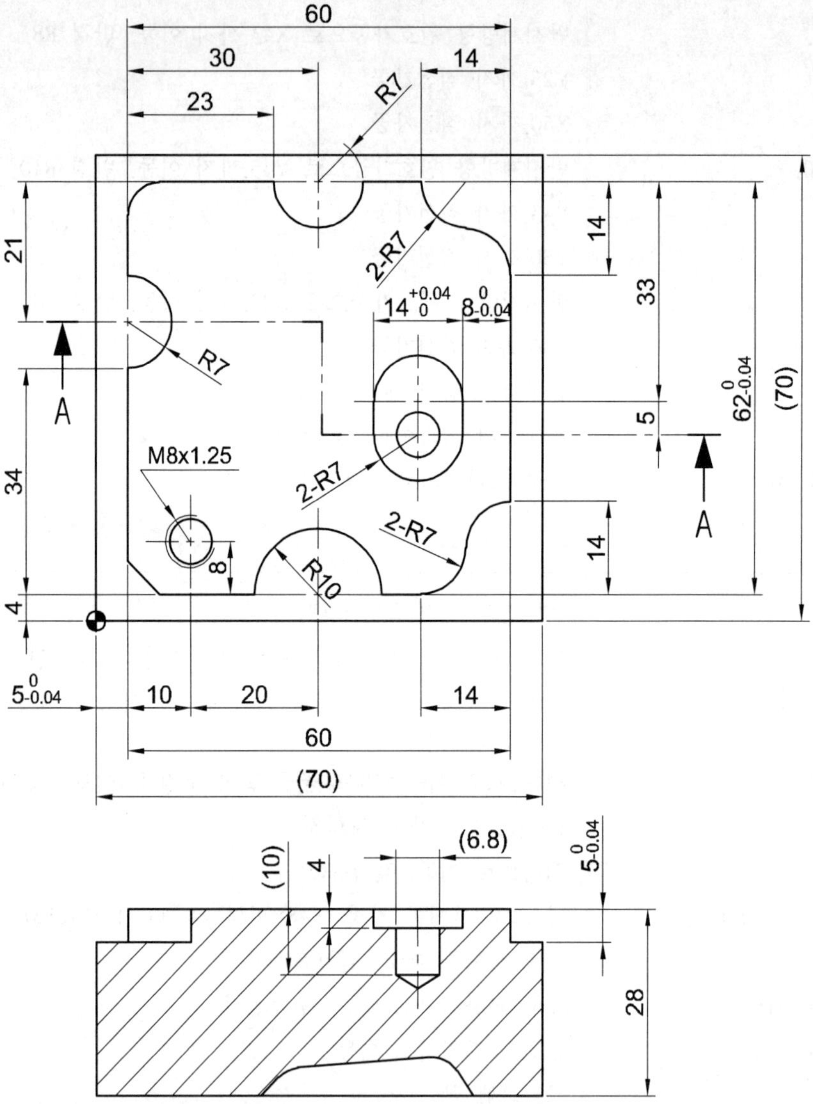

단면 A-A

주서

※도시되고 지시없는 모따기 C5 , 라운드 R5

※일반 모따기 C0.2 ~ C 0.3 (챔퍼밀 사용)

※나사 탭 M8x1.25 , 관통

1. 절삭지시서

공구번호	공구명	크기	이송속도 (mm/min)	주축회전수 (RPM)	보정번호
T01	엔드밀	⌀10	200	2000	H01 D01
T02	센터드릴	⌀3	100	1000	H02 D02
T03	드릴	⌀6.8	100	1000	H03 D03
T04	탭	M8×1.25	250	200	H04 D04

2. G-코드

```
O1008
G40 G49 G80
G91 G28 Z0.

T2M6
M1
G0 G90 G54 X15. Y12.
G43 H2 Z100.
S1000 M3
G81 G98 Z-3. R5. F100
X51. Y28.
G80 M9
G91 G28 Z0. M5

T3M6
G0 G90 G54 X15. Y12.
G43 H3 Z100.
S1000 M3
G83 G98 Z-32. R5. Q2. F100
X51. Y28. Z-12.
G80 M9
G91 G28 Z0. M5

T1M6
M1
G0 G90 G54 X-15. Y-15.

G43 H1 Z100.
S2000 M3
G1 Z-5. F200
G41 D1 G1 X5.
Y66.
X65.
Y4.
X5.
Y38.
G3 Y52. R7.
G1 Y61.
G02 X10. Y66. R5.
G01 X28.
G3 X42. R7.
G1 X51.
G3 X58. Y59. R7.
G2 X65. Y52. R7.
G1 Y18.
G3 X58. Y11. R7.
G2 X51. Y4. R7.
G1 X45.
G03 X25. R10.
G1 X10.
X5. Y10.
Y15.
X-10.

G40 X-15.
G1 Z10.
G0 X51. Y33.
G1 Z-4. F100
G41 D1 X44.
G1 Y28.
G3 X58. R7.
G1 Y33.
G3 X44. R7.
G1 Y28.
G1 X51.
G40 Y33.
G0 Z10. M9
G91 G28 Z0. M5

T4M6
M1
G0 G90 G54 X15. Y12.
G43 H4 Z100.
S200 M3
Z10. M8
G84 G98 Z-33. R5. F250
G80 M9
G91 G28 Z0. M5
G91 G28 Y0.
M2
```

03 머시닝센터 코드 작성 3

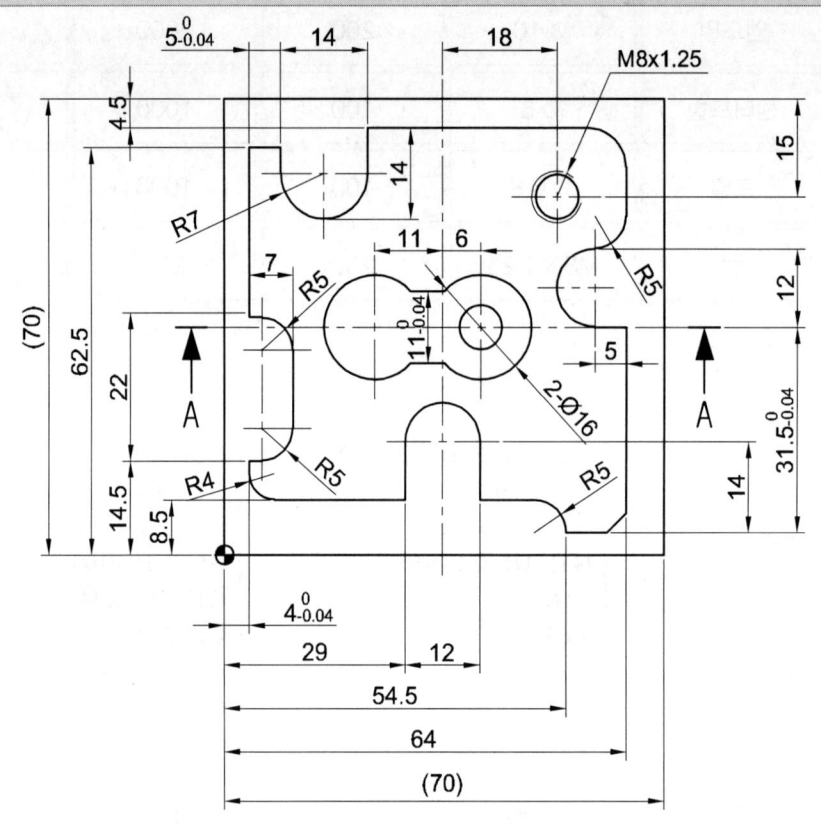

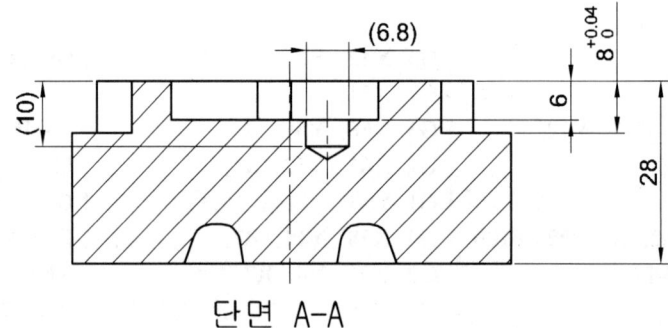

단면 A-A

주서

※ 도시되고 지시없는 모따기 C3 , 라운드 R6
※ 일반 모따기 C0.2 ~ C 0.3 (챔퍼밀 사용)
※ 나사 탭 M8x1.25 , 관통

1. 절삭지시서

공구번호	공구명	크기	이송속도 (mm/min)	주축회전수 (RPM)	보정번호
T01	엔드밀	⌀10	200	2000	H01 D01
T02	센터드릴	⌀3	100	1000	H02 D02
T03	드릴	⌀6.8	100	1000	H03 D03
T04	탭	M8×1.25	250	200	H04 D04

2. G-코드

```
O1010
G40 G49 G80
G91 G28 Z0.
----------------------------------------
T2 M6
G0 G90 G54 X53. Y55.
G43 H2 Z100.
S1000 M3
Z10. M8
G83 G98 Z-1. R5. Q2. F100
X41. Y35.
G80 M9
G91 G28 Z0. M5
----------------------------------------
T3 M6
M1
G0 G90 G54 X53. Y55.
G43 H3 Z100.
S1000 M3
Z10. M8
G83 G98 Z-32. R5. Q2. F100
X41. Y35. Z-12.
G80 M9
G91 G28 Z0. M5

T1 M6
M1
G0 G90 G54 X-15. Y-15.
G43 H1 Z100.
S2000 M3
Z10. M8
G01 Z-8. F200
G41 D1 G1 X4.

Y67.
X64.
Y3.5
X4.
Y14.5
X6.
G3 X11. Y19.5 R5.
G1 Y31.5
G3 X6. Y36.5 R5.
G1 X4.
Y62.5
X9.
Y58.5
G3 X23. R7.
G1 Y65.5
X58.
G2 X64. Y59.5 R6.
G1 Y52.
G2 X59. Y47. R5.
G3 Y35. R6.
G1 X64.
G1 Y6.5
X61. Y3.5
X54.5
G3 X49.5 Y8.5 R5.
G1 X41.
Y17.5
G3 X29. R6.
G1 Y8.5
X8.
G2 X4. Y12.5 R4.
G1 Y17.5
X-10.

G40 X-15.
G1 Z10.
G00 X35. Y35.
G01 Z-6. F100
G41 D1 G1 X16.
G3 I8.
G40 G1 X24.
G41 D1 G1 X33.
G3 I8.
G40 G1 X41.
G41 D1 G1 X24.
Y29.5
X41.
Y40.5
X24.
Y35.
G40 X35.
G0 Z10. M9
G91 G28 Z0. M5
----------------------------------------
T4 M6
M1
G0 G90 G54 X53. Y55.
G43 H3 Z100.
S200 M3
Z10. M8
G84 G98 Z-32. R5. F250
G80 M9
G91 G28 Z0. M5
G91 G28 Y0.
M2
```

03 머시닝센터 코드 작성 4

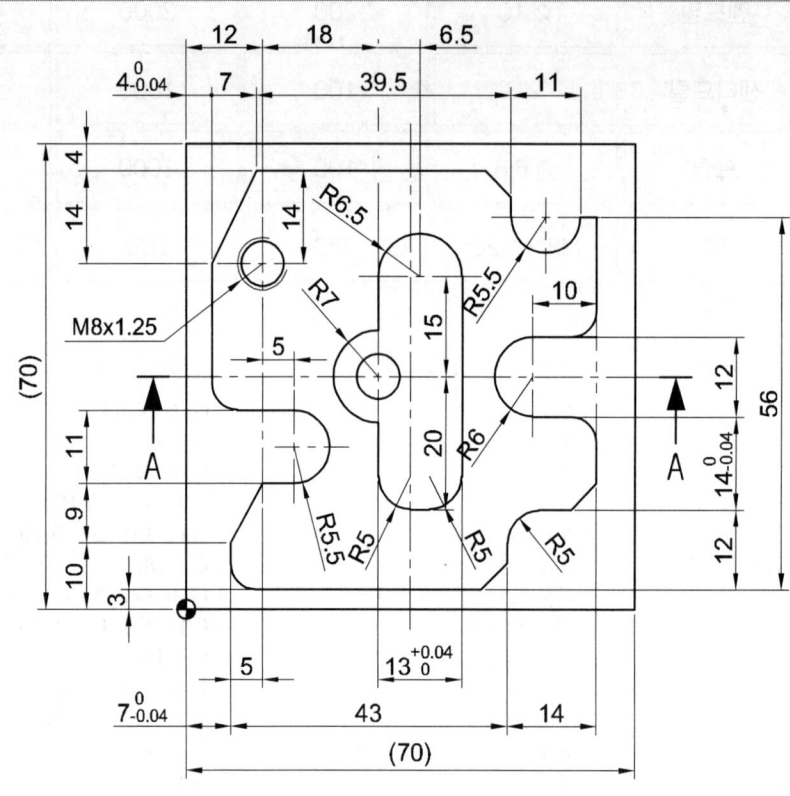

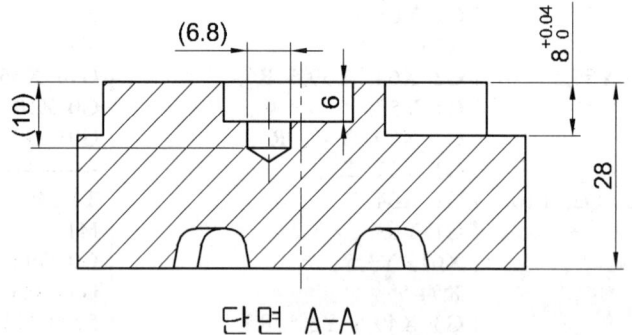

단면 A-A

주서

※ 도시되고 지시없는 모따기 C4 , 라운드 R4
※ 일반 모따기 C0.2 ~ C 0.3 (챔퍼밀 사용)
※ 나사 탭 M8x1.25 , 관통

1. 절삭지시서

공구번호	공구명	크기	이송속도 (mm/min)	주축회전수 (RPM)	보정번호
T01	엔드밀	⌀10	200	2000	H01 D01
T02	센터드릴	⌀3	100	1000	H02 D02
T03	드릴	⌀6.8	100	1000	H03 D03
T04	탭	M8×1.25	250	200	H04 D04

2. G-코드

```
O1014
G40 G49 G80
G91 G28 Z0.
----------------------------------------
T2 M6
M1
G0 G90 G54 X12. Y52.
G43 H2 Z100.
S1000 M3
Z10. M8
G98 G83 Z-1. R3. Q2. F100.
X30. Y35.
G80
G91 G28 Z0. M09
M5
----------------------------------------
T3 M6
M1
G0 G90 G54 X12. Y52.
G43 H3 Z100.
S1000 M3
Z10. M8
G98 G83 Z-33. R3. Q2. F100.
X30. Y35. Z-12.
G80
G91 G28 Z0. M09
M5
----------------------
T1 M6
G0 G90 G54 X-10. Y-10.
G43 H1 Z100.
S2000 M3
Z10. M8

G1 Z-8. F200.
G41 D1 X4.
Y66.
X64.
Y9.
X60.
Y3.
X4.
Y52.
X11. Y66.
X46.5
X50.5 Y62.
Y59.
G3 X61.5 R5.5
G1 X64.
Y45.
G2 X60. Y41. R4.
G1 X54.
G3 Y29. R6.
G1 X60.
X64. Y25.
Y19.
X60. Y15.
X55.
G3 X50. Y10. R5.
G1 Y7.
X47. Y3.
X10.
G2 X7. Y7. R4.
G1 Y10.
X12. Y19.
X17.
G3 Y30. R5.5

G1 X8.
G2 X4. Y34. R4.
G1 Y36.
G40 X-10.
G0 Z5.
X30. Y35.
G1 Z-6.
G41 D1 G1 X43.
G1 Y50.
G3 X30. R6.5
G1 Y42.
G3 Y28. R7.
G1 Y20.
G3 X35. Y15. R5.
G1 X38.
G3 X43. Y20. R5.
G1 Y35.
G40 X30.
G0 Z5. M09
G91 G28 Z0.
M5
----------------------------------------
T4 M6
G0 G90 G54 X12. Y52.
G43 H4 Z100.
S250 M3
Z10. M8
G98 G84 Z-33. F200.
G80
G91 G28 Z0. M9
G28 Y0.
M2
```

03 머시닝센터 코드 작성 5

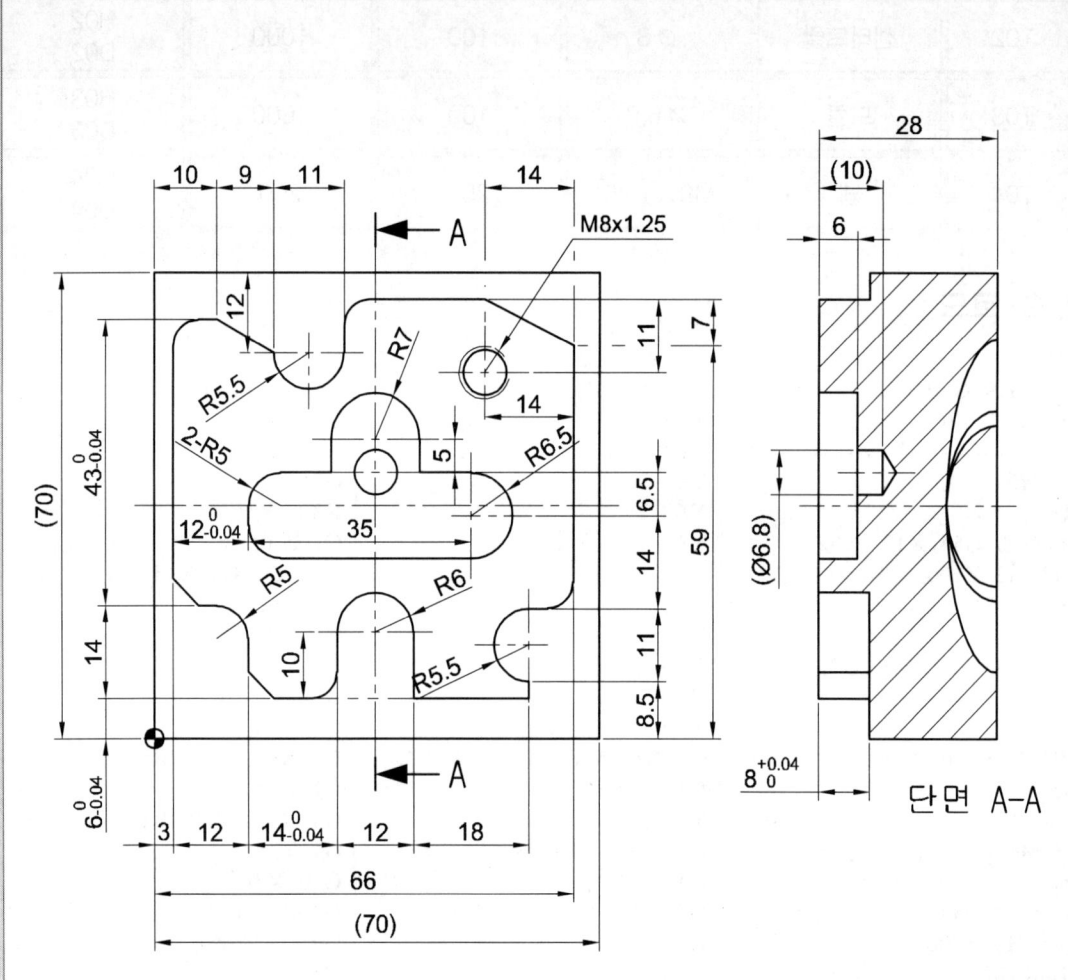

주서

※ 도시되고 지시없는 모따기 C4 , 라운드 R4
※ 일반 모따기 C0.2 ~ C 0.3
※ 나사 탭 M8x1.25 , 관통

1. 절삭지시서

공구번호	공구명	크기	이송속도 (mm/min)	주축회전수 (RPM)	보정번호
T01	엔드밀	⌀10	200	2000	H01 D01
T02	센터드릴	⌀3	100	1000	H02 D02
T03	드릴	⌀6.8	100	1000	H03 D03
T04	탭	M8×1.25	250	200	H04 D04

2. G-코드

O1015
G40 G49 G80
G91 G28 Z0.

M6 T2
M1
G54 G0 G90 X35. Y40.
G43 Z100. H2
S1000 M3
Z10. M8
G98 G83 Z-1. R5. Q2. F100
X56. Y55.
G80 M9
M5
G28 Z0.

M6 T3
M1
G54 G0 G90 X35. Y40.
G43 Z100. H3
S1000 M3
Z10. M8
G98 G83 Z-12. R5. Q2. F100
X56. Y55. Z-32.
G80 M9
G28 G91 Z0. M5

M6 T1
M1
G54 G0 G90 X-15. Y-15.
G43 Z100. H1
S2000 M3
Z10. M8

G1 Z-8. F200
G41 D1 X6.
Y15.
X3.
Y66.
X66.
Y6.
X15.
Y15.
G3 X10. Y20. R5.
G1 X7.
X3. Y24.
Y59.
G2 X7. Y63. R4.
G1 X10.
X19. Y58.
G3 X30. R5.5
G1 Y62.
G2 X34. Y66. R4.
G1 X52.
X66. Y59.
Y23.5
G2 X62. Y19.5 R4.
G1 X59.
G3 Y8.5 R5.5
G1 Y6.
X41.
Y16.
G3 X29. R6.
G1 Y10.
G2 X25. Y6. R4.
G1 X19.
X15. Y10.

G40 G1 X-5.
G0 Z10.
X35. Y40.
G1 Z-6. F100
G41 D1 Y27.
X50.
G3 Y40. R6.5
G1 X42.
Y45.
G3 X28. R7.
G1 Y40.
X20.
G3 X15. Y35. R5.
G1 Y32.
G3 X20. Y27. R5.
G1 X50.
G1 Z1.
G40 X35.
G0 Z10. M9
G28 G91 Z0. M5

M6 T4
M1
G54 G90 G0 X56. Y55.
G43 Z100. H4
M3 S200
Z10. M8
G98 G84 R5. Z-35. F250
G80 M9
G91 G28 Z0. M5
M2

기본에 충실한 InventorCAM

InventorCAM

Chapter 08

InventorCAM

선반 프로그램(G-코드) 수기작성

01	CNC 선반 코드 작성 및 설명 1
02	CNC 선반 코드 작성 2
03	CNC 선반 코드 작성 3
04	CNC 선반 코드 작성 4
05	CNC 선반 코드 작성 5

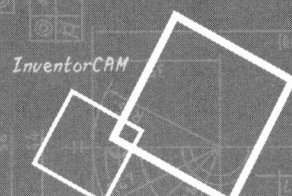

기본에 충실한 InventorCAM

CNC 선반 코드 작성 및 설명 1

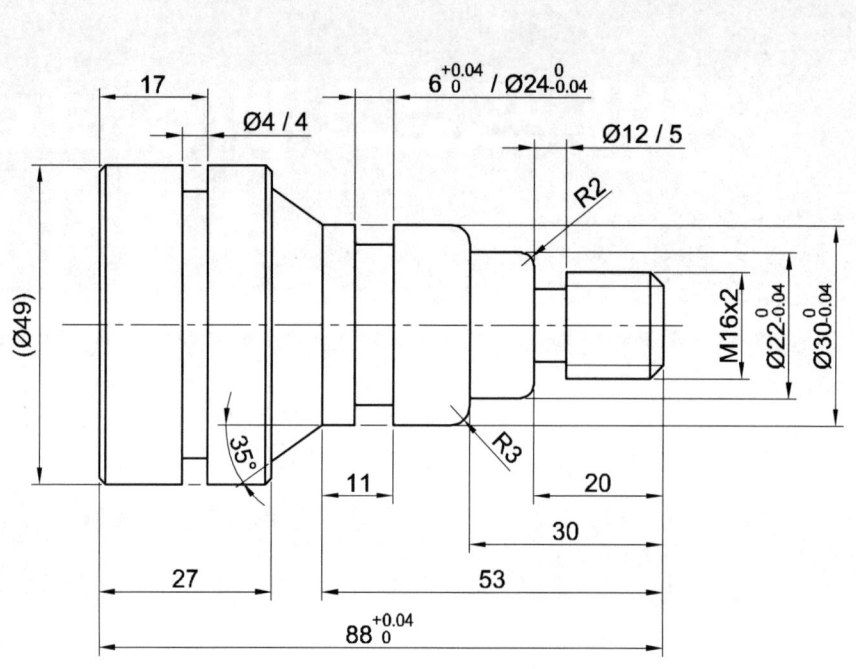

주서

※ 도시되고 지시없는 모따기 C1
※ 일반 모따기 C0.2 ~ C0.3

	M16 x 2.0 보통형	
수나사	외 경	$15.962 \, ^{0}_{-0.28}$
	유효경	$14.663 \, ^{0}_{-0.16}$

T01	1번 공구 : 외경 황삭
T03	3번 공구 : 외경 정삭
T05	5번 공구 : 외경 홈 (폭 3mm)
T07	7번 공구 : 나사

1. 전면가공

O1001	프로그램 번호
G28 U0. W0.	자동원점 복귀
G50 S2000	주축 최고회전수 설정, 최대 2000rpm넘지 않게 설정
T0100	1번 공구 호출
G96 S180 M3	절삭속도일정제어, 180rpm으로 주축 정회전
G00 X55. Z5. T0101 M8	X50. Z10. 급속이송(위치결정), 1번공구 보정, 절삭유ON
G94 X-2. Z1. F0.2	단면절삭싸이클(G94), X-2. Z1.(가공종점의 좌표), 속도0.2
Z0.7	Z0.7까지 가공
Z0.4	Z0.4까지 가공
Z0.1	Z0.1까지 가공
G71 U0.8 R0.4	내외경 황삭가공사이클, 1회절입량 0.8 / X축 후퇴량 0.4
G71 P10 Q20 U0.2 W0.1 F0.2	내외경 황삭가공사이클 / 사이클 시작 전개번호 10 / 사이클 종료 전개번호 20 / X축 방향 다듬질 절삭여유 0.2 / Z축 방향 다듬질 절삭여유 0.1 / 황삭 이송속도(Feed) 0.2
N10 G0 X12. W0.	고정사이클을 지정하는 최초 Block의 전개번호이며, X12.까지 빠르게 이동
G1 Z0.	Z0.까지 직선가공
X14.	X14.까지 직선가공
X16. Z-2.	X16. Z-2.까지 직선가공
Z-20.	Z-20.까지 직선가공
X20.	X20.까지 직선가공
G3 X22. Z-22. R2.	반시계방향 원호가공으로 X22. Z-22.까지 이동. 반경 R2
G1 Z-30.	Z-30.까지 직선가공
X24.	X24.까지 직선가공
G3 X30. Z-33. R3.	반시계방향 원호가공으로 X30. Z-32.까지 이동. 반경 R3
G1 Z-53.	Z-53.까지 직선가공
X41.2 Z-61.	X41. Z-61.까지 직선가공
X47.	X47.까지 직선가공
X49. Z-62.	X49. Z-62.까지 직선가공
G1 X50.	X50.까지 직선가공
N20 X52.	고정사이클을 지정하는 종료 Block의 전개번호이며, X52.까지 직선가공(이동)
G00 X150. Z150. M9	X150. Z150.까지 빠르게 이동 / 절삭유OFF

T0100	1번공구 보정취소
M5	주축정지

T0300	3번 공구 호출
M1	선택 프로그램 정지(조작판의 M01 스위치가 ON인 경우 정지)
G96 S200 M3	절삭속도일정제어, 200rpm으로 주축 정회전
G00 X55. Z5. T0303 M8	X55. Z5. 급속이송(위치결정), 3번 공구 보정, 절삭유ON
G94 X-2. Z0. F0.1	단면절삭싸이클(G94), X-2. Z0.(가공종점의 좌표)
G70 P10 Q20 F0.1	내외경 정삭가공사이클, 사이클 시작 전개번호 10 / 사이클 종료 전개번호 20 / 정삭 이송속도(Feed) 0.1
G00 X150. Z150. M9	X150. Z150.까지 빠르게 이동 / 절삭유OFF
T0300	3번공구 보정취소
M5	주축정지

T0500	5번 공구 호출
M1	선택 프로그램 정지(조작판의 M01 스위치가 ON인 경우 정지)
G97 S700 M3	회전수일정제어, 700rpm으로 주축 정회전
G00 X33. Z-48. T0505 M8	X33. Z-48. 급속이송(위치결정), 5번 공구 보정, 절삭유ON
G01 X24. F0.05	X24.까지 직선가공, 홈 이송속도(Feed) 0.05
G04 P1000	일시정지(Dwell) 1초 동안 멈춤
G00 X33. F0.2	X33.까지 빠르게 이동, 이송속도(Feed) 0.2
W2.	증분좌표로 현재위치에서 Z+2 만큼 이동
G01 X24. F0.05	X24.까지 직선가공, 홈 이송속도(Feed) 0.05
G04 P1000	일시정지(Dwell) 1초 동안 멈춤
G00 X33. F0.2	X33.까지 빠르게 이동, 이송속도(Feed) 0.2
W1.	증분좌표로 현재위치에서 Z+1 만큼 이동
G01 X24. F0.05	X24.까지 직선가공, 홈 이송속도(Feed) 0.05
G04 P1000	일시정지(Dwell) 1초 동안 멈춤
G00 X33. F0.2	X33.까지 빠르게 이동, 이송속도(Feed) 0.2
G00 X55.	X55.까지 빠르게 이동
Z-20.	Z-20.까지 빠르게 이동

X26.	X26.까지 빠르게 이동
G01 X12. F0.05	X12.까지 직선가공, 홈 이송속도(Feed) 0.05
G04 P1000	일시정지(Dwell) 1초 동안 멈춤
G00 X18. F0.2	X18.까지 빠르게 이동, 이송속도(Feed) 0.2
W2.	증분좌표로 현재위치에서 Z+2 만큼 이동
G01 X12. F0.05	X12.까지 직선가공, 홈 이송속도(Feed) 0.05
G04 P1000	일시정지(Dwell) 1초 동안 멈춤
G00 X18. F0.2	X18.까지 빠르게 이동, 이송속도(Feed) 0.2
G00 X25.	X25.까지 빠르게 이동, 이송속도(Feed) 0.2
G00 X150. Z150. M9	X150. Z150.까지 빠르게 이동 / 절삭유OFF
T0500	3번공구 보정취소
M5	주축정지
--------------------------	--
T0700	7번 공구 호출
M1	선택 프로그램 정지(조작판의 M01 스위치가 ON인 경우 정지)
G97 S700 M3	회전수일정제어, 700rpm으로 주축 정회전
G00 X18. Z2. T0707 M8	X18. Z2. 급속이송(위치결정), 7번 공구 보정, 절삭유ON
G76 P020060 Q50 R20	자동나사가공Cycle / P02(정삭횟수 1번), 00(0도,챔퍼링량 지정) / 60(나사산의 각도) / Q50(최소절입량 0.05mm) / R20(정삭여유 0.02mm)
G76 X13.62 Z-17. P1190 Q350 F2.0	자동나사가공Cycle / 나사의 골지름 / 챔퍼링 끝지점의 나사길이 / P1190(나사산의 높이) / Q350(최소 절입량 0.35mm) / F2.0(나사의 Lead)
G00 X150. Z150. M9	X150. Z150.까지 빠르게 이동 / 절삭유OFF
T0700	7번공구 보정취소
M5	주축정지
M2	프로그램 끝

2. 후면가공

O2001	프로그램 번호
G28 U0. W0.	자동원점 복귀
G50 S2000	주축 최고회전수 설정, 최대 2000rpm넘지 않게 설정
T0100	1번 공구 호출
G96 S180 M3	절삭속도일정제어, 180rpm으로 주축 정회전
G0 X55. Z5. T0101 M8	X55. Z15 급속이송(위치결정), 1번공구 보정, 절삭유ON
G94 X-2. Z1. F0.2	단면절삭싸이클(G94), X-2. Z1.(가공종점의 좌표), 속도0.2
Z0.7	Z0.7까지 가공
Z0.4	Z0.4까지 가공
Z0.1	Z0.1까지 가공
G71 U0.8 R0.4	내외경 황삭가공사이클, 1회절입량 0.8 / X축 후퇴량 0.4
G71 P10 Q20 U0.2 W0.1 F0.2	내외경 황삭가공사이클 / 사이클 시작 전개번호 10 / 사이클 종료 전개번호 20 / X축 방향 다듬질 절삭여유 0.2 / Z축 방향 다듬질 절삭여유 0.1 / 황삭 이송속도(Feed) 0.2
N10 G00 X46. W0.	고정사이클을 지정하는 최초 Block의 전개번호이며, X46.까지 빠르게 이동
G1 Z0.	Z0.까지 직선가공
X48. Z-1.	X48. Z-1.까지 직선가공
Z-30.	Z-30.까지 직선가공
N20 X55.	고정사이클을 지정하는 종료 Block의 전개번호이며, X50.까지 직선가공(이동)
G00 X150. Z150. M09	X150. Z150.까지 빠르게 이동 / 절삭유OFF
T0100	1번공구 보정취소
M05	주축정지
----------------------------------	----------------------------------
T0300	3번 공구 호출
M01	선택 프로그램 정지(조작판의 M01 스위치가 ON인 경우 정지)
G96 S180 M03	주축 최고회전수 설정, 최대 180rpm넘지 않게 설정
G00 X55. Z5. T0303 M08	X55. Z5 급속이송(위치결정), 3번공구 보정, 절삭유ON
G94 X-2. Z0. F0.1	단면절삭싸이클(G94), X-2. Z0.(가공종점의 좌표), 속도0.1
G70 P10 Q20 F0.1	내외경 정삭가공사이클, 사이클 시작 전개번호 10 / 사이클 종료 전개번호 20 / 정삭 이송속도(Feed) 0.1

G00 X150. Z150. M09	X150. Z150.까지 빠르게 이동 / 절삭유OFF
T0300	1번공구 보정취소
M05	주축정지
----------	----------
T0500	5번 공구 호출
M01	선택 프로그램 정지(조작판의 M01 스위치가 ON인 경우 정지)
G97 S700 M03	회전수일정제어, 700rpm으로 주축 정회전
G00 X55. Z-17. T0505 M08	X55. Z-17 급속이송(위치결정), 5번공구 보정, 절삭유ON
G01 X40. F0.05	X40.까지 직선가공, 홈 이송속도(Feed) 0.05
G04 P1000	일시정지(Dwell) 1초 동안 멈춤
G01 X55. F0.2	X55.까지 빠르게 이동, 이송속도(Feed) 0.2
W1.	증분좌표로 현재위치에서 Z+1 만큼 이동
G01 X40. F0.05	X40.까지 직선가공, 홈 이송속도(Feed) 0.05
G04 P1000	일시정지(Dwell) 1초 동안 멈춤
G01 X55. F0.2	X55.까지 빠르게 이동, 이송속도(Feed) 0.2
G00 X150. Z150. M09	X150. Z150.까지 빠르게 이동 / 절삭유OFF
T0500	1번공구 보정취소
M05	주축정지
M02	프로그램 끝

02 CNC 선반 코드 작성 2

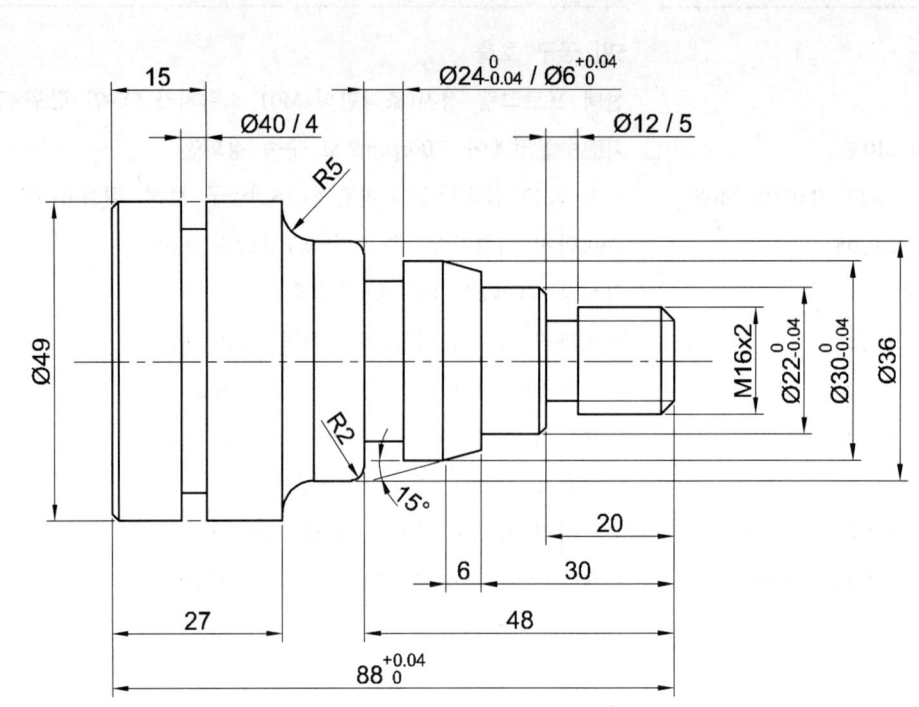

주서

※ 도시되고 지시없는 모따기 C1
※ 일반 모따기 C0.2 ~ C0.3

	M16 x 2.0 보통형	
수나사	외 경	15.962 $_{-0.28}^{0}$
	유효경	14.663 $_{-0.16}^{0}$

T01	1번 공구 : 외경 황삭
T03	3번 공구 : 외경 정삭
T05	5번 공구 : 외경 홈 (폭 3mm)
T07	7번 공구 : 나사

1. 전면가공

```
O1006
G28 U0. W0.
G50 S2000
-----------------------------------
T0100
M1
G96 S180 M3
G00 X55. Z5. T0101 M8
G94 X-2. Z1. F0.2
Z0.7
Z0.4
Z0.1
G71 U0.8 R0.4
G71 P10 Q20 U0.2 W0.1 F0.2
N10 G00 X12. W0.
G01 Z0.
X14.
X16. Z-2.
Z-20.
X20.
X22. Z-21.
Z-30.
X26.7
X30. Z-36.
Z-48.
X34.
G3 X36. Z-50. R2.
G1 Z-56.

G2 X46. Z-61. R5.
G1 X51.
N20 X52.
G00 X150. Z150. M9
T0100
M5
-----------------------------------
T0300
M1
G96 S200 M3
G00 X55. Z5. T0303 M8
G94 X-2. Z0. F0.1
G70 P10 Q20 F0.1
G00 X150. Z150. M9
T0300 M5
-----------------------------------
T0500
M1
G97 S700 M3
G00 X38. Z-48. T0505 M8
G01 X24. F0.05
G04 P1000
G00 X38. F0.2
W2.
G01 X24. F0.05
G04 P1000
G00 X38. F0.2
W1.

G01 X24. F0.05
G04 P1000
G00 X38. F0.2
G00 X40. Z-20.
G00 X24.
G01 X12. F0.2
G04 P1000
G00 X24. F0.05
W2.
G01 X12. F0.2
G04 P1000
G00 X24. F0.05
G00 X150. Z150. M9
T0500
M5
-----------------------------------
T0700
M1
G97 S700 M3
G00 X18. Z2. T0707 M8
G76 P020060 Q50 R20
G76 X13.62 Z-17. P1190 Q350 F2.0
G00 X150. Z150. M9
T0700
M5
M2
```

2. 후면가공

```
O2006
G28 U0. W0.
G50 S2000
-----------------------------------
T0100
G96 S180 M3
G0 X55. Z5. T0101 M8
G94 X-2. Z1. F0.2
Z0.7
Z0.4
Z0.1
G71 U0.8 R0.4
G71 P10 Q20 U0.2 W0.1 F0.2
N10 G00 X46. W0.
G1 Z0.
X48. Z-1.

Z-30.
N20 X55.
G00 X150. Z150. M09
T0100
M05
T0300
M01
G96 S180 M03
G00 X55. Z5. T0303 M08
G94 X-2. Z0. F0.1
G70 P10 Q20 F0.1
G00 X150. Z150. M09
-----------------------------------
T0300
M05
T0500

M01
G97 S700 M03
G00 X55. Z-15. T0505 M08
G01 X40. F0.05
G04 P1000
G01 X55. F0.2
W1.
G01 X40. F0.05
G04 P1000
G01 X55. F0.2
G00 X150. Z150. M09
T0500
M05
M02
```

CNC 선반 코드 작성 3

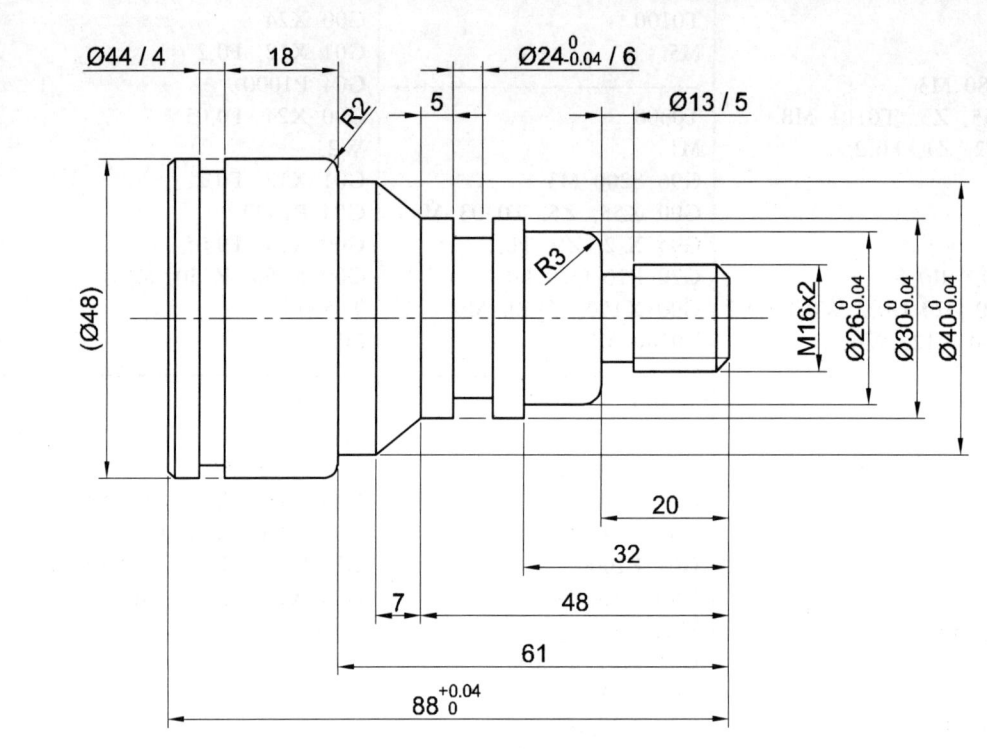

주서

※ 도시되고 지시없는 모따기 C1
※ 일반 모따기 C0.2 ~ C0.3

	M16 x 2.0 보통형	
수나사	외 경	15.962 $_{-0.28}^{0}$
	유효경	14.663 $_{-0.16}^{0}$

T01	1번 공구 : 외경 황삭
T03	3번 공구 : 외경 정삭
T05	5번 공구 : 외경 홈 (폭 3mm)
T07	7번 공구 : 나사

1. 전면가공

```
O1010
G28 U0. W0.
G50 S2000
T0100
G96 S180 M3
G00 X55. Z5. T0101 M8
G94 X-2. Z1. F0.2
Z0.7
Z0.4
Z0.1
G71 U0.8 R0.4
G71 P10 Q20 U0.2 W0.1 F0.2
N10 G00 X14. W0.
G01 Z0.
X16. Z-2.
Z-20.
X20.
G3 X26. Z-23. R3.
G1 Z-32.
X30.
Z-48.
X41. Z-55.
Z-61.
X44.
G03 X48. Z-63. R2.
N20 G01 X52.
G00 X150. Z150. M9
T0100
M5
-----------------------------------
T0300
M1
G96 S200 M3
G00 X55. Z5. T0303 M8
G94 X-2. Z0. F0.1
G70 P10 Q20 F0.1
G00 X150. Z150. M9
T0300
M5
-----------------------------------
T0500
M1
G97 S700 M3
G00 X35. Z-43. T0505 M8
G01 X24. F0.05
G04 P1000
G00 X32. F0.2
W2.
G01 X24. F0.05
G04 P1000
G00 X32. F0.2
W1.
G01 X24. F0.05
G04 P1000
G04 P1000
G00 X32. F0.2
G00 Z-20.
G00 X28.
G01 X13. F0.05
G04 P1000
G00 X28. F0.2
W2.
G01 X13. F0.05
G04 P1000
G00 X28. F0.2
G00 X150. Z150. M9
T0500
M5
-----------------------------------
T0700
M1
G97 S700 M3
G00 X18. Z2. T0707 M8
G76 P020060 Q50 R20
G76 X13.62 Z-17. P1190 Q350 F2.0
G00 X150. Z150. M9
T0700
M5
M2
```

2. 후면가공

```
O2010
G28 U0. W0.
G50 S2000
T0100
G96 S180 M3
G0 X55. Z5. T0101 M8
G94 X-2. Z1. F0.2
Z0.7
Z0.4
Z0.1
G71 U0.8 R0.4
G71 P10 Q20 U0.2 W0.1 F0.2
N10 G00 X46. W0.
G1 Z0.
X48. Z-1.
Z-30.
N20 X55.
G00 X150. Z150. M09
T0100
M05
-----------------------------------
T0300
M01
G96 S180 M03
G00 X55. Z5. T0303 M08
G94 X-2. Z0. F0.1
G70 P10 Q20 F0.1
G00 X150. Z150. M09
T0300
M05
-----------------------------------
T0500
M01
G97 S700 M03
G00 X55. Z-9. T0505 M08
G01 X44. F0.05
G04 P1000
G01 X55. F0.2
W1.
G01 X44. F0.05
G04 P1000
G01 X55. F0.2
G00 X150. Z150. M09
T0500
M05
M02
```

CNC 선반 코드 작성 4

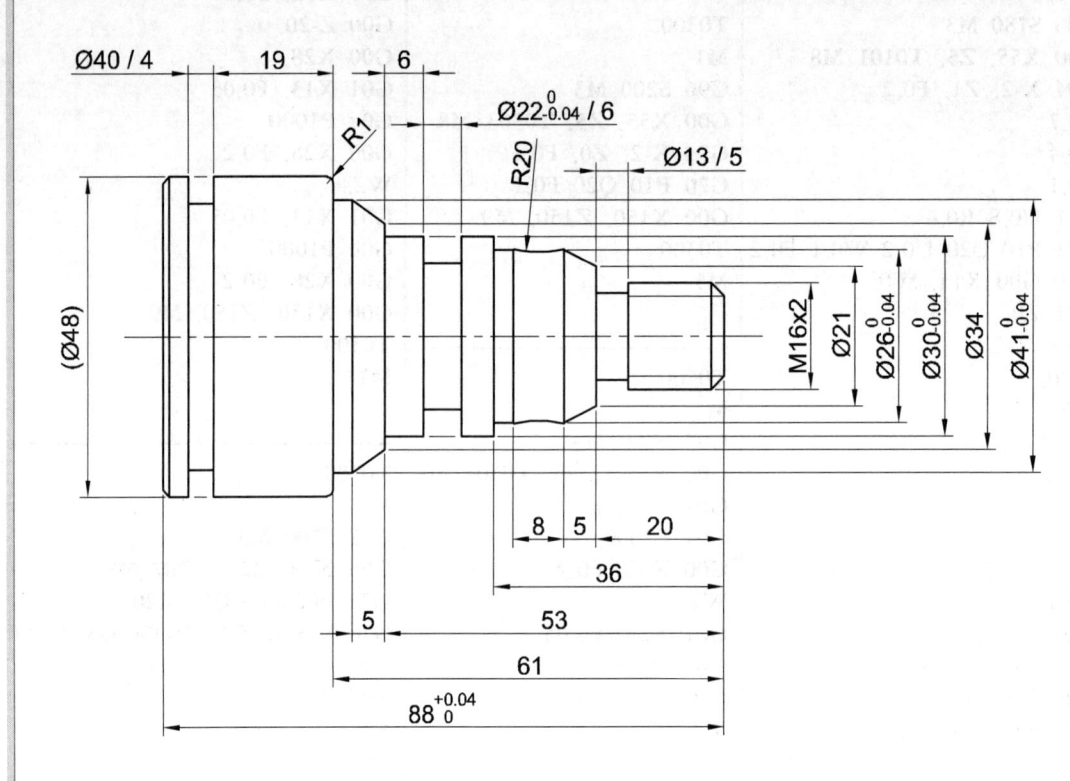

주서

※ 도시되고 지시없는 모따기 C1
※ 일반 모따기 C0.2 ~ C0.3

	M16 x 2.0 보통형	
수나사	외 경	$15.962 {}^{\ 0}_{-0.28}$
	유효경	$14.663 {}^{\ 0}_{-0.16}$

T01	1번 공구 : 외경 황삭
T03	3번 공구 : 외경 정삭
T05	5번 공구 : 외경 홈 (폭 3mm)
T07	7번 공구 : 나사

1. 전면가공

```
O1012
G28 U0. W0.
G50 S2000
T0100
M1
G96 S180 M3
G0 X55. Z5. T0101 M8
G94 X-2. Z2. F0.2
Z1.7
Z1.4
Z1.1
Z0.7
Z0.4
Z0.1
G71 U0.8 R0.4
G71 P10 Q20 U0.2 W0.1 F0.2
N10 G0 X14. W0.
G1 Z0.
X16. Z-1.
Z-20.
X21.
X26. Z-25.
G2 X26. Z-33. R20.
G1 Z-36.
X30.
Z-53.
X34.
X41. Z-58.
Z-61.
X46.
G02 X48. Z-62. R1.
N20 G01 X52.
G0 X150. Z150. M9
T0100
M5
----------------------------------
T0300
M1
G96 S200 M3
G0 X55. Z5. T0303 M8
G94 X-2. Z0. F0.1
G70 P10 Q20 F0.1
G0 X150. Z150. M9
T0300
M5
----------------------------------
T0500
M1
G97 S700 M3
G0 X32. Z-47. T0505 M8
G1 X22. F0.05
G4 P1000
G1 X32. F0.2
W2.
G1 X22. F0.05
G4 P1000
G1 X32. F0.2
W1.
G1 X22. F0.05
G4 P1000
G1 X32. F0.2
G1 Z-20.
G1 X13. F0.05
G4 P1000
G1 X20. F0.2
W2.
G1 X13. F0.05
G4 P1000
G1 X20. F0.2
G0 X150. Z150. M9
T0500
M5
----------------------------------
T0700
M1
G97 S700 M3
G0 X18. Z2. T0707 M8
G76 P020060 Q50 R0.02
G76 X13.62 Z-17. P1190 Q350 F2.0
G0 X150. Z150. M9
T0700
M5
M2
```

2. 후면가공

```
O2012
G28 U0. W0.
G50 S2000
T0100
G96 S180 M3
G0 X55. Z5. T0101 M8
G94 X-2. Z1. F0.2
Z0.7
Z0.4
Z0.1
G71 U0.8 R0.4
G71 P10 Q20 U0.2 W0.1 F0.2
N10 G00 X46. W0.
G1 Z0.
X48. Z-1.
Z-30.
N20 X55.
G00 X150. Z150. M09
T0100
M05
----------------------------------
T0300
M01
G96 S180 M03
G00 X55. Z5. T0303 M08
G94 X-2. Z0. F0.1
G70 P10 Q20 F0.1
G00 X150. Z150. M09
T0300
M05
----------------------------------
T0500
M01
G97 S700 M03
G00 X55. Z-8. T0505 M08
G01 X40. F0.05
G04 P1000
G01 X55. F0.2
W1.
G01 X40. F0.05
G04 P1000
G01 X55. F0.2
G00 X150. Z150. M09
T0500
M05
M02
```

05 CNC 선반 코드 작성 5

G-코드 InventorCAM CAM

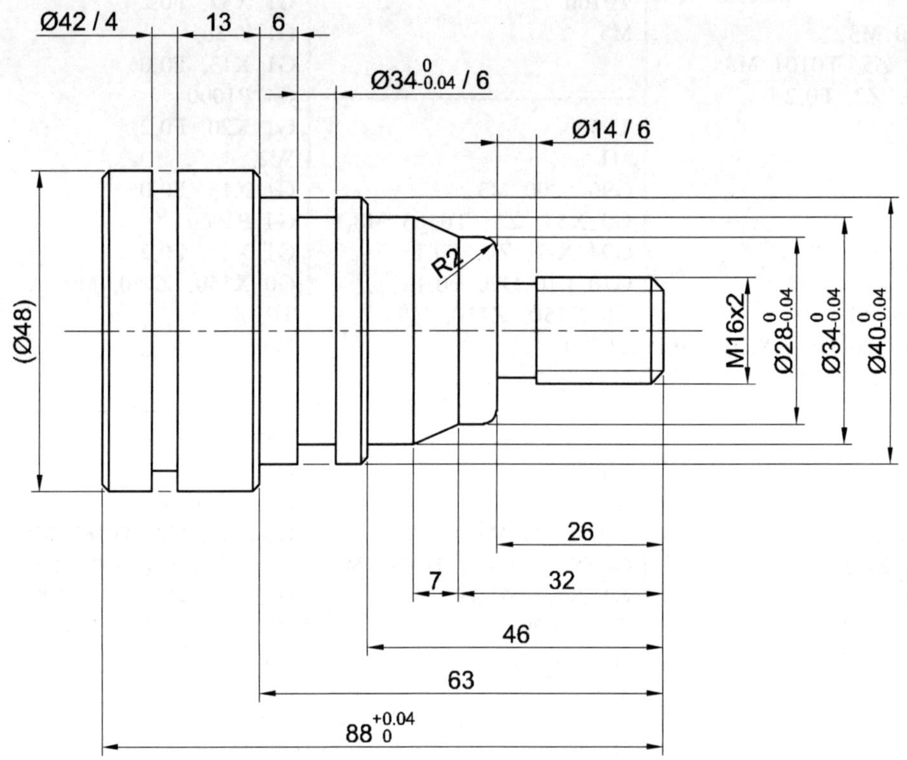

주서

※도시되고 지시없는 모따기 C1

※일반 모따기 C0.2 ~ C0.3

		M16 x 2.0 보통형
수나사	외 경	15.962 $^{0}_{-0.28}$
	유효경	14.663 $^{0}_{-0.16}$

T01	1번 공구 : 외경 황삭
T03	3번 공구 : 외경 정삭
T05	5번 공구 : 외경 홈 (폭 3mm)
T07	7번 공구 : 나사

1. 전면가공

```
O1014
G28 U0. W0.
G50 S2000
T0100
G96 S180 M03
G00 X55. Z5. T0101 M08
G94 X-2. Z1. F0.2
Z0.7
Z0.4
Z0.1
G71 U0.8 R0.4
G71 P10 Q20 U0.2 W0.1 F0.2
N10 G00 X14. W0.
G1 Z0.
X16. Z-1.
Z-26.
X24.
G03 X28. Z-28. R2.
G01 Z-32.
X34. Z-39.
Z-46.
X38.
X40. Z-47.
Z-63.
X46.
X48. Z-64.
Z-65.
N20 X55.
G00 X150. Z150. M09
T0100
M05
--------------------------------
T0300
M01
G96 S180 M03
G00 X55. Z5. T0303 M08
G94 X-2. Z0. F0.1
G70 P10 Q20 F0.1
G00 X150. Z150. M09
T0300
M05
--------------------------------
T0500
M01
G97 S700 M03
G00 X43. Z-57. T0505 M08
G01 X34. F0.05
G04 P1000
G01 X43. F0.2
W2.
G01 X34. F0.05
G04 P1000
G01 X43. F0.2
W1.
G01 X34. F0.05
G04 P1000
G01 X43. F0.2
G00 Z-26.
G00 X29.
G01 X14. F0.05
G04 P1000
G01 X29. F0.2
W2.
G01 X14. F0.05
G04 P1000
G01 X29. F0.2
W1.
G01 X14. F0.05
G04 P1000
G01 X29. F0.2
G00 X150. Z150. M09
T0500
M05
--------------------------------
T0700
M01
G97 S700 M03
G00 X18. Z5. T0707 M08
G76 P020060 Q50 R20
G76 X13.62 Z-23. P1190 Q350 F2.0
G00 X150. Z150. M09
T0700
M05
M02
```

2. 후면가공

```
O2014
G28 U0. W0.
G50 S2000
T0100
G96 S180 M3
G0 X55. Z5. T0101 M8
G94 X-2. Z1. F0.2
Z0.7
Z0.4
Z0.1
G71 U0.8 R0.4
G71 P10 Q20 U0.2 W0.1 F0.2
N10 G00 X46. W0.
G1 Z0.
X48. Z-1.
Z-30.
N20 X55.
G00 X150. Z150. M09
T0100
M05
--------------------------------
T0300
M01
G96 S180 M03
G00 X55. Z5. T0303 M08
G94 X-2. Z0. F0.1
G70 P10 Q20 F0.1
G00 X150. Z150. M09
T0300
M05
--------------------------------
T0500
M01
G97 S700 M03
G00 X55. Z-12. T0505 M08
G01 X42. F0.05
G04 P1000
G01 X55. F0.2
W1.
G01 X42. F0.05
G04 P1000
G01 X55. F0.2
G00 X150. Z150. M09
T0500
M05
M02
```

기본에 충실한 InventorCAM

InventorCAM

Chapter 09

컴퓨터응용밀링기능사 연습도면(머시닝센터가공)

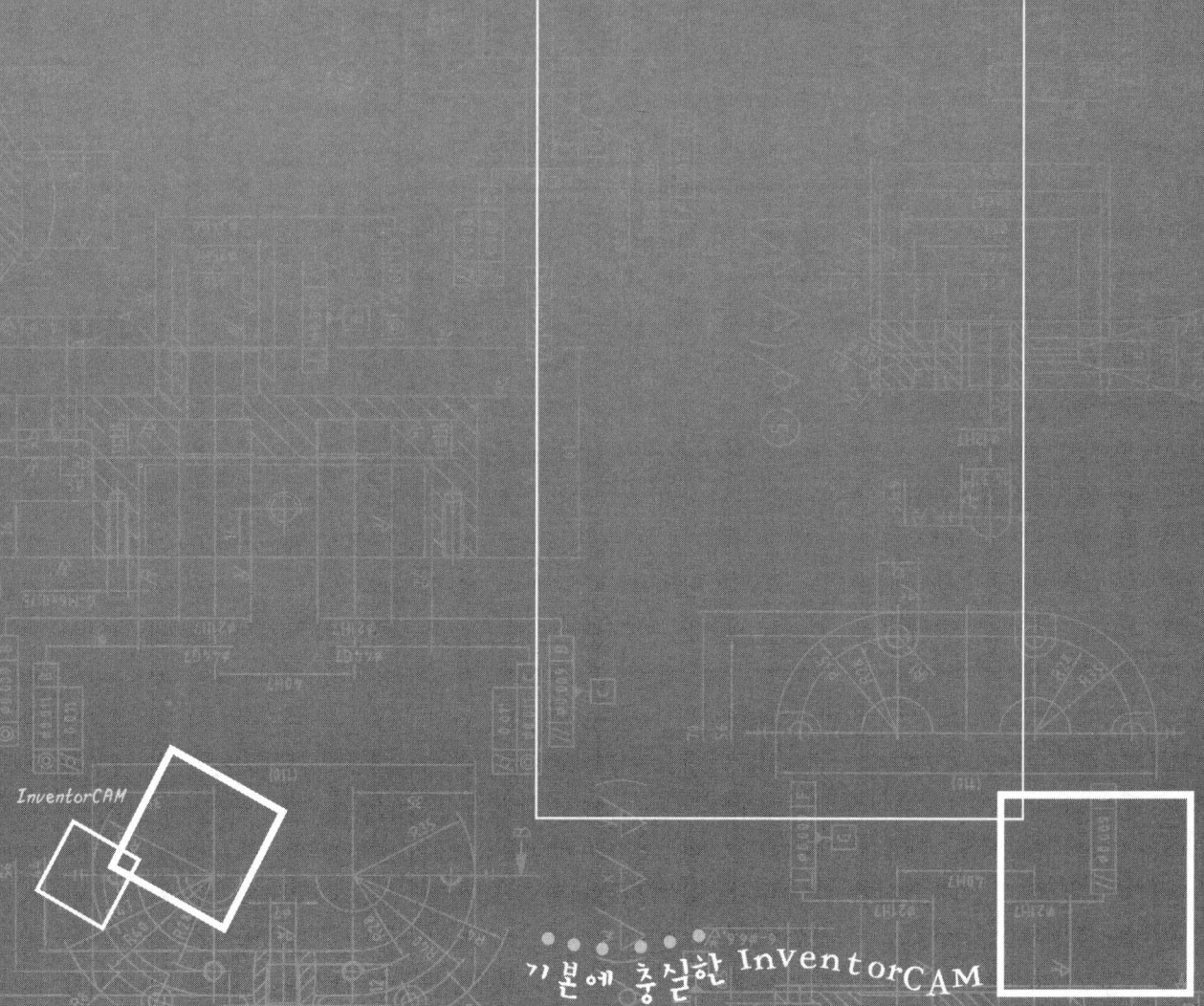

| 종목 | 컴퓨터응용밀링기능사 | 과제 | 머시닝센터가공 |

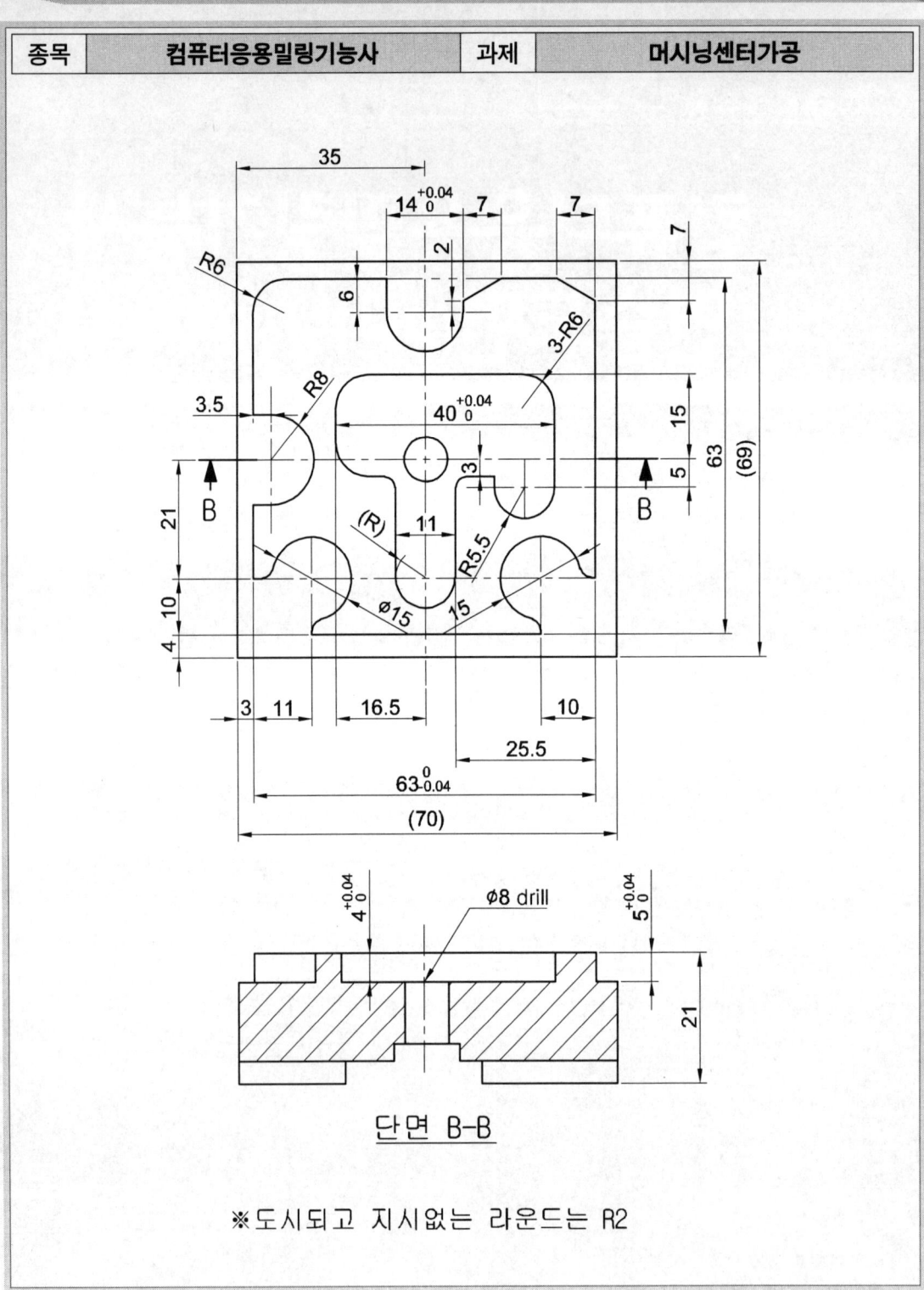

단면 B-B

※도시되고 지시없는 라운드는 R2

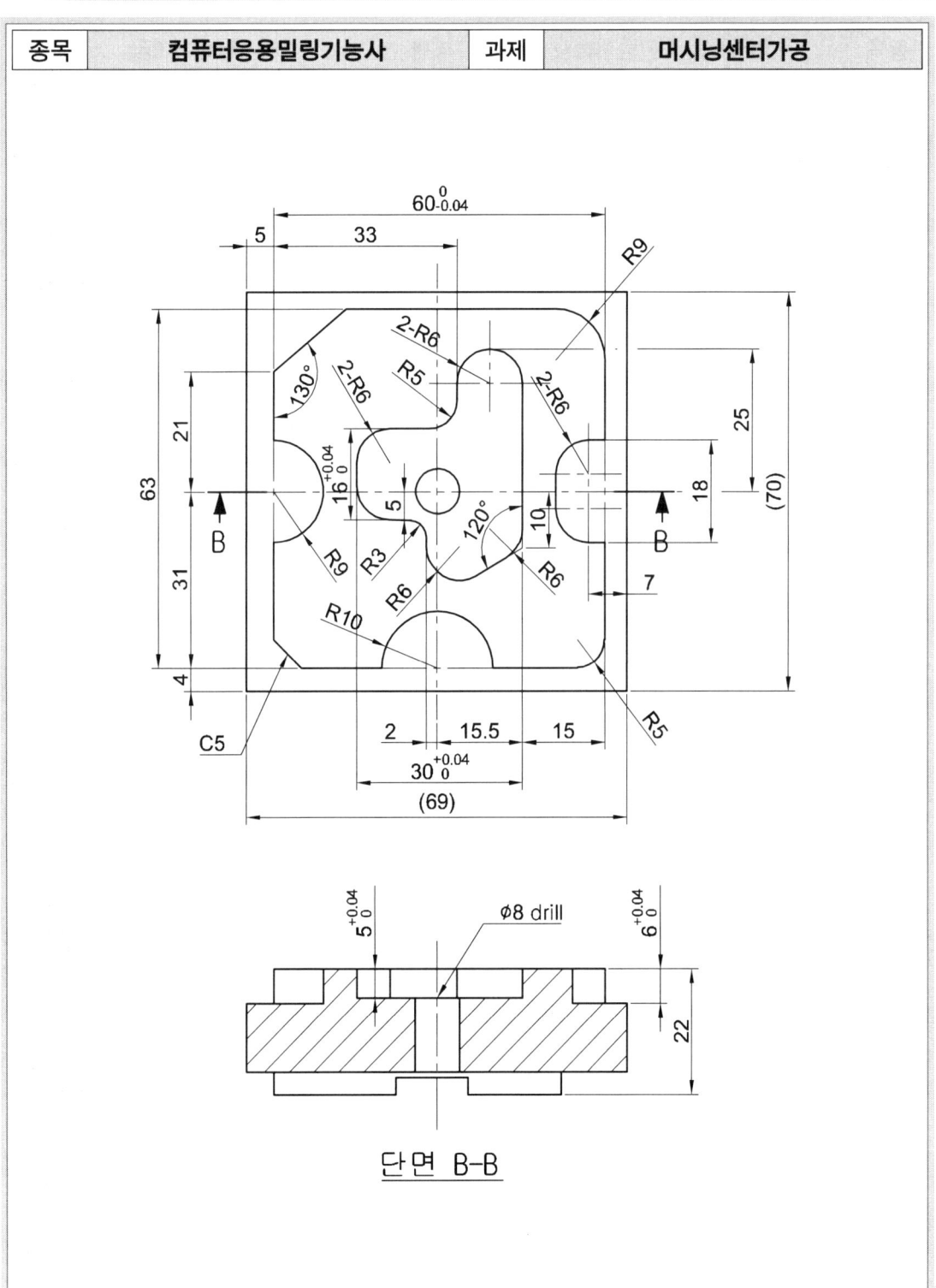

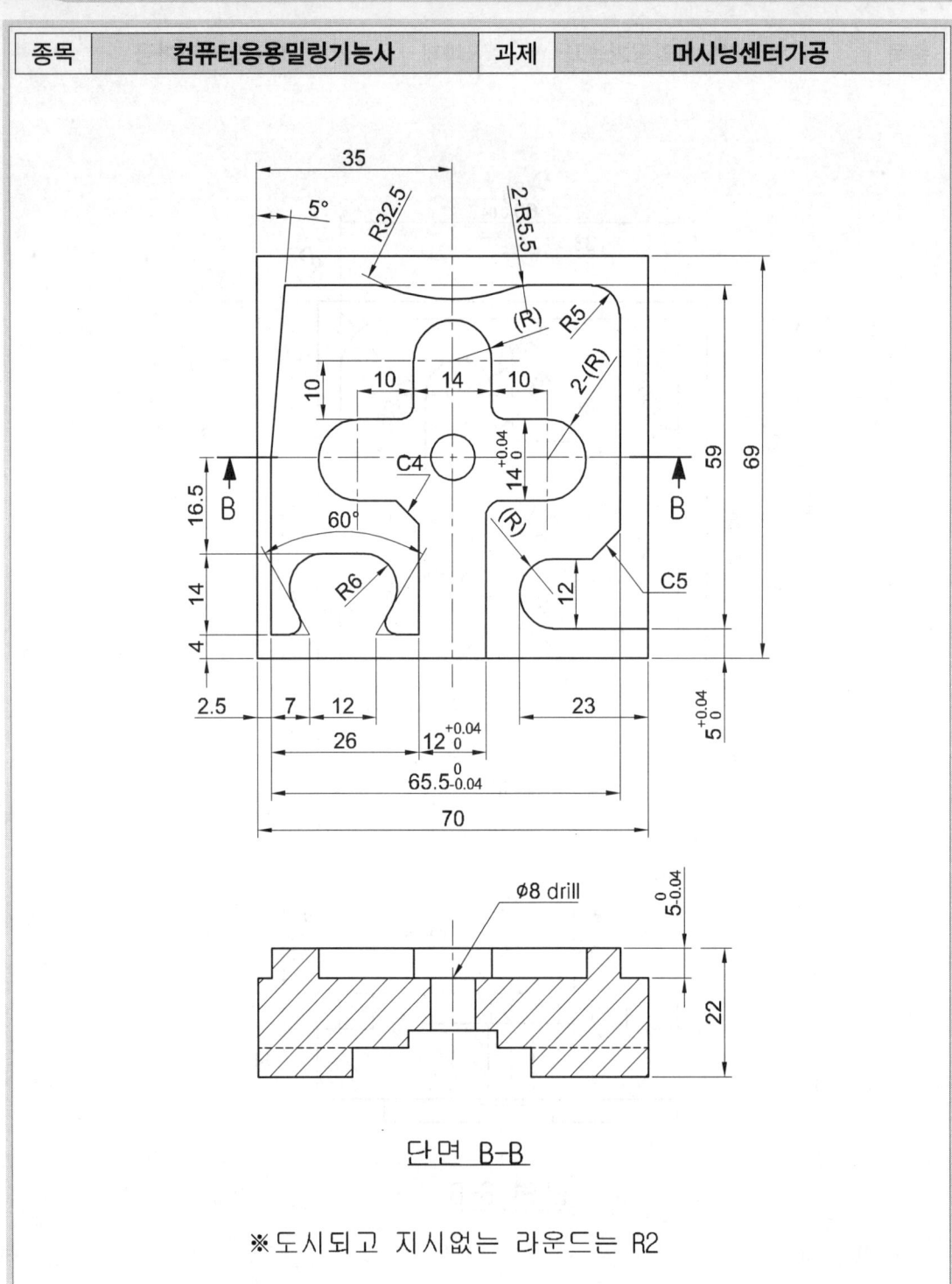

단면 B-B

※도시되고 지시없는 라운드는 R2

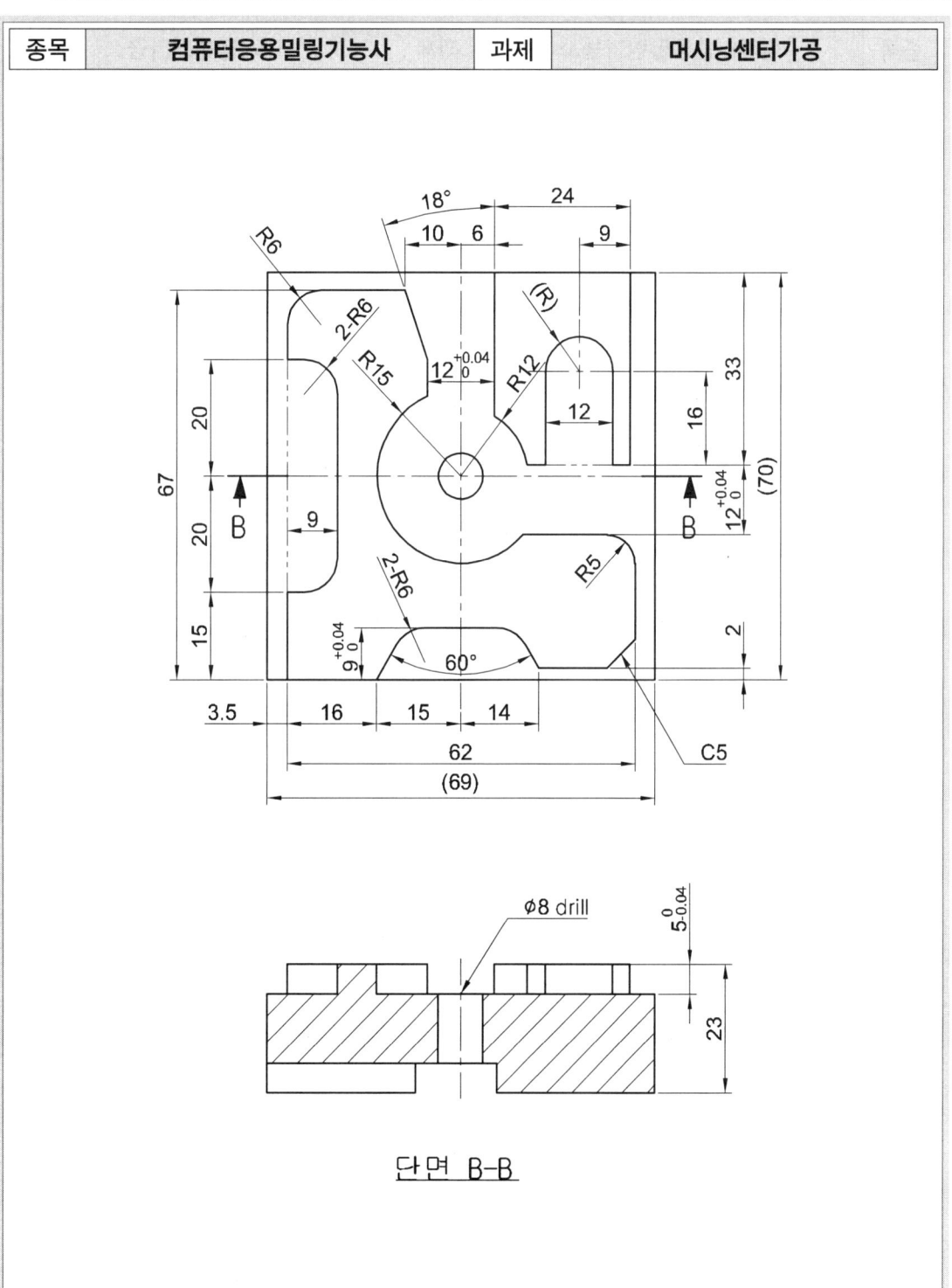

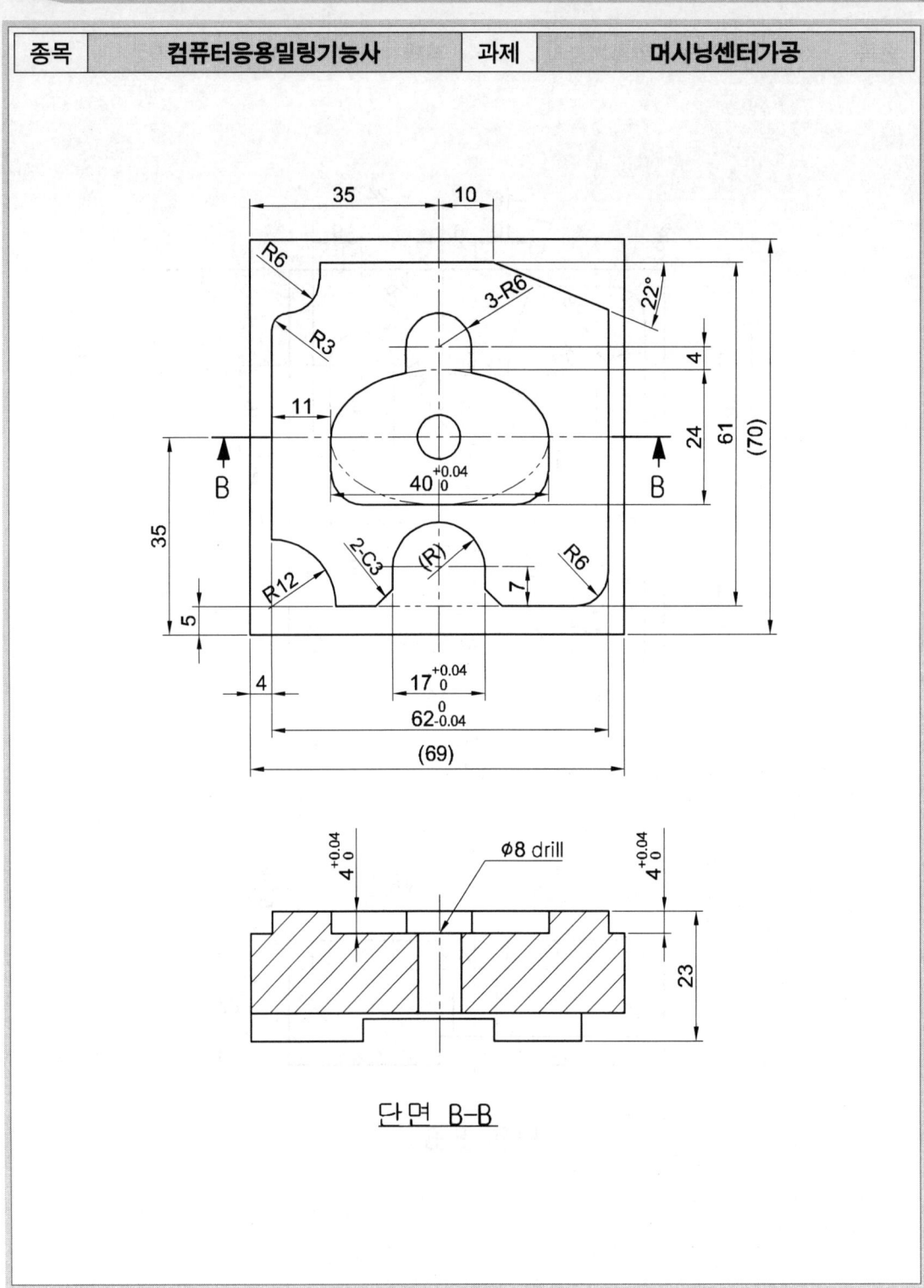

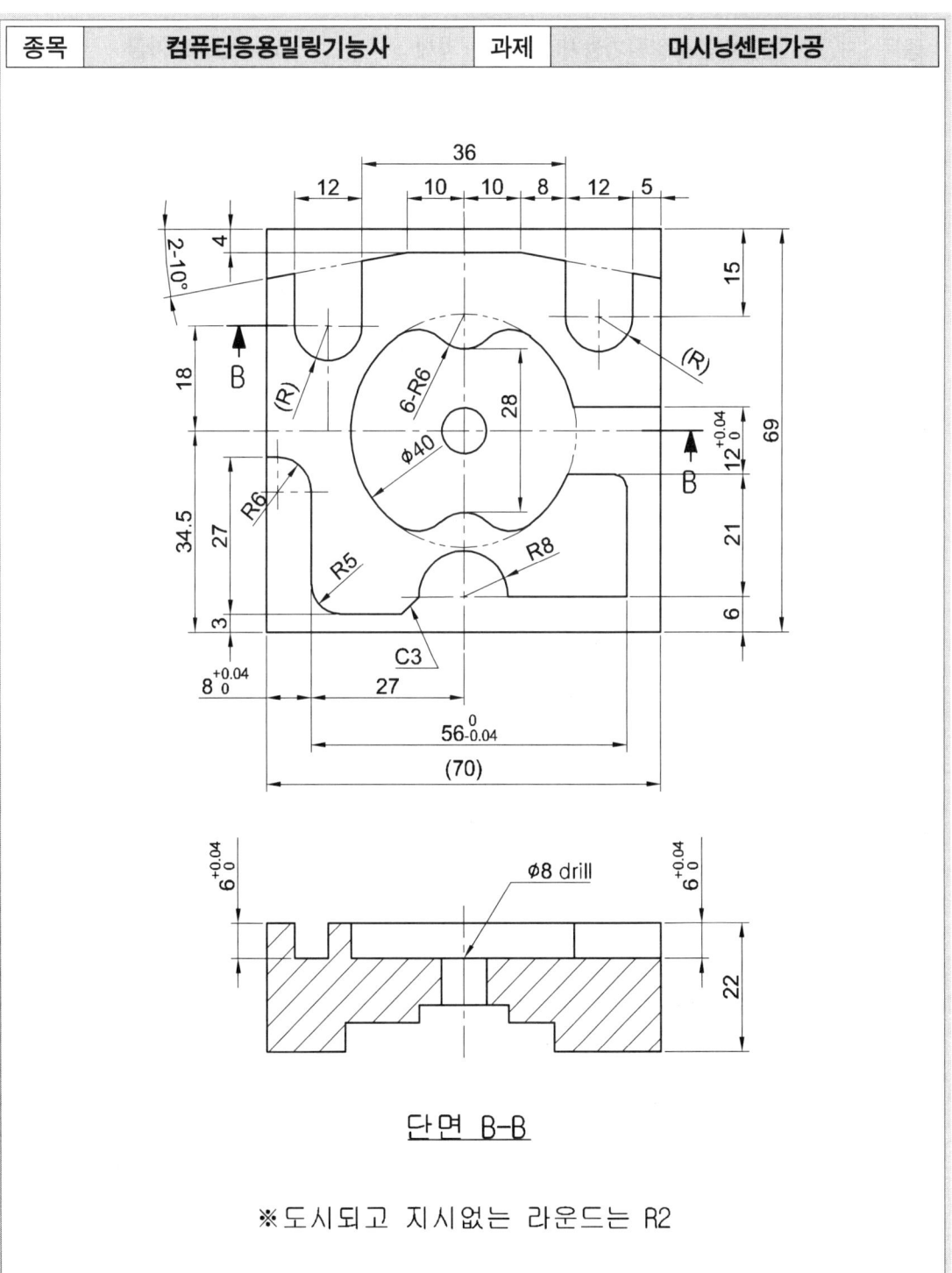

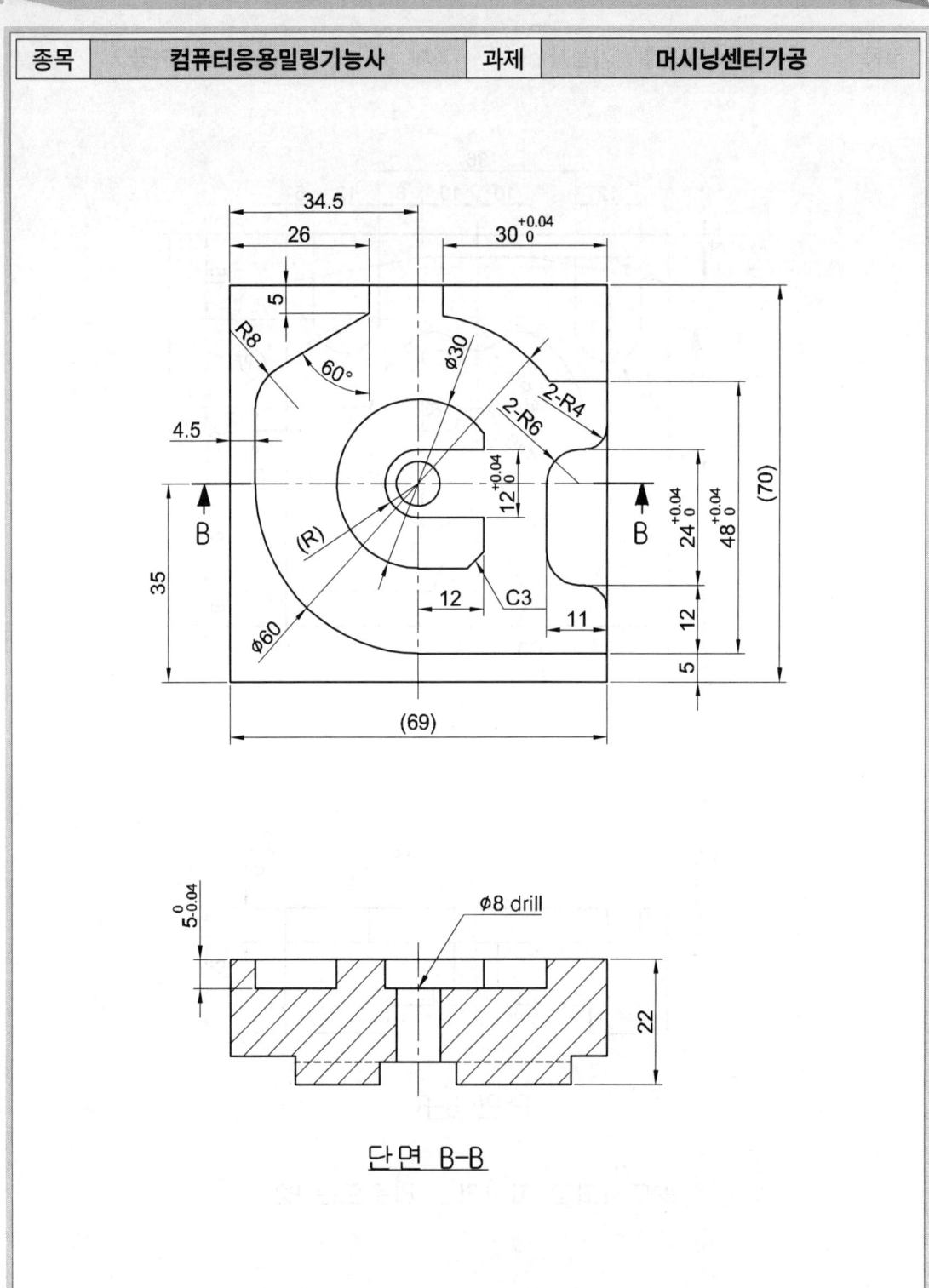

| 종목 | 컴퓨터응용밀링기능사 | 과제 | 머시닝센터가공 |

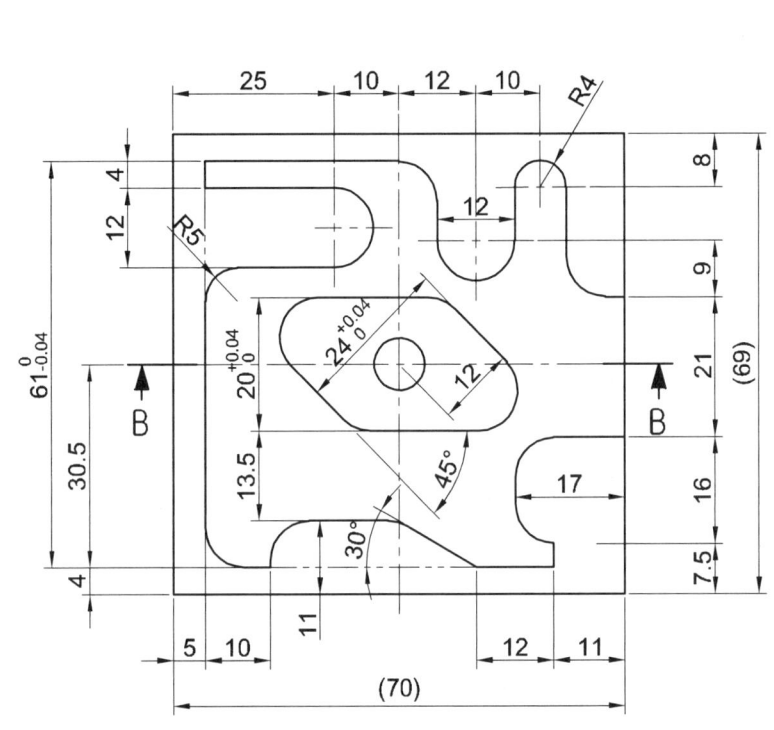

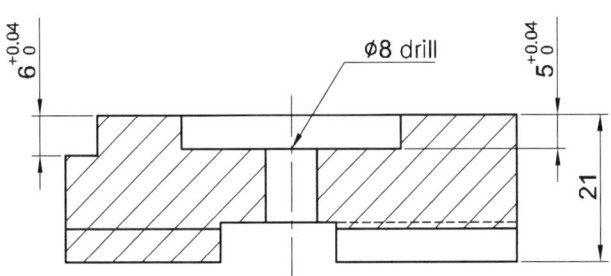

단면 B-B

※도시되고 지시없는 라운드는 R6

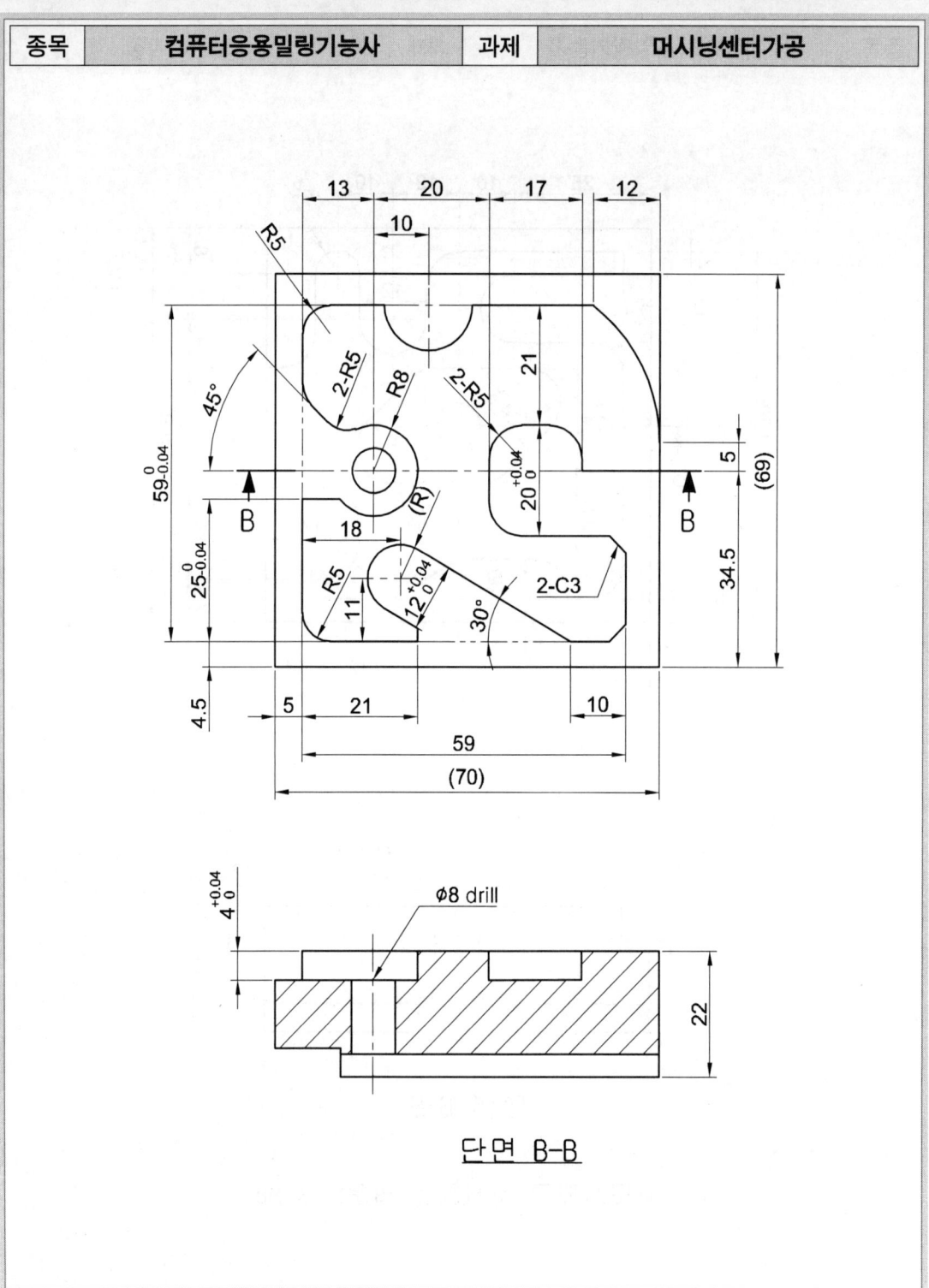

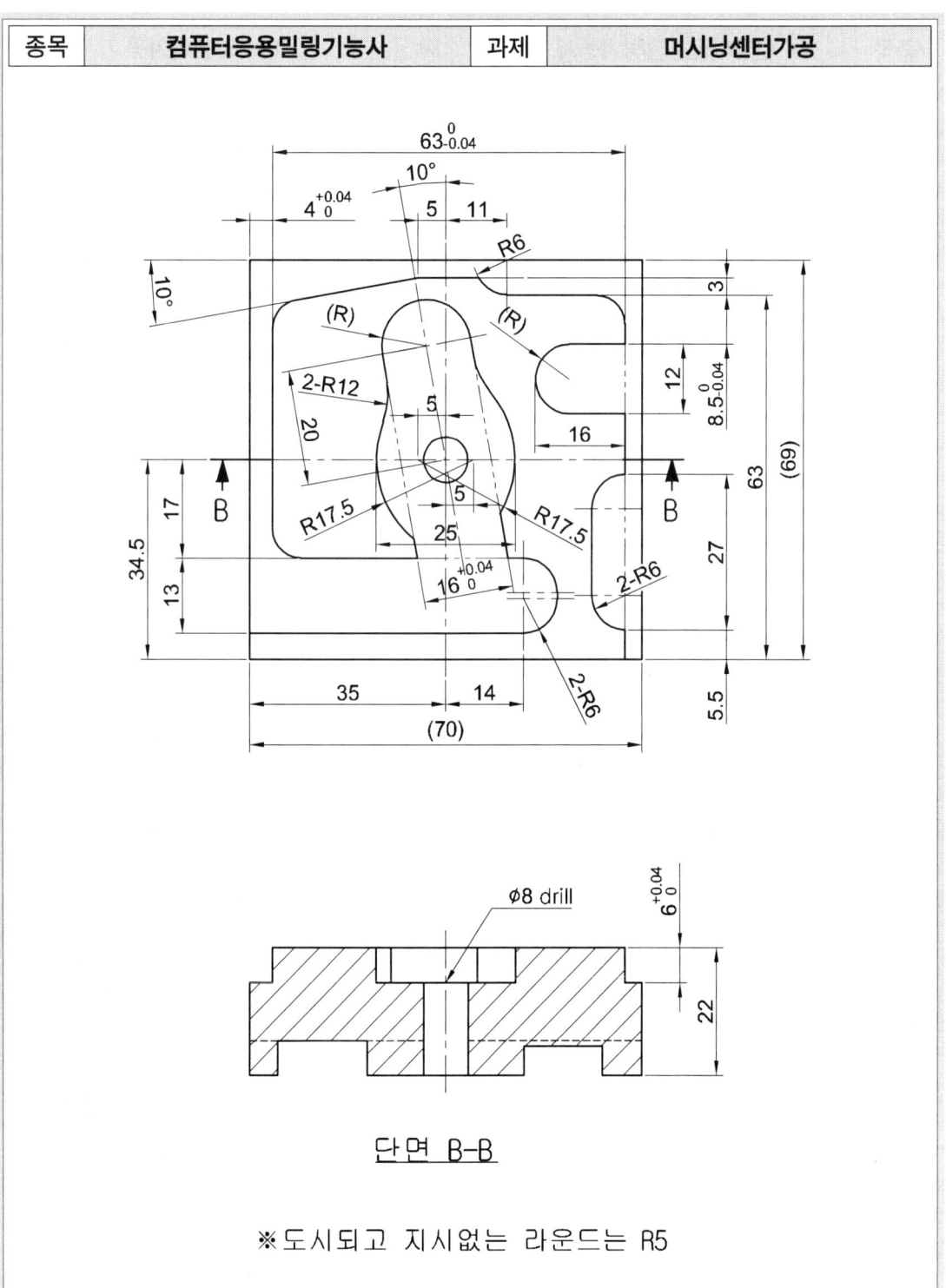

단면 B-B

※도시되고 지시없는 라운드는 R5

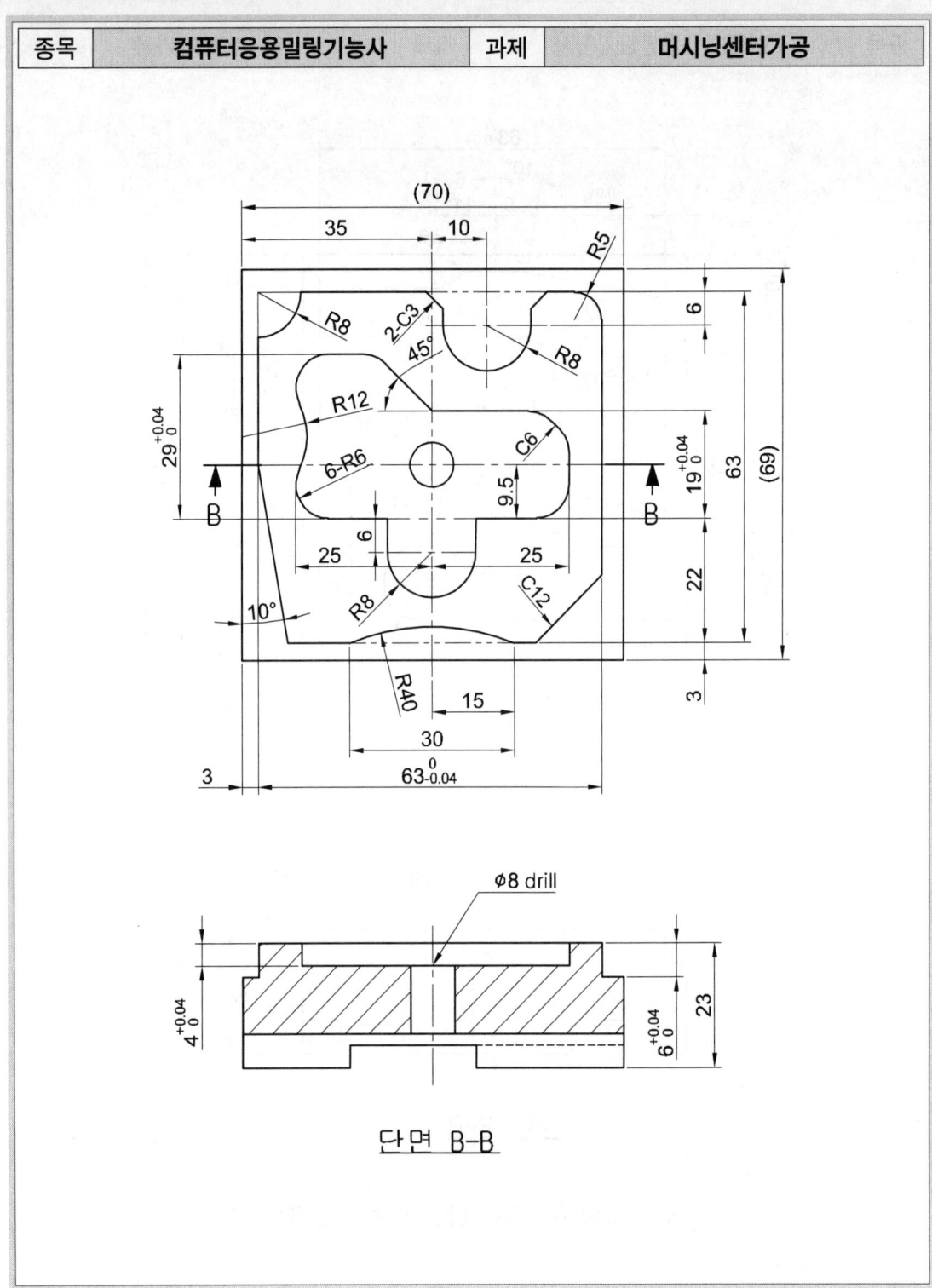

Chapter 09 컴퓨터응용밀링기능사 연습도면(머시닝센터가공)

연습도면 머시닝센터가공 12

| 종목 | 컴퓨터응용밀링기능사 | 과제 | 머시닝센터가공 |

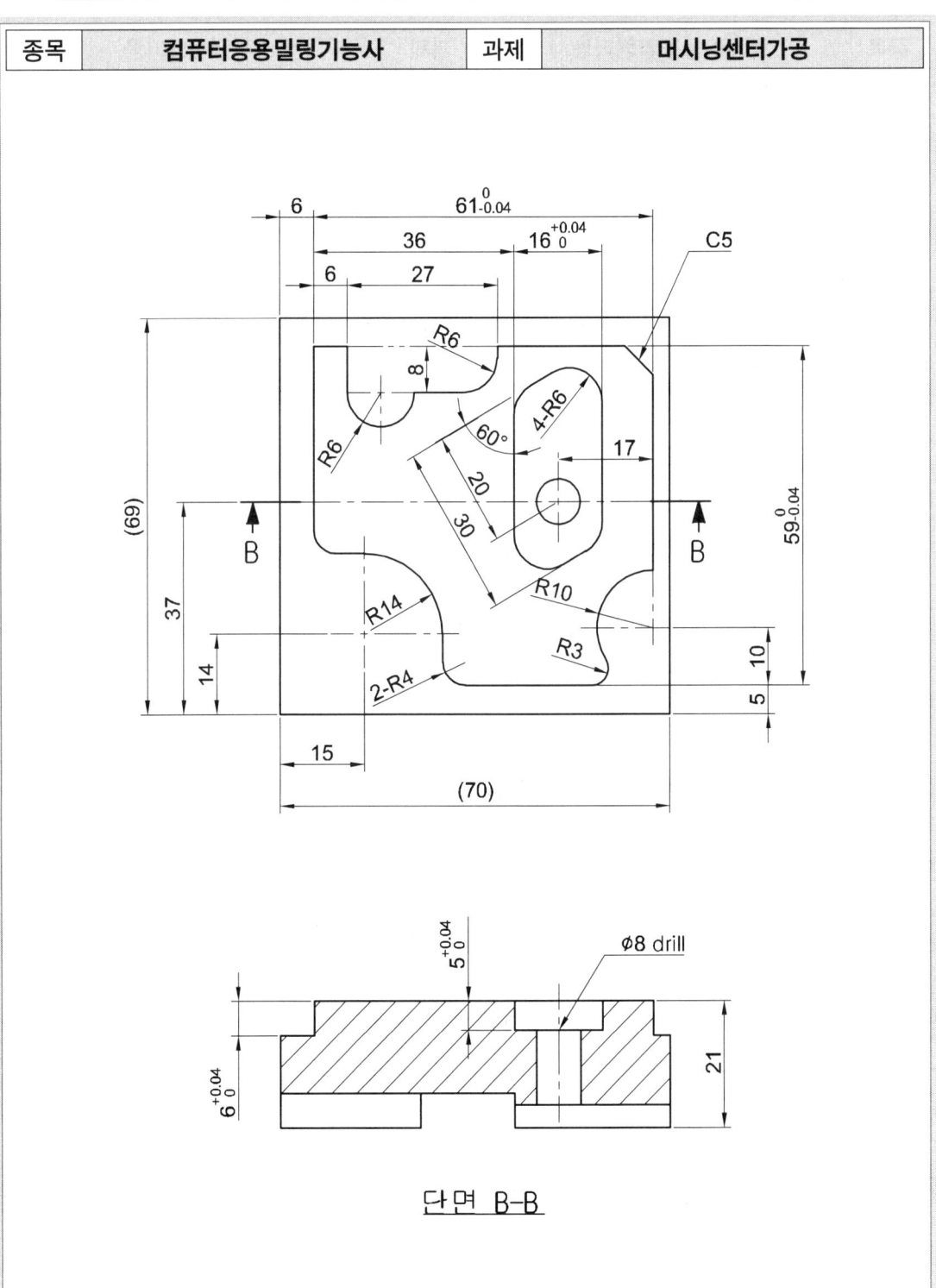

단면 B-B

| 종목 | 컴퓨터응용밀링기능사 | 과제 | 머시닝센터가공 |

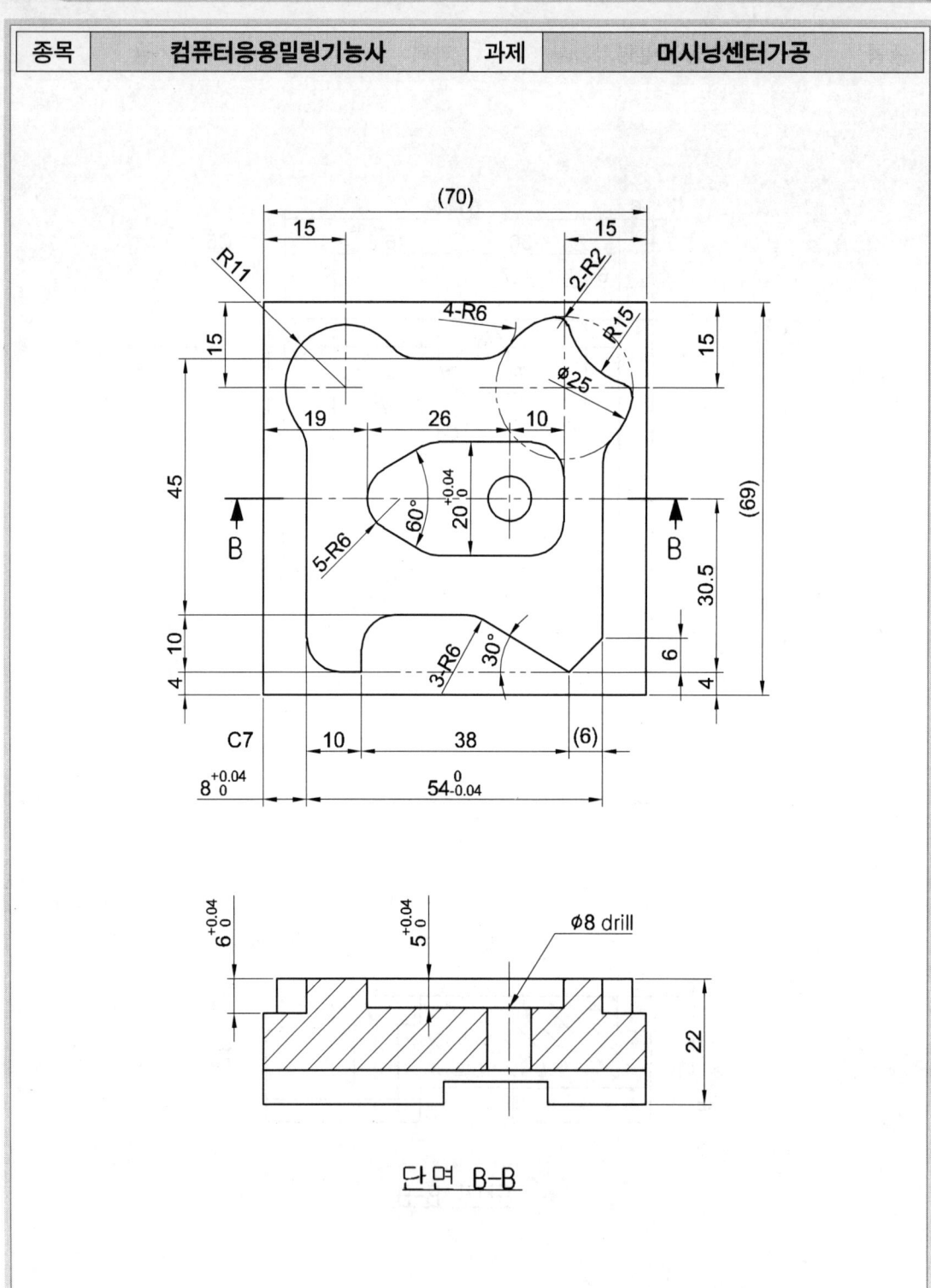

단면 B-B

Chapter 09 컴퓨터응용밀링기능사 연습도면(머시닝센터가공)

연습도면 머시닝센터가공 14

| 종목 | 컴퓨터응용밀링기능사 | 과제 | 머시닝센터가공 |

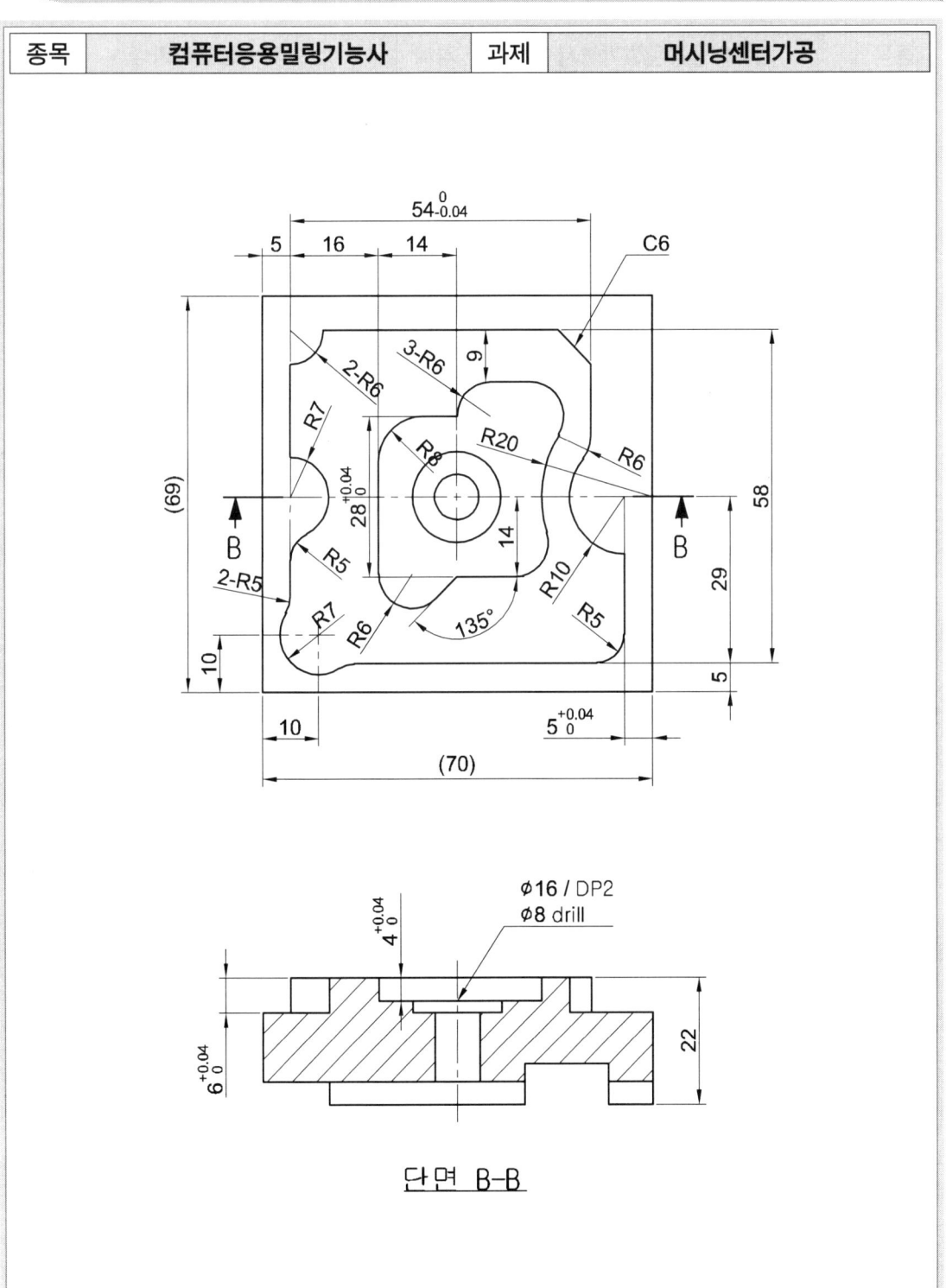

단면 B-B

| 종목 | 컴퓨터응용밀링기능사 | 과제 | 머시닝센터가공 |

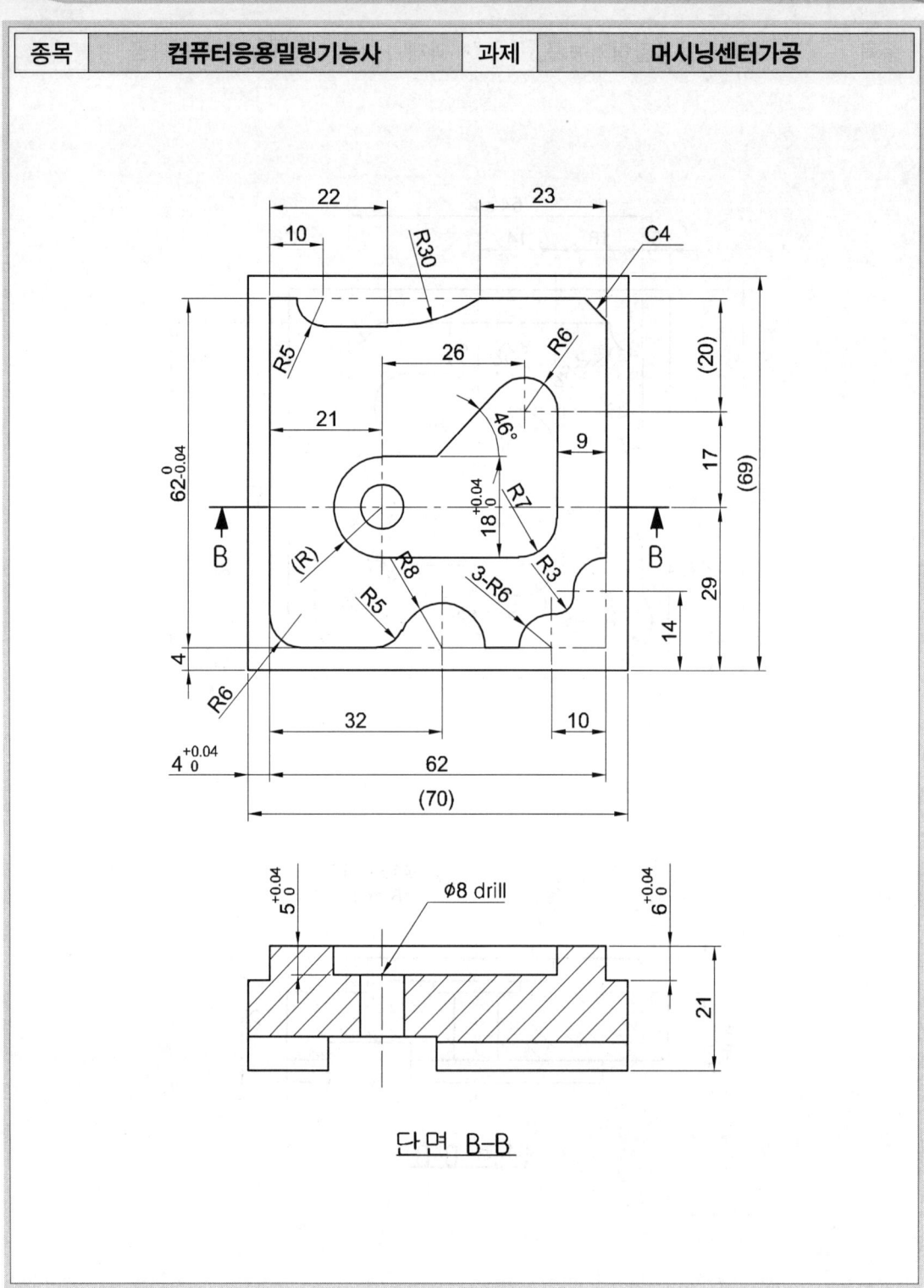

단면 B-B

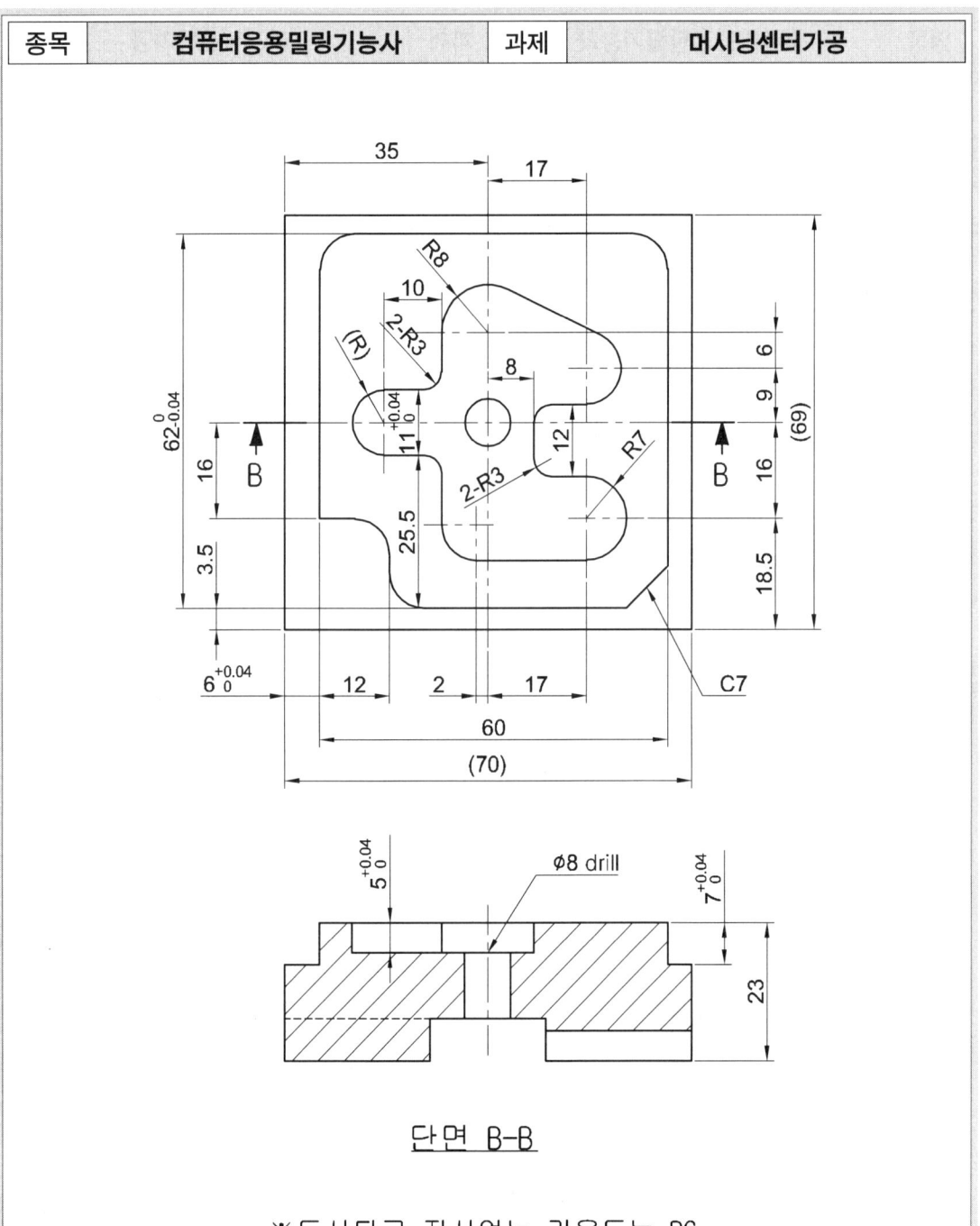

단면 B-B

※도시되고 지시없는 라운드는 R6

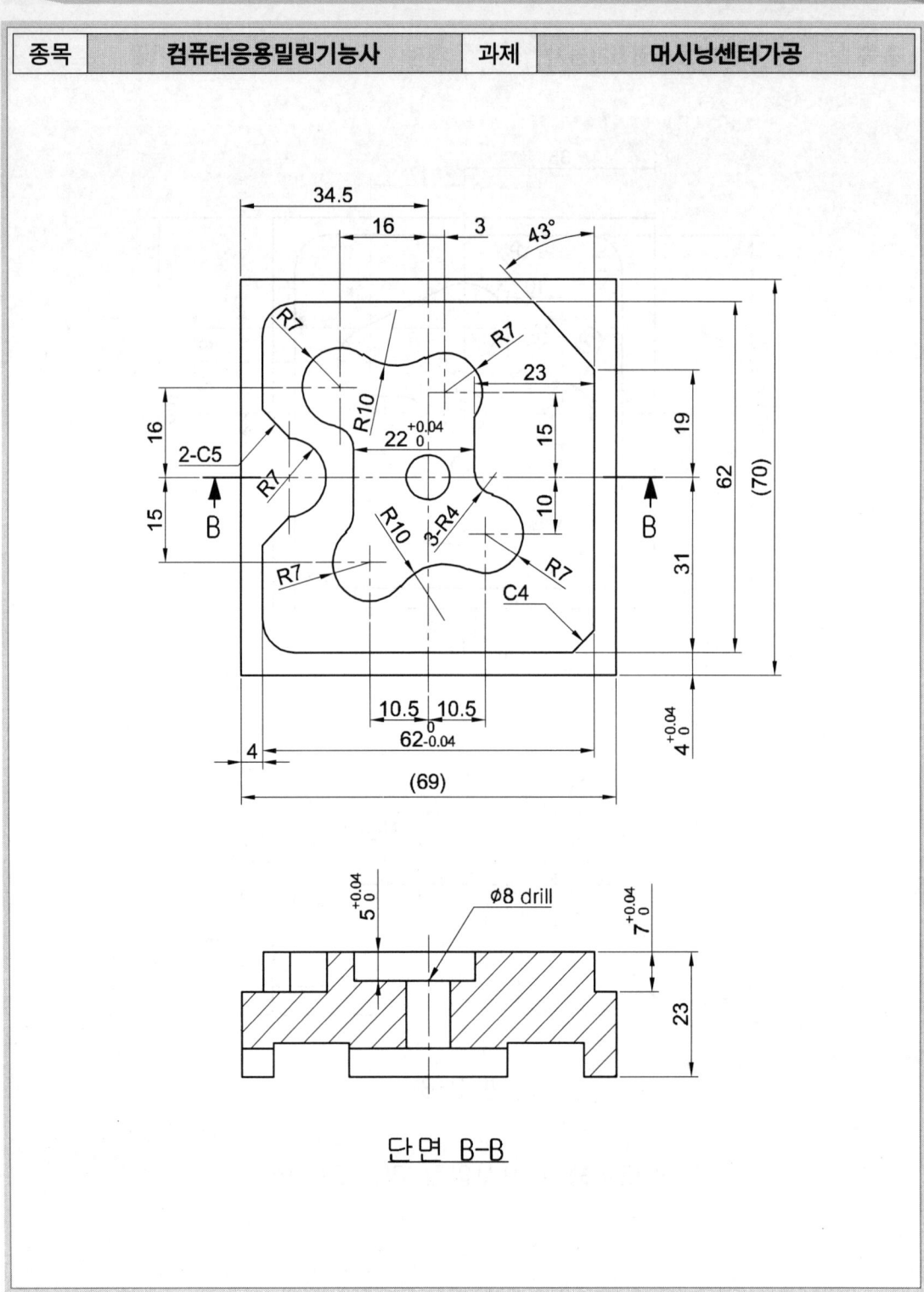

종목	컴퓨터응용밀링기능사	과제	머시닝센터가공

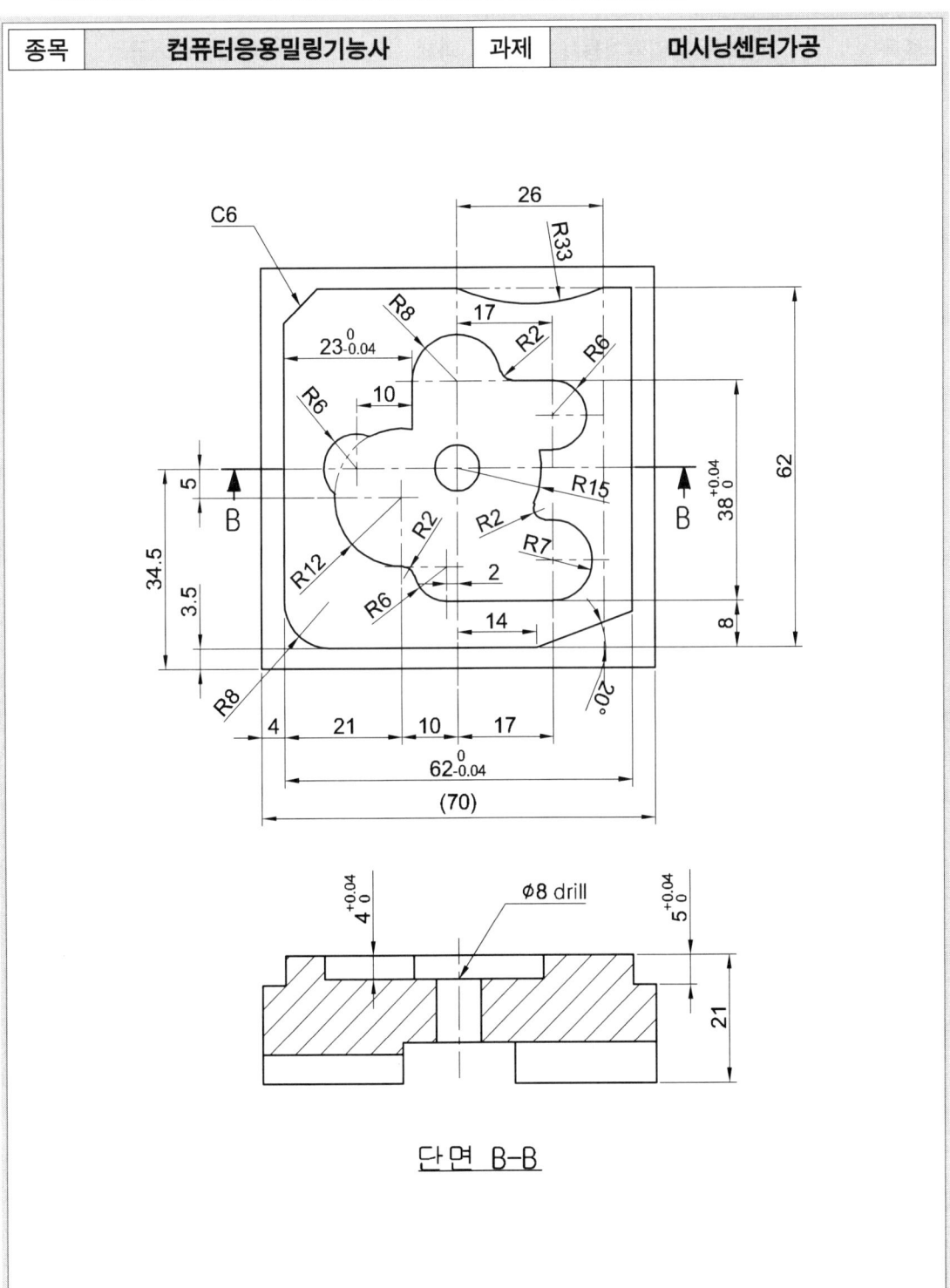

단면 B-B

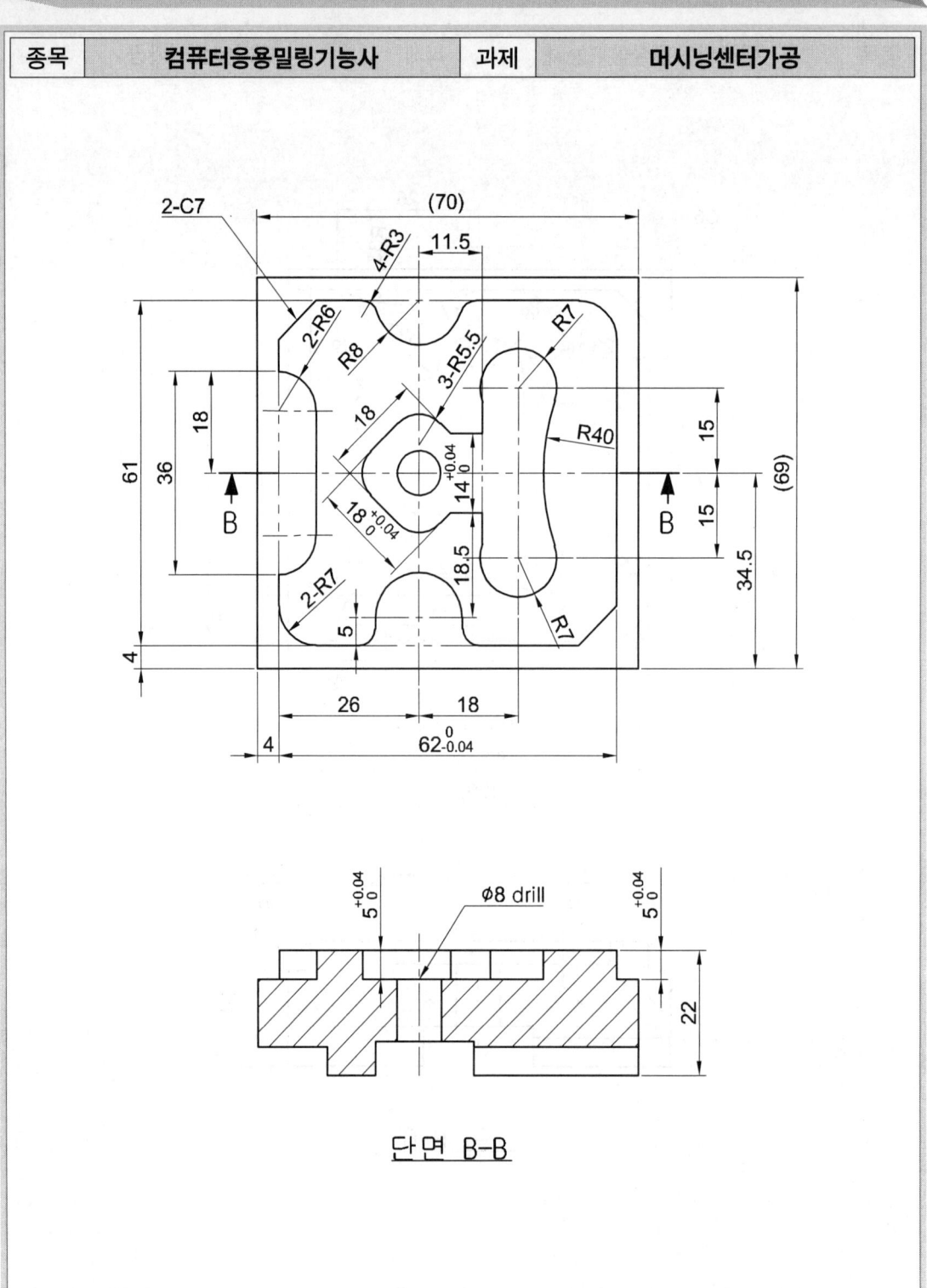

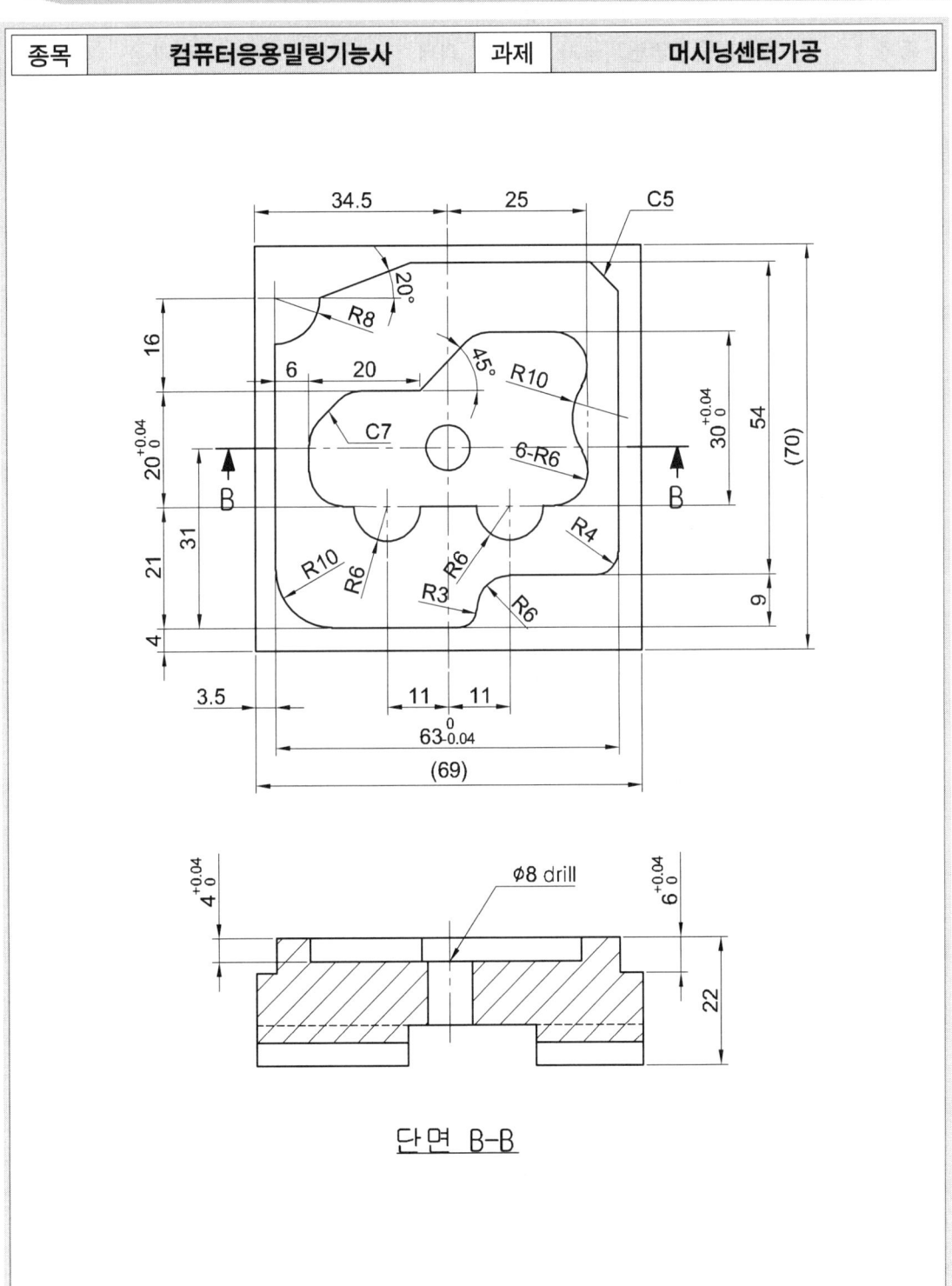

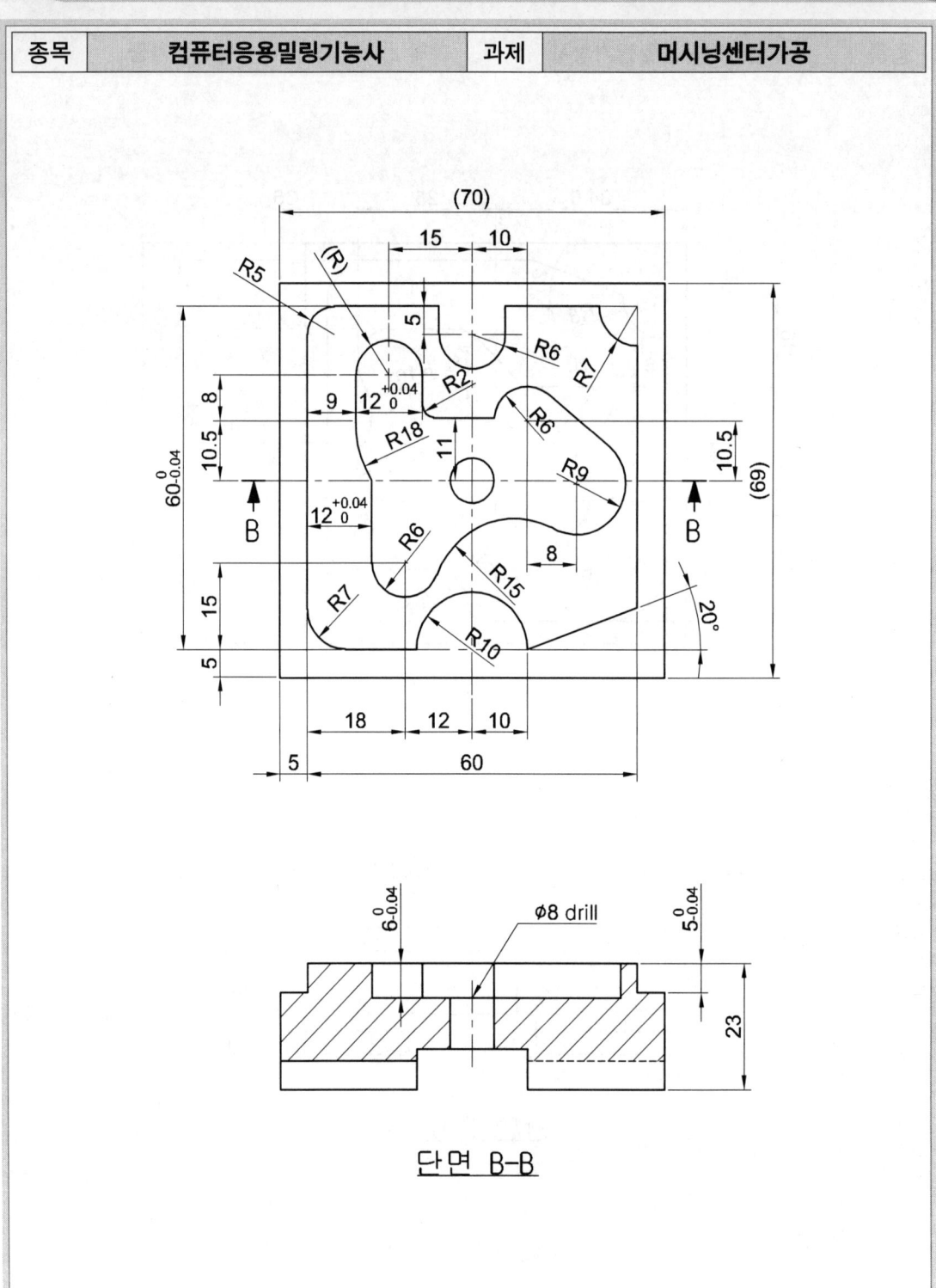

머시닝센터가공 22

| 종목 | 컴퓨터응용밀링기능사 | 과제 | 머시닝센터가공 |

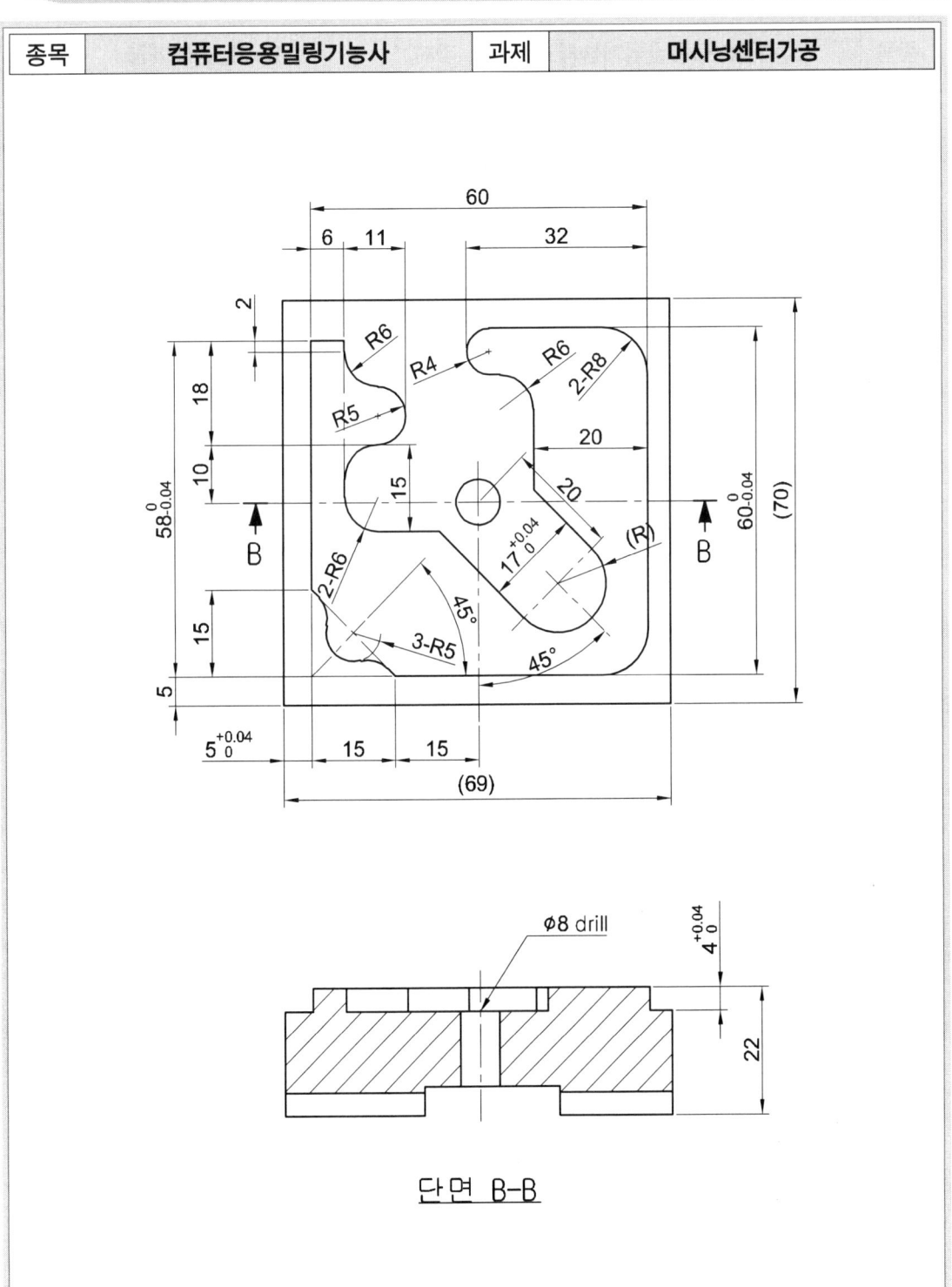

단면 B-B

| 종목 | 컴퓨터응용밀링기능사 | 과제 | 머시닝센터가공 |

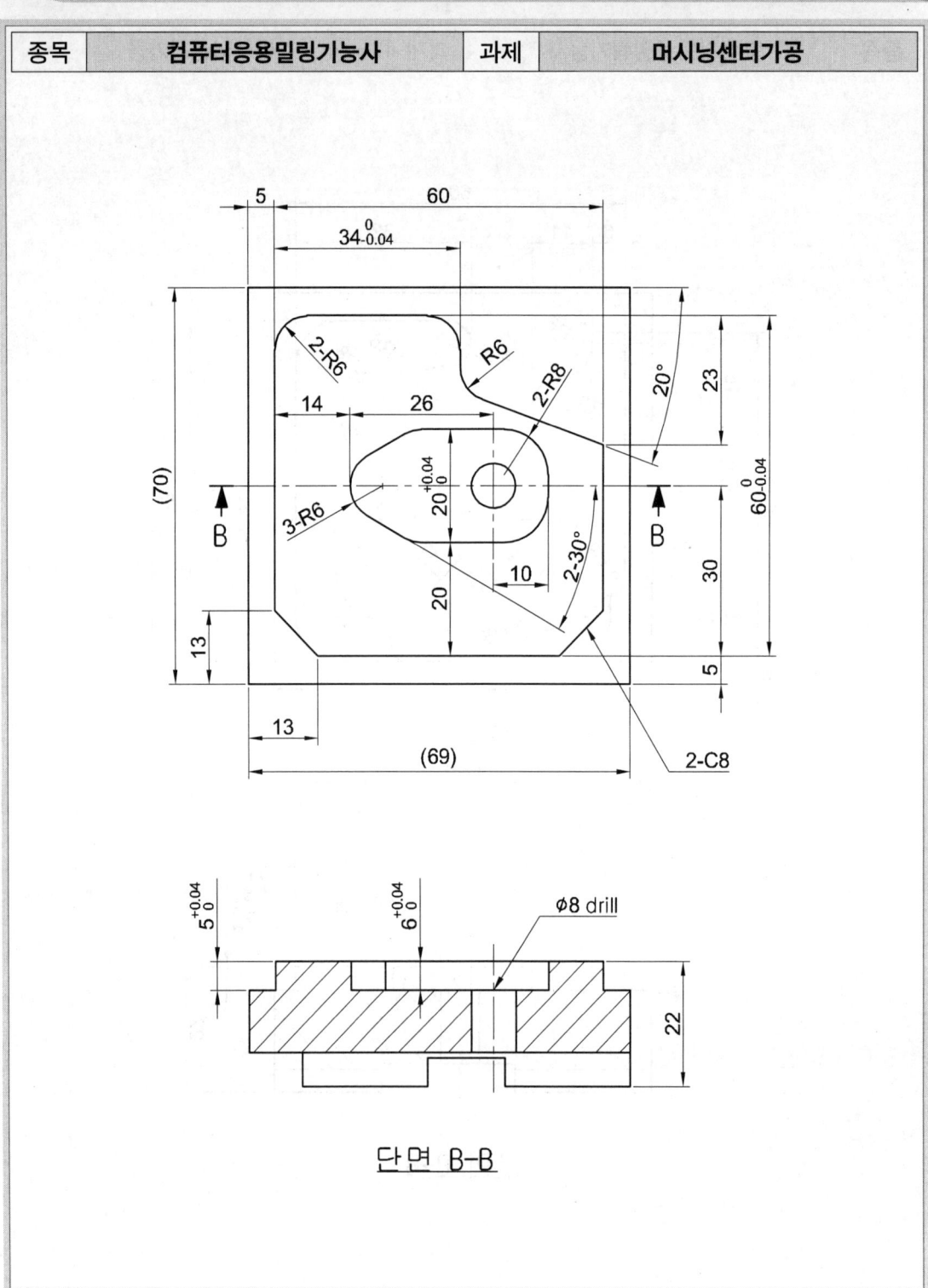

단면 B-B

| 종목 | 컴퓨터응용밀링기능사 | 과제 | 머시닝센터가공 |

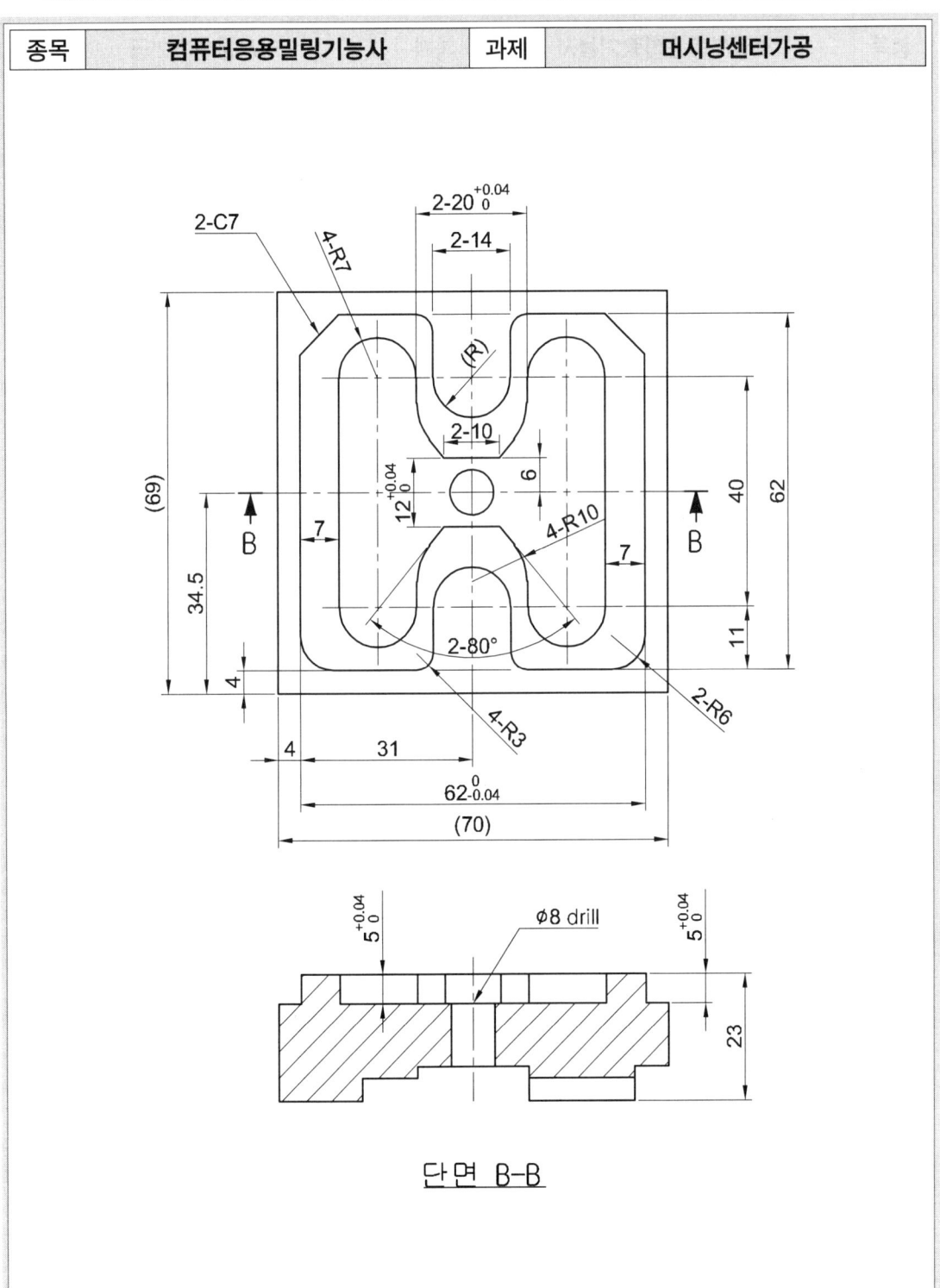

단면 B-B

| 종목 | 컴퓨터응용밀링기능사 | 과제 | 머시닝센터가공 |

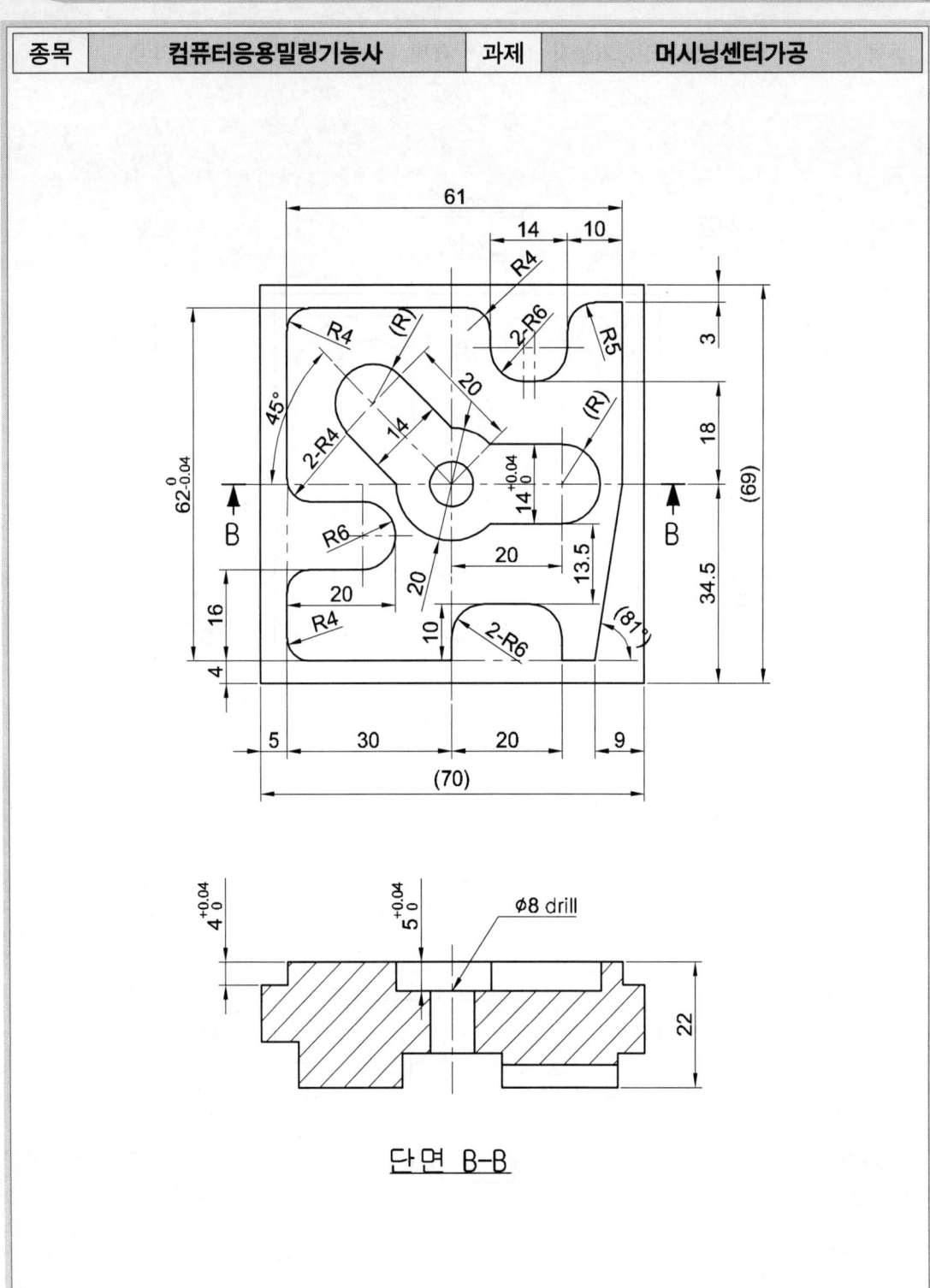

단면 B-B

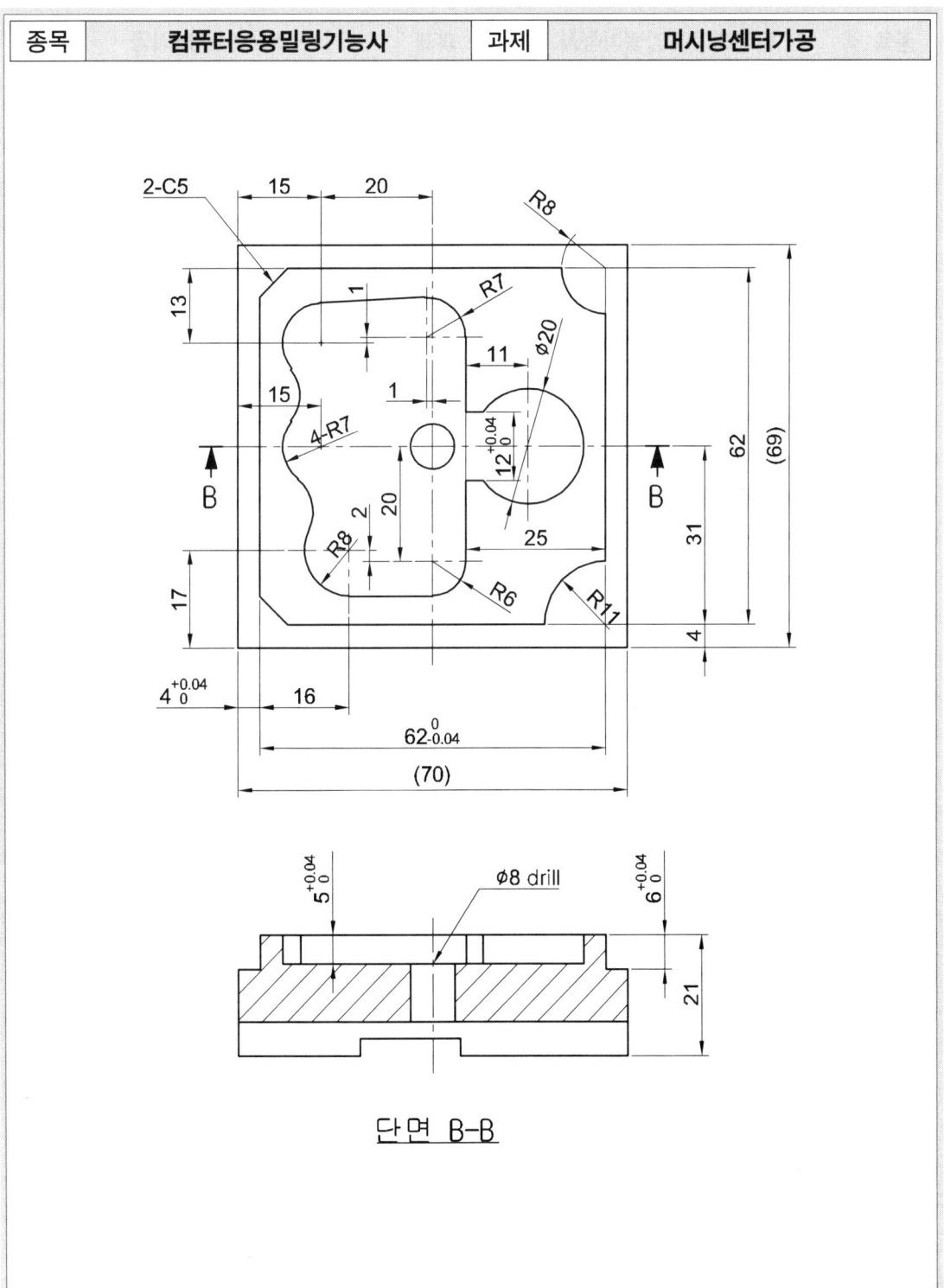

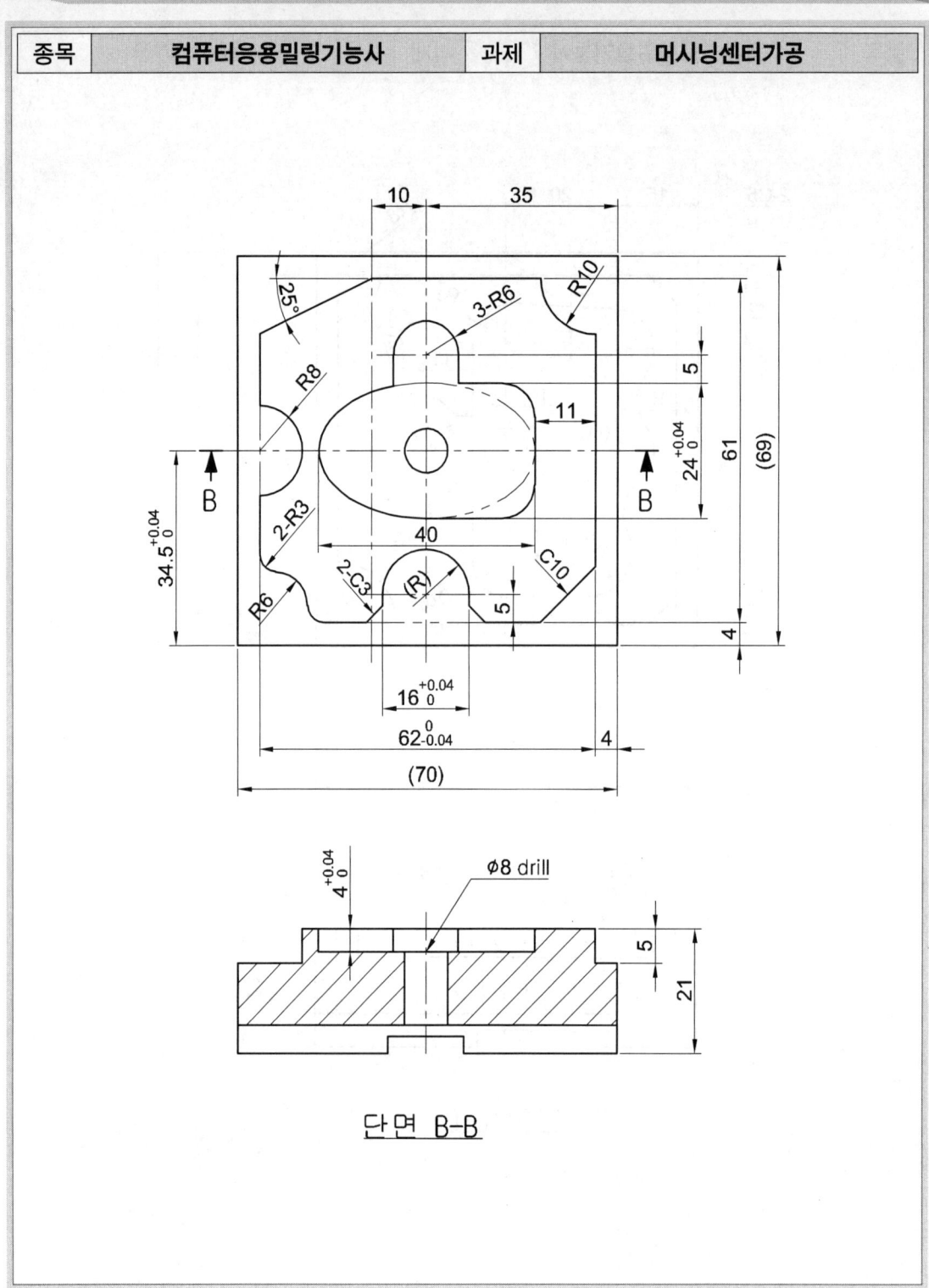

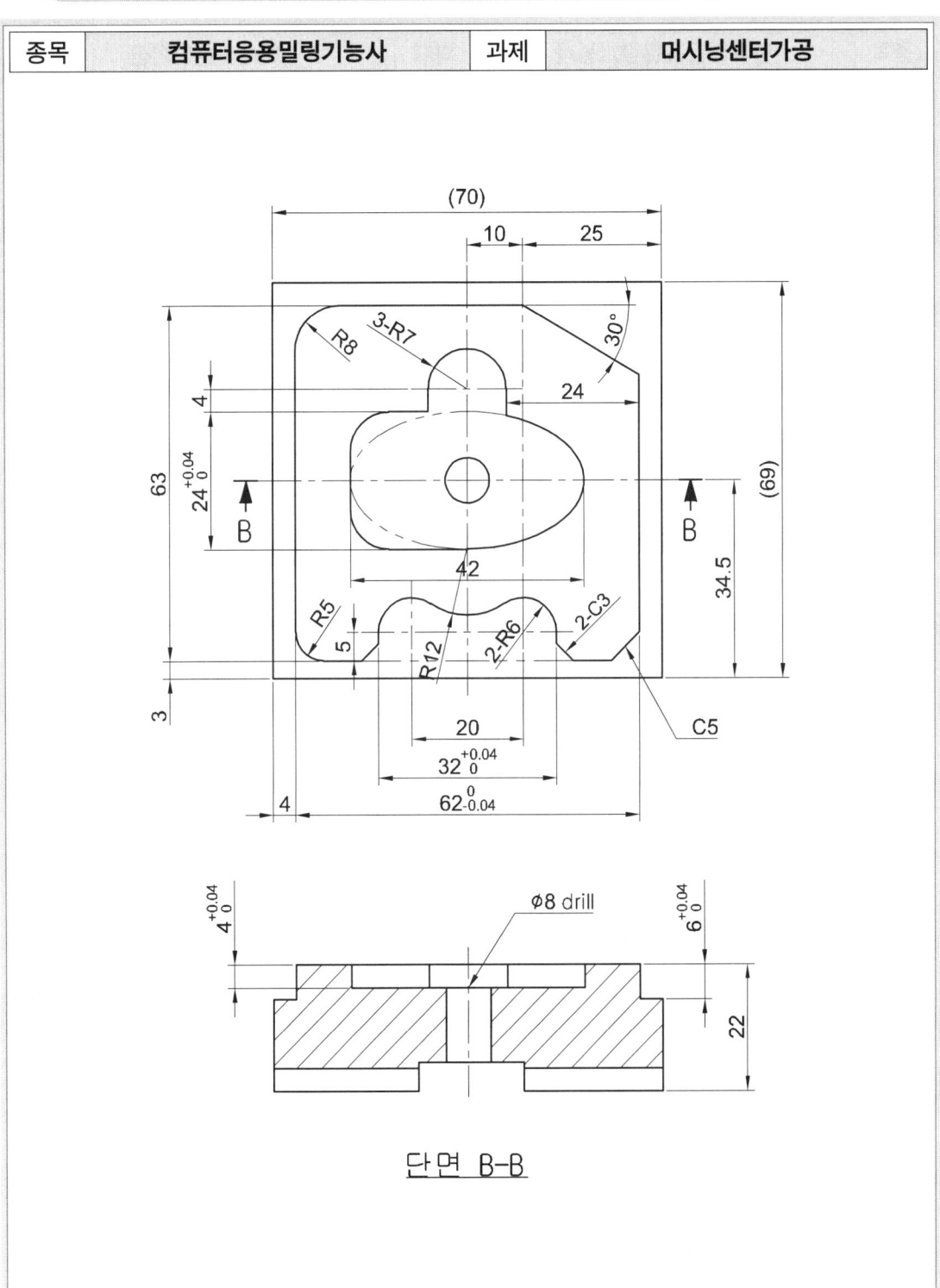

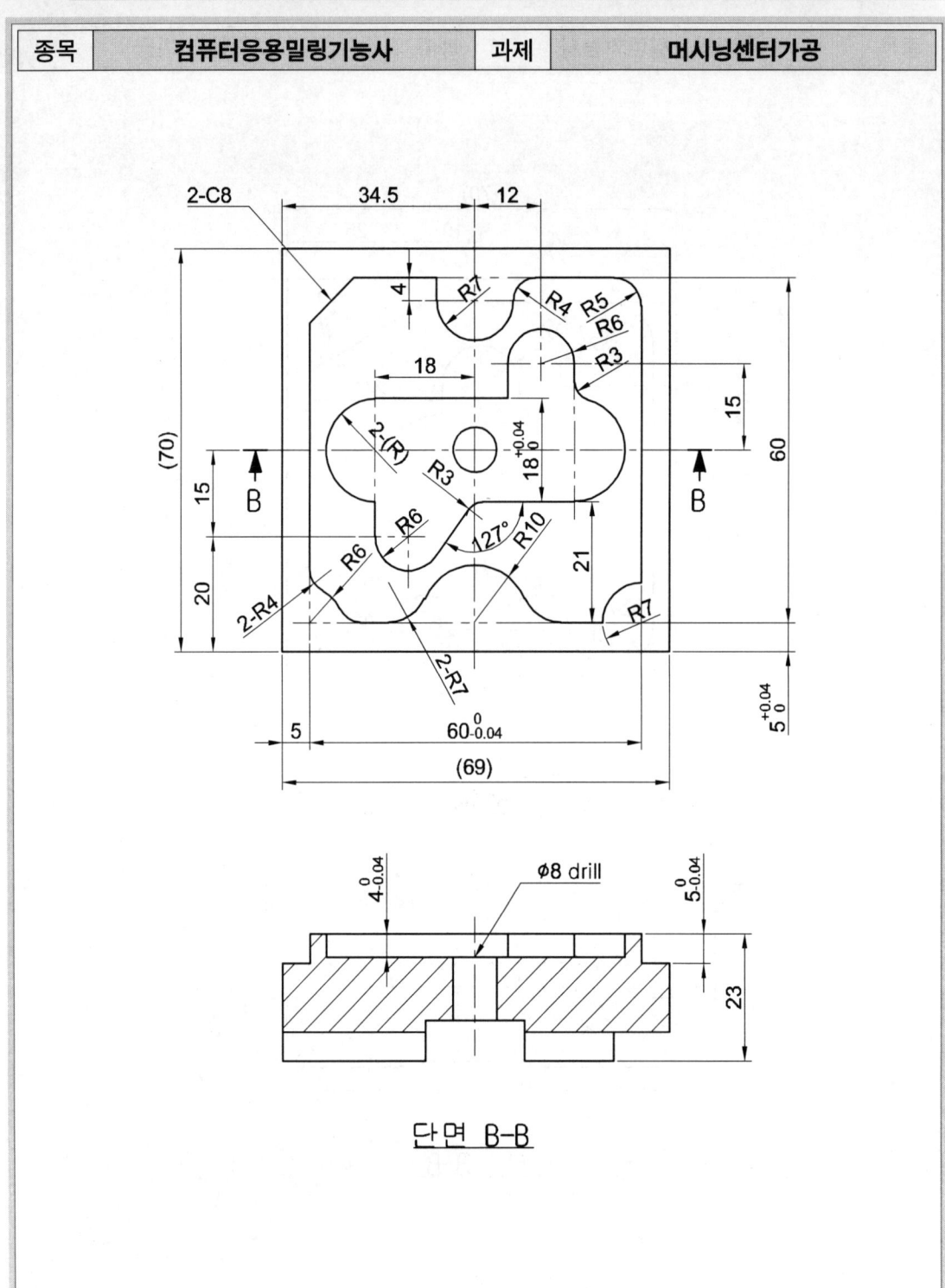

단면 B-B

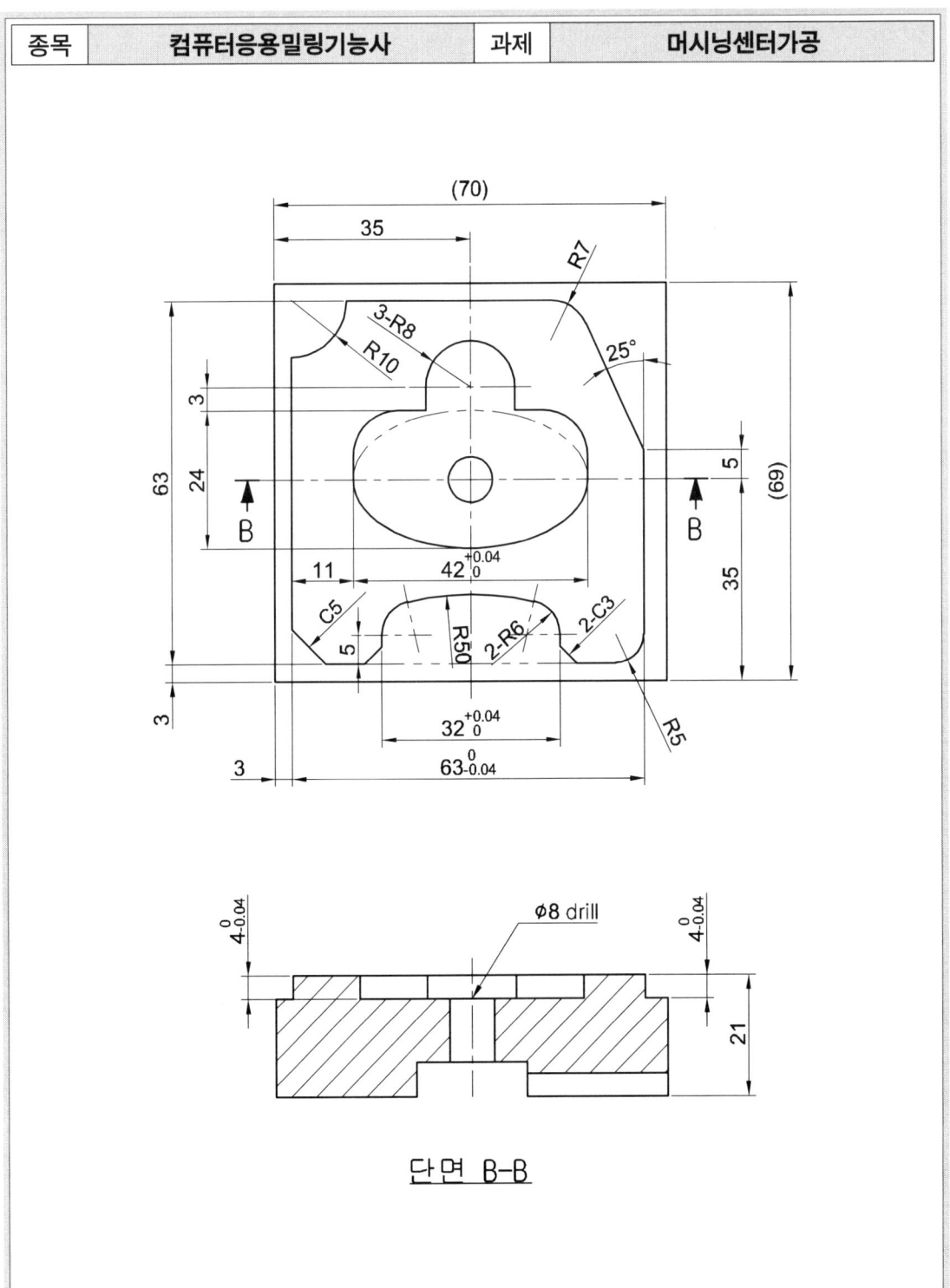

기본에 충실한 InventorCAM

InventorCAM

Chapter 10

컴퓨터응용가공산업기사 연습도면(CAM프로그램가공작업)

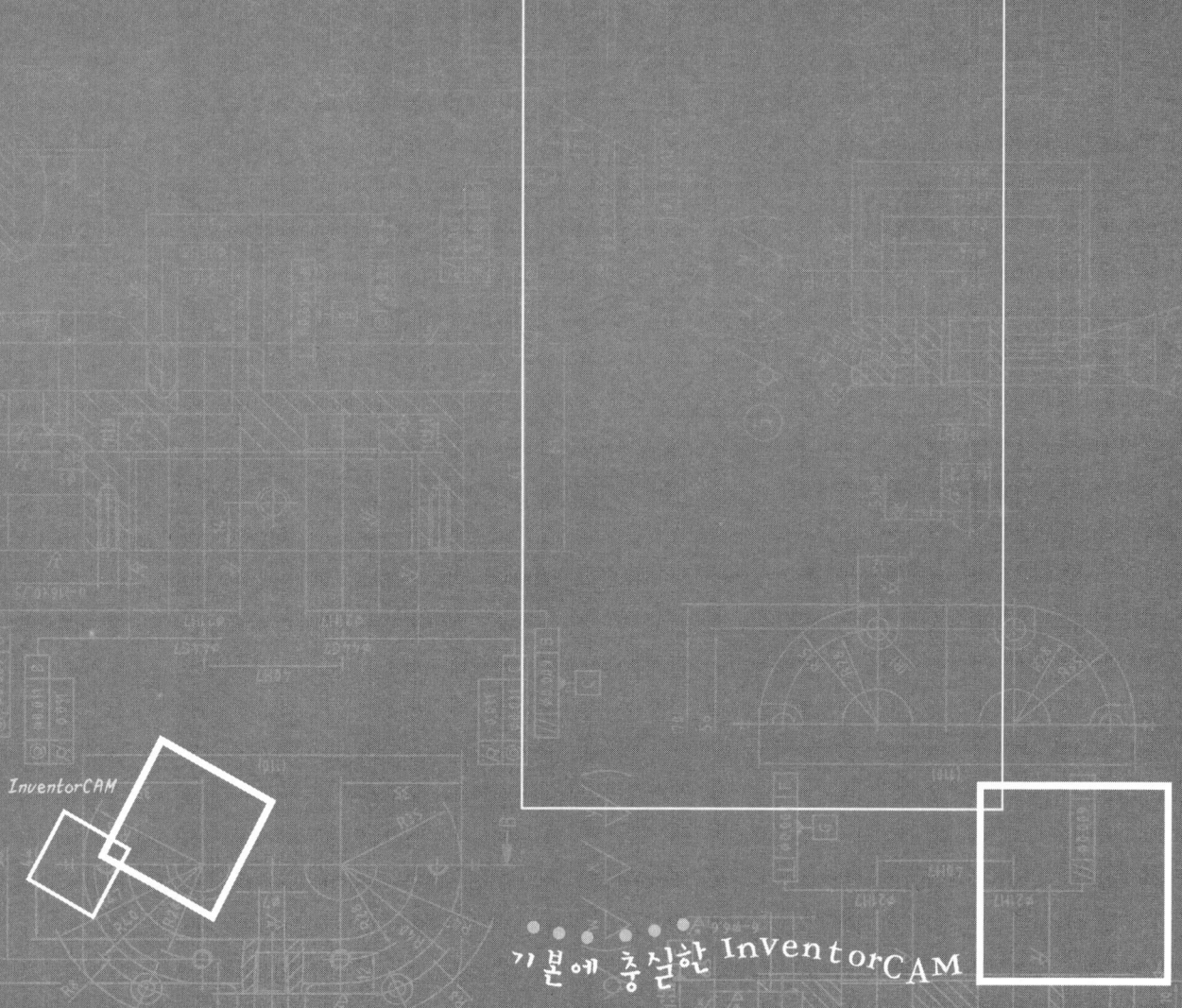

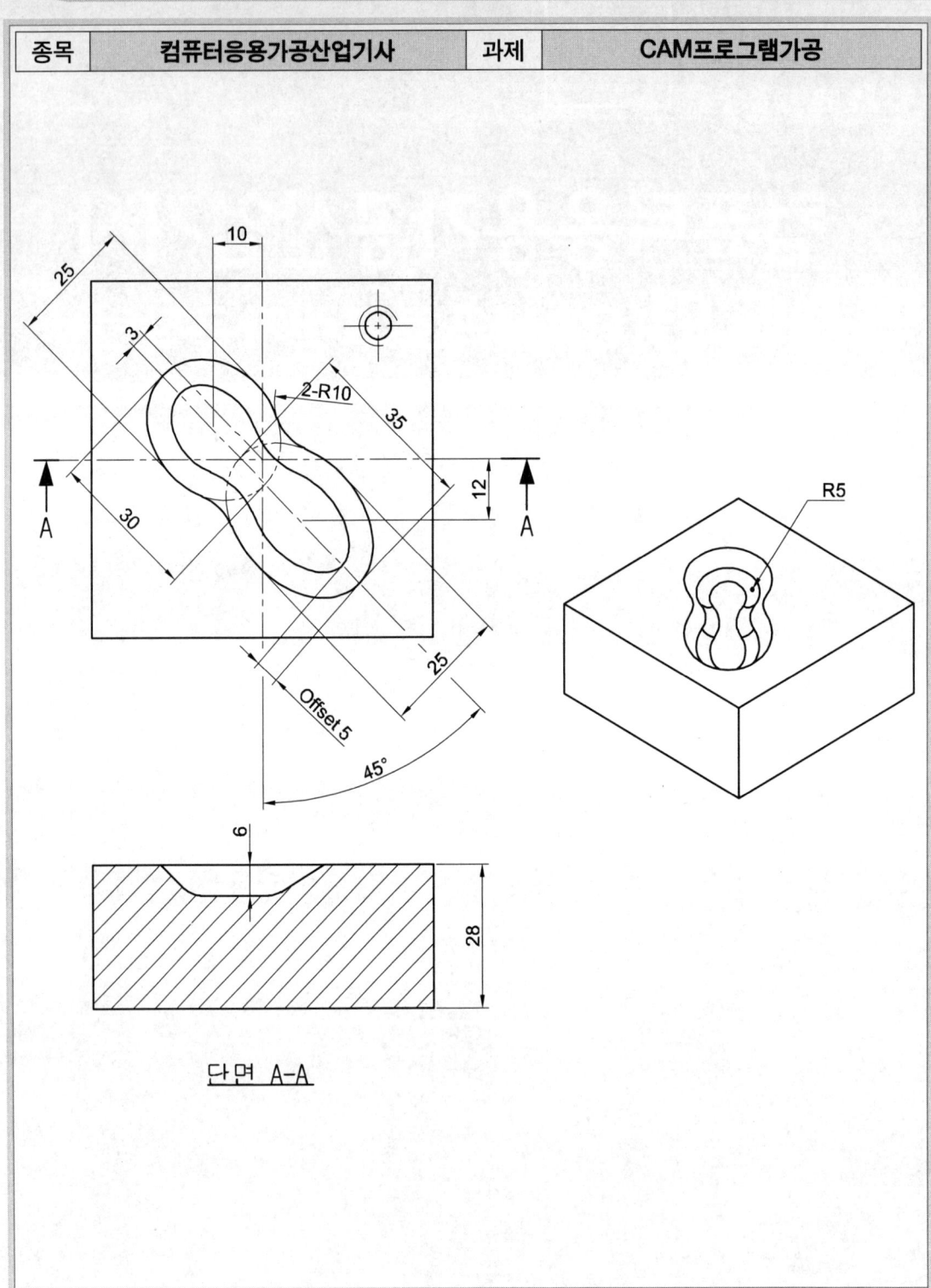

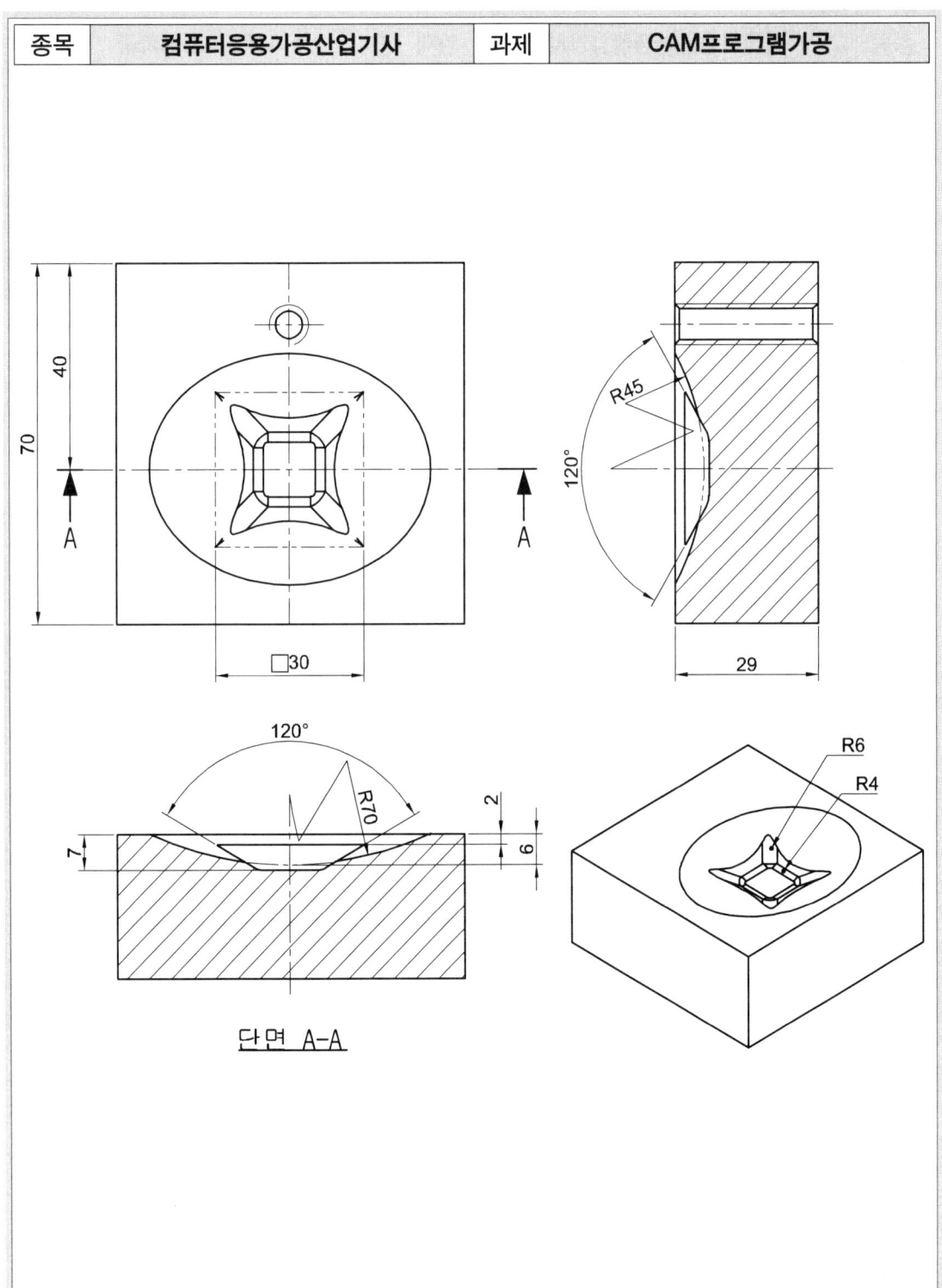

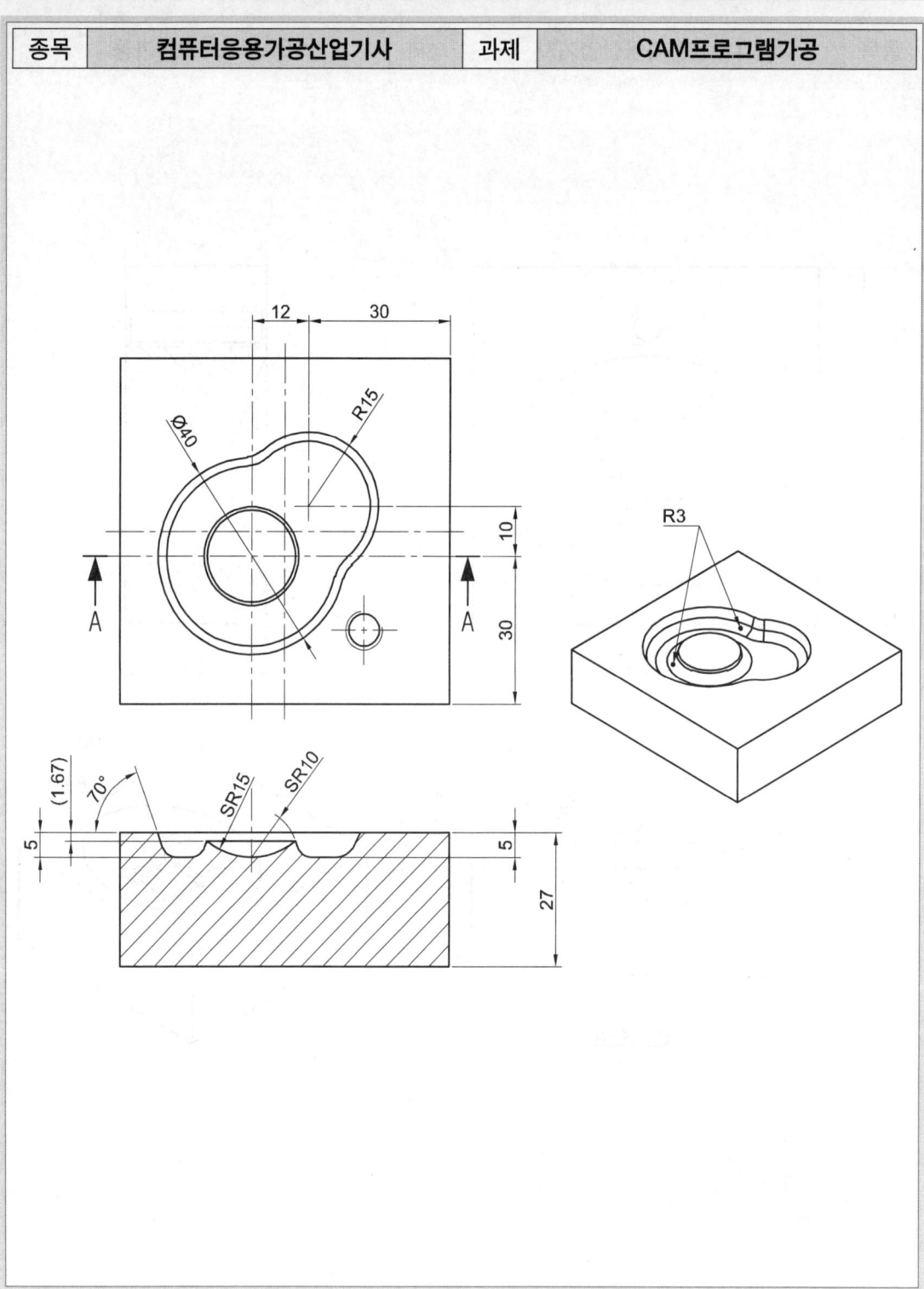

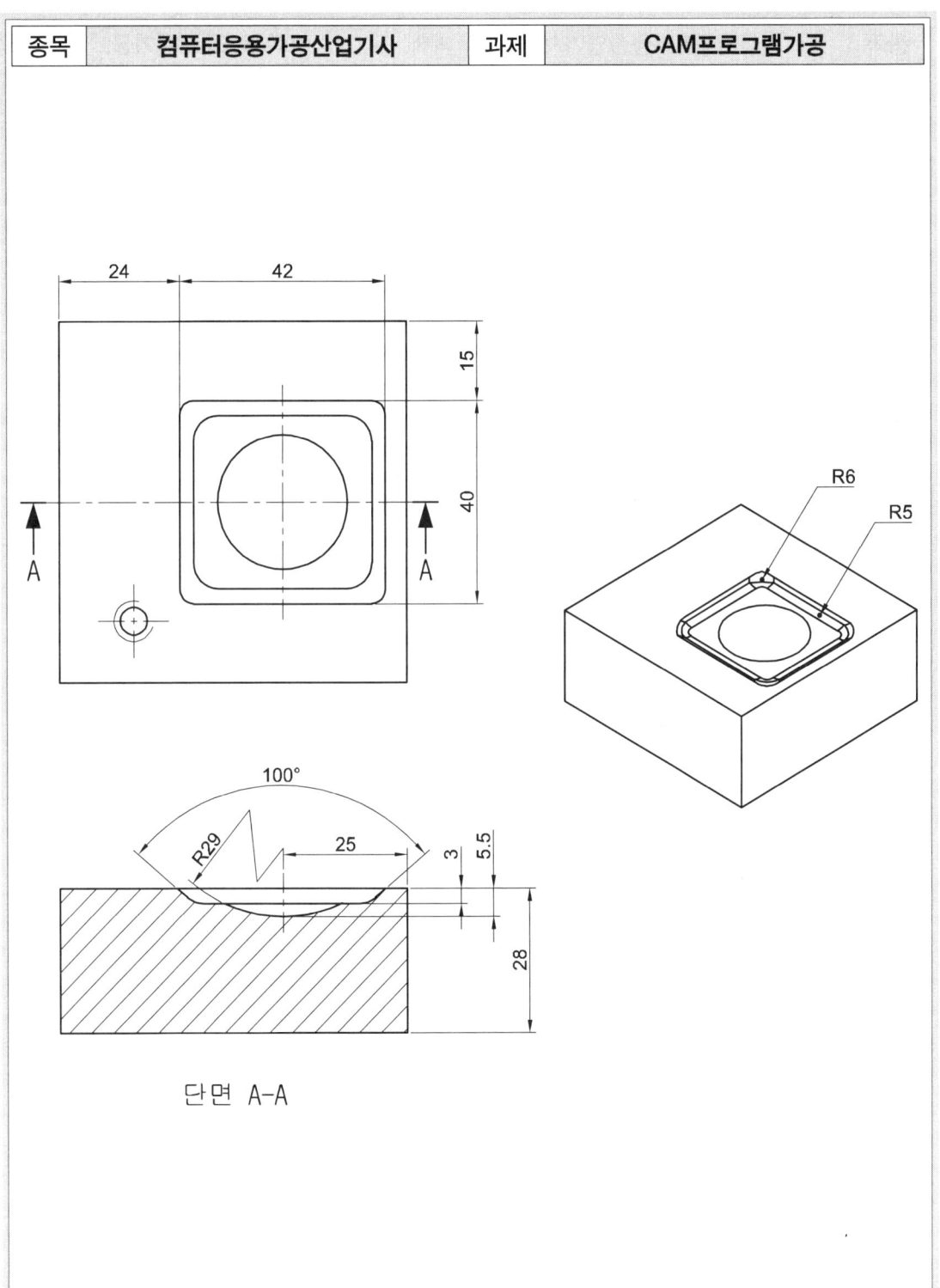

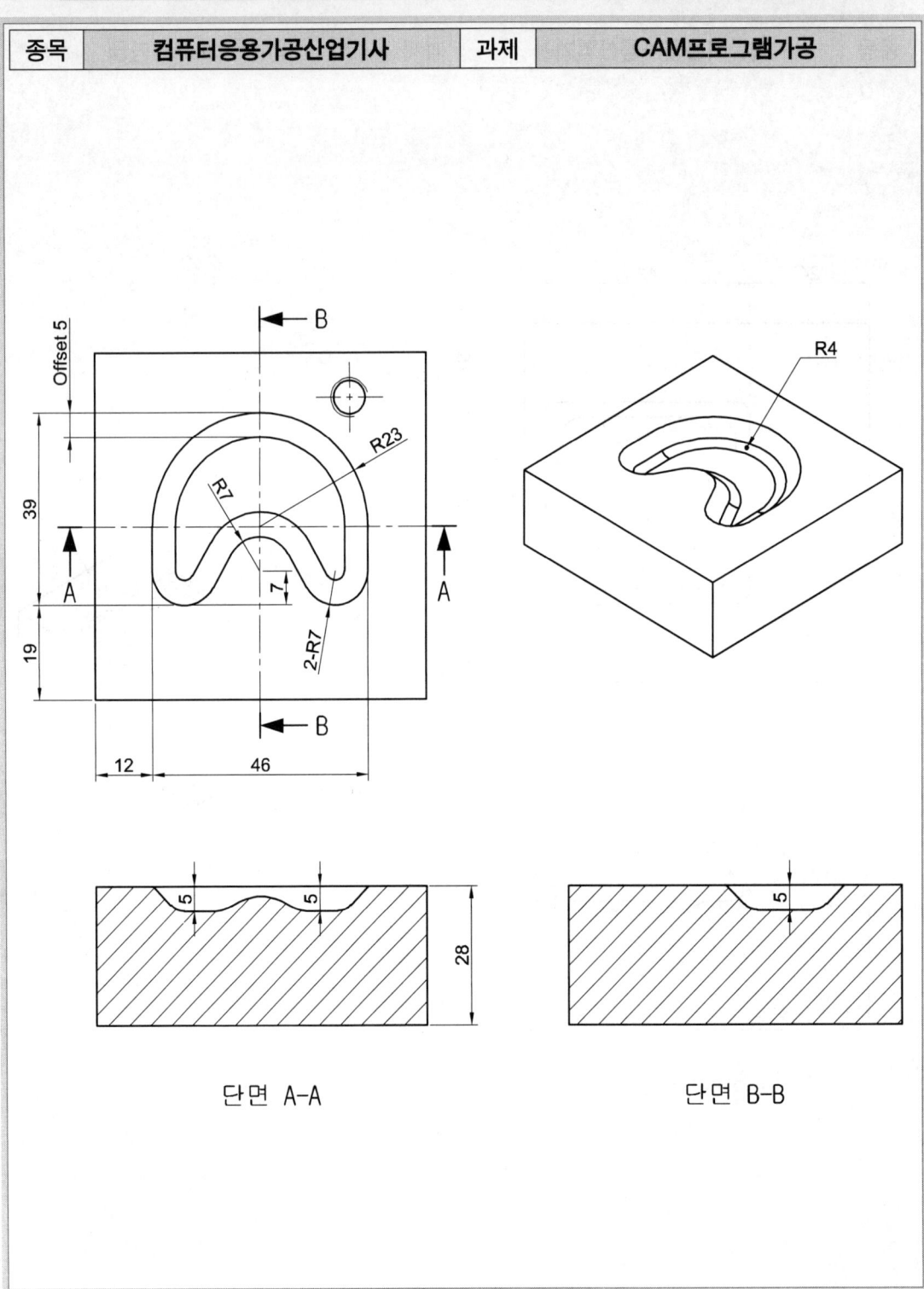

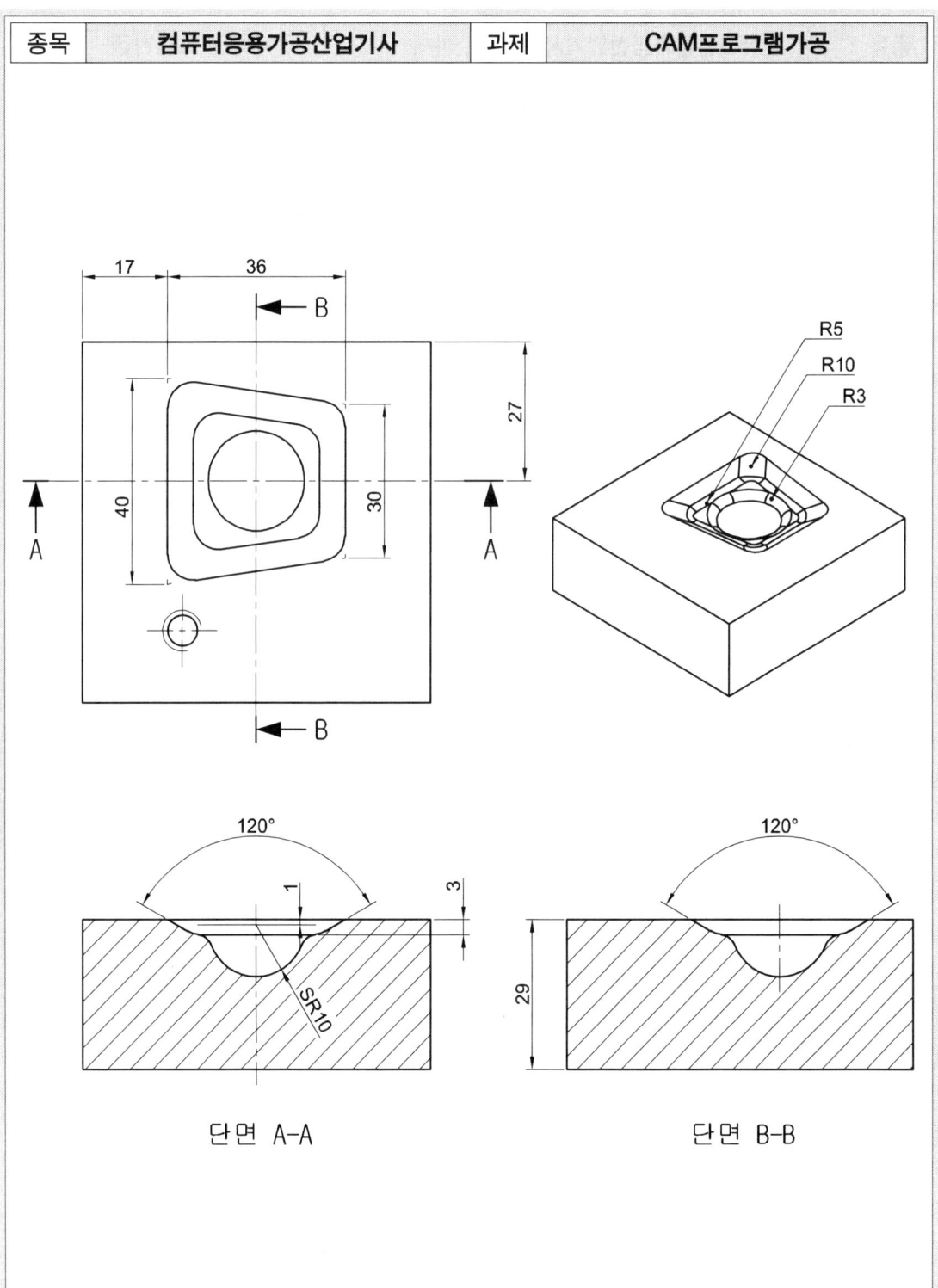

| 종목 | 컴퓨터응용가공산업기사 | 과제 | CAM프로그램가공 |

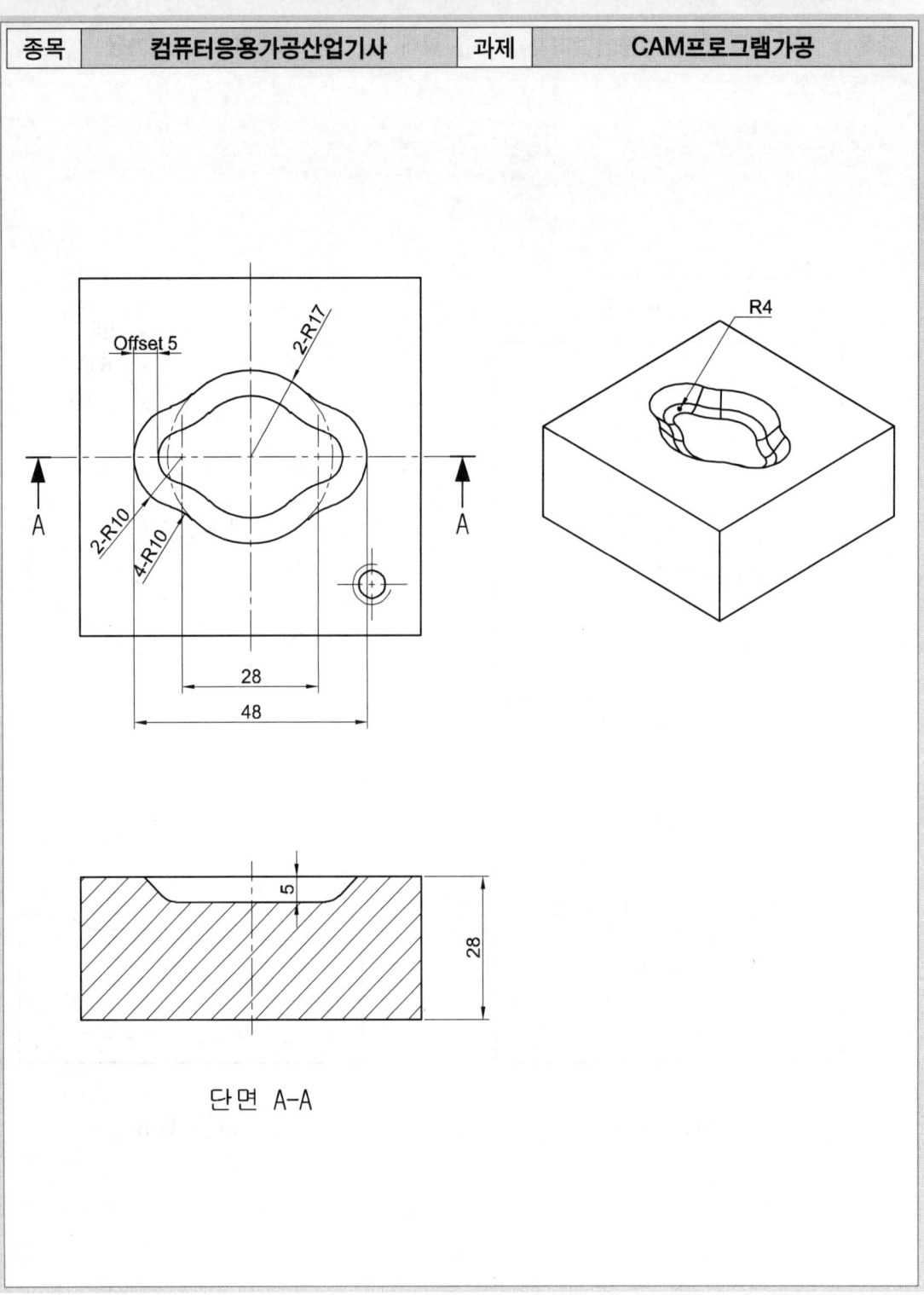

단면 A-A

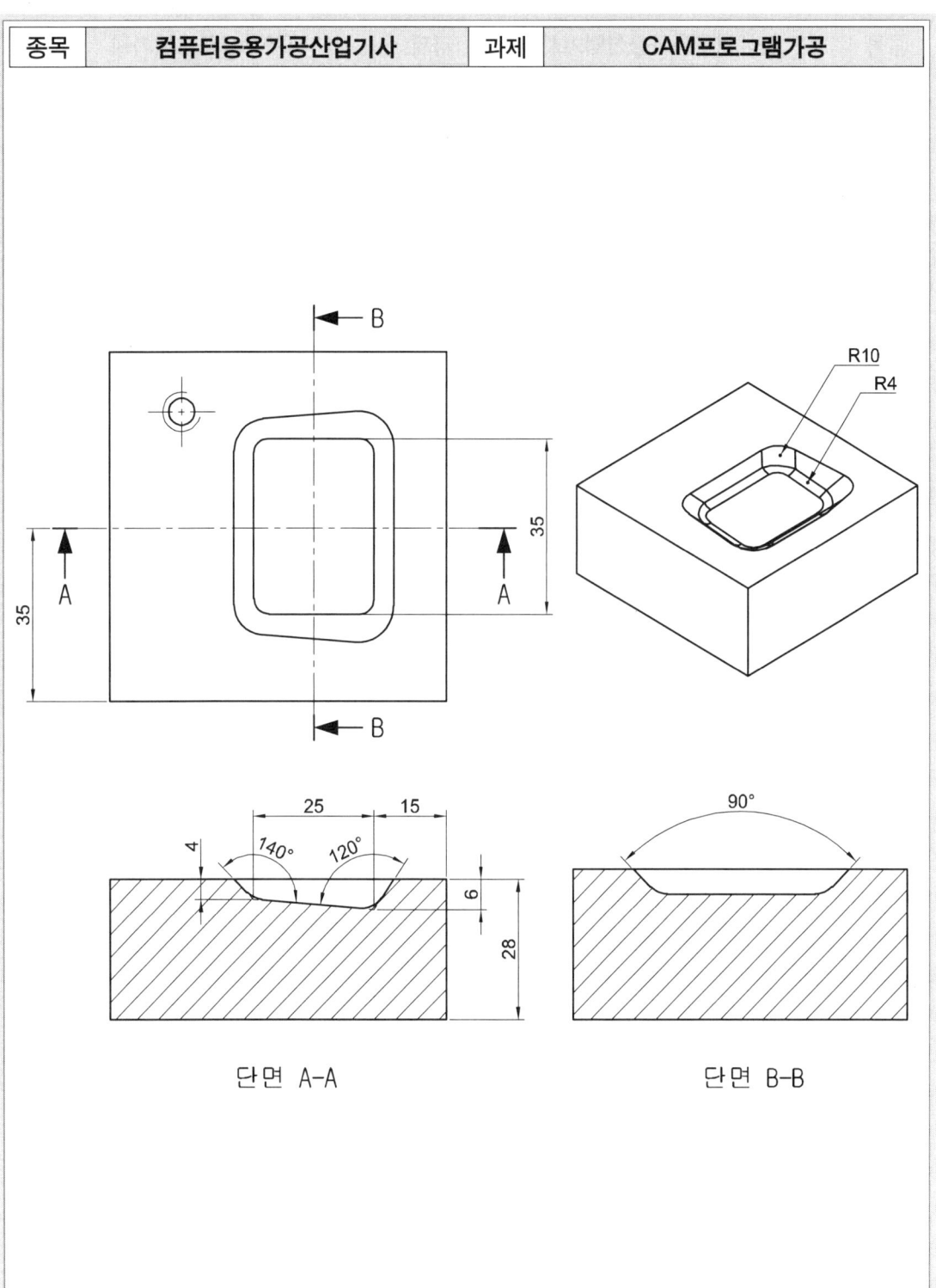

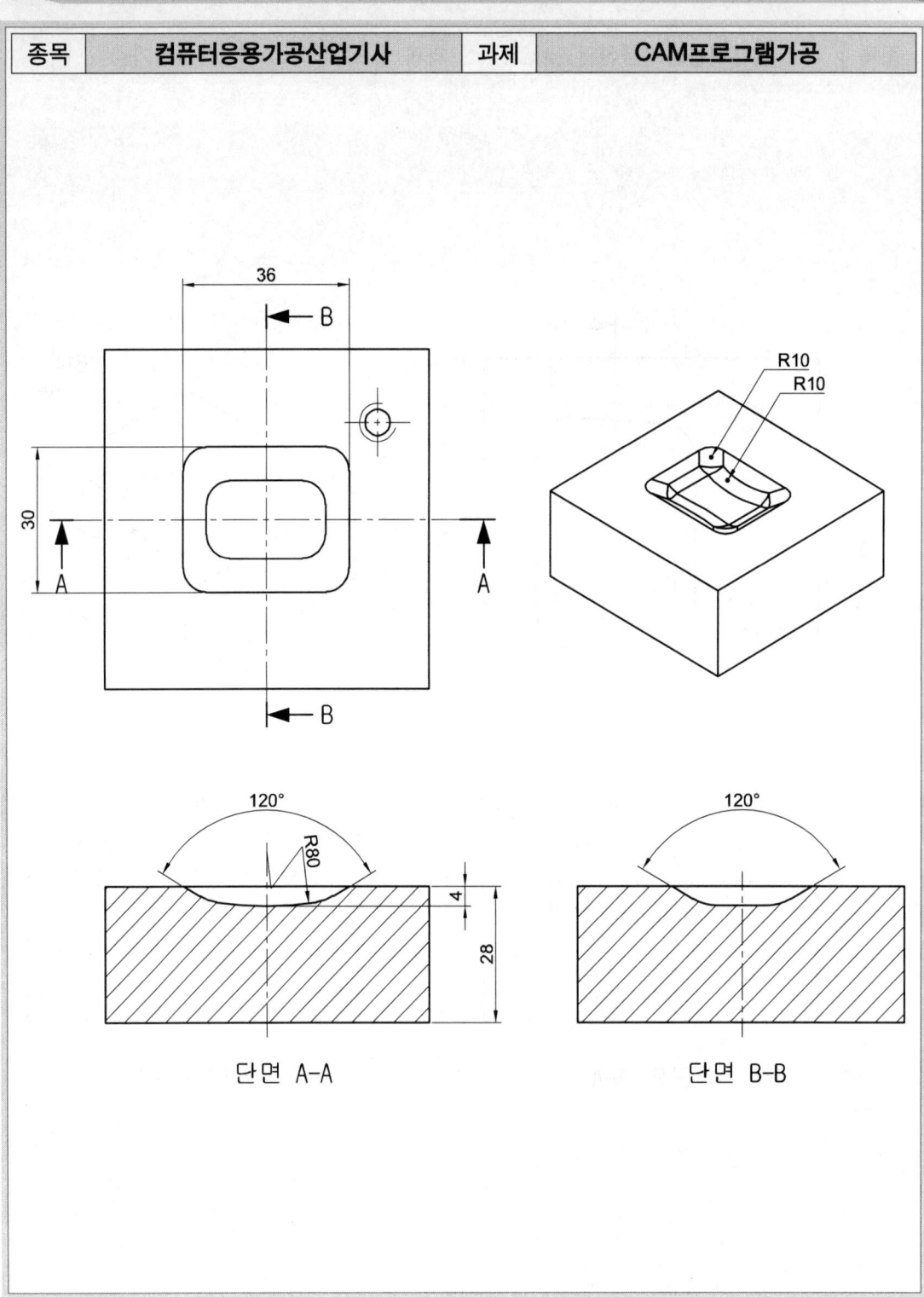

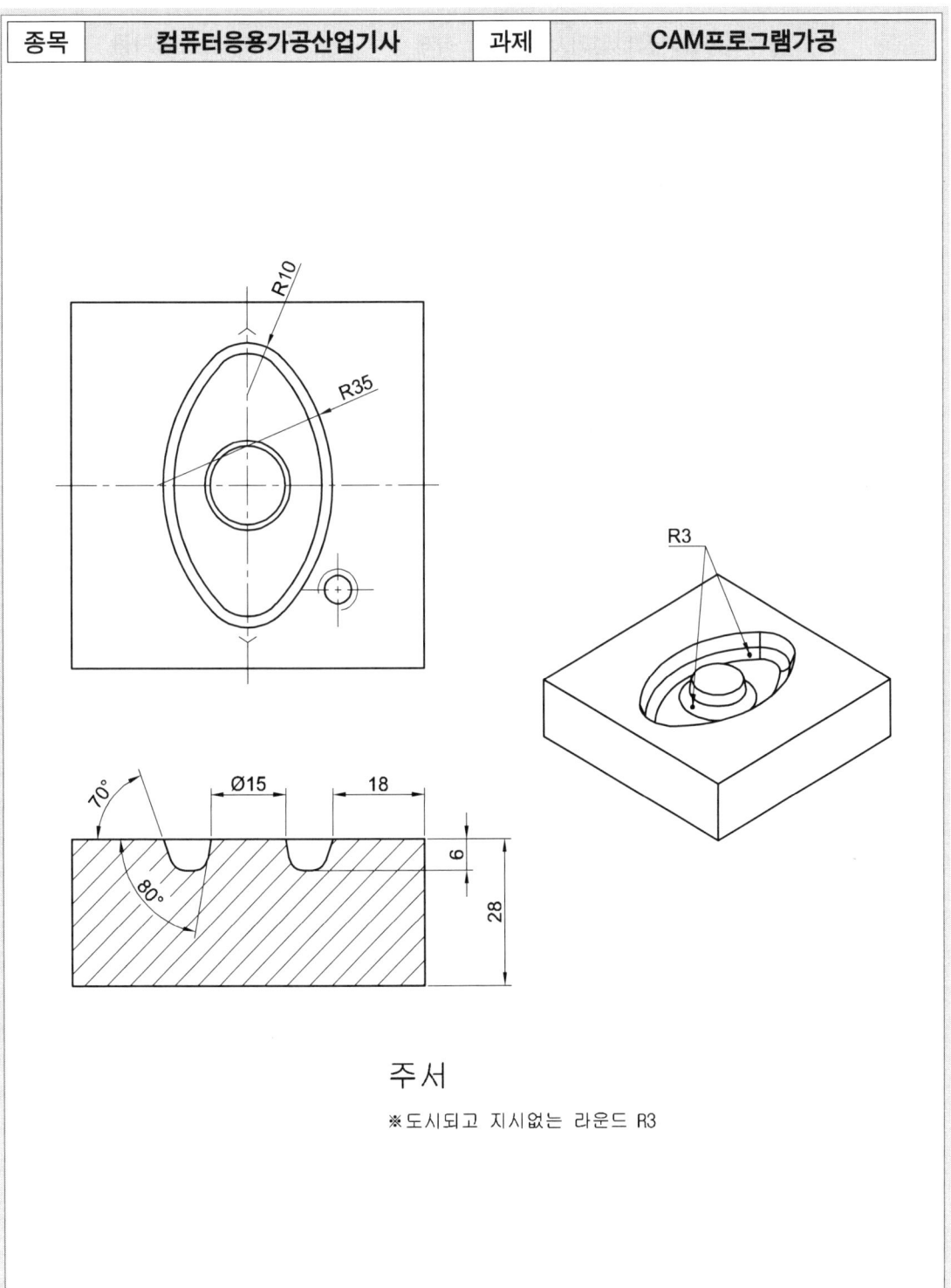

주서
※도시되고 지시없는 라운드 R3

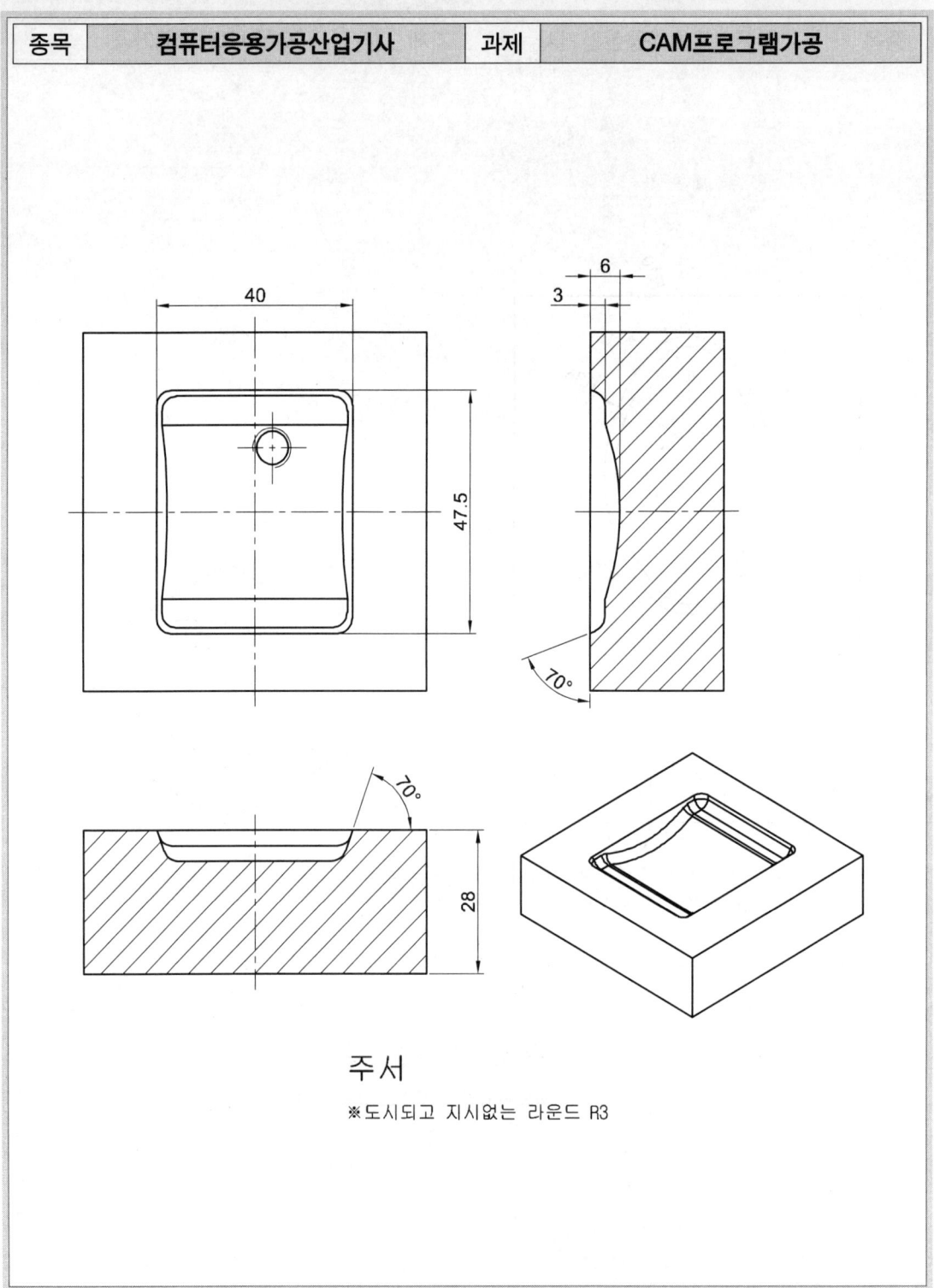

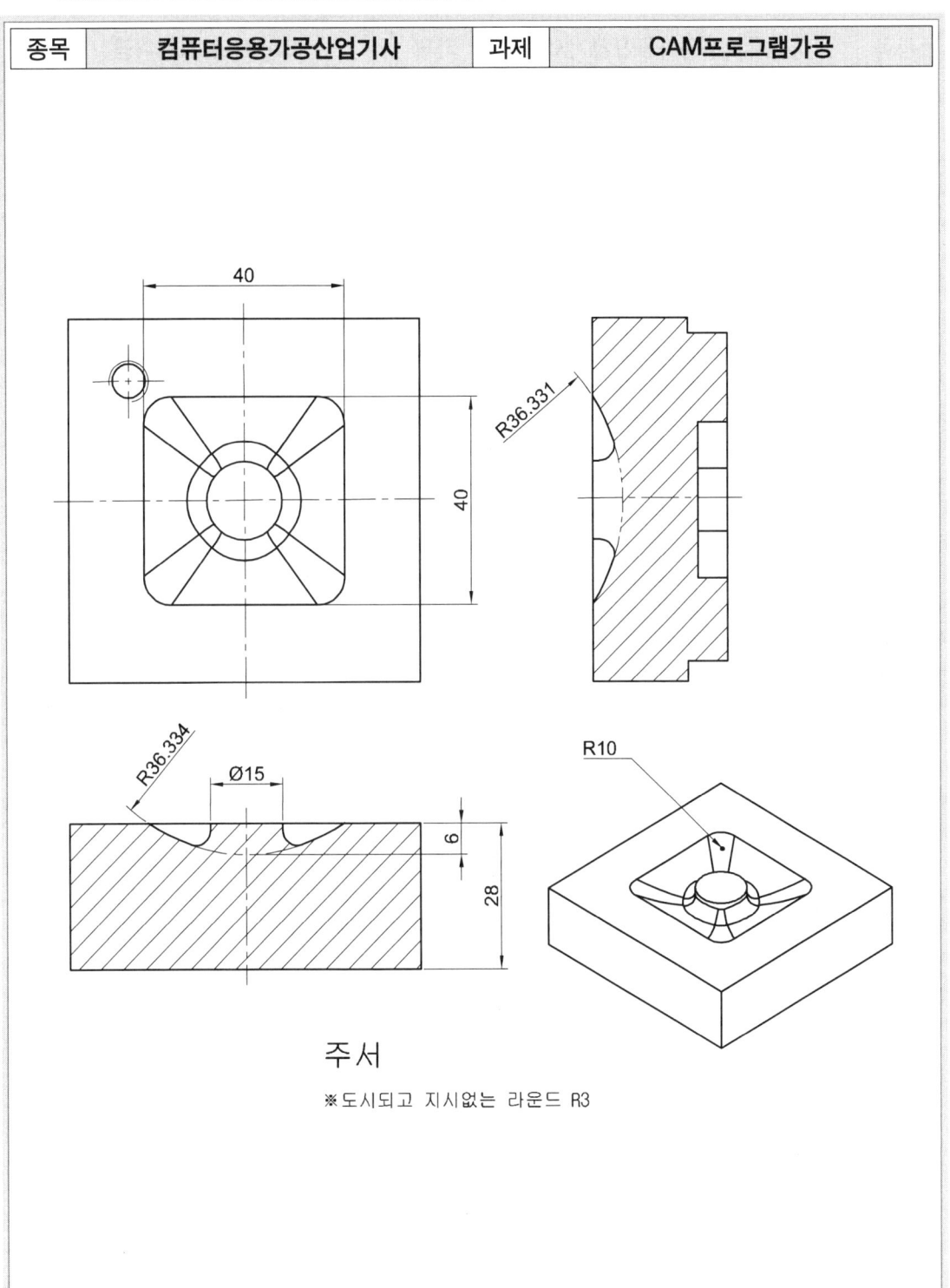

| 종목 | 컴퓨터응용가공산업기사 | 과제 | CAM프로그램가공 |

주서

※ 도시되고 지시없는 라운드 R3

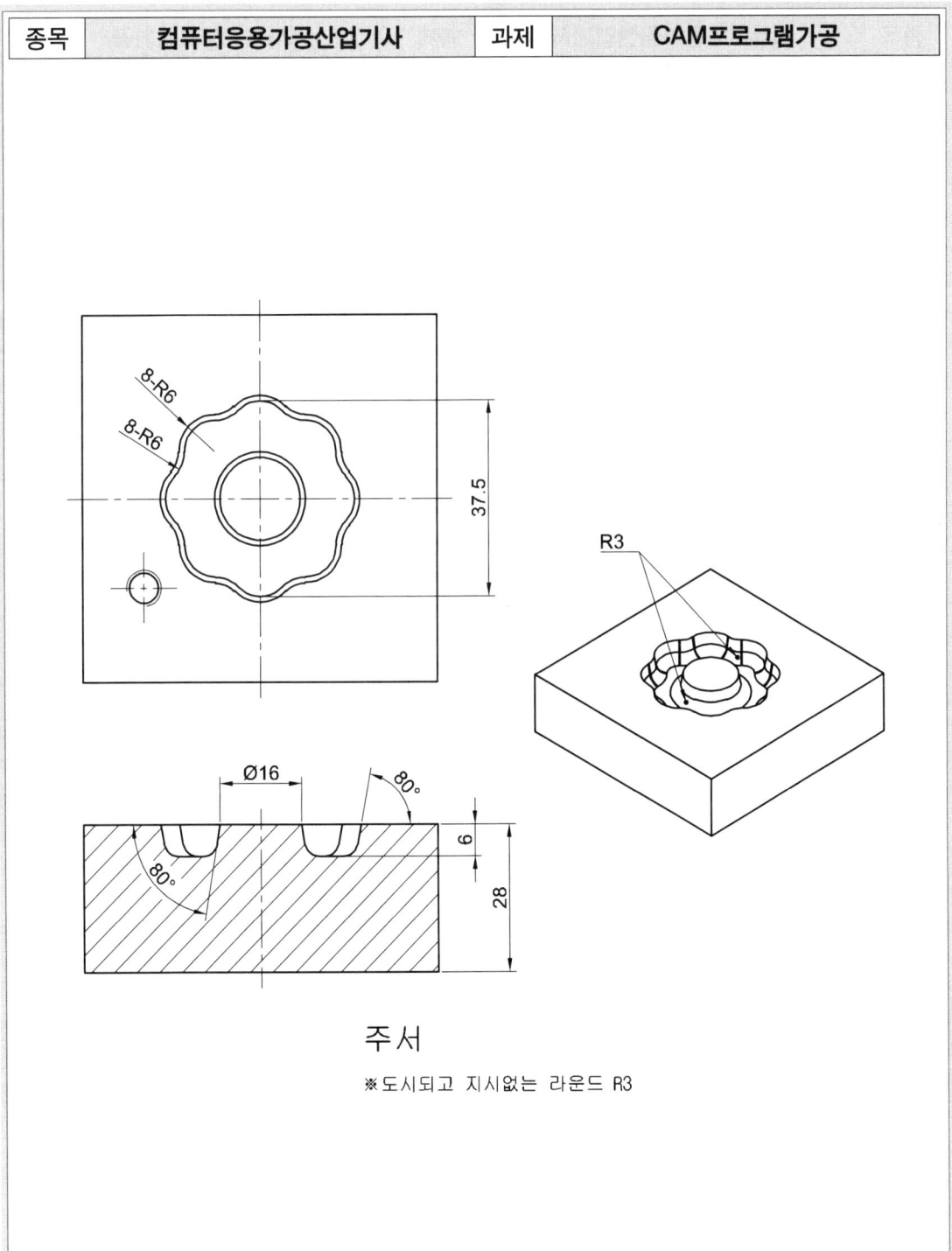

주서
※도시되고 지시없는 라운드 R3

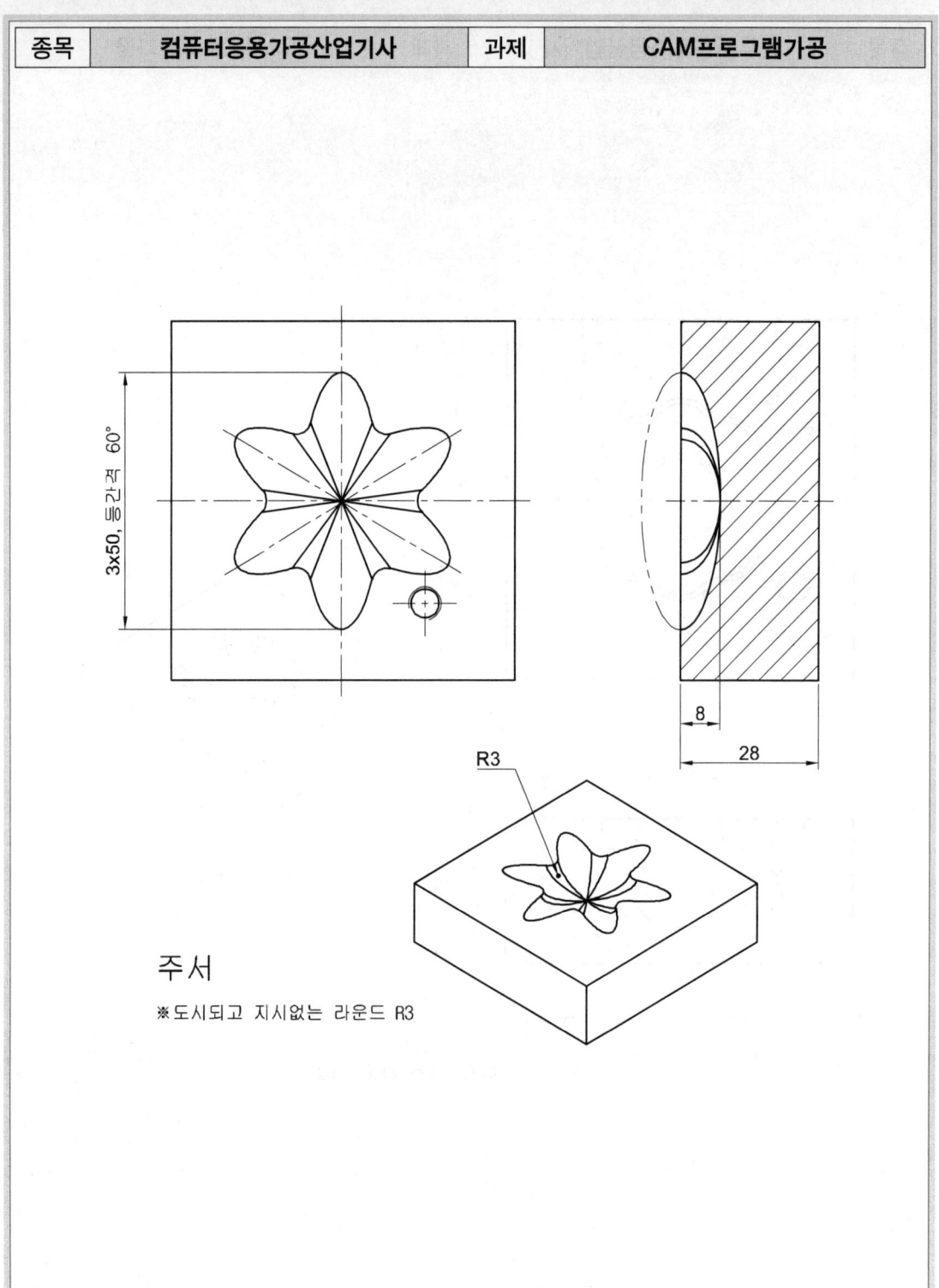

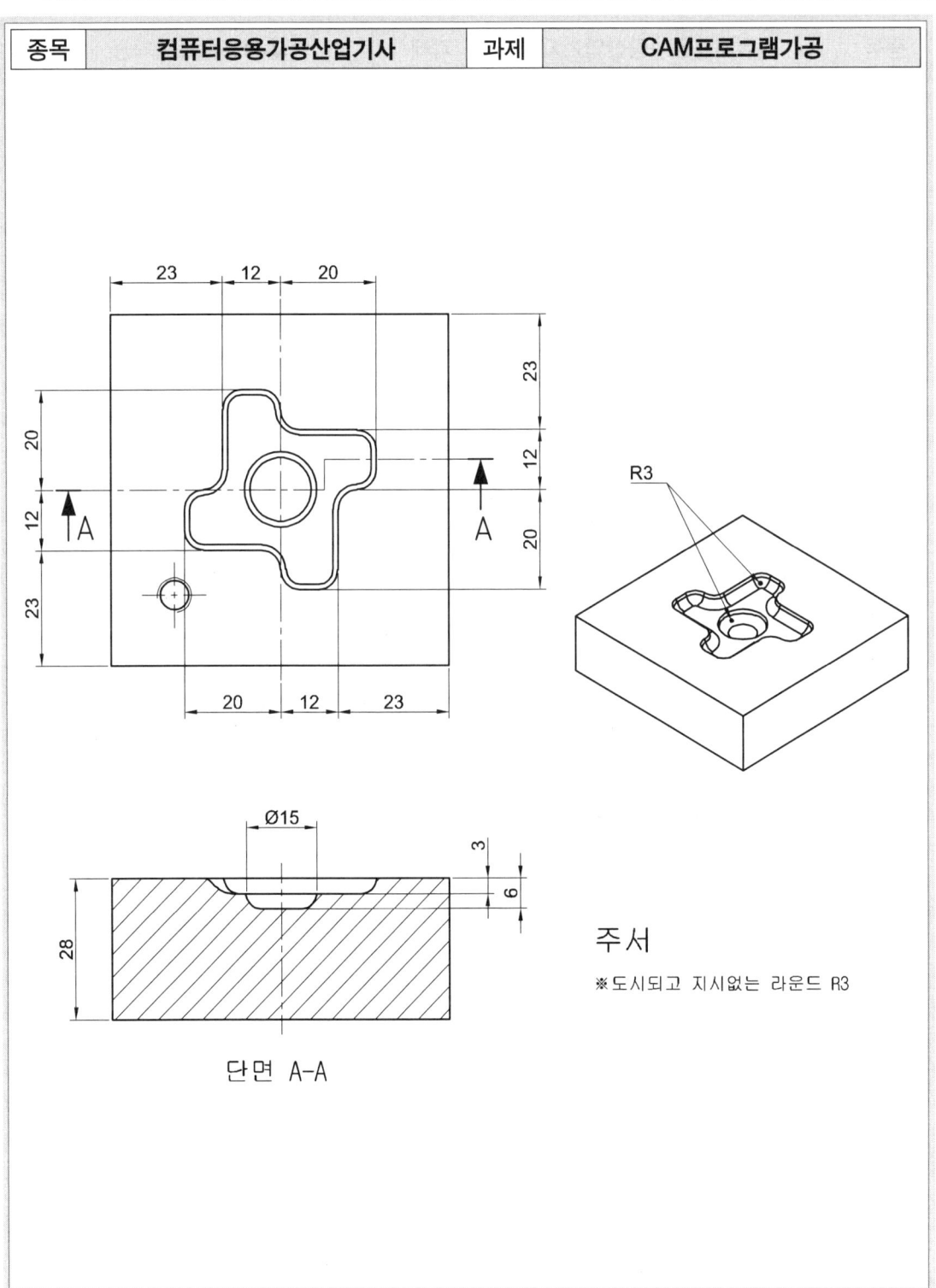

주서
※도시되고 지시없는 라운드 R3

| 종목 | 컴퓨터응용가공산업기사 | 과제 | CAM프로그램가공 |

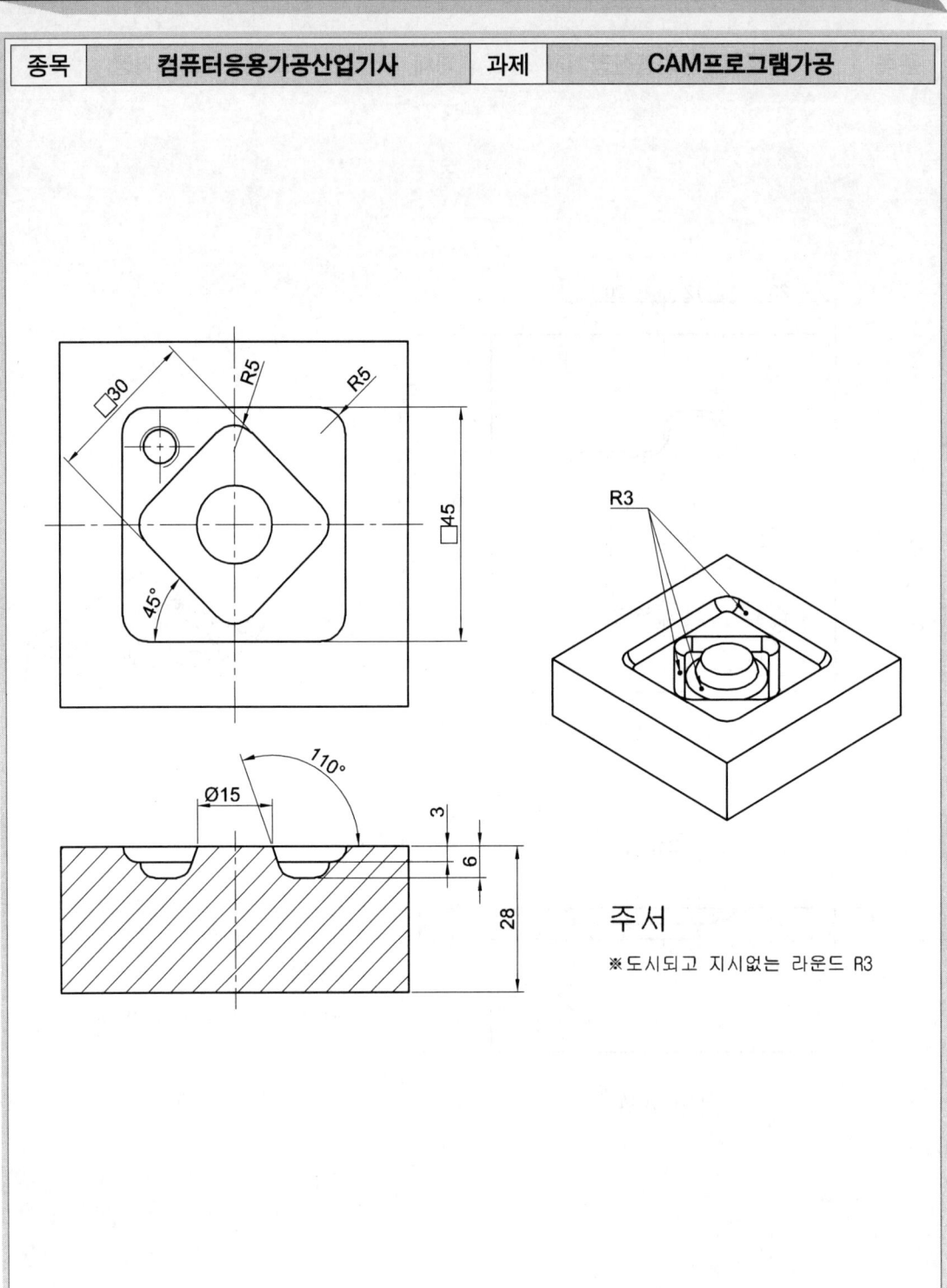

주서
※ 도시되고 지시없는 라운드 R3

Chapter 10 컴퓨터응용가공산업기사 연습도면(CAM프로그램가공작업)

연습도면 CAM프로그램가공 18

| 종목 | 컴퓨터응용가공산업기사 | 과제 | CAM프로그램가공 |

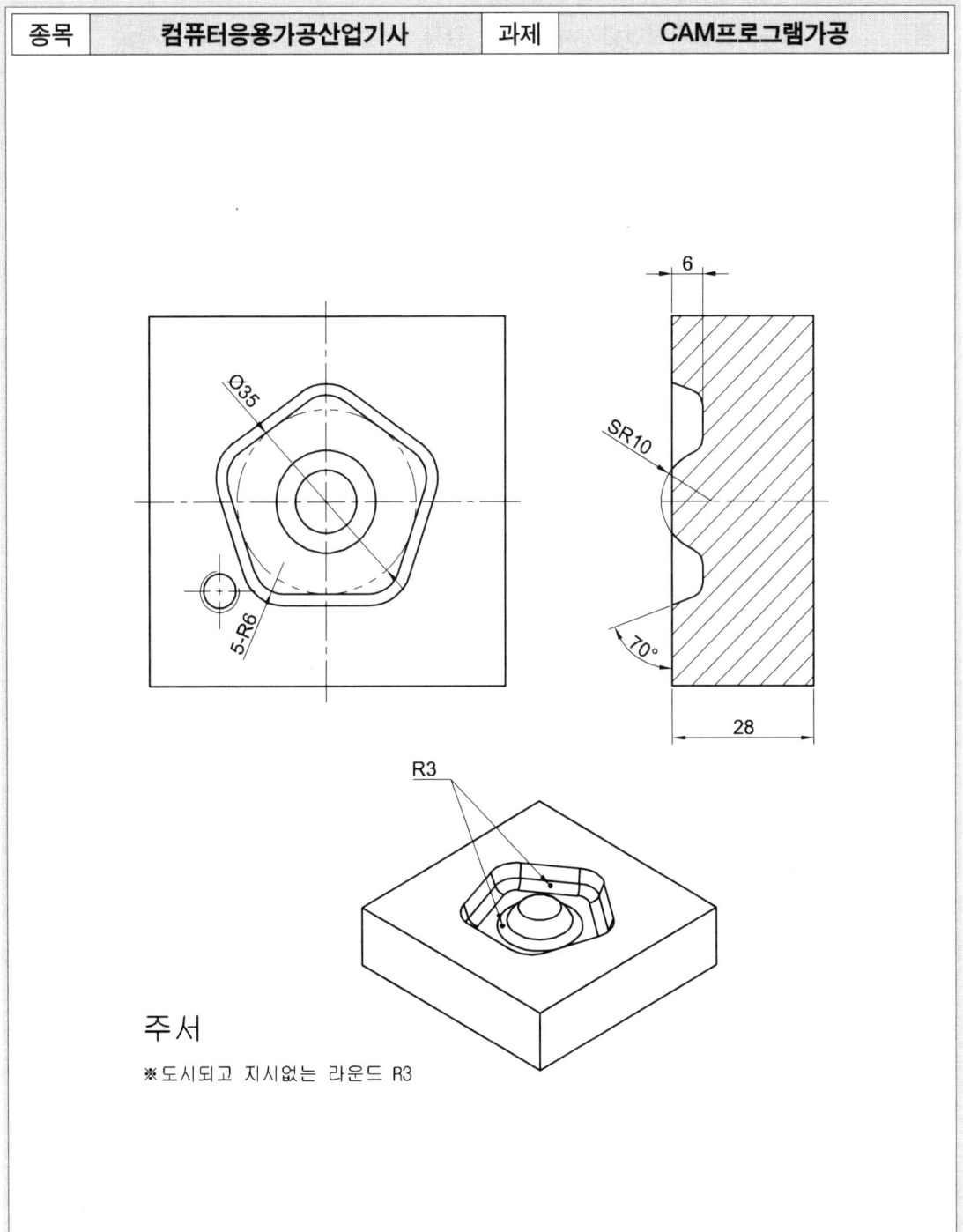

주서

※도시되고 지시없는 라운드 R3

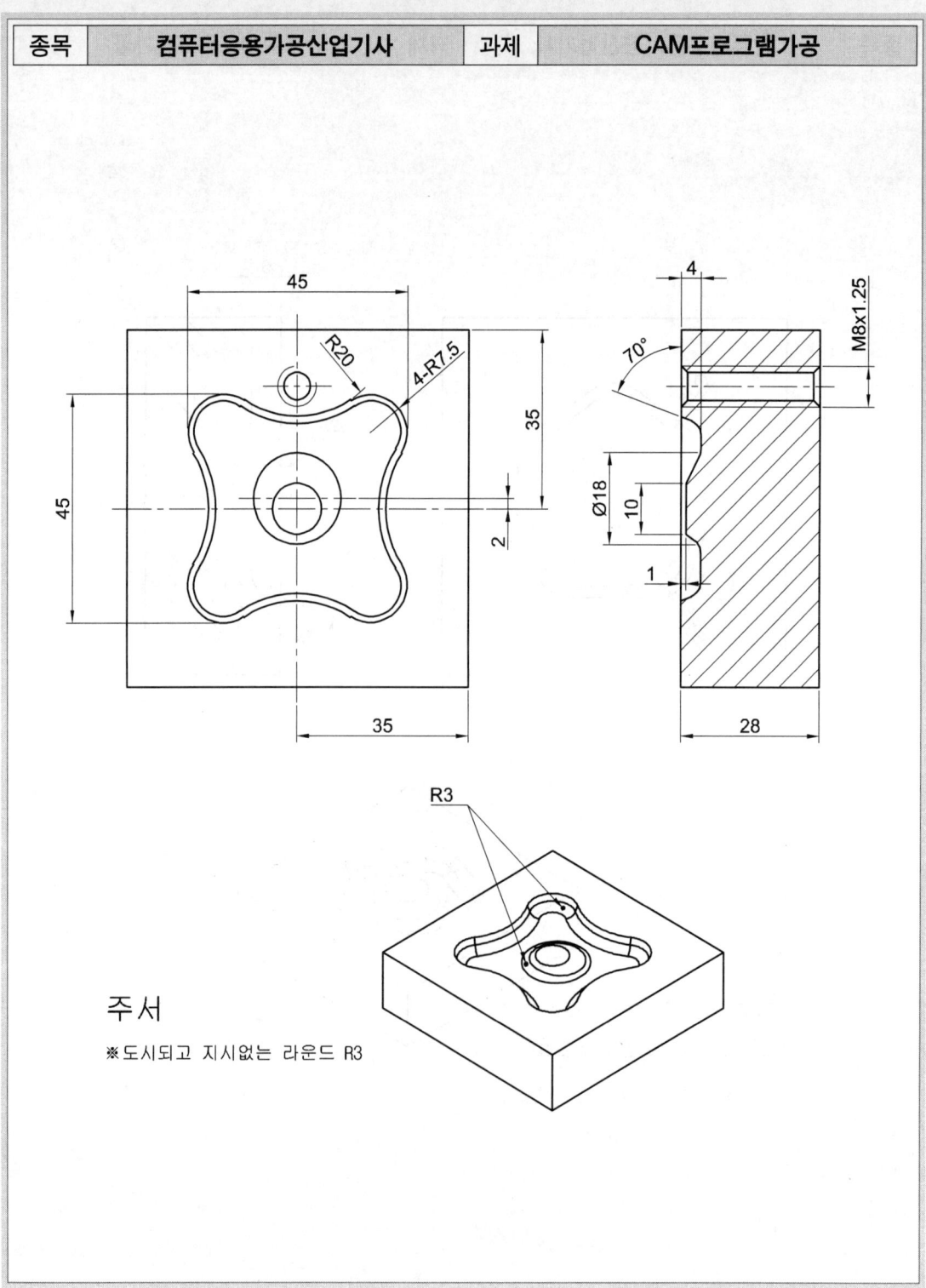

Chapter 10 컴퓨터응용가공산업기사 연습도면(CAM프로그램가공작업)

연습도면 CAM프로그램가공 20

| 종목 | 컴퓨터응용가공산업기사 | 과제 | CAM프로그램가공 |

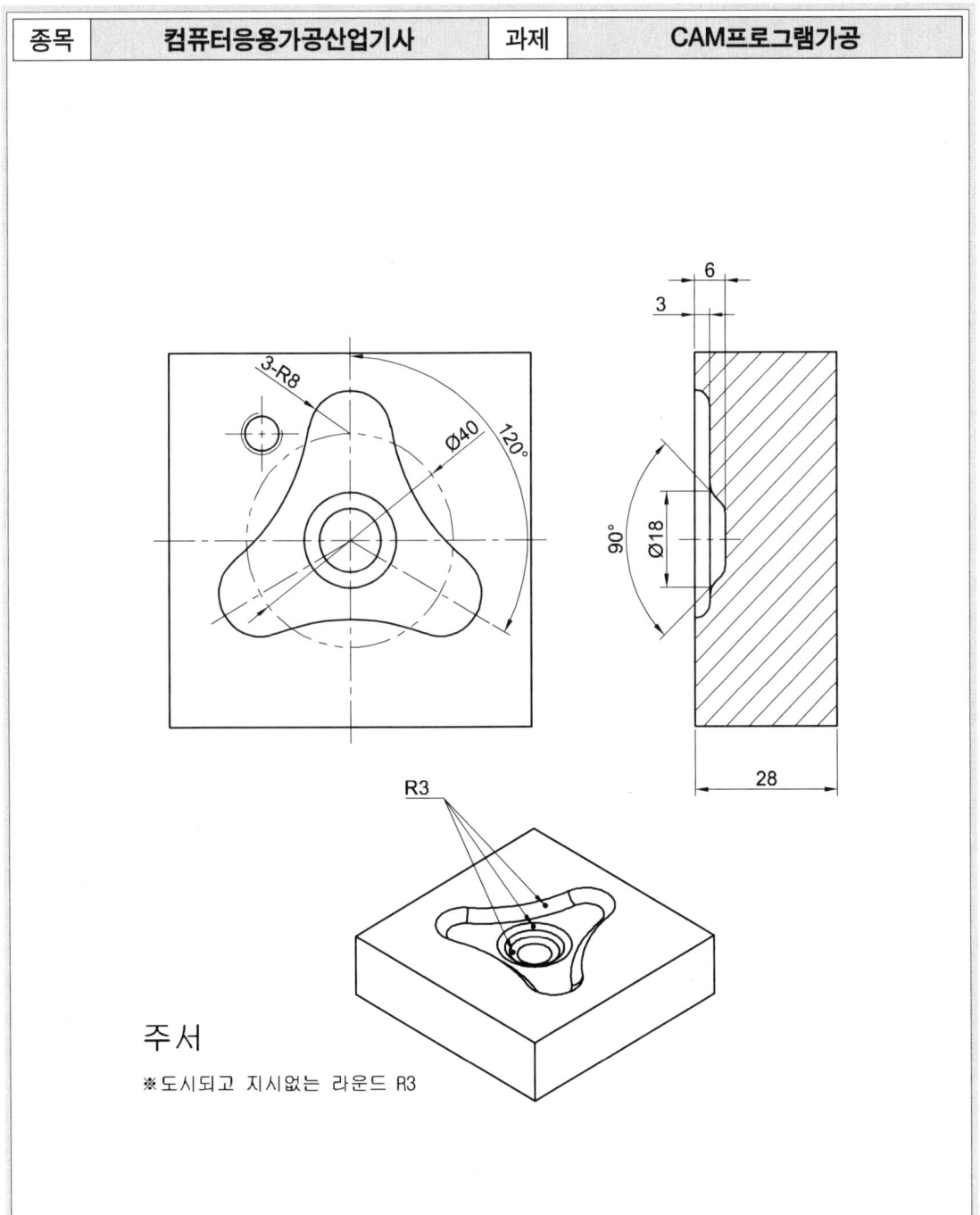

주서

※ 도시되고 지시없는 라운드 R3

기본에 충실한 InventorCAM

InventorCAM

Chapter 11

컴퓨터응용가공산업기사 연습도면(머시닝센터가공작업)

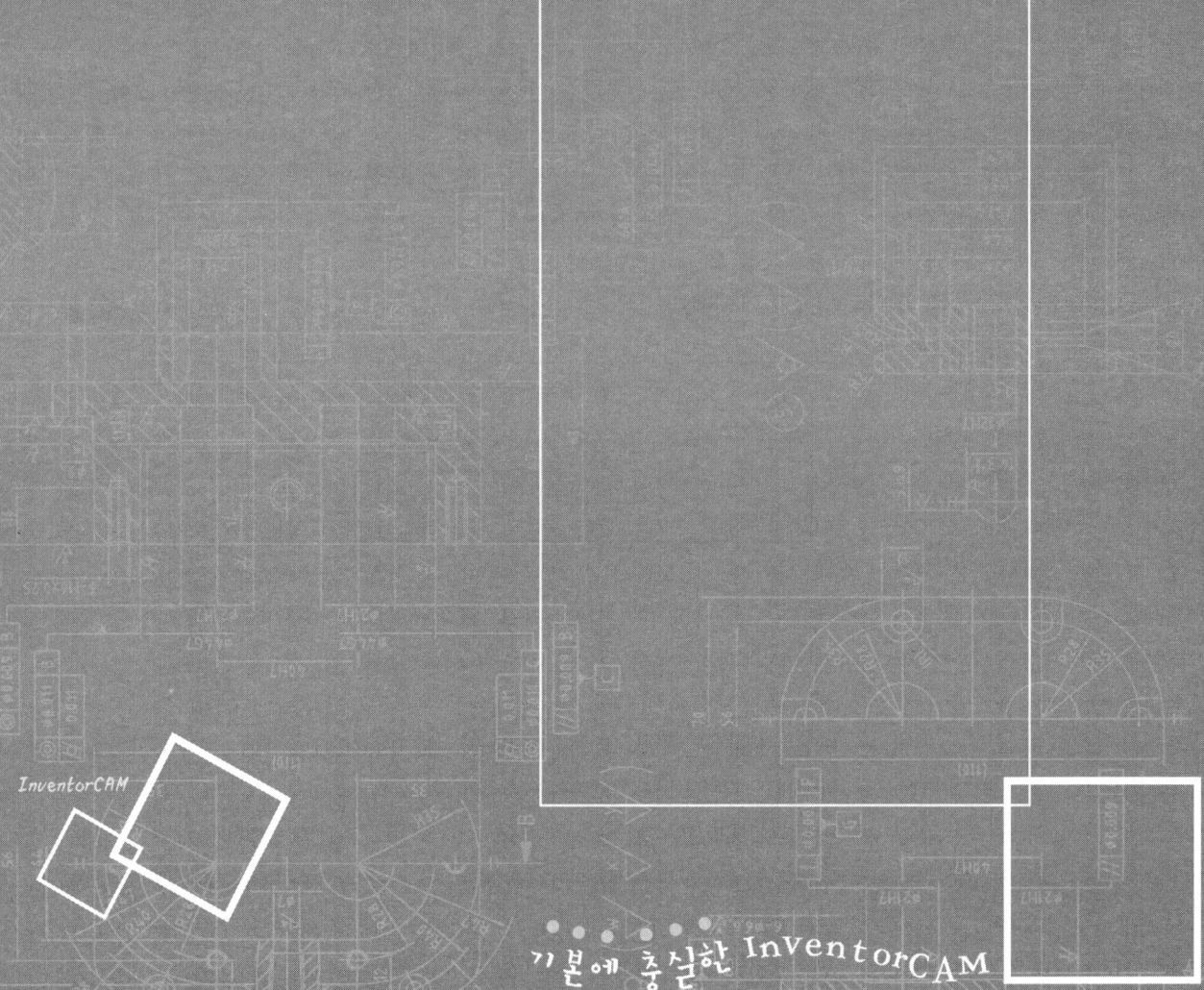

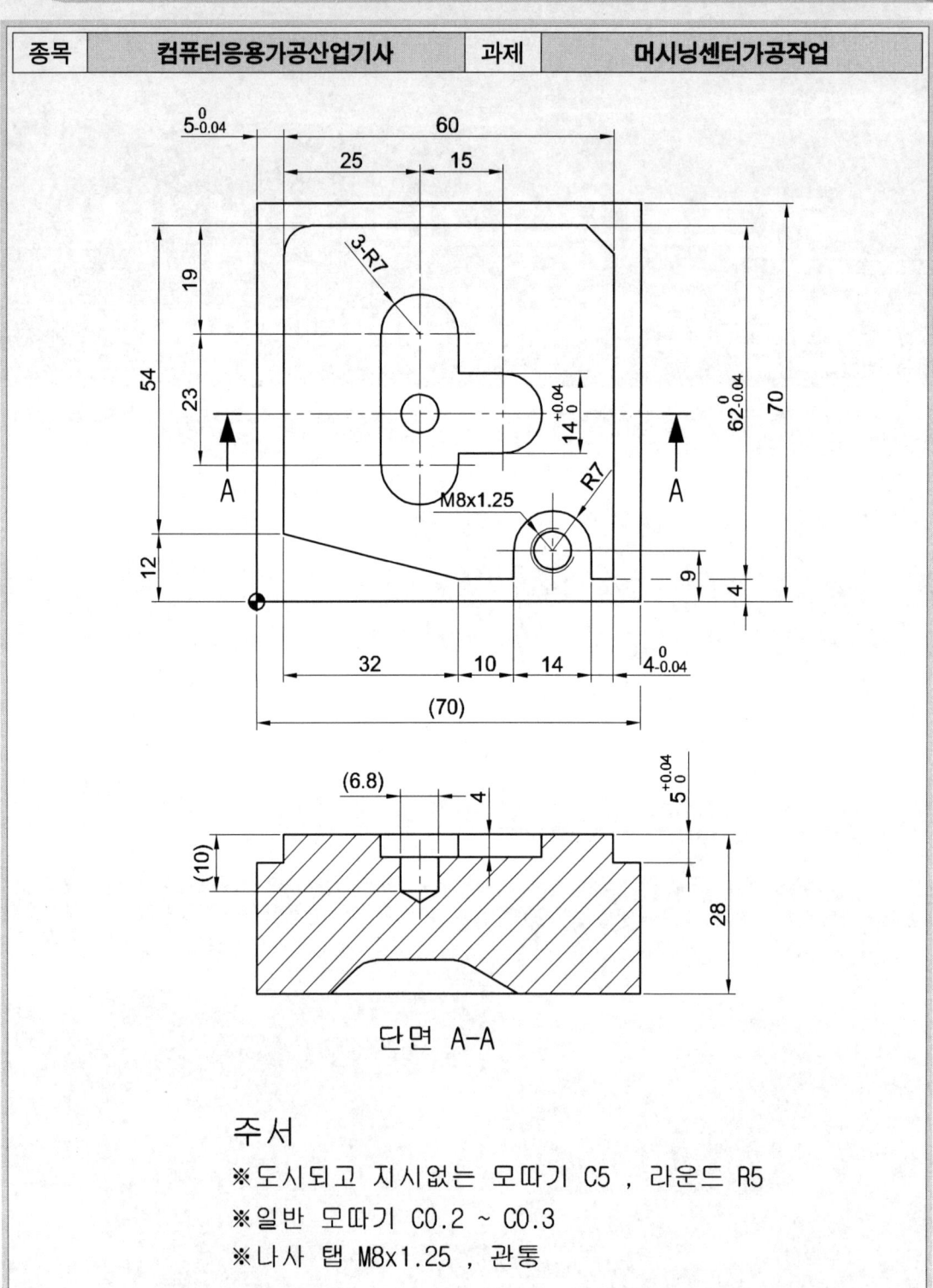

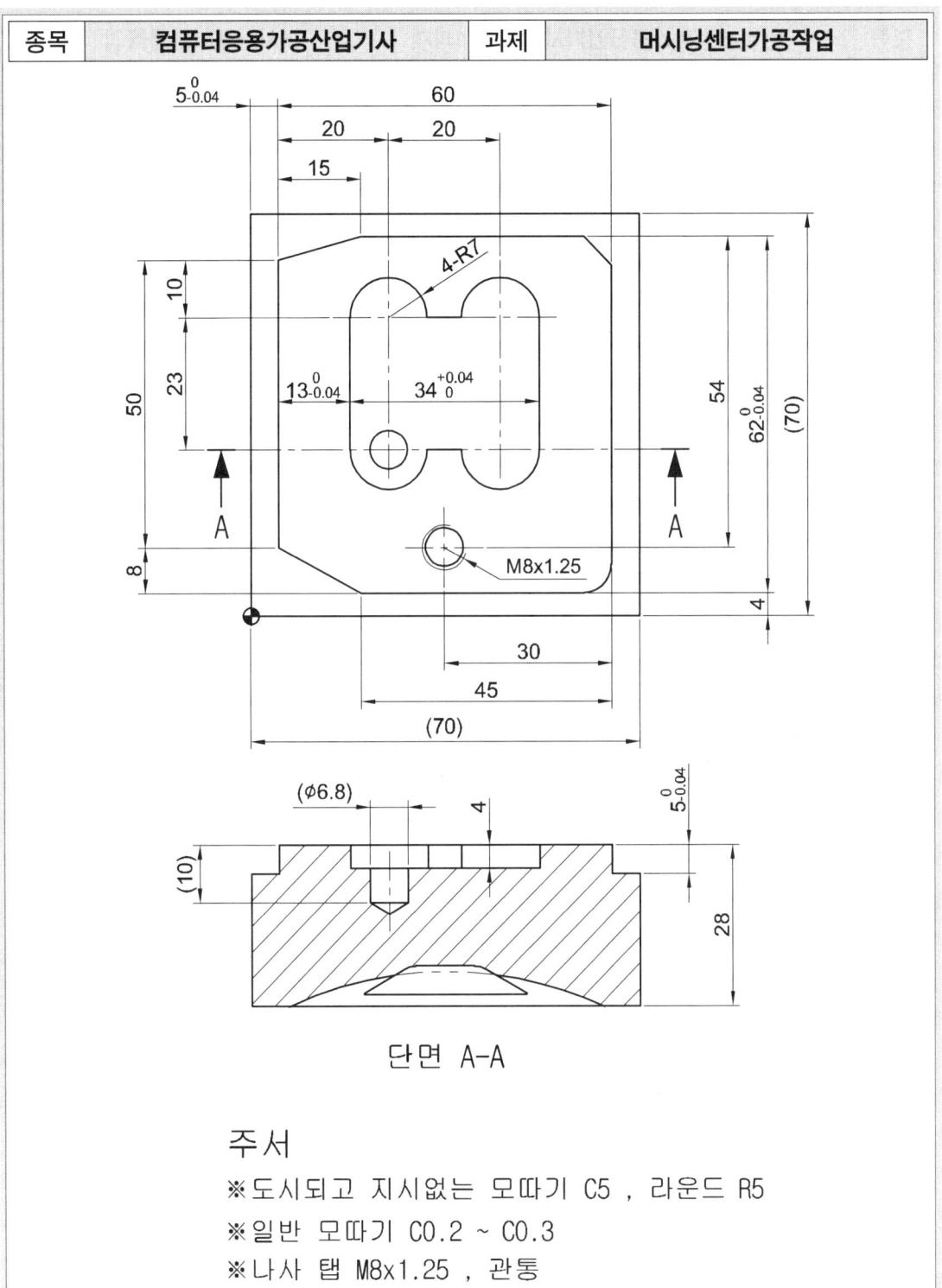

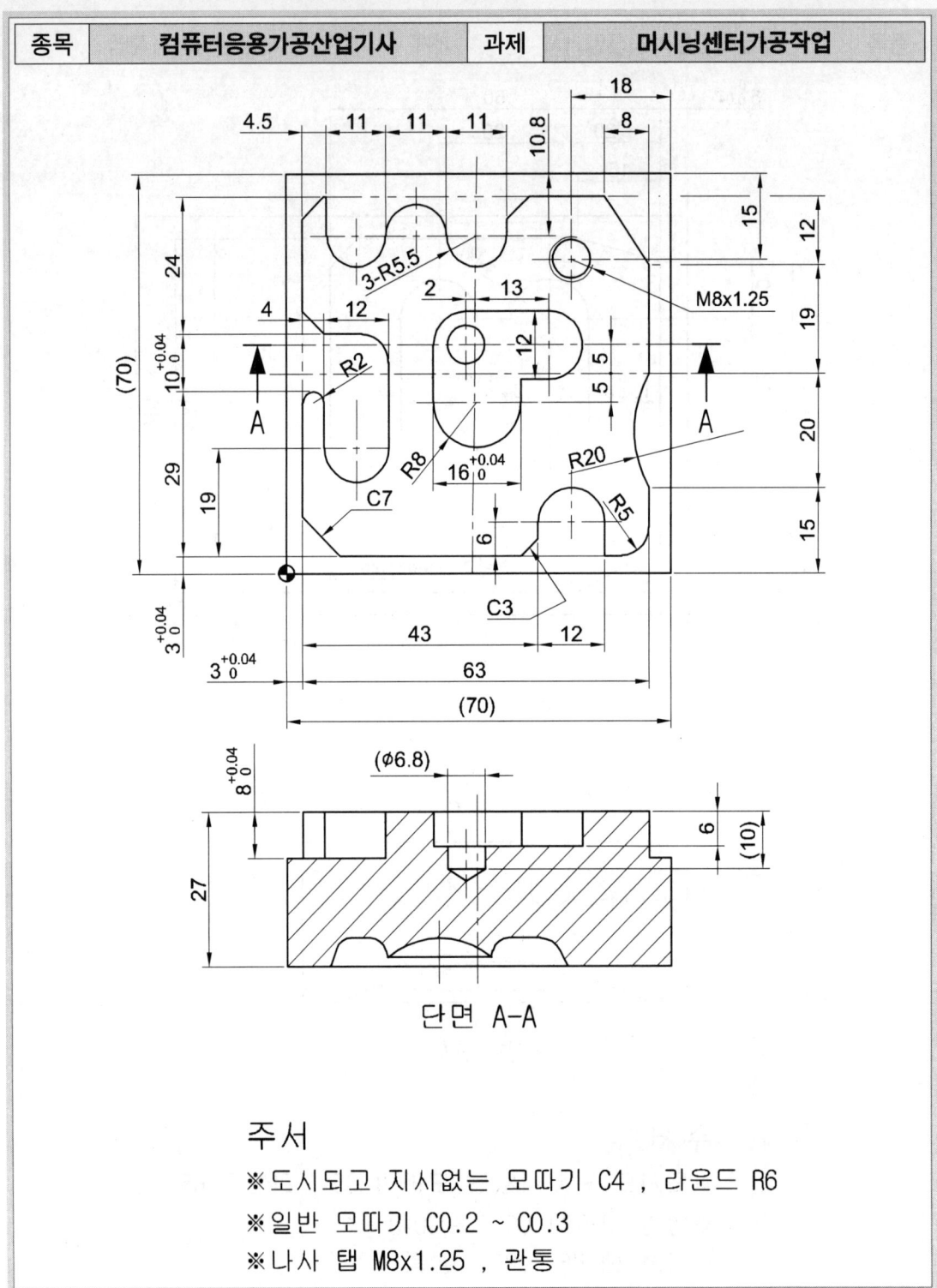

주서
※도시되고 지시없는 모따기 C4 , 라운드 R6
※일반 모따기 C0.2 ~ C0.3
※나사 탭 M8x1.25 , 관통

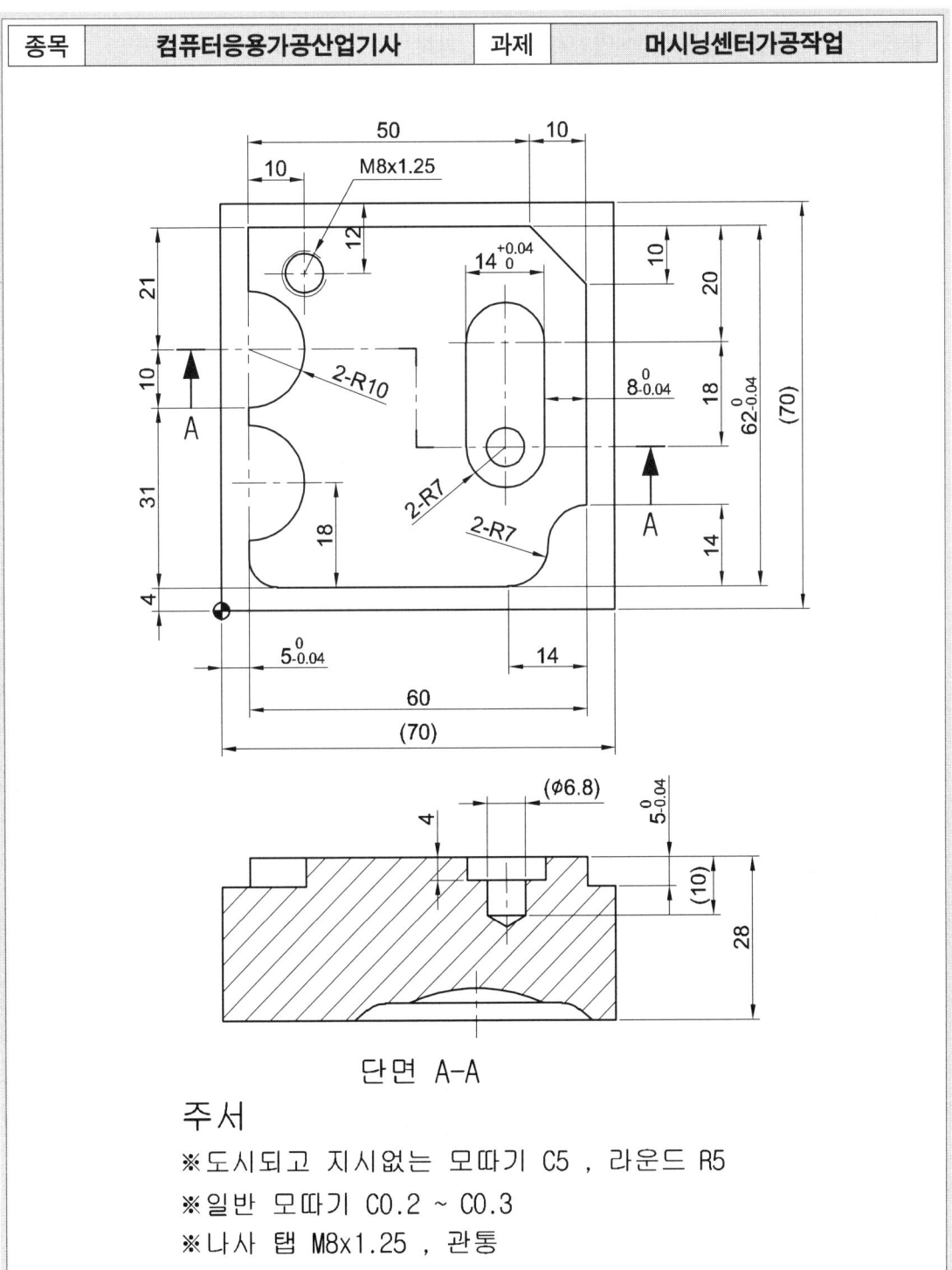

단면 A-A

주서
※도시되고 지시없는 모따기 C5 , 라운드 R5
※일반 모따기 C0.2 ~ C0.3
※나사 탭 M8x1.25 , 관통

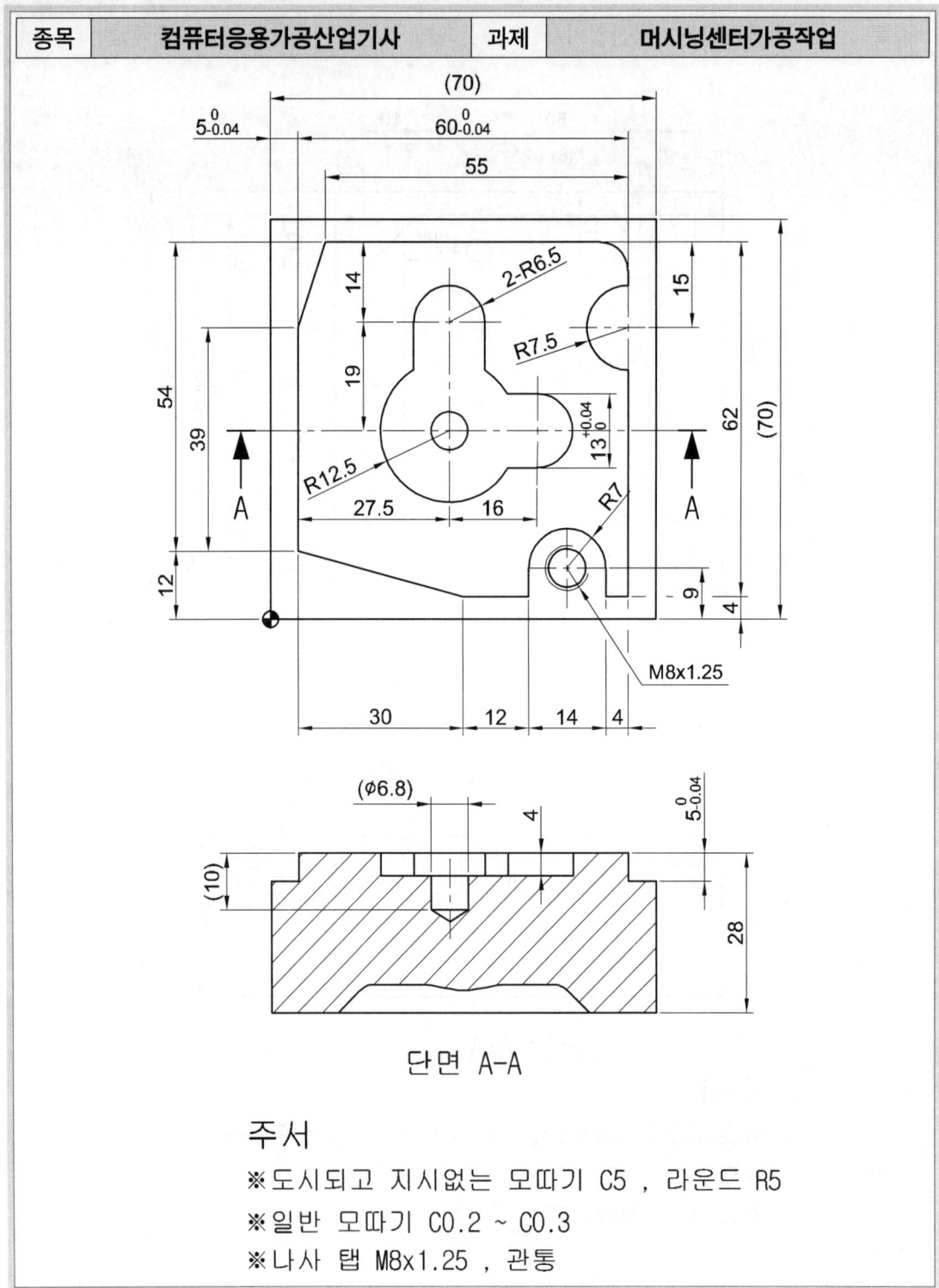

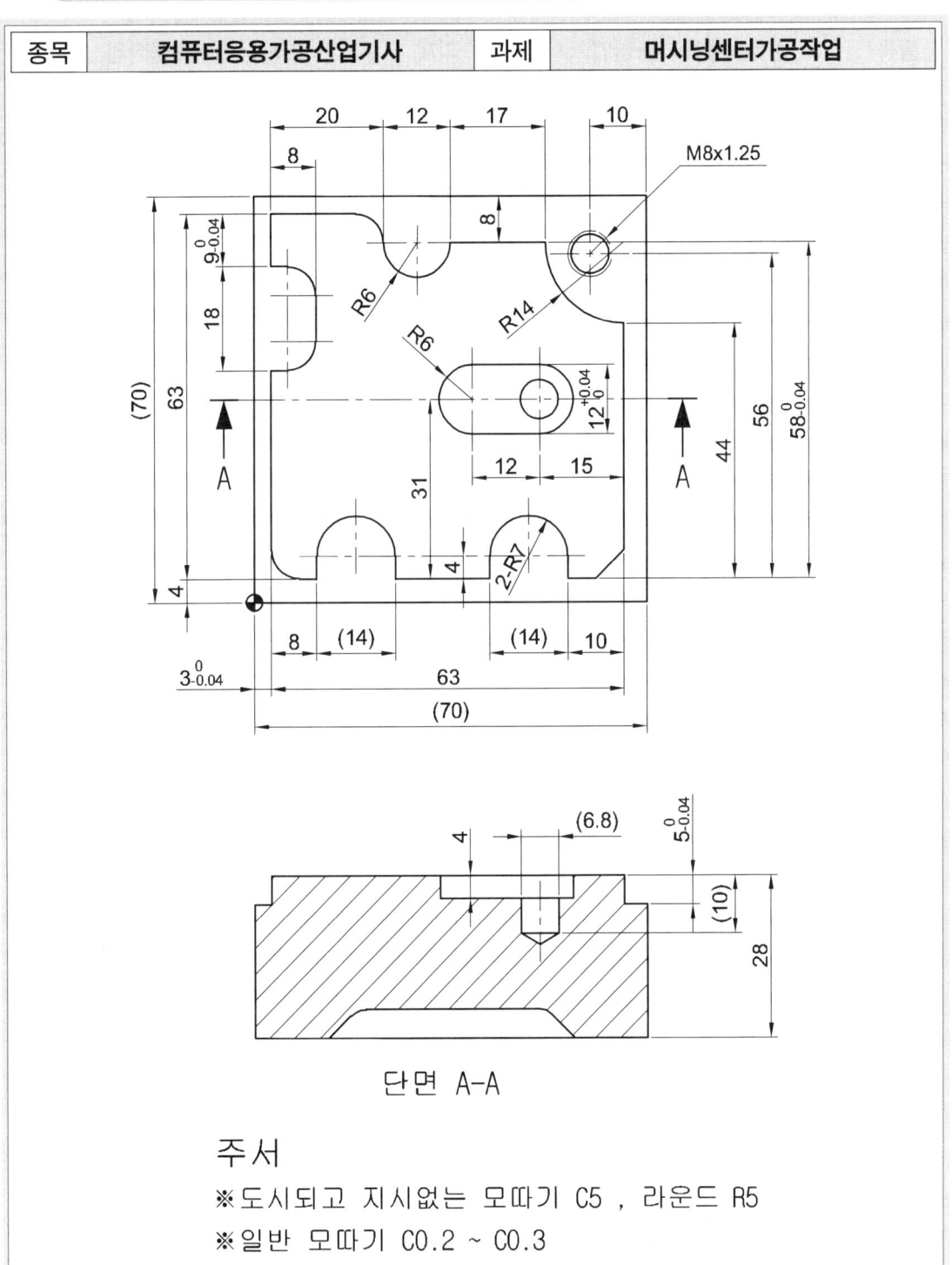

단면 A-A

주서
※ 도시되고 지시없는 모따기 C5 , 라운드 R5
※ 일반 모따기 C0.2 ~ C0.3
※ 나사 탭 M8x1.25 , 관통

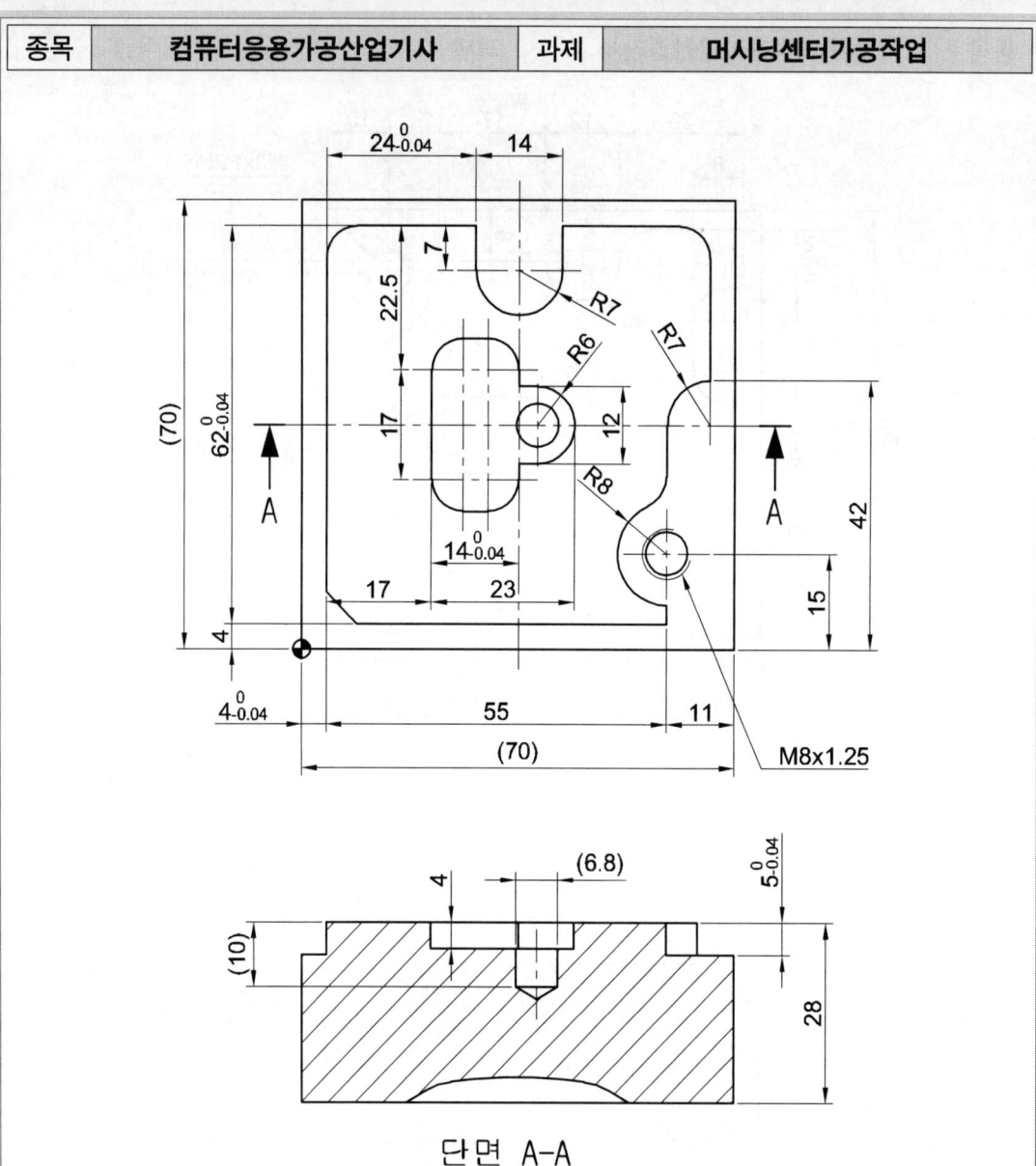

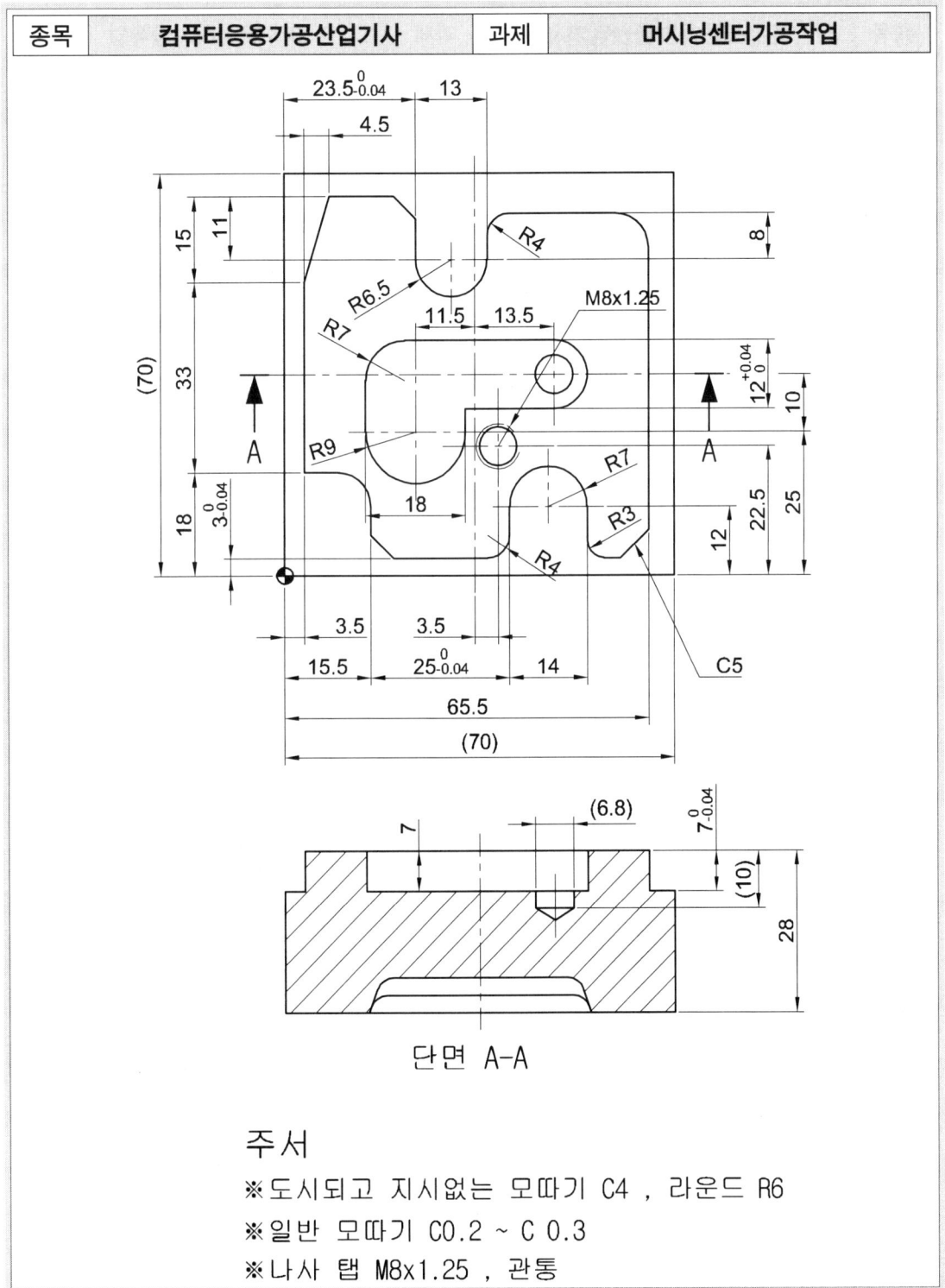

단면 A-A

주서
※ 도시되고 지시없는 모따기 C4 , 라운드 R6
※ 일반 모따기 C0.2 ~ C 0.3
※ 나사 탭 M8x1.25 , 관통

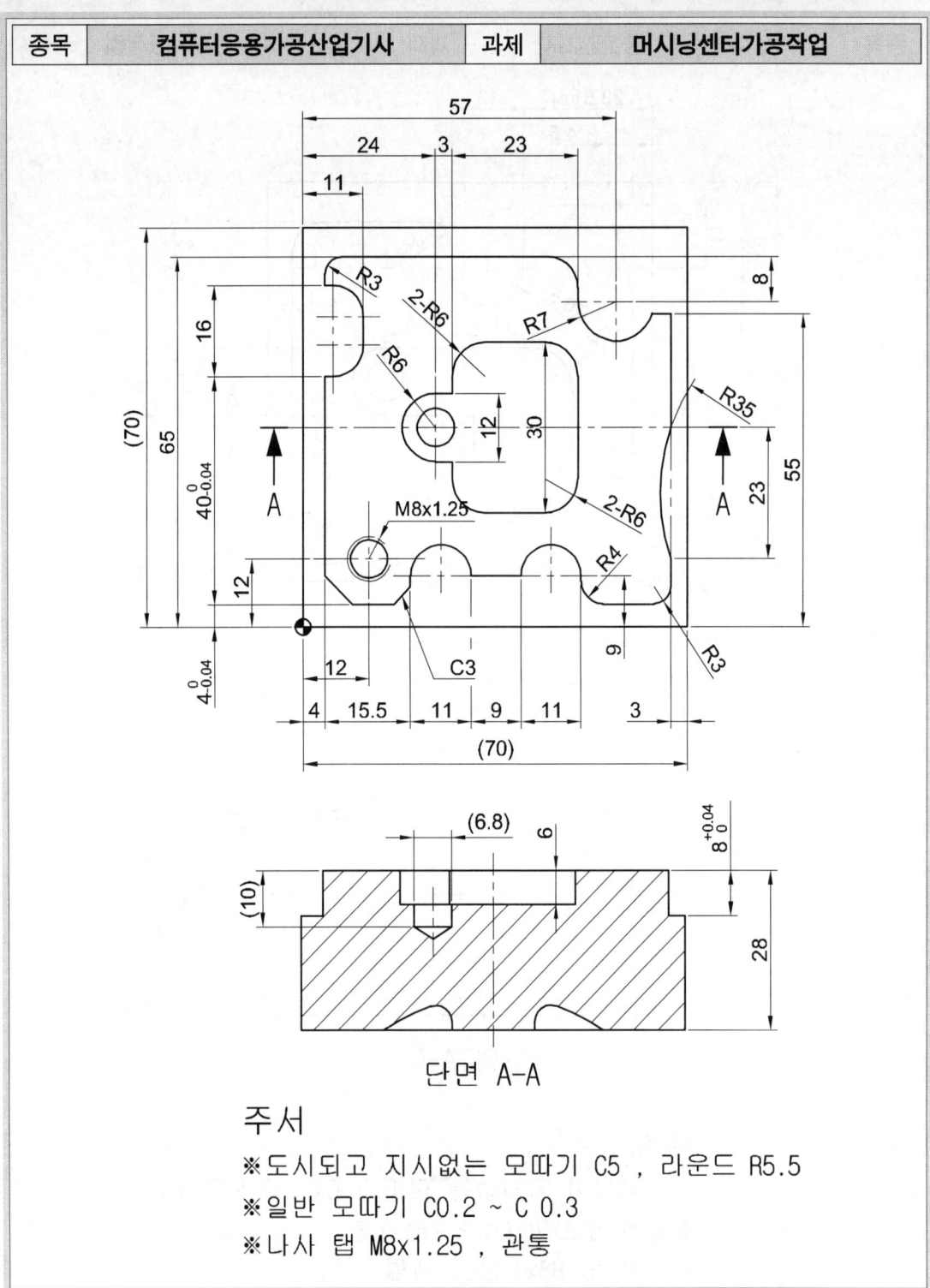

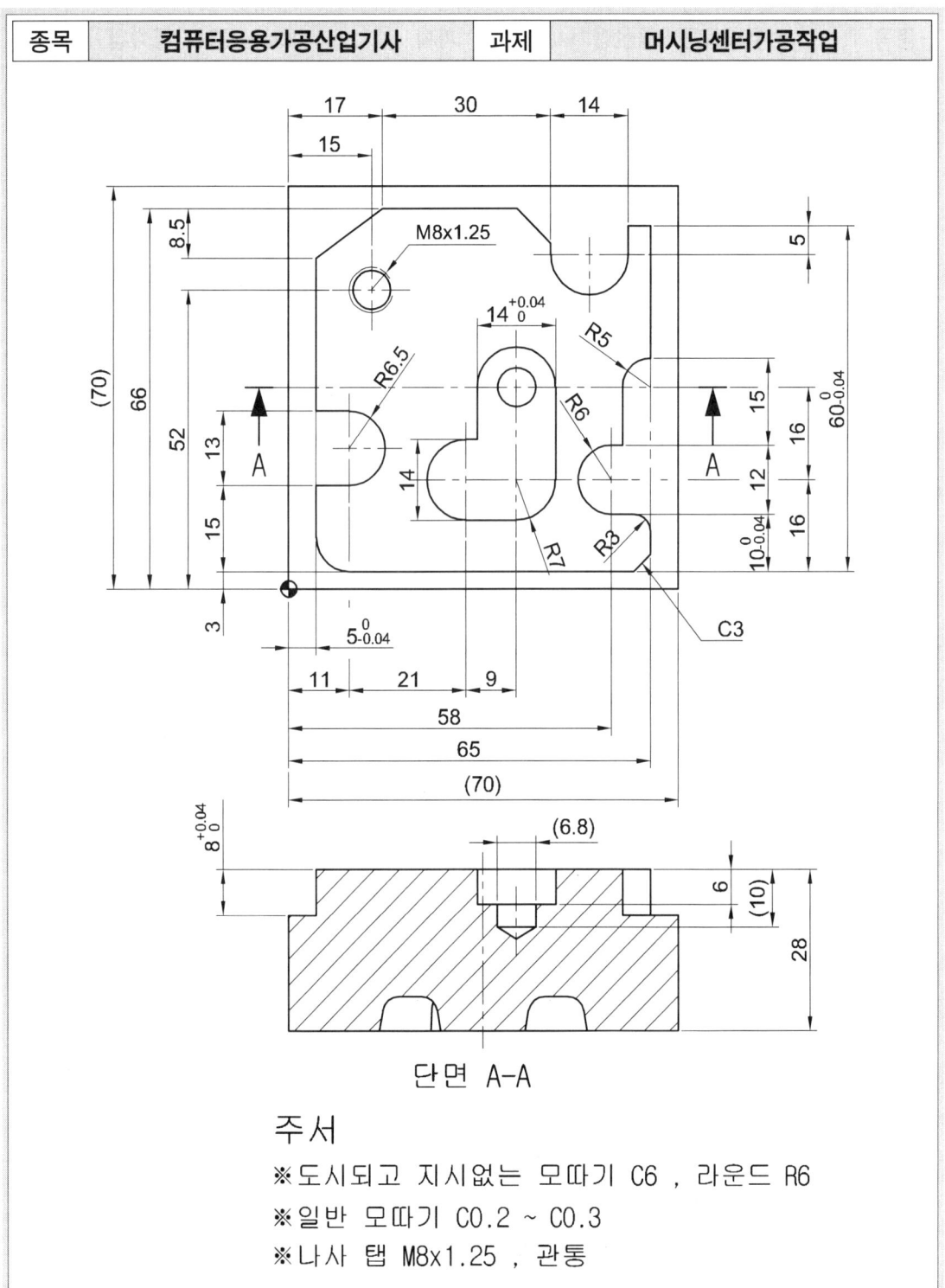

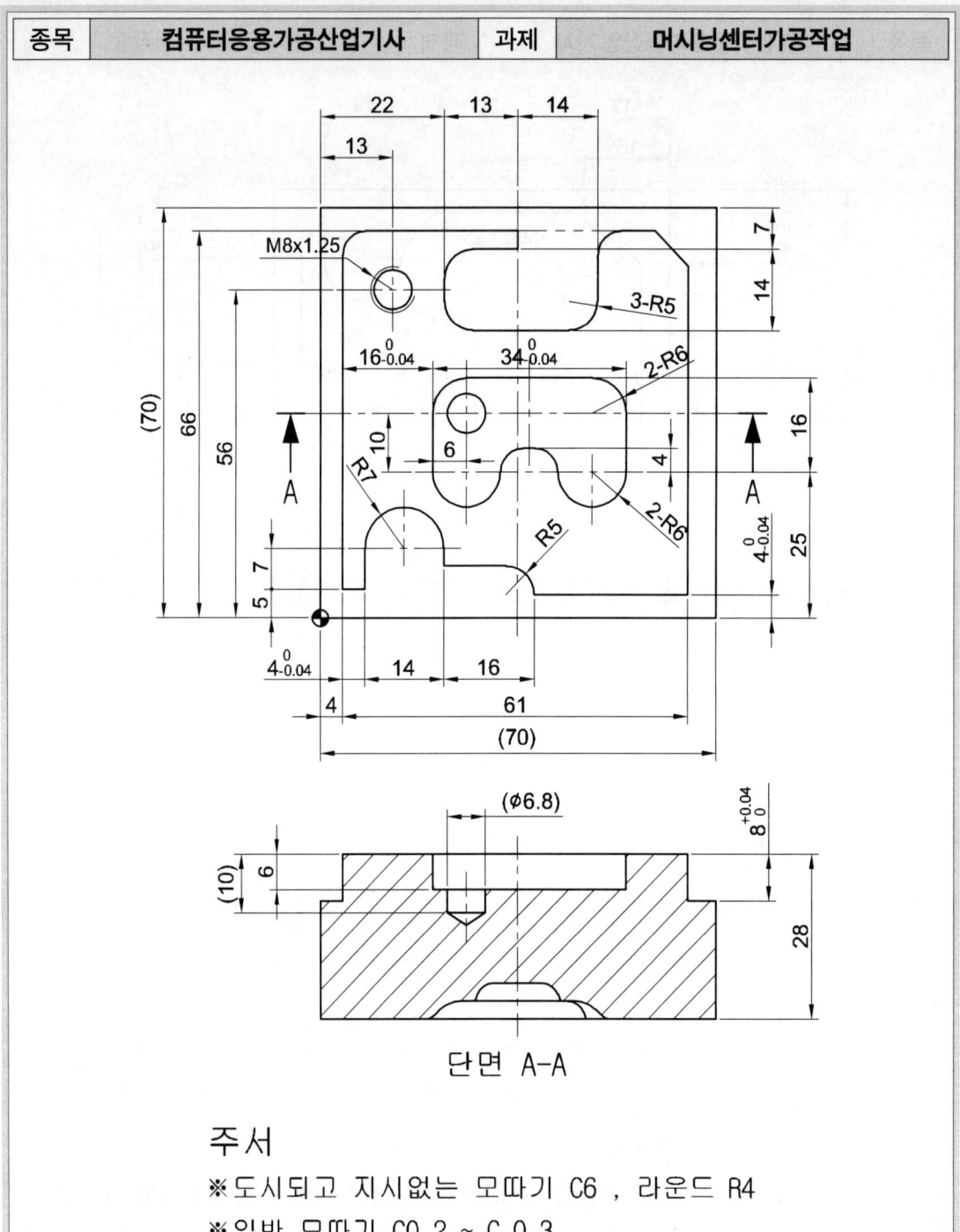

주서
※ 도시되고 지시없는 모따기 C6 , 라운드 R4
※ 일반 모따기 C0.2 ~ C 0.3
※ 나사 탭 M8x1.25 , 관통

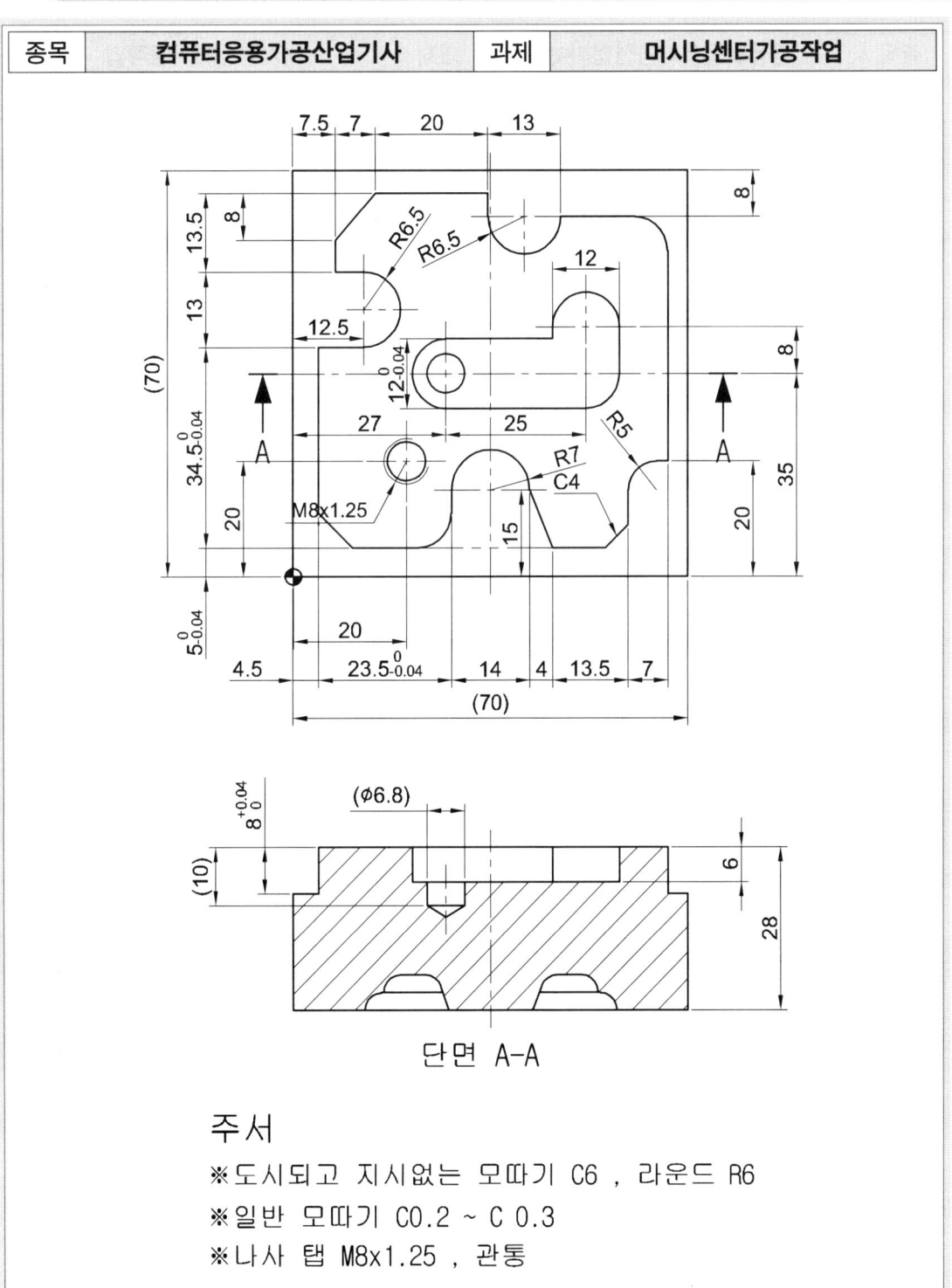

주서
※ 도시되고 지시없는 모따기 C6 , 라운드 R6
※ 일반 모따기 C0.2 ~ C 0.3
※ 나사 탭 M8x1.25 , 관통

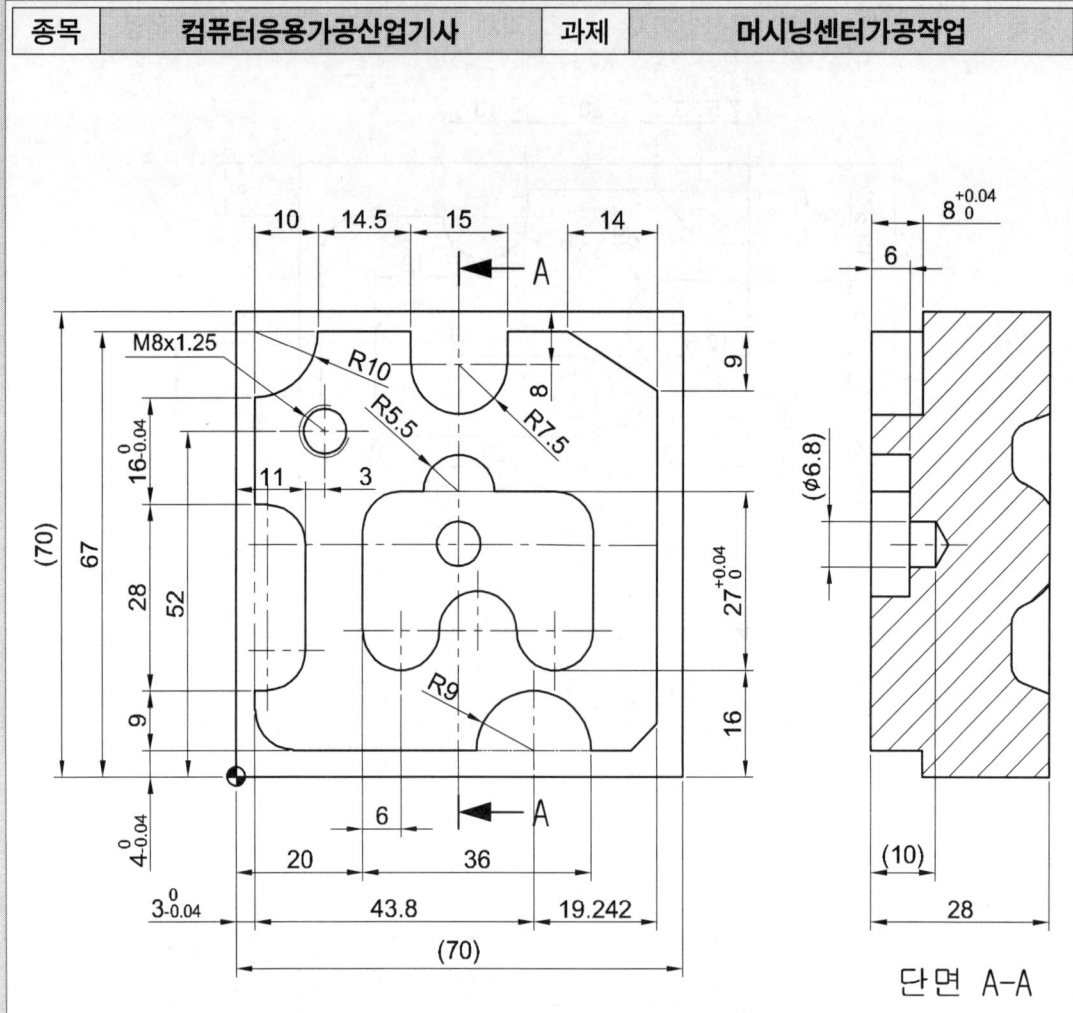

주서
※ 도시되고 지시없는 모따기 C4 , 라운드 R6
※ 일반 모따기 C0.2 ~ C 0.3
※ 나사 탭 M8x1.25 , 관통

| 종목 | 컴퓨터응용가공산업기사 | 과제 | 머시닝센터가공작업 |

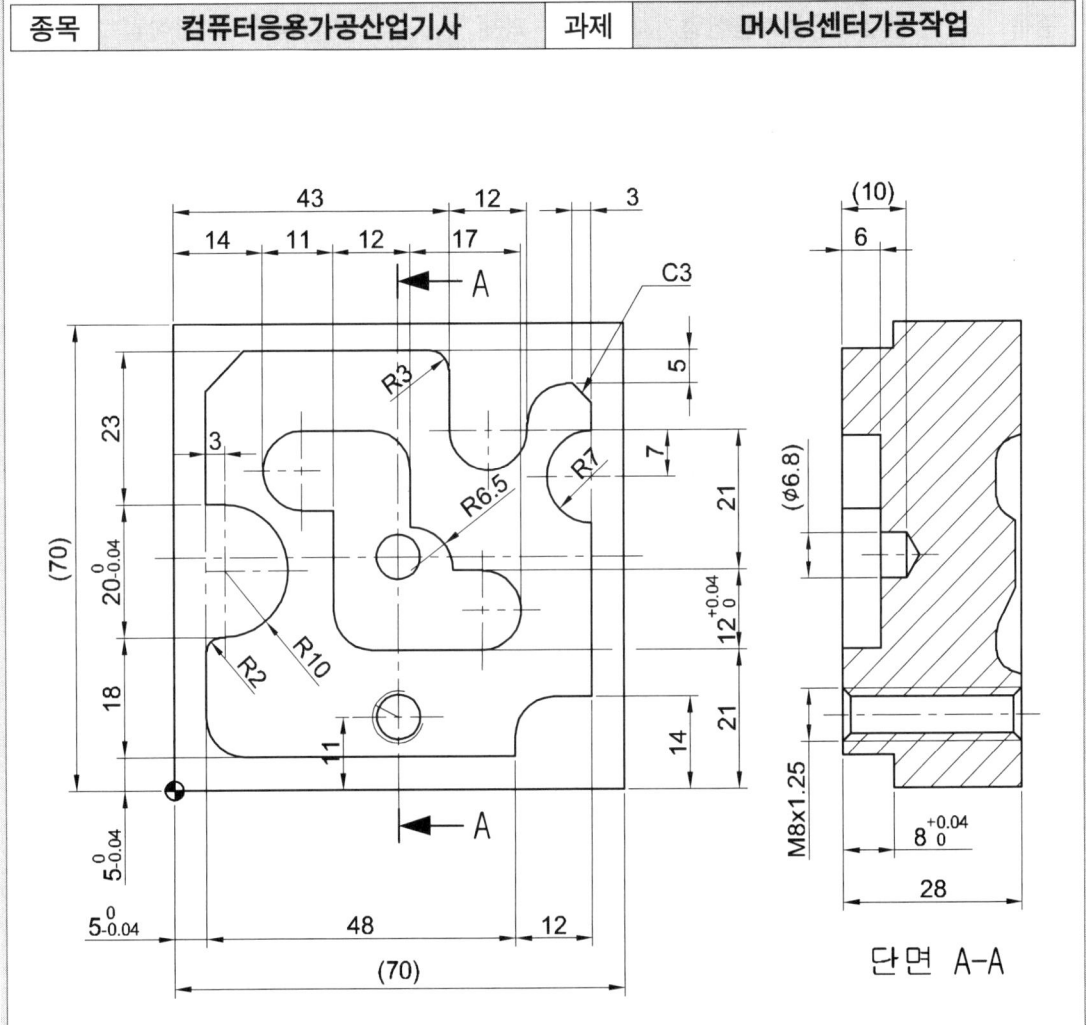

단면 A-A

주서
※ 도시되고 지시없는 모따기 C6 , 라운드 R6
※ 일반 모따기 C0.2 ~ C 0.3
※ 나사 탭 M8x1.25 , 관통

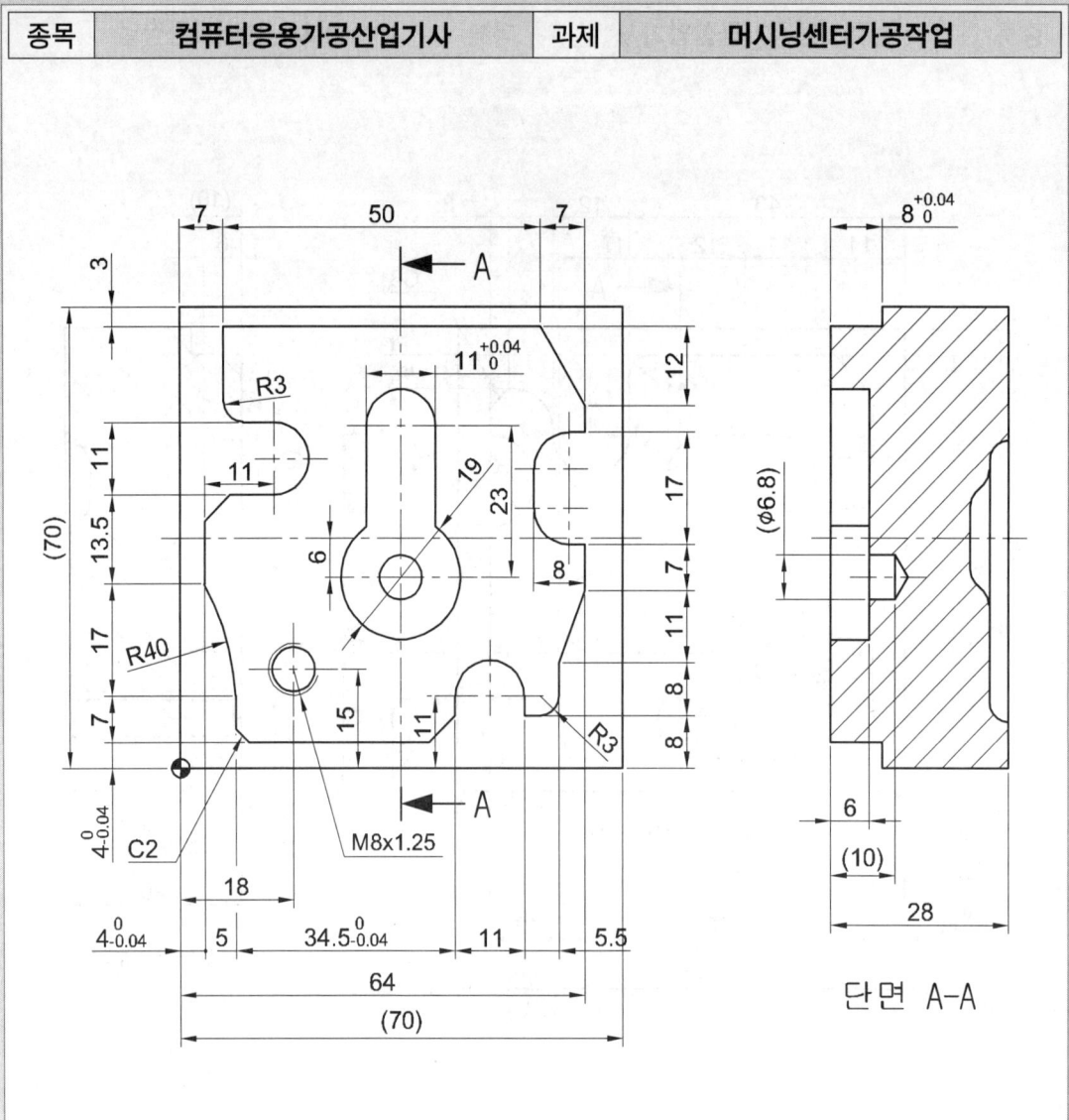

주서
※ 도시되고 지시없는 모따기 C4 , 라운드 R5.5
※ 일반 모따기 C0.2 ~ C 0.3
※ 나사 탭 M8x1.25 , 관통

Chapter 12

컴퓨터응용가공산업기사 연습도면(CNC선반가공작업)

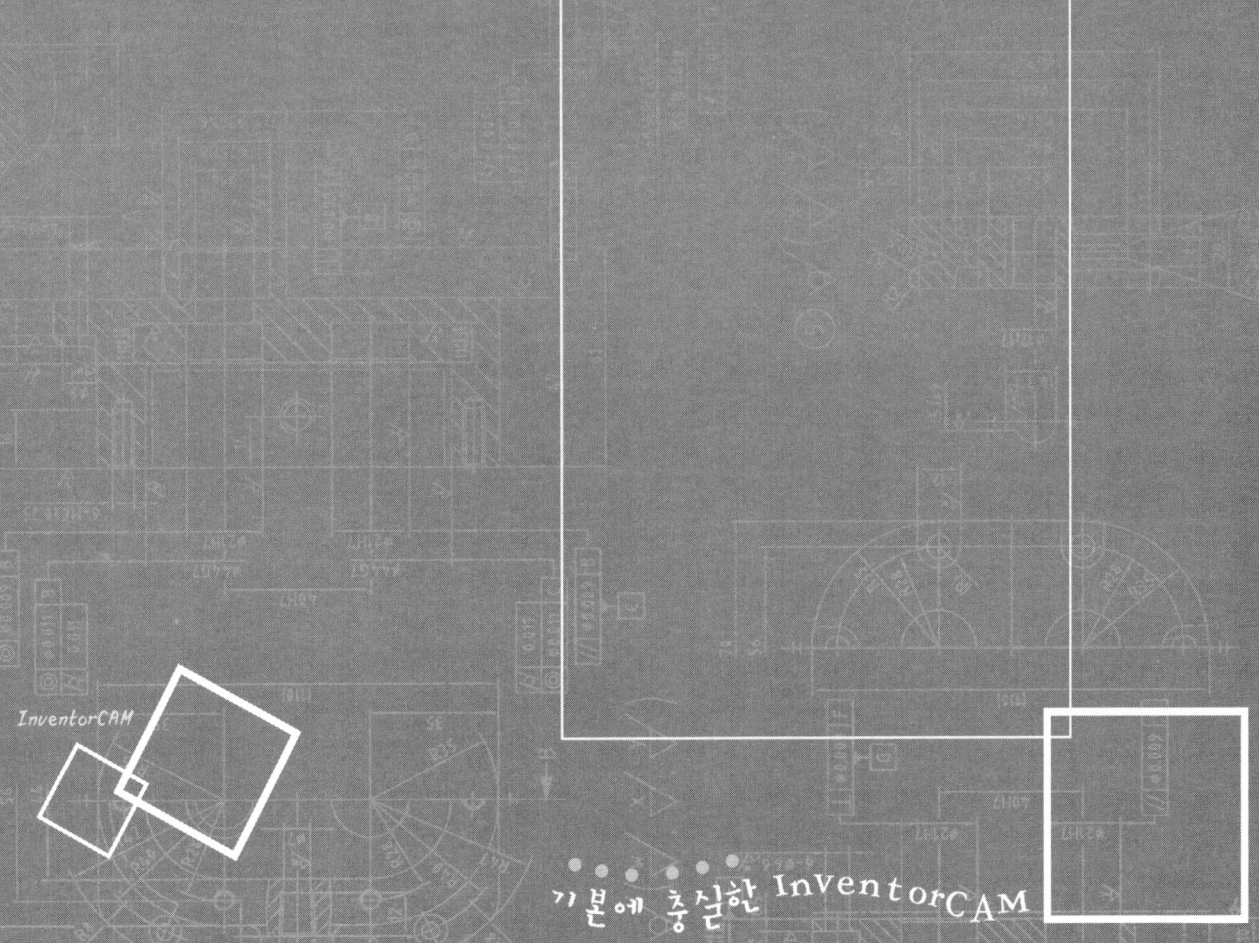

| 종목 | 컴퓨터응용가공산업기사 | 과제 | CNC선반가공작업 |

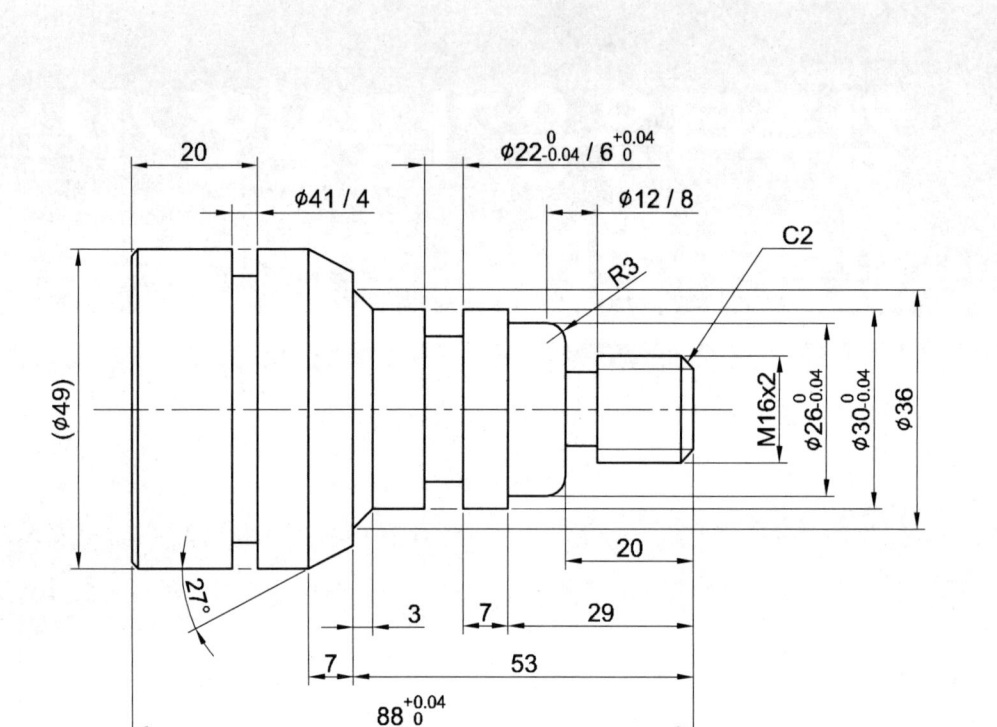

주서

※ 도시되고 지시없는 모따기 C1
※ 일반 모따기 C0.2 ~ C0.3

	M16 x 2.0 보통형	
수나사	외 경	$15.962^{\ 0}_{-0.28}$
	유효경	$14.663^{\ 0}_{-0.16}$

Chapter 12 컴퓨터응용가공산업기사 연습도면(CNC선반가공작업)

연습도면 CNC선반가공작업 02

종목	컴퓨터응용가공산업기사	과제	CNC선반가공작업

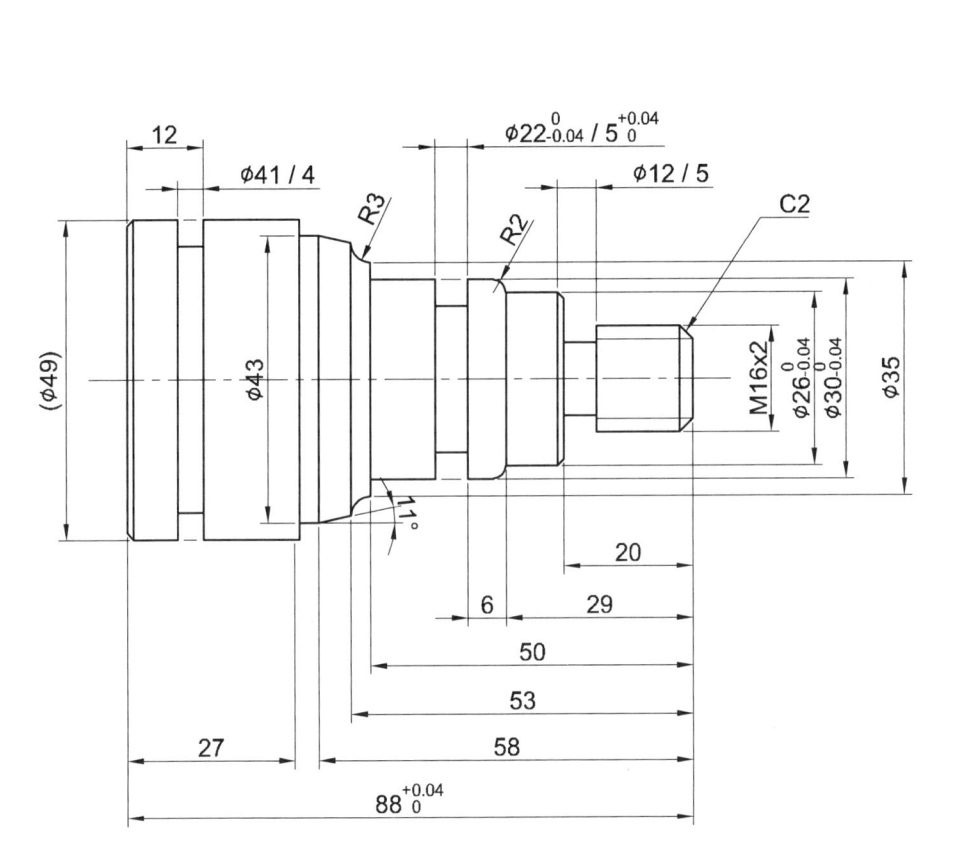

주서
※도시되고 지시없는 모따기 C1
※일반 모따기 C0.2 ~ C0.3

	M16 x 2.0 보통형	
수나사	외 경	$15.962_{-0.28}^{0}$
	유효경	$14.663_{-0.16}^{0}$

| 종목 | 컴퓨터응용가공산업기사 | 과제 | CNC선반가공작업 |

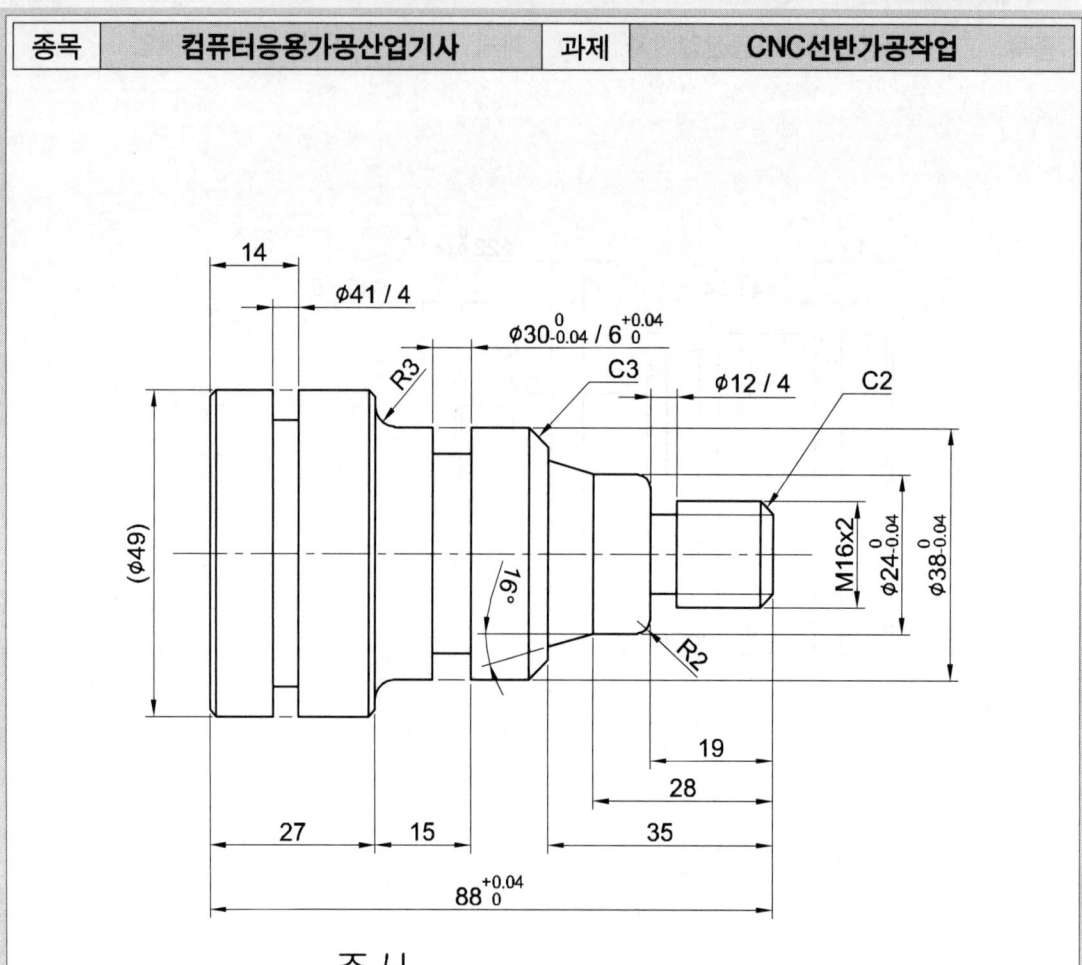

주서

※도시되고 지시없는 모따기 C1
※일반 모따기 C0.2 ~ C0.3

	M16 x 2.0 보통형	
수나사	외 경	$15.962_{-0.28}^{0}$
	유효경	$14.663_{-0.16}^{0}$

| 종목 | 컴퓨터응용가공산업기사 | 과제 | CNC선반가공작업 |

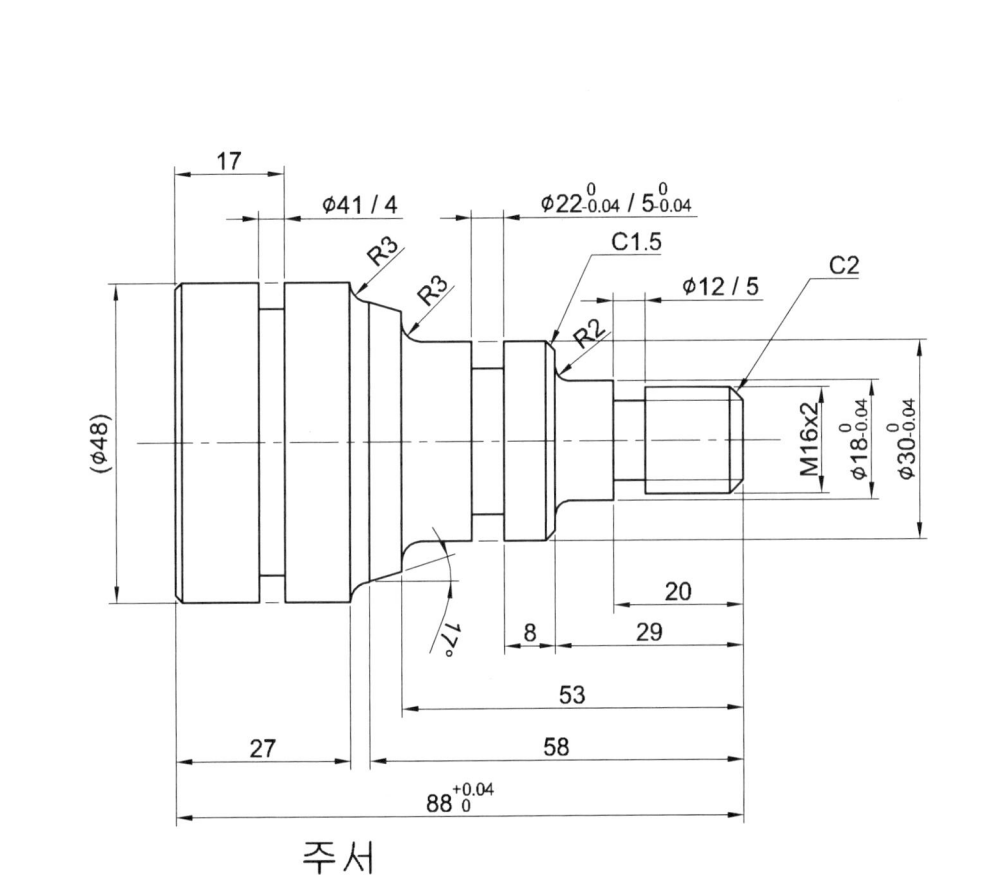

주서
※ 도시되고 지시없는 모따기 C1
※ 일반 모따기 C0.2 ~ C0.3

	M16 x 2.0 보통형	
수나사	외경	$15.962_{-0.28}^{0}$
	유효경	$14.663_{-0.16}^{0}$

| 종목 | 컴퓨터응용가공산업기사 | 과제 | CNC선반가공작업 |

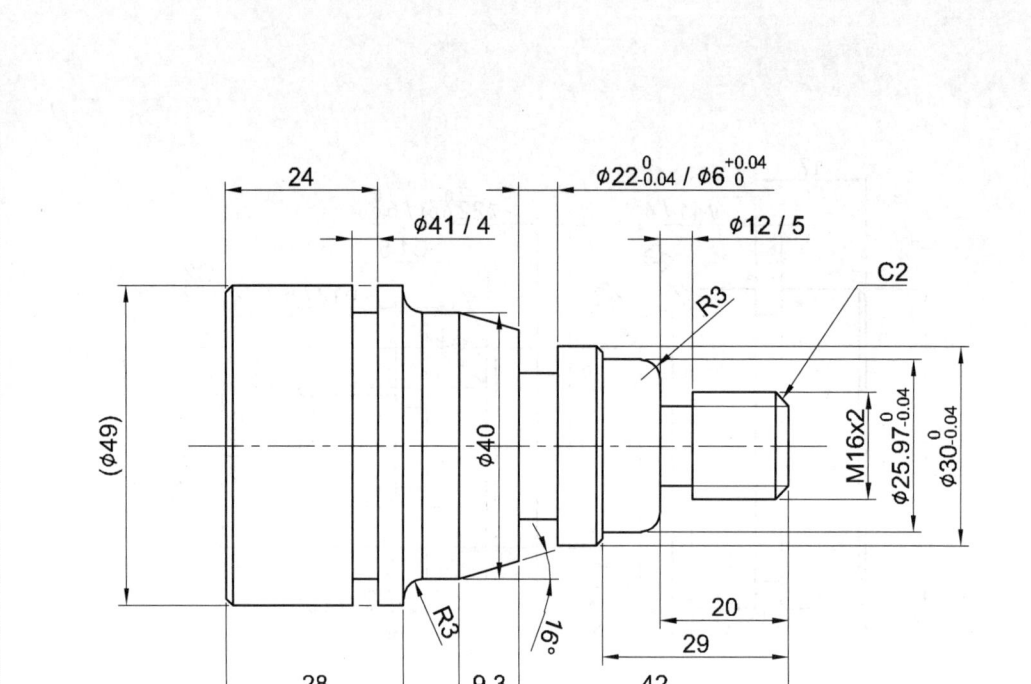

주서
※ 도시되고 지시없는 모따기 C1
※ 일반 모따기 C0.2 ~ C0.3

	M16 x 2.0 보통형	
수나사	외 경	$15.962_{-0.28}^{0}$
	유효경	$14.663_{-0.16}^{0}$

Chapter 12 컴퓨터응용가공산업기사 연습도면(CNC선반가공작업)

연습도면 CNC선반가공작업 06

종목	컴퓨터응용가공산업기사	과제	CNC선반가공작업

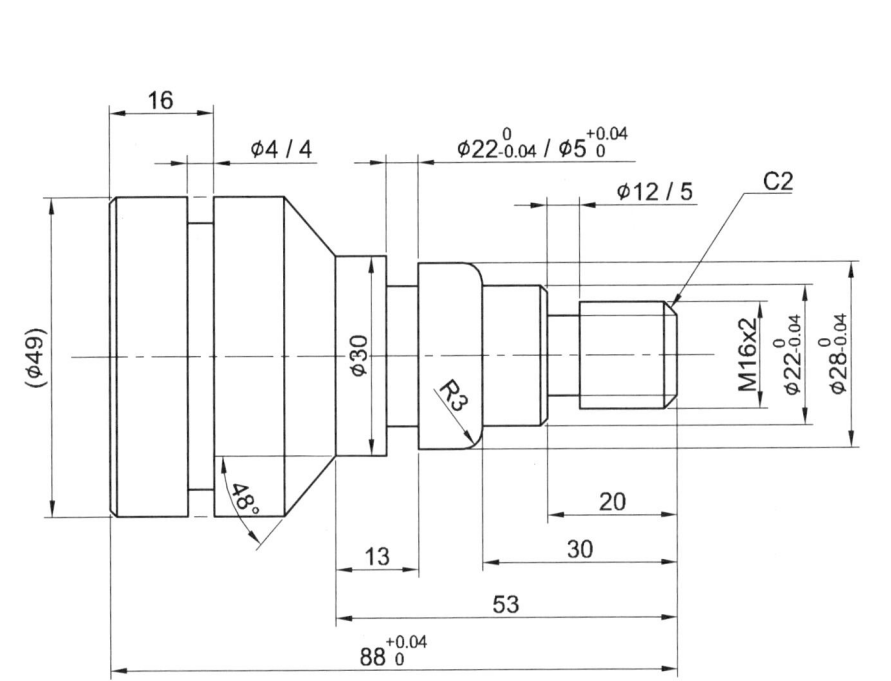

주서
※ 도시되고 지시없는 모따기 C1
※ 일반 모따기 C0.2 ~ C0.3

	M16 x 2.0 보통형	
수나사	외 경	$15.962_{-0.28}^{0}$
	유효경	$14.663_{-0.16}^{0}$

| 종목 | 컴퓨터응용가공산업기사 | 과제 | CNC선반가공작업 |

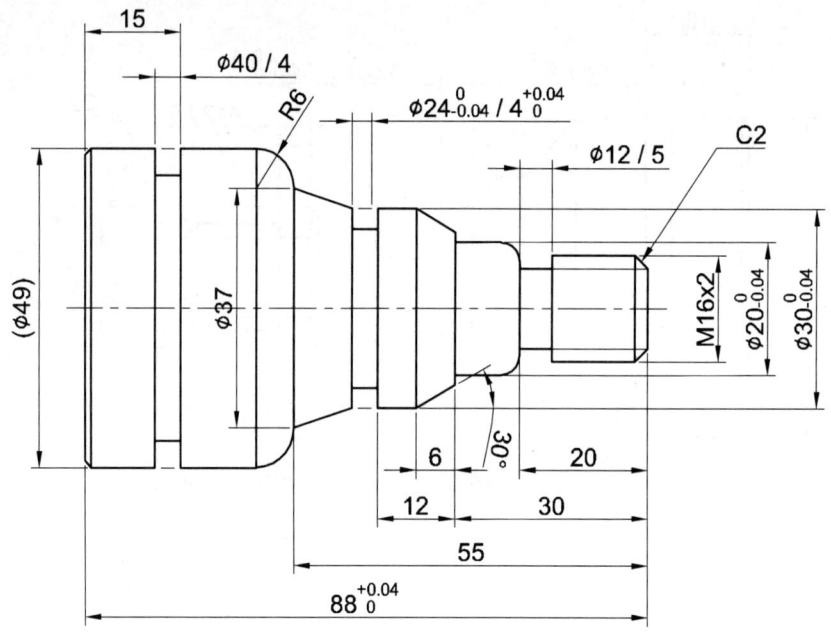

주서
※ 도시되고 지시없는 모따기 C1
※ 일반 모따기 C0.2 ~ C0.3

	M16 x 2.0 보통형	
수나사	외경	$15.962\,^{0}_{-0.28}$
	유효경	$14.663\,^{0}_{-0.16}$

Chapter 12 컴퓨터응용가공산업기사 연습도면(CNC선반가공작업)

연습도면 CNC선반가공작업 08

종목	컴퓨터응용가공산업기사	과제	CNC선반가공작업

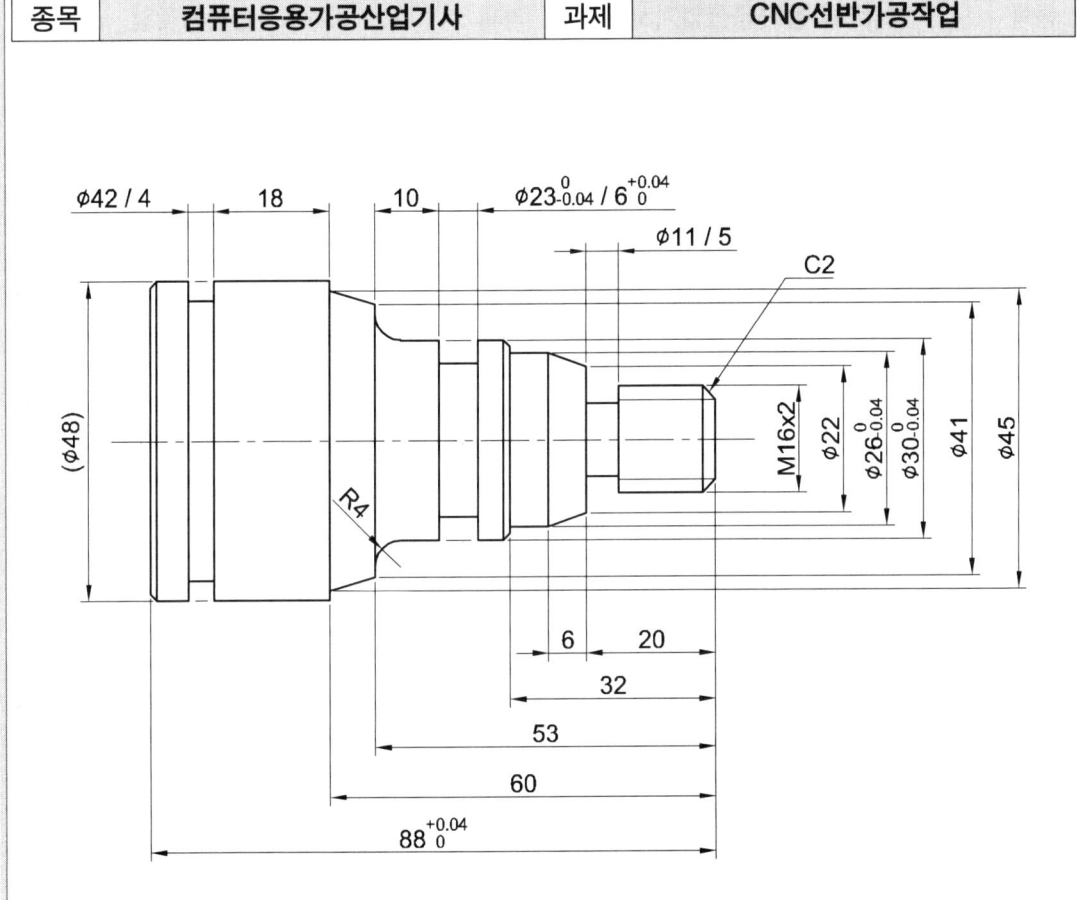

주서
※ 도시되고 지시없는 모따기 C1
※ 일반 모따기 C0.2 ~ C0.3

	M16 x 2.0 보통형	
수나사	외경	$15.962_{-0.28}^{0}$
	유효경	$14.663_{-0.16}^{0}$

| 종목 | 컴퓨터응용가공산업기사 | 과제 | CNC선반가공작업 |

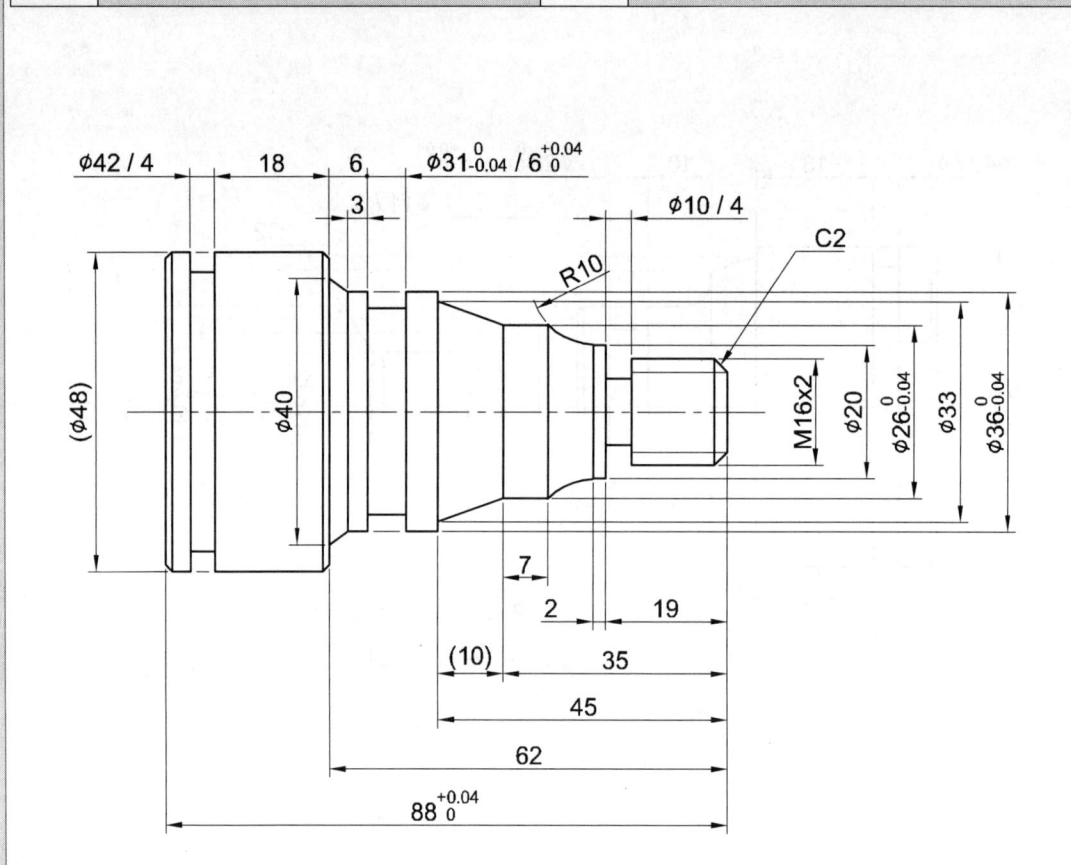

주서
※도시되고 지시없는 모따기 C1
※일반 모따기 C0.2 ~ C0.3

	M16 x 2.0 보통형	
수나사	외 경	$15.962_{-0.28}^{0}$
	유효경	$14.663_{-0.16}^{0}$

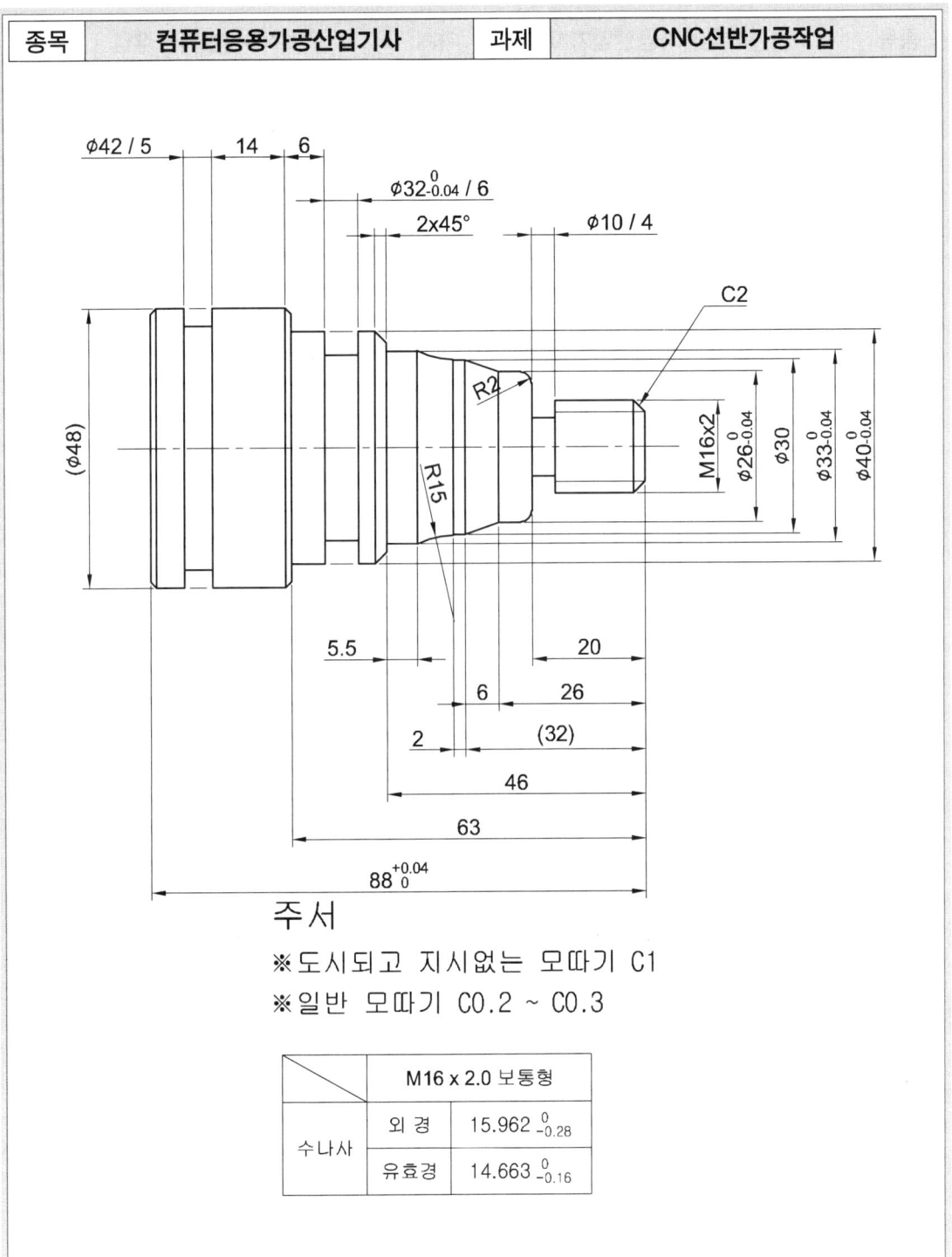

| 종목 | 컴퓨터응용가공산업기사 | 과제 | CNC선반가공작업 |

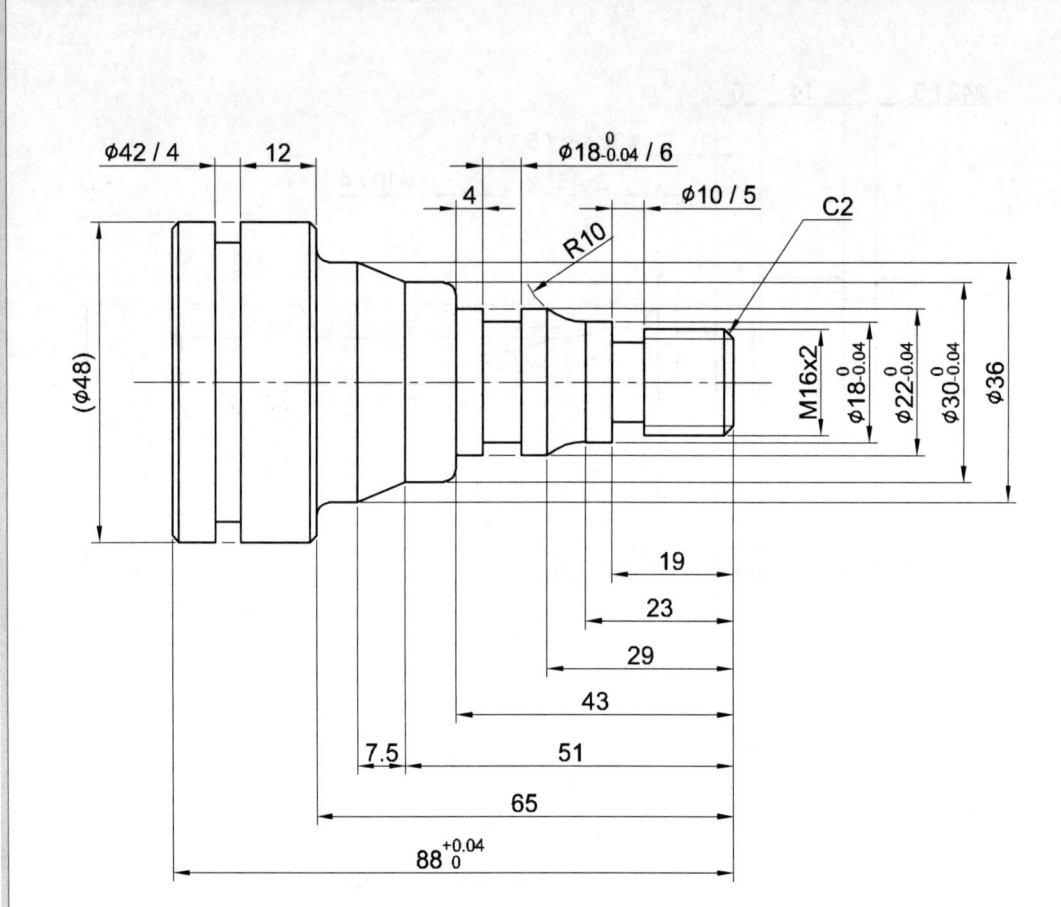

주서
※ 도시되고 지시없는 모따기 C1, 필렛 및 라운드 R2
※ 일반 모따기 C0.2 ~ C0.3

	M16 x 2.0 보통형	
수나사	외경	$15.962_{-0.28}^{0}$
	유효경	$14.663_{-0.16}^{0}$

Chapter 12 컴퓨터응용가공산업기사 연습도면(CNC선반가공작업)

연습도면 CNC선반가공작업 12

| 종목 | 컴퓨터응용가공산업기사 | 과제 | CNC선반가공작업 |

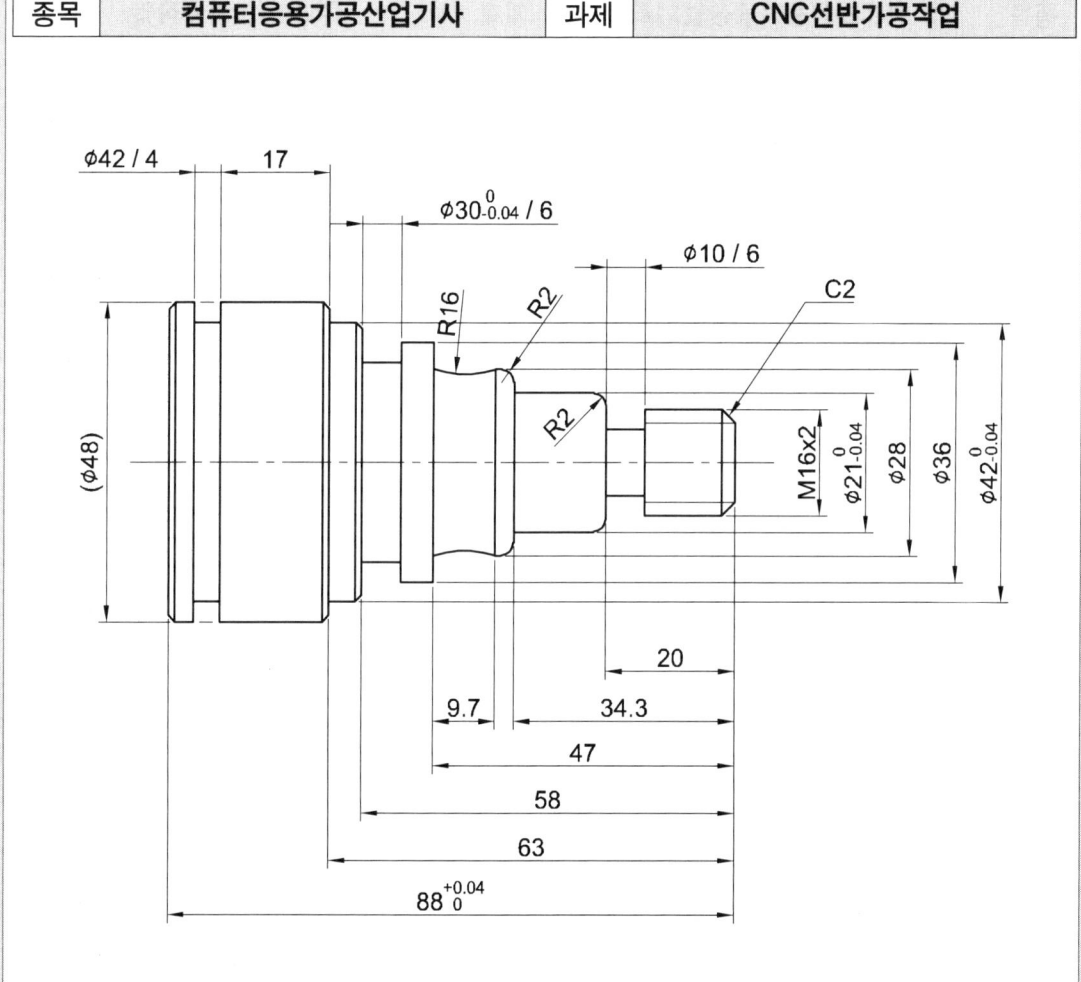

주서

※ 도시되고 지시없는 모따기 C1
※ 일반 모따기 C0.2 ~ C0.3

	M16 x 2.0 보통형	
수나사	외경	15.962 $^{0}_{-0.28}$
	유효경	14.663 $^{0}_{-0.16}$

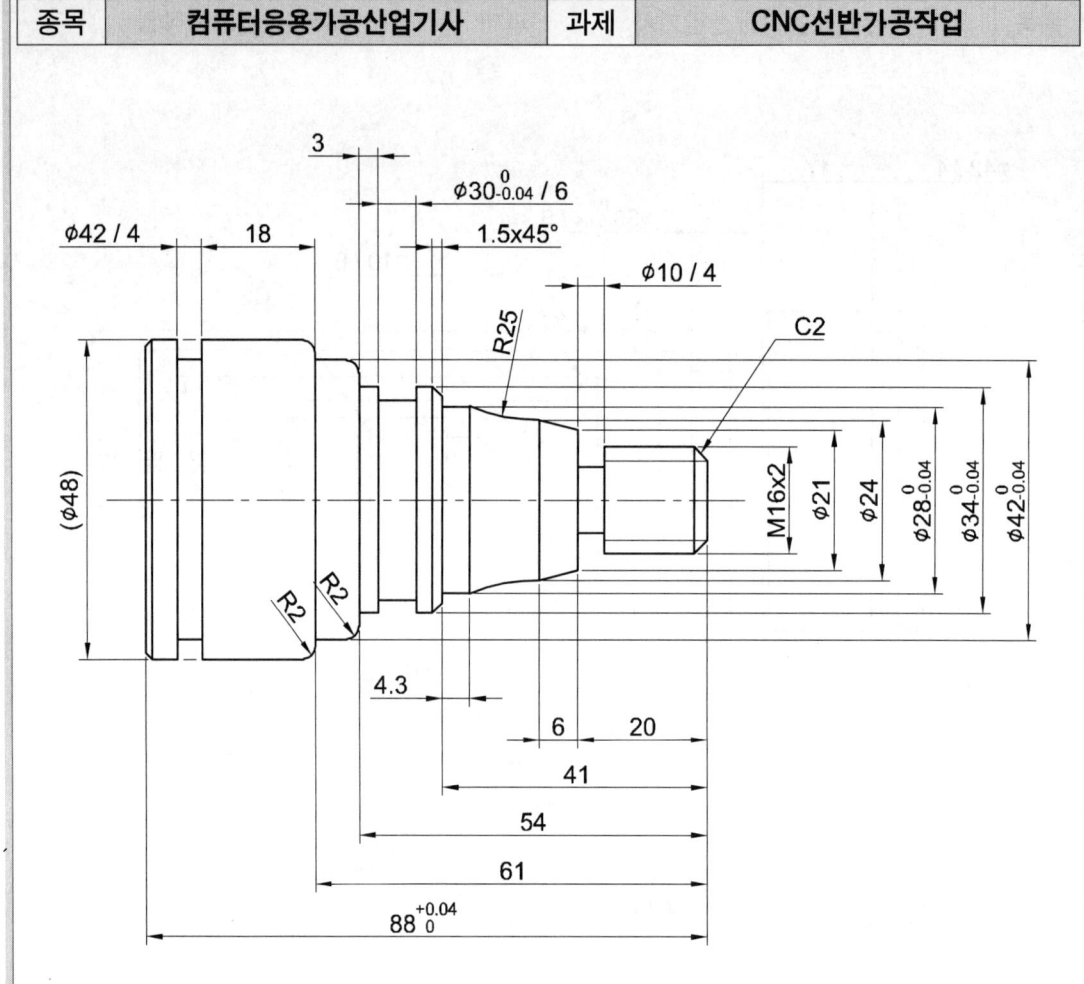

Chapter 12 컴퓨터응용가공산업기사 연습도면(CNC선반가공작업)

연습도면 CNC선반가공작업 14

종목	컴퓨터응용가공산업기사	과제	CNC선반가공작업

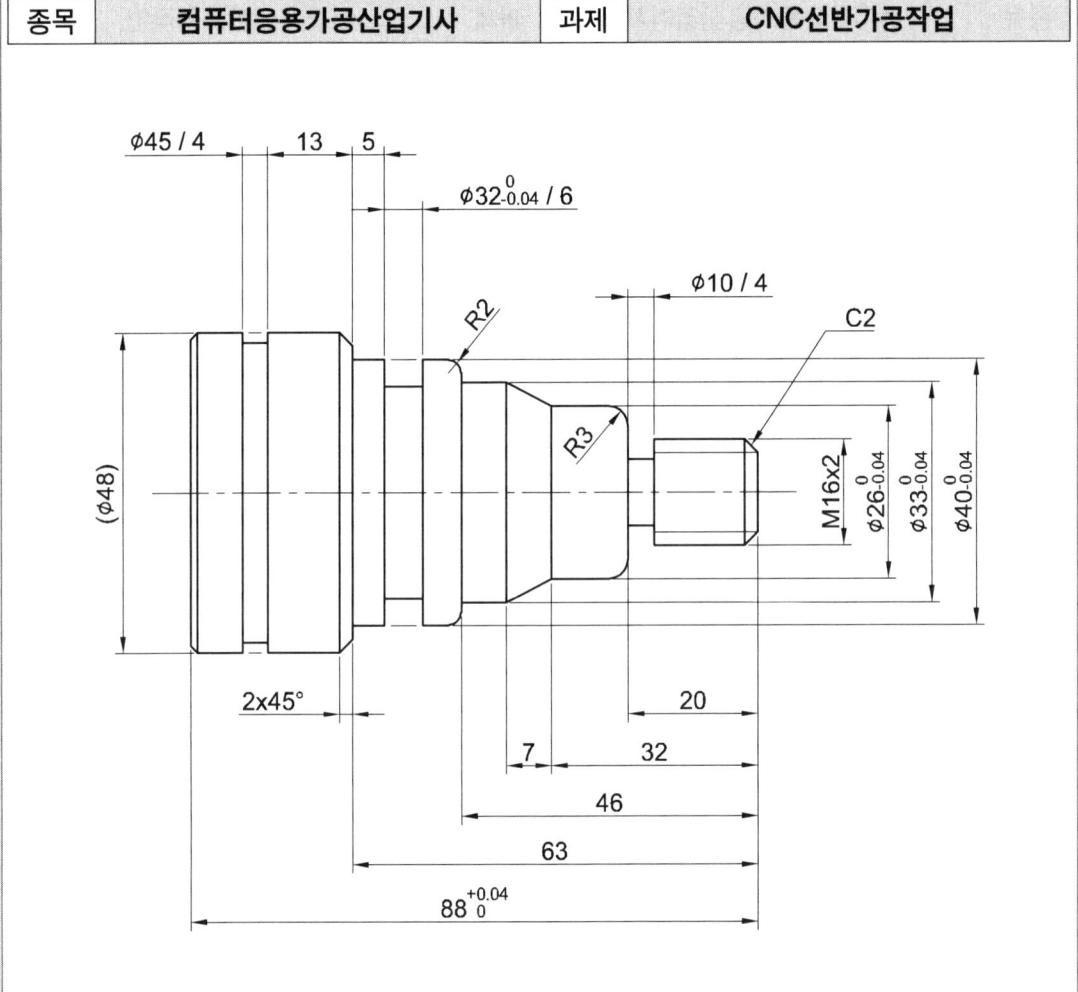

주서

※ 도시되고 지시없는 모따기 C1
※ 일반 모따기 C0.2 ~ C0.3

	M16 x 2.0 보통형
수나사	외경 : $15.962_{-0.28}^{0}$
	유효경 : $14.663_{-0.16}^{0}$

| 종목 | 컴퓨터응용가공산업기사 | 과제 | CNC선반가공작업 |

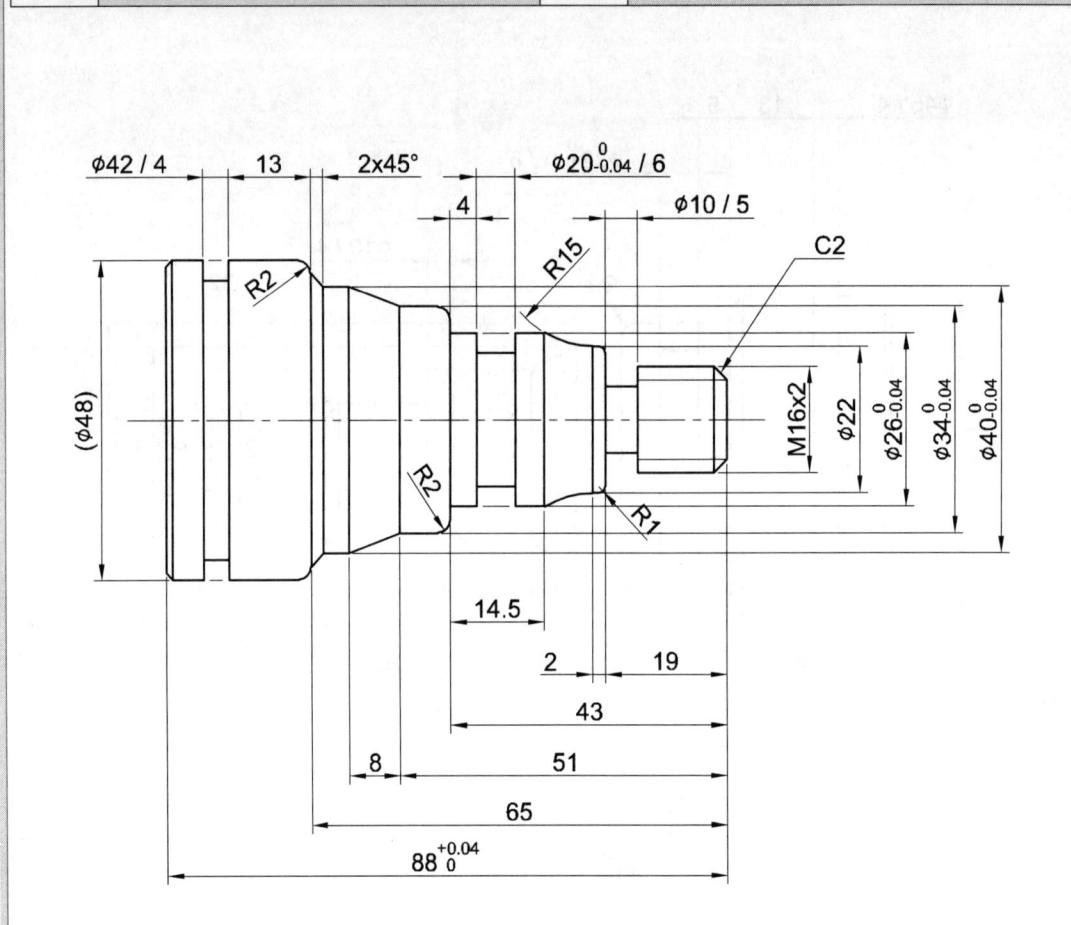

주서
※ 도시되고 지시없는 모따기 C1
※ 일반 모따기 C0.2 ~ C0.3

	M16 x 2.0 보통형	
수나사	외경	$15.962^{\ 0}_{-0.28}$
	유효경	$14.663^{\ 0}_{-0.16}$

✪ 저자 소개

남윤욱 – 미래직업전문학교 교수
이희열 – 경남공업고등학교 교사
이학원 – 동원과학기술대학교 교수
김상연 – 마산공업고등학교 교사

기본에 충실한 인벤터 캠 생산가공

초판 인쇄   2023년 3월 20일
초판 발행   2023년 3월 25일

지은이 • 남윤욱 · 이희열 · 이학원 · 김상연
펴낸이 • 홍세진
펴낸곳 • 세진북스

주소 • (우)10207 경기도 고양시 일산서구 산율길 56(구산동 145-1)
전화 • 031-924-3092
팩스 • 031-924-3093
홈페이지 • http://www.sejinbooks.kr
웹하드 • http://www.webhard.co.kr   ID : sjb114   SN : sjb1234

출판등록 • 제 315-2008-042호(2008.12.9)
ISBN • 979-11-5745-582-9 13560

값 • **25,000원**

• 이 책의 출판권은 도서출판 세진북스가 가지고 있습니다.
• 이 책의 일부 또는 전체에 대한 무단 복제와 전재를 금합니다.

 세진북스에는 당신과 나
그리고 우리의 미래가 있습니다.